高职高专教育"十二五"规划建设教材

植物生长环境

（第 2 版）

宋志伟　姚文秋　主编

中国农业大学出版社

·北京·

内 容 简 介

本教材分植物生长环境基础和植物生长环境调控两部分。植物生长环境基础部分主要介绍植物生长、植物生产、环境条件与植物生长等内容;植物生长环境调控部分主要介绍植物生长的土壤环境、光环境、水分环境、温度环境、营养环境、气候环境、生物环境等评价与调控,并按照项目—模块—任务进行编写,每一项目包括项目目标、基本知识模块、环境评价模块、环境调控模块、关键词、信息链接、师生互动、资料收集、内容小结、学习评价等,并充分将土壤肥料、农业气象、农业生态等相关知识与技能有机融合,突出岗位职业技能,教材内容按工作任务环节或流程进行编写,注重体现工学结合、校企合作的教学需要性。

本教材主要作为高职高专植物生产类、林业生产类、园林技术类、生物技术类等专业的教材,也可供从事相关工作的技术人员参考。

图书在版编目(CIP)数据

植物生长环境/宋志伟,姚文秋主编.—2 版.—北京:中国农业大学出版社,
2011.5

ISBN 978-7-5655-0249-1

Ⅰ.①植… Ⅱ.①宋…②姚… Ⅲ.①植物生长-环境 Ⅳ.①Q945.3

中国版本图书馆 CIP 数据核字(2011)第 043163 号

书　　名	植物生长环境(第2版)		
作　　者	宋志伟　姚文秋　主编		
策划编辑	姚慧敏　伍 斌	责任编辑	姚慧敏
封面设计	郑 川	责任校对	王晓凤　陈 莹
出版发行	中国农业大学出版社		
社　　址	北京市海淀区圆明园西路 2 号	邮政编码	100193
电　　话	发行部 010-62731190,2620	读者服务部	010-62732336
	编辑部 010-62732617,2618	出 版 部	010-62733440
网　　址	http://www.cau.edu.cn/caup	e-mail	cbsszs @ cau.edu.cn
经　　销	新华书店		
印　　刷	北京时代华都印刷有限公司		
版　　次	2011 年 5 月第 2 版　2013 年 8 月第 3 次印刷		
规　　格	787×980　16 开本　23.75 印张　436 千字		
定　　价	35.00 元		

第2版编审人员

主　编　宋志伟(河南农业职业学院)

　　　　姚文秋(黑龙江农业职业技术学院)

副主编　郭淑云(河北旅游职业学院)

　　　　扈艳萍(辽宁职业学院)

　　　　陈先荣(新疆农业职业技术学院)

编　者　张东杰(青海畜牧兽医职业技术学院)

　　　　申洪波(黑龙江农业职业技术学院)

　　　　高红梅(河南农业职业学院)

　　　　计　陈(信阳农业高等专科学校)

　　　　丁美丽(潍坊职业学院)

　　　　杨净云(云南农业职业技术学院)

　　　　代玉荣(黑龙江农业工程职业学院)

主　审　马新明(河南农业大学)

　　　　武金果(河南省土壤肥料工作站)

　　　　张爱中(河南中威高科技化工有限公司、温哥华植物
　　　　　　　　科学有限公司)

第1版编审人员

主　编　宋志伟（河南农业职业学院）
　　　　王志伟（黑龙江生物科技职业学院）
副主编　李淑芬（云南农业职业技术学院）
　　　　许纪发（黑龙江农业经济职业学院）
　　　　高素玲（河南农业职业学院）
　　　　王金凤（河北政法职业学院）
参　编　毛芳芳（云南林业职业技术学院）
　　　　刘峻蓉（云南农业职业技术学院）
　　　　邢立伟（黑龙江农业经济职业学院）
主　审　马新明（河南农业大学）

第2版前言

本教材根据教育部《关于加强高职高专教育人才培养工作的意见》和《关于全面提高高等职业教育教学质量的若干意见》（教高［2006］16号）等文件精神，在中国农业大学出版社的组织下编写的。主要作为高职高专植物生产类、林业生产类、园林技术类、生物技术类等专业学生的教材。本教材在编写过程中体现以下特色：

一是教材结构体现综合性。本教材一改以前在各专业培养目标中将土壤肥料和农业气象作为两门课程或两大部分，将土壤肥料和农业气象以及农业生态等教学内容进行有机整合、综合。

二是教材知识体现融合性。本教材以基础知识"必需"、基本理论"够用"、基本技术"会用"为原则，对过去的土壤肥料、农业气象等课程内容进行有机融合，删去有关陈旧、繁琐复杂的内容，打破知识与技能分开编写，实现"理实一体、教做一体"，使教材知识体现简练、实用，适应现代高职高专教学需要。

三是教材内容体现新颖性。本教材在注重基础知识、基本理论与基本技能的基础上，充分反映当前土壤肥料、农业气象、农业生态等领域的新知识、新技术、新成果，体现了高职高专教学改革成果，如较过去教材增加了"新型肥料与施肥新技术"、"各类植物生长环境状况综合评估"等内容，同时通过设置"信息链接"栏目将每单元所涉及的新知识体现出来，拓展学生视野。

四是教材体例体现创新性。本教材以适应工学结合项目教学需要，按照项目-模块-任务进行编写，每一项目包括项目目标、基本知识模块、环境评价模块、环境调控模块、关键词、信息链接、师生互动、资料收集、内容小结、学习评价等栏目，较传统该类教材有重大突破。

五是教材形式体现岗位性。本教材编写强调基础知识、基本理论的巩固基础上，突出职业岗位技能环节，较其他同类教材重视岗位知识的实践应用技能，技能模块按照工作任务的环节或流程以表格任务单形式进行编写和训练，突出操作环节和质量要求，体现教学与职业岗位的"零距离对接"。

　　六是编审人员体现多元性。根据中国农业大学出版社要求,经过各学校推荐,我们组建了由学校、推广机构、生产企业等单位的人员组成的编审队伍,确保了教材编写体现校企结合、工学结合的特色。

　　本教材分植物生长环境基础和植物生长环境调控两部分。植物生长环境基础部分主要介绍植物生长、植物生产、环境条件与植物生长等内容;植物生长环境调控部分主要介绍植物生长的土壤环境、光环境、水分环境、温度环境、营养环境、气候环境、生物环境等评价与调控。

　　本教材由宋志伟、姚文秋担任主编,郭淑云、扈艳萍、陈先荣担任副主编,参加编写的人员还有:张东杰、申洪波、计陈、高红梅、代玉荣、杨净云。全书由宋志伟统稿。本书承蒙河南农业大学马新明教授、河南省土壤肥料工作站武金果高级农艺师、河南中威高科技化工有限公司与温哥华植物科学有限公司董事长张爱中等联合审稿。在编写过程中,得到中国农业大学出版社、河南农业职业学院、黑龙江农业职业技术学院、河北旅游职业学院、辽宁职业学院、新疆农业职业技术学院、信阳农业高等专科学校、黑龙江农业工程职业学院、云南农业职业技术学院、青海畜牧兽医职业技术学院、潍坊职业学院等单位的大力支持,在此一并表示感谢。

　　本教材在编写体例和内容组织上较传统的植物生长环境、植物生产环境、土壤肥料、农业气象等此类教材有很大改变,仅仅是一种尝试。由于编写者水平有限,加之编写时间仓促,错误和疏漏之处在所难免,恳请各院校师生批评指正,以便今后修改完善。主编信箱:szw10000@126.com。

编　者

2010 年 11 月

第1版前言

根据教育部《关于加强高职高专教育教材建设的若干意见》的有关精神，吸收有关高职高专人才培养模式和教学内容体系改革的研究成果，围绕以就业为导向，以服务为宗旨，培养高级技能型、应用型人才目标，我们编写了《植物生长环境》教材。

《植物生长环境》教材编写旨在为植物生产类、园林技术类专业高职高专学生了解与掌握植物生长环境的基础知识、基本理论、基本技术提供合适的参考书籍。教材在编写中，改变以前的土壤肥料、农业气象作为两门课程，将其融为一体，以基础知识"必需"、基本理论"够用"、基本技术"会用"为原则，删去有关陈旧、繁琐复杂的内容，并将植物生态学与环境有关内容有机融合进来，同时将当前植物生长环境出现的实际问题、新技术新成果反映出来。本教材在编写过程中体现了以下特色：一是综合性强，将土壤肥料、农业气象、生态学等学科知识有机整合与融合，优化内容，体现课程综合性；二是内容新颖，在注重基础知识、基本理论与基本技能的基础上，充分反映当前植物生长环境领域的新知识、新技术、新成果，体现了高职高专教学改革成果；三是体系创新，本教材编写时将基础知识掌握、基本理论理解、基本技能训练融为一体，为方便学生学习设置了"学习目标"、"实践活动"、"知识链接"、"本章小结"、"复习思考题"等栏目，使得教材的结构体系新颖，具有发展观；四是突出技能，本教材编写强调基础知识的巩固，注意基本理论的应用性，突出职业技能训练，在完成基本技能训练实训项目基础上，又增加现场教学等实训内容，具有较强的实践性。

全书共8章，第一章讲述植物生长环境概述，第二章讲述植物生长与土壤环境，第三章讲述植物生长与光环境，第四章讲述植物生长与水分环境，第五章讲述植物生长与温度环境，第六章讲述植物生长与养分环境，第七章讲述植物生长与生物环境，第八章讲述植物生长与气候环境等内容。

全书由河南农业职业学院宋志伟老师任主编，并编写第一章和第六章。黑龙江生物科技职业学院王志伟老师编写第二章第三节,云南农业职业技术学院李淑芬老师和刘俊蓉老师编写第四章,黑龙江农业经济职业学院许纪发老师编写第八章,河南农业职业学院高素玲老师编写第五章和第二章第一节,河北政法职业学院王金凤老师编写第三章,云南林业职业技术学院毛芳芳老师编写第七章,黑龙江农业经济职业学邢立伟老师参加编写第二章第二节。全书最后由宋志伟修订与统稿。本书承蒙河南农业大学博士生导师马新明教授主审。在编写过程中,得到河南农业职业学院、黑龙江生物科技职业学院、黑龙江农业经济职业学院、云南农业职业技术学院、河北政法职业学院、云南林业职业技术学院等单位领导大力支持,在此一并表示感谢。

由于编写者水平有限,加之编写时间仓促,不足之处在所难免,恳请各院校师生批评指正,以便今后修改完善。

编 者

2007 年 2 月

目 录

Ⅰ 植物生长环境基础

Ⅱ 植物生长环境调控

Ⅰ　植物生长环境基础

基础一　植物生产概述

基础二　环境条件与植物生长

基础一 植物生产概述

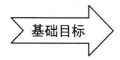

基础目标

◆ 能描述植物生长发育有关概念；熟悉植物生长发育基本规律、植物生产作用与特点；树立合理利用与保护植物生长资源的意识。

一、植物生长概述

地球经历近 35 亿年漫长的发展和进化过程，形成了约 200 万种现存生物，其中植物有 50 余万种。无论高山、平原、湖泊、海洋、沙漠，还是热带、亚热带、温带、寒温带等都有不同的植物种类生长繁衍。

我国地域辽阔，幅员广大，从东到西地形变化复杂，从南到北气候条件多样，这种得天独厚的自然条件，为各种植物提供了良好的生存环境。据统计，我国有高等植物 4 万余种，数量之多，居世界前列，有些种类为世界罕有，如银杏、水杉、鹅掌楸、珙桐等。随着商品经济的发展，人们不仅要求提高植物的产量和品质，而且还要求有越来越多的植物产品进入市场，把自然界中丰富的有用植物开掘出来，特别是对野生植物资源充分的开发和利用，以满足人们日益增长的物质和精神生活的需要。

（一）植物的生长发育

植物一生有两种基本生命现象，即生长和发育。生长是指植物在体积和重量上的增加，是一个不可逆的量变过程；生长是通过细胞分裂、伸长来体现的，如根、茎、叶的生长等。发育是指植物的形态、结构和机能上发生的质变过程；发育表现为细胞、组织和器官的分化形成，如花芽分化、幼穗分化等。

植物的生长发育又可分为营养生长和生殖生长，一般以花芽分化（穗分化）为界限,但二者之间往往有一个过渡时期,即营养生长和生殖生长并进期。植物的营养器官——根、茎、叶等的生长称为营养生长;是指以分化、形成营养器官为主的生长;一般把进行营养生长的时期称为营养生长期或营养生长阶段。植物生殖器官——花、果实、种子等的生长称为生殖生长;是指植物以分化、形成生殖器官为主的生长;一般把进行生殖生长的时期称为生殖生长期或生殖生长阶段。

(二)植物生长发育规律

1.植物的生活周期和生产周期

植物的生活周期就是植物的自然生命周期。根据生活周期长短可将植物分为一年生植物、两年生植物和多年生植物。植物的生产周期是指从播种或萌发到产品器官收获的时期。一年生植物或二年生植物的生产周期等于或短于生活周期,多年生植物的生产周期常表现为年周期规律。

2.植物生长的周期性

植物生长的周期性是指植株或器官生长速率随昼夜或季节变化发生有规律变化的现象。植物生长的周期性主要包括生长大周期、昼夜周期和季节周期等。

植物生长大周期是指植物初期生长缓慢,以后逐渐加快,生长达到高峰后,开始逐渐减慢,以致生长完全停止,形成了"慢—快—慢"的规律(图 1-1-1)。昼夜周期是指植物的生长速率随昼夜温度变化而发生有规律变化的现象。季节周期是指植物在一年中的生长随季节的变化而呈现一定的周期性规律,如温带树木的生长,随着季节的更替表现出明显的季节性。

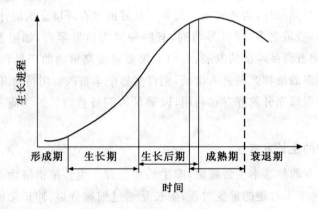

图 1-1-1 植物生长进程示意图

(引自植物生长环境,宋志伟,2007)

3.植物生长的相关性

植物生长的相关性表现为地上部分与地下部分生长的相关性、主茎与侧枝的相关性(顶端优势)、营养生长与生殖生长的相关性、植物的极性与再生等。

植物地上部分(包括茎、叶、花、果实、种子等)生长与地下部分(根)生长有密切关系,主要表现在:地上部分与地下部分物质相互交流;地上部分与地下部分重量保持一定的比例,即根冠比,植物才能正常生长;环境条件、栽培技术对地下部分和地上部分生长影响不一致。

顶端优势是指由于植物的顶端生长占优势而抑制侧芽生长的现象。顶端优势现象普遍存在于植物界,如向日葵、玉米、高粱等植物顶端优势很强,一般不分枝;而雪松、水杉等植物顶端优势明显,易形成宝塔形树冠;而水稻、小麦等植物的顶端优势较弱,在分蘖节上能产生多次分枝。

营养生长与生殖生长的相关性主要表现在:营养生长是生殖生长的基础,一般营养生长适度,生殖生长才较好;营养生长和生殖生长并进阶段两者矛盾大,要促使其协调发展;在生殖生长期,营养生长仍在进行,要注意控制,促进植物高产。

极性现象是指植物某一器官的上下两端,在形态和生理上有明显差异,通常是上端生芽、下端生根的现象。植物再生现象是指当植物失去某一部分后,在适宜环境条件下,能逐渐恢复所失去的部分,再形成一个完整的新个体的现象。利用植物的再生现象可进行快速繁殖,如植物组织培养技术便是利用这一原理。

4.植物的成花原理

在植物生殖器官形成以前,有一个时期对环境条件有特定的要求。如果这些条件得不到满足,生殖器官就会延迟形成或不能形成。

许多秋播植物(如冬小麦)在其营养生长期必须经过一段低温诱导,才能转为生殖生长(开花结实)的现象,称为春化作用。根据其对低温范围和时间要求不同,可将其分为冬性类型、半冬性类型和春性类型三类。

许多植物在开花之前,有一段时期,要求每天有一定的昼夜相对长度的交替影响才能开花的现象,称为光周期现象。根据植物开花对光周期反应不同可将植物分成三种类型:短日照植物、长日照植物和日中性植物。

二、植物生产概述

植物生产是以植物为对象,以自然环境条件为基础,以人工调控植物生长为手段,以社会经济效益为目标的社会性产业。

(一)植物生产的作用

植物生产是农业生产的基础,不但直接供给人类所需的生活资料,而且还要供给农业中的畜牧业、渔业等所需的饲料。植物生产的地位和作用主要表现在以下几个方面。

1. 人民生活资料的重要来源

众所周知,人们生活所消费的粮食、水果、蔬菜几乎全部由植物生产提供。目前,我国服装原料的 80% 来自植物生产,合成纤维仅占 20% 左右。随着人类生活水平的提高,资源可持续利用和环保安全意识的加强,人们将会越来越喜欢可再生的、经济的植物纤维。

2. 工业原料的重要来源

目前,我国约有 40% 的工业原料、70% 的轻工业原料来源于农业生产。随着我国工业的发展和人民消费结构的变化,以农产品为原料的工业产值在工业产值中的比重会有所下降,但有些轻工业,如制糖、卷烟、造纸、食品等的原料只能来源于农业,且主要来自植物生产,所以农产品在我国工业原料中占有较大比例的局面短期内不会改变。

3. 出口创汇的重要物质

目前,我国工业与世界先进水平还有相当大的差距,在世界市场上的竞争力还较弱,而农副产品及其加工产品在国家总出口额中占有较大的比重,是出口物资的重要来源之一。可见,植物生产在农业增效和农民增收方面起着主要作用。

4. 农业的基础产业

农业是由种植业、畜牧业、林业和渔业组成。畜牧业和渔业的发展很大程度上依赖于种植业即植物生产的发展。在我国,种植业占比重最大,是农业的基础,具有举足轻重的地位和作用。

5. 农业现代化的组成部分

实现农业现代化是我国社会主义现代化的重要内容和标志,是体现一个国家社会经济发展水平和综合国力的重要指标。植物生产是农业的基础,没有现代化的植物生产,就没有现代化的农业和现代化的农村。

(二)植物生产的特点

植物生产以土地为基本生产资料,受自然条件的影响较大,生产的周期较长,与其他社会物质生产相比,具有以下几个鲜明的特点。

1. 系统的复杂性

植物生产是一个有序列、有结构的复杂系统,受自然和人为等多种因素的影响和制约。它是由各个环节(子系统)所组成,既是一个大的复杂系统,又是一个统一的整体。

2.技术的实用性

植物生产主要研究解决植物生产中的实际问题,所研究形成的技术必须具有适用性和可操作性,力争做到简便易行,省时省工,经济安全。

3.生产的连续性

植物生产的每个周期内,各个环节之间相互联系,互不分离;前者是后者的基础,后者是前者的延续,是一个长期的周年性社会产业。上一茬植物与下一茬植物,上一年生产与下一年生产,上一个生产周期与下一个生产周期,都是紧密相连和互相制约的。

4.植物生长的规律性

植物生长发育过程形成了显著的季节性、有序性和周期性。

5.明显的季节性

植物生产是依赖于大自然的生产周期较长的社会产业。而一年四季的光、热、水等自然资源的状况是不同的,所以植物生产不可避免地受到季节的强烈影响。

6.严格的地域性

地区不同,其纬度、地形、地貌、气候、土壤、水利等自然条件就不同,地区的社会经济、生产条件、技术水平等也就有差异,从而构成了植物生产的地域性。

☆ 关键词

生长 发育 植物生活周期 植物生产周期 植物生长相关性 顶端优势 植物再生现象 春化作用 光周期现象 植物生产

☆ 内容小结

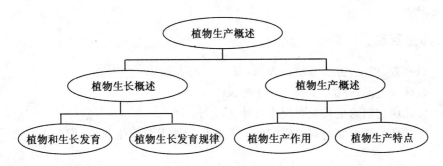

☆ **信息链接**

植物生长模拟计算机

植物生长模拟计算机是通过大量的科学实验,结合各类植物快繁的实际需求,并与计算机环境控制技术和农业智能专家系统软件有机相结合而开发的计算机控制系统。通过计算机人工再现植物生长环境因子,采用"智能植物"代替传统传感器,自动感应各种环境因子,结合快繁专家系统能对植物离体材料的细胞活化期、愈伤组织形成期、生根炼苗期的环境进行智能调节控制(图 1-1-2)。为植物离体材料提供适宜的温、光、气、热、养分等环境因子,促进根系形成并快速成苗。它是植物快繁外在环境调控的保证,是植物非试管快繁技术体系的重要组成部分。

图 1-1-2 植物生长模拟计算机示意图

☆ **师生互动**

以小麦、棉花、番茄等植物为例,探讨以下问题:

1.区分它们的营养生长与生殖生长。

2.说明它们的生长发育规律有什么区别。

3.阐述生产上如何调控它们的地下部分与地下部分生长,它们是否存在顶端优势?

4.根据植物成花原理,它们分别属于哪类植物?

☆ 资料收集

1.阅读有关植物类、农作物类、蔬菜类、果树类等杂志。

2.浏览有关植物类、农作物类、蔬菜类、果树类等信息网站。

3.通过本校图书馆借阅有关植物生长与环境方面的有关书籍。

4.了解近两年有关植物生长方面的新技术、新成果、最新研究进展等资料,制作卡片或写一篇综述文章。

基础二 环境条件与植物生长

基础目标

◆ 能描述环境、环境条件等植物生长环境有关概念；熟悉与植物生长有关的环境因素，及其植物生长与环境的关系；树立植物生长的环境有效利用与农产品质量安全意识。

一、环境条件

(一)环境

1.环境的含义

环境是针对某一特定主体而言的，与某一特定主体有关的周围一切事物的总和就是这个主体的环境。在生物科学中，环境是指某一特定生物体或生物群体以外的空间及直接或间接影响该生物或生物群体生存的一切事物的总和。对植物而言，其生存地点周围空间的一切因素，如气候、土壤、生物等就是植物的环境。

构成环境的各个因素称为环境因子。环境因子不一定对植物都有作用，对植物的生长、发育和分布产生直接或间接作用的环境因子通常称为生态因子。对植物起直接作用的生态因子有光、温度、水、土壤、大气、生物等六大因子。在自然界中，生态因子不是孤立地对植物起作用，而是综合在一起影响着植物的生长发育。

2.环境的特点

环境的基本特点表现为整体性、有限性、隐显性和持续性。

(1)整体性 虽然环境可按范围有区域环境、生境甚至小环境等区分，但环境本身是一个整体,局部地区环境的破坏或污染必然会对全球环境造成巨大的影响。

(2)有限性 环境的有限性,一方面指环境资源的有限性,另一方面是指环境承受外界冲击力的有限性。

(3)隐显性 环境变化是一个渐进、缓慢的过程,环境对于作用其上的因子的效果并非都能即时显现,这就是环境的隐显性。

(4)持续性 外界因素对环境的影响具有持续性。如海湾战争造成的石油污染需几百年才能消除;又如长白山的森林资源多年来对于该地区的环境维护以及抵抗环境污染起到了积极的作用。

3.环境的分类

环境是一个非常复杂的体系,依据不同的角度有不同的分类方法(表 1-2-1)。

表 1-2-1 环境的不同类型

分类依据	环境类型
环境主体	人类环境和生物环境
环境范围	体内环境(小环境)、生境、区域环境、地球环境和宇宙环境
环境要素	自然环境(大气环境、水环境、土壤环境、生物环境、地质环境等) 社会环境(聚落环境、生产环境、交通环境、文化环境等)
植物对象	自然环境、半自然环境和人工环境

(二)植物环境

1.自然环境

植物生长离不开所处的自然环境,根据其范围由大到小可分为宇宙环境、地球环境、区域环境、生境、小环境和体内环境(表 1-2-2)。

表 1-2-2 自然环境的类型

类型	内 容
宇宙环境	包括地球在内的整个宇宙空间。到目前为止,宇宙空间内仅发现地球存在生命
地球环境	是以生物圈为中心,包括与之相互作用、紧密联系的大气圈、水圈、岩石圈、土壤圈共 5 个圈层
区域环境	是指在地区不同区域,由于生物圈、大气圈、水圈、岩石圈、土壤圈等 5 大圈层不同的交叉组合所形成的不同环境。如海洋(沿岸带、半深海带、深海带和深渊带)和陆地(高山、高原、平原、丘陵、江河、湖泊等)
生境	又称栖息地,是生物生活空间和其中全部生态因素的综合体

续表1-2-2

类型	内容
小环境	是指对生物有着直接影响的邻接环境,如接近植物个体表面的大气环境、植物根系接触的土壤环境等
体内环境	是指植物体各个组成部分,如叶片、茎干、根系等的内部结构

2.半自然环境

半自然环境是指通过人工调控管理自然环境,使其更好地发挥其作用的环境,包括人工草地环境、人工林地环境、农田环境、人为开发管理的自然风景区、人工建造的园林生态环境等。

3.人工环境

人工环境是指由人类创建并受人类强烈干预的环境。如温室、大棚及各种无土栽培液、人工照射条件、温控条件、湿控条件等。

(三)环境条件

环境条件,又称生态因子,是指环境中对生物的生长、发育、生殖、行为和分布等有直接或间接影响的环境要素。通常按其性质可分为气候、土壤、地理、生物、人类活动等条件或因子(表1-2-3)。

表1-2-3 环境条件的类型

类型	内容
气候	如光照、温度、湿度、降水、雷电等
土壤	如土壤的结构、组成、性质及土壤生物等
地理	如海洋、陆地、山川、沼泽、平原、高原、丘陵,海拔、坡向、坡度、经度、纬度等
生物	动物、植物、微生物对环境及它们之间的影响
人类活动	人类活动对生物、环境的影响等

二、环境条件与植物生长

植物的生长除决定于遗传潜势外,还受环境条件的影响。环境因子中主要是温度、光照、水分、气体和土壤等。

(一)温度与植物生长

温度是植物生命活动最基本的生态因子。植物只有在一定的温度条件下才能生长发育,达到一定的产量和品质。对植物生长发育关系最密切的温度有土温、气温和体温。土壤温度对播种、根系发育以及越冬都有很大影响,从而也影响到地上部的生长发育。气温与植物地上部生长发育有直接关系,它也间接影响土壤温度和植物根系生长发育;它是影响植物生理活动、生化反应的基本因子。土壤热量状况和邻近气层的热状况存在着直接的依赖关系,但由于土壤、土壤覆盖层以及植物茎叶层的影响,土温和气温仍有不同,而且随土层的加深两者差别加大。植物属于变温类型,所以植物地上部体温通常接近气温;根温接近土温,并随环境温度的变化而变化。

维持植物生命的温度有一个范围,保证植物生长的温度在维持植物生命的温度范围内,保证植物发育的温度在生长温度范围之内。对大多数植物来说,维持生命的温度范围一般在 $-30\sim50℃$,保证生长的温度范围在 $5\sim40℃$,而保证发育的温度在 $10\sim35℃$。一般寒带、温带植物在此范围内偏低一些,而热带植物则偏高一些。

温度对植物生长发育的全过程均有影响,各生育过程产生的结果无一不与温度有关。每一时期的最佳温度及温度效应模式各不相同,品种内及品种间也不相同。同一植物种(品种)在不同生育期对温度的要求也会有差异,例如幼苗生长的最适宜温度常不同于成株;不同器官的也有差异,生长在土壤中的根,其生长最适温度常比地上部的低;又如作为生殖器官的果实,其需热量不但比营养器官高,而且反应敏感,温度的高低、热量的满足程度,直接影响果实生长发育进程的快慢。

(二)光照与植物生长

光是光合作用的能源,在光的作用下,植物表现出光合效应、光形态建成和光周期现象,使之能自身制造有机物,得以生存和正常生长发育,这些效应是光量、光质和光照时数所作用的结果。

光照对植物生育的影响表现为两个方面:一是通过光合成和物质生产从量的方面影响生育;二是以日照长度为媒介从质的方面影响生育。大多数植物喜光。当光照充足时,芽枝向上生长受阻,侧枝生长点生长增强,植物易形成密集短枝,株体表现张开;而当光照不足时,枝条明显加长和加粗生长,表现出体积增加而重量并不增加的徒长现象。

光量是等于光通量乘以时间所得之积的光能。光是光合作用的能源,又是叶绿素合成的必需条件,它是影响植物光合作用的重要因素,它对植物生长、发育和形态建成有重要作用。第一,光能促进细胞的增大和分化,影响细胞的分裂和伸长,植物体积的增长和质量的增加;第二,光能促进组织和器官的分化,制约着器官的生长和发育速度;第三,植物体各器官和组织保持发育上的正常比例,也与一定的光量直接有关;第四,光量影响植物发育与果实的品质。如遮光处理会造成落花落果,影响植物营养体和籽实下降,且对地下部分的影响比地上部大,禾本科植物受的影响比豆科植物大。光照越强,幼小植株的干物质生产量越高。

光质是指太阳辐射光谱成分及其各波段所含能量。可见光中的蓝、紫、青光是支配细胞分化的最重要光谱成分,能抑制茎的伸长,使形态矮小,有利于控制营养生长,促进植物的花芽分化与形成。因此,在蓝紫光多的高山地方栽种的植物,常表现植体矮小,侧枝增多,枝芽健壮。相反,远红光等长波光能促进伸长和营养生长。

光照时数是指光照时间长短,以小时为单位,植物对光照长短的反应,最突出的是光周期,同时也与生长发育有关。在短日照条件下,一般植物新梢的伸长生长受抑制,顶端生长停止早,节数和节间长度减少,并可诱发芽早进入休眠。长日照较短日照有利于果实大小、形状色泽的发育和内含物等品质的提高。

(三)水分与植物生长

植物的生长发育只有在一定的细胞水分状况下才能进行,细胞的分裂和增大都受水分亏缺的抑制,因为细胞主要靠吸收水分来增加体积。生长,特别是细胞增大阶段的生长对水分亏缺最为敏感。水对植物的生态作用是通过形态、数量和持续时间三个方面的变化进行的。不同形态是指固、液、气三态;数量是指降水特征量(降水量、强度和变率等)和大气温度高低;持续时间是指降水、干旱、淹水等的持续日数。以上三方面的变化都能对植物的生长发育产生重要的生态作用,进而影响植物的产量和品质。雨是降水中最重要的一种形式,通常也是植物所需水分最主要的来源。因此,降水量或降水特征既影响植物生长发育、产量品质而起直接作用,又引起光、热、土壤等生态因子的变化而产生间接作用。植物休眠后,植物体要求有一定的水分才能萌芽,供水不足的植物,常使萌芽期延迟或萌芽迟早不齐,并影响枝叶生长。久旱无雨,植物体积增长提早停止,结构分化较快发生,花期缩短,结实率降低,叶小易落,影响光合作用,进而影响营养物质的积累和转化,降低越冬性。缺水对光合作用的抑制主要原理是通过水对气孔运动的效应而不是水作为光合反应物的作用。降雨多,植物徒长,组织不充实,持续降雨,水分过剩,会引起涝害,出现下层根系死亡,叶失绿,早落叶,并影响授粉受精,造成落花落果。

空气湿度,特别是空气相对湿度对植物的生长发育有重要作用。如空气相对湿度降低时,使蒸腾和蒸发作用增强,甚至可引起气孔关闭,降低光合效率。如植物根不能从土壤中吸收足够水分来补偿蒸腾损失,则会引起植物凋萎。如在植物花期,则会使柱头干燥,不利于花粉发芽,影响授粉受精;相反,如湿度过大,则不利于传粉,使花粉很快失去活力。空气相对湿度还影响植物的呼吸作用。湿度愈大,呼吸作用愈强,对植物正常生长发育愈不利。此外,如空气湿度大,有利于真菌、细菌的繁殖,常引起病害的发生而间接影响植物生长发育。

(四)气体与植物生长

空气中某些成分量的变化(如二氧化碳和氧等浓度的增减)和质的改变(如有毒气体、挥发性物质的增多和水汽的增减等)都能直接影响植物的生长生育。

大气、土壤、空气和水中的氧气是植物地上部和根系进行呼吸不可少的成分。空气中氧是植物的光合作用过程中释放的,是植物呼吸和代谢必不可少的。植物呼吸时吸收氧气,放出二氧化碳,把复杂的有机物分解,同时释放贮藏的能量,以满足植物生命活动的需要。氧在植物环境中还参与土壤母质、土壤、水所发生的各种氧化反应,从而影响植物的生长。大气含氧量相当稳定,植物的地上部通常无缺氧之虞,但土壤在过分板结或含水太多时,常因不能供应足够的氧气,成为种子、根系和土壤微生物代谢作用的限制因子。如土壤缺氧,将影响微生物活动,妨碍植物根系对水分和养分的吸收,使根系无法深入土中生长,直至坏死。豆科植物根系入土深而具根瘤,对下层土壤通气不良缺氧更为敏感。土壤长期缺氧还会形成一些有毒物质,从而影响植物的生长发育。

二氧化碳是植物光合作用最主要的原料,它对光合作用速率有较大影响。大气中二氧化碳含量对植物光合作用是不充分的,特别是高产田更感不足,它已成为增产的主要矛盾。研究发现,当太阳辐射强度是全太阳辐射强度的30%时,大气中二氧化碳的平均浓度,对植物光合作用强度的提高已成为限制因子。因此,人为提高空气中二氧化碳浓度,常能显著促进植物生长。在通气不良的土壤中,因根部呼吸引起的二氧化碳大量积聚,不利于根系生长。

(五)土壤与植物生长

植物生长发育所需要的水分和养分,大都通过根系从土壤中吸收。土壤质地、深度、通气、水分和营养状况皆对植物的生育有极大的影响。土壤质地越细,水分移动速度越慢,水分含量也越高,但透气性则越差。黏质土不利于植物根系向土壤深层发展。沙质土的肥力虽差,容易干旱,但通气良好,有利于植物根系向纵深发展。土壤深厚可提高土肥水利用率,增加根系生长的生态稳定条件,使植物根系层加厚,促进主根生长,从而加强植株的生长势,使根深叶茂,得以充分利用空间而高产。植物在通气良好的土壤中,根系生长快,数量多,发育好,颜色浅,根毛多;缺氧条件下,根系短而粗,吸收面小,使植物的开花结实率明显降低。土壤含水量越少,植物需水量越大。因土壤含水量减少时,光合作用比蒸腾作用衰退得早。当接近萎蔫点时,需水量就急剧增加。土壤含水量大于最适水分时,由于氧气不足对根系伸长有抑制作用,同时,光合作用显著衰退,耗水量增多,使需水量增加。土壤水分不足,吸收根加快老化而死亡,而新生的很少,其吸收功能减退,同时影响土壤有机质的分解、矿质营养的溶解和移动,减少对植物养分水分的供应,导致生长减弱,落花落叶,影响产量和品质。土壤含水量超过田间持水量时,会导致土壤缺氧和提高二氧化碳含量,从而使土壤氧化还原势下降;土壤反硝化作用增强,硝酸盐转化成氮气而大量损失硝酸盐;产生硫化物和氰化物,抑制根系生长和吸收功能,使根系死亡。由于水涝对根系生长的影响,也影响根部细胞分裂素和赤霉素的合成,从而影响植物地上部激素的平衡和生长发育。

土壤营养状况显著影响植物的生长发育。丰富的氮可促使植物生长,表现分蘖增多,叶色深绿,枝条生长加快,但须有适量磷、钾及其他元素的配合。磷利于根的发生和生长,提高植物抗寒、抗旱能力;适量的磷可促进花芽分化,提高植物种子产量。适量的钾可促进细胞分裂、细胞和果实增大,促进枝条加粗生长,组织充实,提高抗寒、抗旱、耐高温和抗病虫的能力。

三、植物生长对环境的适应

在植物与环境的相互关系中,一方面,环境对植物具有生态作用,能影响和改变植物的形态结构和生理生化特性;另一方面,植物对环境也有适应性。植物以自身变异来适应外界环境的变化,这种适应性是对综合环境条件而言的。

(一)植物对环境的生态适应

1.适应的概念

适应是指植物在生存竞争中适合环境条件而形成一定性状的现象。所有植物,既需要能适应物理环境,也需要能适应生物环境,如果它们不适应,就不能生存。如落叶树的季节性落叶,就是植物对环境季节性变化适应的一种生理调节机制。适应组合是指植物对某一特定生境条件表现出的一整套的协同适应特性,如沙漠植物适应极炎热和干旱条件。

2.适应的类型

(1)趋同适应 是指不同种类的植物生长在相同(或相似)环境条件下,产生相同(或相似)的适应方式或途径,从而使不同种植物在外部形态、内部结构或生理学特性等方面表现出相似的适应性特征。例如,仙人掌科植物为适应沙漠干旱环境,常形成肉质多汁的茎,叶子则退化成刺状;生活在相同环境下,但属于其他类群的植物,如菊科的仙人笔和大戟科的霸王鞭具有类似的形态特征,这就是趋同适应的结果。

（2）趋异适应　是指同种植物的不同个体群，由于分布地区的间隔，长期接受不同环境条件的综合影响，个体群之间发生了生态变异，从而使它们在形态、生理和遗传等方面出现了分异。如芦苇在我国由于分布区生态条件的差异，出现了水芦、沙芦、鸡爪芦和麦秆芦四个生态型。

同种植物的不同个体由于生长在不同环境条件下，长期受综合生态条件的影响，在生态适应过程中，发生了不同个体群之间的变异和分化，并且这些变异在遗传上被固定下来，分化成不同的个体群类型，这种不同的个体群称为生态型。生态型是同种植物对不同环境条件发生趋异适应的结果。根据形成生态型的主导生态因子不同，可把生态型分为气候生态型、土壤生态型和生物生态型等。如分布在南方的小麦一般表现为短日照类型，北方的小麦则表现为长日照类型；羊茅具有广布而不耐铅类型、中度耐铅类型和高度耐铅类型；水稻在长期自然选择和人工培育下，形成许多适应于不同地区、不同季节、不同土壤的品种生态型。

（二）植物的生活型与生态型

趋同适应与趋异适应代表了植物适应性发展的两个不同的侧面，趋同适应促使不同类群的植物向着同一个方向发展，结果形成具有相似适应特征的生活型；而趋异适应则是种内的分化定型过程，其结果是导致产生不同的生态型。

1. 植物的生活型

不同种植物长期生活在同一区域或相似区域，由于对该地区环境的共同适应，从外貌上反映出来的植物类型，都属于同一生活型。如在荒漠地区，植物种类少，对该环境的适应结果是形成了相同的生活型；而在复杂的森林群落内，由于环境复杂，植物对该环境的适应形成不同的生活型，表现为成层现象。Raunkiaer 把高等植物划分为高位芽植物、地上芽植物、地面芽植物、地下芽植物和一年生植物等 5 大生活型（图 1-2-1）。其中，高位芽植物的更新芽位于距地表 25 cm 以上，如乔木、灌木和一些生长在热带潮湿气候条件下的草本等；地上芽植物的更新芽不高出地表 25 cm，多为小灌木、半灌木（茎仅下部木质化）或草本；地面芽植物在生长不利季节，地上部分全部死亡，更新芽位于地面，被土壤或残落物保护；地下芽植物的更新芽埋在地表以下或位于水体中；一年生植物在不良季节，地上、地下器官全部死亡，以种子形式渡过不良季节。

2. 植物的生态型

同种植物的不同种群由于长期分布在不同环境中，在生态适应过程中发生变异与分化,形成不同的形态、生理和生态特征,并通过遗传固定下来,从而分化为不同的种群类型,即生态型(图1-2-2)。

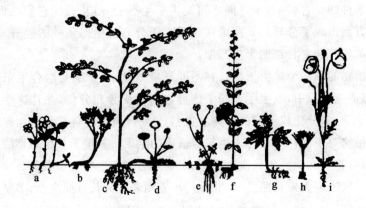

图 1-2-1　植物的生活型

a.高位芽植物　b,c.地上芽植物　d,e,f.地面芽植物　g,h.地下芽植物　i.一年生植物

(引自园林生态学,刘常富,2003)

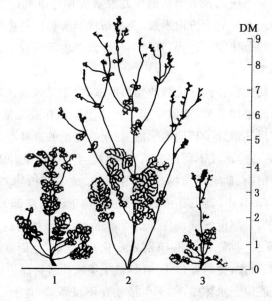

图 1-2-2　生长在同一生境中的 3 个生态型

1.海岸生境　2.中山生境　3.高山生境

(引自园林生态学,刘常富,2003)

生态型的形成有许多因素,通常按照形成生态型的主导因素将其划分为气候生态型、土壤生态型、生物生态型和人为生态型 4 类(表 1-2-4)。

表 1-2-4　植物的 4 种生态型

类型	特　征
气候生态型	是植物长期受气候因素影响所形成的生态型,表现为形态上的差异、生理上的差异或二者兼而有之
土壤生态型	是由于长期受不同土壤条件的作用而产生的生态型,如地处河洼地和碎石堆上的牧草鸭茅,由于土壤水分差异而形成两个生态型:河洼地上的生长旺盛、高大、叶厚、色绿、产量高;而碎石堆上的植株矮小、叶小、色淡、萌发力极弱、产量低
生物生态型	主要由于种间竞争、动物的传媒以及生物生殖等因素的作用所产生的生态型
人为生态型	人类利用杂交、嫁接、基因重组、组织培养等技术培育筛选的生态型

(三)植物适应环境的方式

植物对环境的适应取决于植物所处的环境条件以及与其他生物之间的关系,常表现为:一般环境的适应组合、极端环境的休眠及随环境变化而变化的驯化。

1.适应组合

在一般环境条件下,植物对环境的适应往往表现为一组或一整套彼此相互关联的适应方式,甚至存在协同和增效作用。这一整套协同的适应方式就是适应组合。如沙漠植物为适应环境,不仅有表皮增厚、气孔减少、叶片卷曲现象,而且有的植物还形成了贮水组织等特性。

2.休眠

在极端环境条件下,植物常采用一个共同的适应方式——休眠。休眠是植物抵御暂时不利环境条件的一种非常有效的生理机制。如热带、亚热带树木在干旱季节脱落叶片进入短暂的休眠期,温带阔叶树则在冬季来临前落叶以避免干旱与低温的威胁等。

3.驯化

驯化是指植物对某一环境条件的适应是随着环境变化而不断变化的,表现为范围的扩大、缩小和移动。植物驯化分为自然驯化和人工驯化。自然驯化往往是由于植物所处的环境条件发生明显变化而引起的,被保留下来的植物往往能更好地适应新的环境条件。人工驯化是在人类作用下使植物的适应方式改变或适应范围改变的过程,是植物引种和改良的重要方式。如将不耐寒的南方植物经低温驯化引种到北方。

☆ 关键词

环境 环境条件 人工环境 趋同适应 趋异适应 植物的生活型 植物的
生态型 适应组合 休眠 驯化

☆ 内容小结

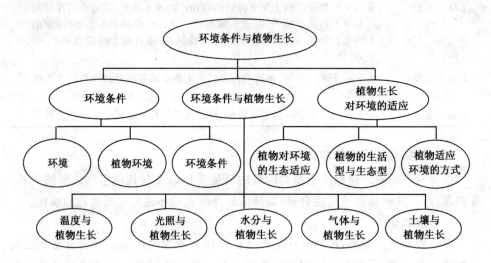

☆ 信息链接

植物与环境的巧妙适应

植物王国不仅有着伟大的生命活动,而且种类繁多、姿态万千。它们有的挺拔
参天,有的细如绒毛,有的四季常绿,有的五颜六色……它们几乎无所不在,有的长
在高山,有的生于深海,有的附生于其他生物之上,有的又寄生在一些生物体内,无
论是干旱少雨的沙漠、终年积雪的冰峰,还是气候极为恶劣的南北极地,都有它们
的踪迹。植物的多样性与植物的生存环境息息相关。

要想知道植物与环境如何巧妙的适应,千岁兰就是一个很好的例子。千岁兰
生长在非洲西南部的纳米布沙漠。那里雨水奇缺,每年降水量只有 $10\sim15$ mm。
干、热、缺水和高温,正是一望无垠大沙漠的特点。千岁兰能与沙漠共存下来的秘
诀在哪里呢?千岁兰的茎十分短粗,直径有 1 m 左右,高只有 $20\sim30$ cm,根又直
又深。茎顶下凹,像个大木盆。"木盆"边却有两片牛皮纸一样的又长又宽的带状

叶片。叶片宽 30 cm，长 2～3 m，分别长于"木盆"两侧。由于沙石的磨损和干燥的气候，叶片常裂成许多细片，当远远望去，整个千岁兰植株就仿佛是一只趴伏在沙海上的大章鱼。沙漠干旱，别的植物都把叶子缩小成针状（或刺）以减少水分蒸发，可千岁兰却一反常态，叶片长得又大又长，真是怪事。其实，千岁兰存活的秘密就与这两个巨大的叶片有关。原来，纳米布沙漠的气候有点古怪。它是近海沙漠，在夜晚有大量海雾形成重重的露水滴落下来，千岁兰就可以通过它的又大又宽的叶片吸收凝聚在叶面上的水分，弥补土壤中水分的不足。再加上它那又直又深的根可以吸收一些地下水，这样，在纳米布沙漠就可以找到立足之地了。千岁兰的叶片基部可以不断生长，虽然叶片前端可能损伤破坏，但基部可继续补充，所以，不但它的叶片形状奇特，叶片的寿命也极长，一经长出，终生不换。科学家估计，千岁兰一般能活百年，以至千年。寿命最长的，据说有 2 000 年。这样，它的叶子当然也可活千年，成为寿命最长的千岁叶了。千岁叶，这在植物中也可能是绝无仅有的。千岁兰是特殊环境中形成的特殊植物。除了纳米比亚及其北部的安哥拉荒漠地区以外，地球上再也找不到它的踪影，所以珍稀程度更是不言而喻。

　　拉氏瓜子金这种"带水壶的藤子"，与千岁兰以叶取水的方法有异曲同工之妙。拉氏瓜子金是生长在东南亚、热带雨林中的一种藤本植物。它的茎不粗，节上一边长着椭圆形的叶片，另一边则长着气生根。但在原来长叶的地方，有时却为一种长达十几厘米的瓶状叶所代替，节上的根则一头扎进这种"瓶子"中。根扎到"瓶子"中去干什么呢？原来是为了吸水。按理说，热带雨林还缺什么水！不过，雨林中尽管降雨丰富，但也总有不下雨的时候，特别是这些挂在半空中的藤子，每当两场雨间隔稍久，就会感到干渴。这时，拉氏瓜子金就可利用在降雨时注满了雨水的"瓶子"来补充饮料，以解除干渴之患。当旅行家在雨林中发现拉氏瓜子金的瓶状叶时，无不赞叹大自然造物之神奇。于是，人们给它取了一个十分形象的名字——"带水壶的藤子"，因为它与旅游者背着水壶的目的简直是太相像了。

　　"物竞天择，适者生存。"像千岁兰和拉氏瓜子金一样，红树与环境的适应也正好反映出了这句名言。红树生长在南美洲、非洲、马来西亚、印度以及我国广东、福建沿海的海滩地区，常常也是咸水和携带泥沙的河水交会处及潮汐的边缘地带。受到海潮的拍打冲刷，这对大多数植物来说是致命的。为了适应这样的特殊环境，首先，红树的种子在果实未落地时就已在树上萌发成了幼苗，这也是植物学上所谓的"胎生现象"，而红树就是这种胎生树或叫胎生植物。每当人们在海滩看到那些挂在红树茂密枝条上一条条棒状的幼苗时，这就是红树林胎生现象的奇观。由于红树有种子可以在树上萌发的本领，下落时，长长有尖的种子根就会像矛一样深深扎入泥土中，使这种生于海边的植物后代几小时之内就能生根成为一棵小树而不被海潮卷走。成长的红树,还会生长出许多高跷状的根突出于水面之上,它既能固定树干,又可使母树不怕盐水浸蚀,不被海风吹倒。红树还有一绝,它和荒漠植物一样,可以用肥厚蜡质的树叶贮存淡水以供生活之用。

植物与环境惊人适应的例子很多,如果人类也能像植物与环境一样和谐相存,那我们的绿色家园将会变得多么美好!

☆ 师生互动

深入当地农村农户,探讨以下问题:

1. 当地有哪些植物巧妙适应环境的例子,举出 1～2 个?
2. 当地农民是如何合理利用环境条件调控植物生长发育?
3. 当地有哪些植物是从外地引进试种的?如何进行驯化适应的?

☆ 资料收集

1. 阅读有关植物类、气候类、土壤肥料类、生态类等杂志。
2. 浏览有关植物类、气候类、土壤肥料类、生态类等信息网站。
3. 通过本校图书馆借阅有关植物生长与环境方面的有关书籍。
4. 了解近两年有关植物生长环境方面的新技术、新成果、最新研究进展等资料,制作卡片或写一篇综述文章。

Ⅱ 植物生长环境调控

项目一 植物生长的土壤环境调控

项目目标

◆ **知识目标**：熟悉土壤的基本组成与基本性质；认识土壤三相物质对植物生长与土壤肥力的作用；认识土壤基本性质对植物生长与土壤肥力的作用。

◆ **能力目标**：能熟练进行土壤混合样品的采集与制备；能熟练判断当地土壤质地类型，合理选种植物；能熟练测定当地土壤的有机质含量，判断肥力状况；能熟练测定当地土壤的容重，计算土壤孔隙度，判断土壤松紧状况。能运用所学知识进行土壤肥力因素合理调节，培肥土壤，并对当地农业、草原、森林、城市等土壤环境进行合理调控。

模块一 基本知识

【模块目标】了解土壤、土壤肥力概念；了解土壤与植物生长发育的关系；熟悉土壤固相、液相和气相等三相物质组成特点；掌握土壤质地、土壤结构、土壤孔性、土壤吸收性能、土壤耕性、土壤酸碱性等基本性质及调控。

【背景知识】

土壤与植物生长发育

土壤是指发育于地球陆地表面能够生长绿色植物的疏松多孔表层。土壤是由岩石风化后再经成土作用形成的，是生物、气候、母质、地形、时间等自然因素和人类活动综合作用下的产物，其最基本特性是具有肥力。土壤肥力是土壤能经常适时供给并协调植物生长所需的水分、养分、空气、热量和其他条件的能力。

1.土壤是植物生长发育的基础

农业生产的基本任务是发展人类赖以生存的绿色植物生产。绿色植物生长所需五个基本要素:光、热量、空气、水分和养分,除光外,水分和养料主要来自土壤,空气和热量一部分也通过土壤获得。植物扎根于土壤,靠根系伸长固着于土壤中,并从土壤中获得必需的各种生活条件,完成生长发育的全过程(图 2-1-1)。归纳起来,土壤在植物生长和农业生产中有以下不可替代的作用:营养库作用,植物需要的氮、磷、钾及中量、微量元素主要来自土壤;养分转化和循环作用;雨水涵养作用,土壤具有很强的吸水和持水能力,可接纳或截留雨水;生物的支撑作用,绿色植物通过根系在土壤中伸展和穿插,来获得土壤的机械支撑,以稳定地站立于大自然之中;稳定和缓冲环境变化的作用,土壤具有抗外界温度、湿度、酸碱性、氧化还原性变化的缓冲能力;对进入土壤的污染物能通过土壤生物的代谢、降解、转化、消除或降低毒性,起着"过滤器"和"净化器"作用。

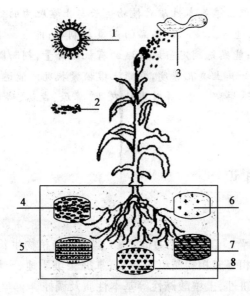

图 2-1-1　植物生长因子与土壤的关系
1.光照　2.空气　3.降水　4.土壤空气　5.水分　6.温度　7.养分　8.扎根

2.土壤是地球表层系统自然地理环境的重要组成部分

地球表层系统中大气圈、生物圈、岩石圈、水圈和土壤圈是构成自然地理环境的五大要素。其中,土壤圈覆盖于地球陆地表面,处于其他圈层的交接面上,成为它们连接的纽带,构成了结合无机界和有机界——即生命和非生命联系的中心环境(图 2-1-2)。

3.土壤是陆地生态系统的重要组成部分

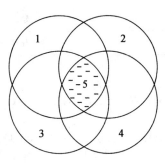

图 2-1-2　土壤圈的地位
1.大气圈　2.生物圈　3.岩石圈
4.水圈　5.土壤圈

土壤在陆地生态系统中起着极其重要的作用:是具有生命力的多孔介质,对动、植物生长和粮食供应至关重要;净化与储存水分;是具有复杂物理、化学和生物及生物化学过程的自然体,直接影响养分循环和有机废弃物的处理;土壤是陆地与大气界面上气体与能量的调节器,如温室气体的排放和土壤生物化学过程密不可分;是生物的栖息地和生物多样性的基础;是环境中巨大的自然缓冲介质;是常用的工程建筑材料。因此,土壤是陆地生态系统的重要组成部分。

4.土壤是地球上最珍贵的自然资源

首先,土壤作为资源,和水资源、大气资源一样是再生资源,只要科学用养,可永续利用。其次,从土壤的数量来看又是不可再生的,是有限的自然资源。我国的土壤资源由于受海陆分布、地形地势、气候、水分配和人口增长、城镇化、工业化扩展的影响,耕地土壤资源短缺、后备耕地土壤资源不足、人均耕地继续下降的情况还将进一步延伸。土壤资源的有限性已成为制约经济、社会发展的重要因素,有限的土壤资源供应能力与人类对土壤总需求之间的矛盾日趋尖锐。

一、土壤的基本组成

土壤由固相、液相和气相三相物质组成。固相物质是指土壤矿物质、土壤有机质及土壤生物,而分布于土壤的大小孔隙中的成分为土壤液相(土壤水分)和土壤气相(土壤空气)。

(一)土壤矿物质

土壤中所有无机物质的总和称为土壤矿物质,主要来自于岩石与矿物的风化物。一切自然产生的化合物或单质称为矿物,例如石英、白云母、黑云母、长石、金刚石、蒙脱石、伊利石、高岭石等。土壤矿物质按产生方式不同可分为原生矿物和次生矿物。

1.原生矿物

原生矿物是指在风化过程中没有改变化学组成和结晶结构而遗留在土壤中的原始成岩矿物,是由熔融的岩浆直接冷凝所形成的矿物,例如长石、石英、云母等,岩浆岩、沉积岩、变质岩中均含有原生矿物。土壤中的原生矿物主要存在于沙粒、粉沙粒等较粗的土粒中(表 2-1-1)。

表 2-1-1 土壤中常见原生矿物的性质

名称	化学成分	风化特点和分解产物
石英	SiO_2	不易风化,是土壤沙粒的主要来源
正长石	$KAlSi_3O_8$	较易风化,风化产物主要是高岭土、二氧化硅和其他无机盐,是土壤钾素、黏粒及黏土矿物的主要来源
斜长石	$NaAlSi_3O_8(Na_b) \cdot CaAl_2Si_2O_8(Ca_n)$	
云母	白云母:$KAl_2[AlSi_3O_{10}](OH)_2$ 黑云母:$K(Mg,Fe)_3[AlSi_3O_{10}](OH,F)_2$	主要有白云母和黑云母两大类,前者不易风化,后者易风化,是钾素和黏粒的来源
角闪石	$Ca_2(Mg^{2+},Fe^{2+})_4Al[Si_7AlO_{22}](OH)_2$	易风化,风化后产生黏土矿物,易释放无机养分
橄榄石	$(Mg^{2+},Fe^{2+},Mn^{2+})_2[SiO_4]$	易风化,风化后产生黏土矿物和释放养分

2. 次生矿物

在土壤中,次生矿物主要存在于土壤黏粒中,故次生矿物又称为黏土矿物。次生矿物是指原生矿物经过风化作用使其组成和性质发生变化而新形成的矿物。土壤中常见的黏土矿物可分成三大类:一是次生层状铝硅酸盐黏土矿物,例如蒙脱石、伊利石、高岭石等(表 2-1-2);二是结构比较简单、水化程度不等的铁、锰、铝和硅的氧化物及其水合物,如针铁矿($Fe_2O_3 \cdot H_2O$)、褐铁矿($2Fe_2O_3 \cdot 3H_2O$)、三水铝石($Al_2O_3 \cdot 3H_2O$)、水铝石($Al_2O_3 \cdot H_2O$)、蛋白石($SiO_2 \cdot nH_2O$)等;三是一些简单盐类,例如石膏、方解石、白云石等。

表 2-1-2 土壤中主要黏土矿物的性质

性质	高岭石	伊利石	蒙脱石
结构单元	1:1型	2:1型	2:1型
比表面积/(m^2/g)	7~30	70~120	700~800
黏结性、黏着性	弱	中	强
可塑性	弱	中	强
胀缩度/%	5	25	90~100
吸水能力	小	中	大
晶层厚度/nm	0.72	1.0	1.0~1.7
阳离子交换量/$(cmol(+)/kg)$	3~5	10~40	70~130

3. 岩石与岩石风化

（1）土壤中的岩石　岩石一般为三大类：一是岩浆岩，是由熔融态岩浆冷却后凝固而成的岩石，如花岗岩、流纹岩、正长岩、粗面岩、辉长岩、玄武岩、闪长岩、安山岩等；二是沉积岩，是指由原先岩石的碎屑、溶液析出物或有机质以及某些火山物质，在陆地或海洋中经堆积、挤压而成的一类次生岩石，如砾岩、砂岩、页岩、石灰岩等；三是变质岩，是指由地壳中原来的岩石由于受到构造运动、岩浆活动等影响，使其矿物成分、结构构造及化学成分发生变化而形成的一类岩石，如片麻岩、板岩、石英岩、大理岩等。

（2）岩石矿物的风化　岩石风化作用有物理风化、化学风化及生物风化三种类型。物理风化，也称为机械风化，是指岩石矿物在自然因素作用下发生的物理反应，其变化主要是大小、外形的变化，主要有温度、结冰、水流和风力的磨蚀作用等；化学风化是指岩石矿物在自然因素的作用下所发生的化学变化或反应，其主要表为元素组成和结晶结构发生变化两方面，主要形式有溶解、水化、水解和氧化还原等；生物风化是指岩石矿物在生物作用下发生的物理变化和化学变化，动物、植物、微生物均能够导致岩石矿物的生物风化。

岩石矿物的风化是土壤形成的基础。风化产物无论是残留在原地，还是在重力、风、水、冰川等搬运和沉积作用的作用下，均可成为各种类型的土壤母质。

（3）成土母质　岩石、矿物风化形成的风化产物称为成土母质。按其搬运动力与沉积特点不同可分为以下几种类型（表2-1-3）。

表 2-1-3　成土母质的主要类型与性质

类型	成　　因	性　　质
残积物	就地风化未经搬运的风化物	分布在山地和丘陵上部；性质受基岩影响；未磨圆，棱角分明
坡积物	风化物在重力或流水的作用下，被搬运到山坡的中、下部而堆积	分布在山坡或山麓；层次稍厚，无分选性；坡积物的性质决定于山坡上部的岩性
洪积物	山洪搬运的碎屑物在山前平原形成的沉积物	形如扇形，扇顶沉积物分选差，往往是石砾、黏粒与沙粒混存，在扇缘其沉积物多为黏粒及粉沙粒，水分条件好，养分也较丰富
冲积物	河水中夹带的泥沙，在中下游两岸或入海口沉积而成	具有明显的成层性和条带性；上游粗，下游细，含卵石、砾石；养分丰富
湖积物	由湖泊的静水沉积而成	沉积物细，质地偏黏，夹杂有大量的生物遗体
海积物	海边的海相沉积物	各处粗细不一，质地细的养分含量较高，粗的则养分少，而且都含有盐分，形成滨海盐土
风积物	是由风力将其他成因的堆积物搬运沉积而成	质地粗、沙性大，形成的土壤肥力低

4. 土壤粒级

土壤是由各种大小不同的矿质土粒组成的,他们单独或相互团聚成土粒聚合体存在于土壤中,前者的土粒称为单粒,后者称为复粒。国际上土壤粒级的分级标准有很多,但一般将土粒由粗到细分成石砾、沙粒、粉沙粒和黏粒 4 组,表 2-1-4 中列出了国内常用的粒级分级标准。卡庆斯基制中将小于 1 mm,但大于 0.01 mm的那部分土粒称为物理性沙粒,而将粒径小于 0.01 mm 的那部分土粒称为物理性黏粒,这种分级方法在生产上使用较为方便。

表 2-1-4　常用土粒分级标准　　　　　　　　　　　　mm

国际制		俄罗斯卡庆斯基制		
粒级名称	粒径	粒级名称		粒径
石砾	>2		石块	>3
			石砾	1~3
沙粒	粗沙粒 0.2~2	物理性沙粒	粗沙粒	0.5~1
			中沙粒	0.25~0.5
	细沙粒 0.02~0.2		细沙粒	0.05~0.25
粉沙粒	0.002~0.02		粗粉粒	0.01~0.05
		物理性黏粒	中粉粒	0.005~0.01
			细粉粒	0.001~0.005
黏粒	<0.002		粗黏粒	0.000 5~0.001
			中黏粒	0.000 1~0.000 5
			细黏粒	<0.000 1

不同粒级土粒中的矿物类型相差很大,沙粒和粉沙粒主要是由石英和其他原生矿物组成,而黏粒绝大部分矿物是次生矿物。相应地化学组成也相差很大,土粒越粗,二氧化硅(SiO_2)含量越高,而铝(Al)、铁(Fe)、钙(Ca)、镁(Mg)、钾(K)、磷(P)等含量下降;随着颗粒变细,这些元素含量的变化趋势正好相反,即硅的含量下降,而其他元素的含量提高。

(二)土壤生物与土壤有机质

1. 土壤生物

土壤生物是指全部或部分生命周期在土壤中生活的那些生物,其类型包括动物、植物、微生物等。

（1）土壤生物类型

一是土壤动物。土壤动物种类繁多，包括众多的脊椎动物、软体动物、节肢动物、螨类、线虫和原生动物等，如蚯蚓、线虫、蚂蚁、蜗牛、螨类等。土壤动物的生物量一般为土壤生物量的 $10\% \sim 20\%$。

二是土壤微生物。土壤微生物占生物绝大多数，种类多、数量大，是土壤生物中最活跃的部分（图 2-1-3）。土壤微生物包括细菌、真菌、放线菌、藻类和原生动物等类群，其中细菌数量最多，放线菌、真菌次之，藻类和原生动物数量最少。

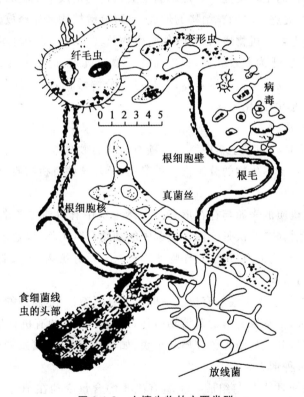

图 2-1-3　土壤生物的主要类群

（引自土壤的本质与特性，Brady N.C. Weil R.R,1999）

三是土壤植物。土壤植物是土壤的重要组成部分，就高等植物而言，主要是指高等植物地下部分，包括植物根系、地下块茎（如甘薯、马铃薯等）。

（2）土壤生物的分布　土壤微生物是土壤中最重要的生物类型，一般来讲，越是肥沃的土壤中，有机质的含量也高，微生物生命活动所需要的能源和碳源物质较丰富,则相应的微生物种类和数量也越多,同理,表层土壤的微生物数量远高于底层土壤。

越是靠近根系的土壤,其微生物数量也越大,说明根系周围的土壤要比远离根系的土壤肥沃。通常把受到根系明显影响的土壤范围称为根际,一般距土表2 mm范围内的土壤属于根际。植物在生长时,根系不断地向其周围土壤内分泌根系的代谢物和由地上部输送到根系的光合产物,为根际微生物提供丰富的碳源和能源物质,以及促进微生物活动的维生素和激素类物质。

(3)土壤生物的主要功能 一是影响土壤结构的形成与土壤养分的循环,如微生物的分泌物可促进土壤团粒结构的形成,也可分解植物残体释放碳、氮、磷、硫等养分;二是影响土壤无机物质的转化,如微生物及其生物分泌物可将土壤中难溶性磷、铁、钾等养分转化为有效养分;三是固持土壤有机质,提高土壤有机质含量;四是通过生物固氮,改善植物氮素营养;五是可以分解转化农药、激素等在土壤中的残留物质,降解毒性,净化土壤。

2.土壤有机质

土壤有机质是存在于土壤中所有含碳有机化合物的总称,包括土壤中各种动植物微生物残体、土壤生物的分泌物与排泄物,及其这些有机物质分解和转化后的物质。

(1)土壤有机质的来源与存在形态 自然土壤中有机质主要来源于生长在土壤上的高等绿色植物,其次是生活在土壤中的动物和微生物;农业土壤中有机质的重要来源是每年施用的有机肥料、作物残茬和根系及分泌物、工农业副产品的下脚料、城市垃圾、污水等。

通过各种途径进入土壤的有机质一般呈三种形态:一是新鲜的有机物质,是指刚进入土壤不久,基本未分解的动植物残体;二是半分解的有机物质,指多少受到微生物分解,多呈分散的暗黑色碎屑和小块,如泥炭等;三是腐殖物质,是土壤有机质的最主要的一种形态。

(2)土壤有机质含量与组成 土壤有机质的含量变动在 $10\sim200$ g/kg,我国大部分农田土壤有机质的含量变动在 $10\sim40$ g/kg。

土壤有机质组成的主要元素是碳、氧、氢、氮等,分别占 $45\%\sim58\%$、$34\%\sim40\%$、$3.3\%\sim4.1\%$ 和 $3.7\%\sim4.1\%$,还含有一定比例的磷和硫。从化合物组成来看,土壤有机质含有木质素、蛋白质、纤维素、半纤维素、脂肪等高分子物质。从生物物质的转化程度看,$85\%\sim90\%$ 的土壤有机质是一种称为腐殖质的物质。

土壤腐殖质是普通生命物质进入土壤后在土壤生物,特别是微生物的作用下,经转化后重新合成的一类高分子深色有机物。土壤腐殖质通常包括胡敏酸、富里酸、胡敏素等，主要由碳、氧、氢、氮、磷、硫等元素以及与腐殖质形成腐殖酸盐的阳离子组成。腐殖酸的分子质量变动在几十至数百万之间，我国几种典型土壤的胡敏酸和富里酸的平均分子质量分别变动在 890～2 550 和 675～1 450。腐殖酸分子中含各种官能团或功能基，如羧基、酚羟基、醇羟基、醚基、酮基、醛基、酯键、胺及酰胺等基团。胡敏酸和富里酸在水溶液中呈现酸性，且富里酸的酸性强于胡敏酸，所以富里酸中氧和硫的总含量高于胡敏酸。

（3）土壤有机质的转化　土壤有机物质在土壤生物，特别是土壤微生物的作用下所发生的分解与合成作用为土壤有机质的转化，土壤有机质转化有矿质化和腐殖化两种类型（图 2-1-4）。土壤有机质的矿质化过程是指有机质在土壤生物，特别是在土壤微生物的作用下所发生的分解作用。土壤有机质的腐殖化过程是指土壤有机质在土壤微生物的作用下转化为土壤腐殖质的过程。

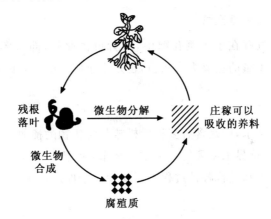

图 2-1-4　土壤有机质转化示意图

（引自土壤肥料，宋志伟，2009）

（4）土壤有机质的作用

第一，提供作物所需的养分。土壤有机质不仅能提供植物所需的养分，而且在其转化过程中产生的有机酸、腐殖酸等物质也能促进土壤其他矿质养分的转化，特别是提高溶解度较低的微量营养元素的有效性，改善植物的营养状况。

第二，提高土壤的保肥性和供肥能力。有机质是一种两性胶体、络合物或螯合物，可提高土壤保肥和供肥能力；同时有机质又是一种缓冲体系，增强土壤的缓冲性。

第三,改善土壤物理性质。有机质通过促进大小适中、紧实度适合的良好土壤结构的形成,改善土壤孔隙状况,协调土壤通气透水性与保水性之间的矛盾;由于降低了黏粒之间的团聚力,降低了土壤耕作阻力,改善了土壤的耕性。

第四,其他方面的作用。如能够促进微生物的活动,微生物的活性越强。部分小分子量的腐殖酸具有一定的生理活性,能够促进种子发芽、增强根系活力,促进作物生长。有机质在环境学上有重要意义。

(5)土壤有机质的管理 对于土壤有机质含量较低的土壤,合理施肥、适宜耕种、调节水气热状况、营造调节林地等都是提高有机质含量的有效途径。一是合理施肥,如增施有机肥料、秸秆覆盖还田、种植绿肥、归还植物凋落物、适量施用氮肥等;二是适宜耕种,如适宜免耕、少耕、合理实行绿肥或牧草与植物轮作、旱地改水田等;三是调节土壤水、气、热状况;四是营造调节林地,如疏伐,纯林改混交林,针叶林引进乔、灌木等。

(三)土壤水分与土壤空气

土壤水分和空气存在于土壤孔隙中,二者彼消此长,即水多气少,水少气多。土壤水分和空气是土壤的重要组成物质,也是土壤肥力的重要因素,是植物赖以生存的生活条件。

1.土壤水分

土壤水并不是纯水,而是含有多种无机盐与有机物的稀薄溶液,是植物吸水的最主要来源,也是自然界水循环的一个重要环节,处于不断地变化和运动中,它是土壤表现出各种性质和进行各种过程不可缺少的条件。具体内容项目三中有详细阐述。

2.土壤空气

(1)土壤空气组成与特点 土壤空气来自于大气,但在土壤内,由于根系和微生物等的活动,以及土壤空气与大气的交换受到土壤孔隙性质的影响,使得土壤空气的成分与大气有一定的差别(表 2-1-5)。

表 2-1-5 土壤空气与大气的体积组成   %

气体类型	氮气(N_2)	氧气(O_2)	二氧化碳(CO_2)	其他气体
土壤空气	78.8～80.24	18.00～20.03	0.15～0.65	1
大气	78.05	20.99	0.03	1

与大气相比,土壤空气的组成特点如下:土壤空气中的二氧化碳的含量高于大

气;土壤空气中的氧气含量低于大气;土壤空气的相对湿度比大气高;土壤空气中有时甲烷等还原性气体的含量远高于大气;土壤空气各成分的浓度在不同季节和不同土壤深度内变化很大。

（2）土壤通气性　土壤空气与大气的交换能力或速率称为土壤通气性。如交换速度快,则土壤的通气性好;反之,土壤的通气性差。土壤空气与大气之间的交换机理为:

一是土壤空气的整体交换。土壤空气在一定的条件下整体或全部移出土壤或大气以同样的方式进入土壤称为土壤空气的整体交换。整体交换能较彻底地更新土壤空气,其作用的动力是存在气体的压力差。如降雨与灌水、耕翻或疏松土壤等是导致土壤空气整体交换的主要方式。

二是土壤空气的扩散。某种物质从其浓度高处向浓度低处的移动称为扩散,土壤空气扩散是指土壤空气与大气成分沿其浓度降低方向运动的一种过程。由于大气与土壤空气的组成特点,一般情况下土壤空气扩散的方向是:氧气从大气向土壤、二氧化碳从土壤向大气、还原性气体从土壤向大气、水汽从土壤向大气。

（3）土壤空气与作物生长　土壤空气状况是土壤肥力的重要因素之一,不仅影响植物生长发育,还影响土壤肥力状况。

第一,影响种子萌发。对于一般作物种子,土壤空气中的氧气含量大于10%则可满足种子萌发需要;如果小于5%种子萌发将受到抑制。在表层土壤中长时间存在饱和水才会不利于种子的萌发和生长。

第二,影响根系生长和吸收功能。所有植物根系均为有氧呼吸,氧气含量低于12%便会明显抑制根系的生长。植物根系的生长状况自然影响根系对水分和养分的吸收。

第三,影响土壤微生物活动。土壤空气的组成状况明显改变微生物的活动过程。在水分含量较高的土壤中,微生物以嫌气活动为主;反之,微生物以好气呼吸为主。

第四,影响植物生长的土壤环境状况。植通气良好时,土壤呈氧化状态,有利于有机质矿化和土壤养分释放;通气不良时,土壤还原性加强,有机质分解不彻底,可能产生还原性有毒气体。

（4）土壤通气性调节　调节土壤空气的主要措施是:深耕结合施用有机肥料,培育和创造良好的土壤结构和耕层构造,改善通气性;客土掺沙、掺黏,改良过沙、过黏质地;雨后及时中耕,消除土壤板结;灌溉结合排水,排水可以增加土壤空气的含量,灌水以降低土壤空气的含量,也可促进土壤空气的更新。大规模农业生产一般不会对土壤采取强制通气的方法。

二、土壤的基本性质

土壤的基本性质可分为土壤物理性质和土壤化学性质。其中土壤物理性质包括土壤质地、土壤孔隙性、土壤结构性、土壤热性质、土壤耕性等，土壤化学性质包括土壤吸收性、土壤酸碱性、土壤缓冲性等。

(一)土壤质地

土壤质地是指土壤中各粒级土粒含量(质量)百分率的组合，又称土壤机械组成。土壤质地是最基本物理性质之一，对土壤通透性、保蓄性、耕性及养分含量有重要影响。

1. 土壤质地分类

土壤质地分类是根据土壤的粒级组成对土壤颗粒组成状况进行的类别划分，土壤质地分类制主要有国际制、卡庆斯基制、美国制和中国制，国内常用的有国际制和卡庆斯基制。这些分类制基本上将土壤划分为沙质土、壤质土和黏质土三组。

(1)国际土壤质地分类制　国际制将质地分为四大类12级(表2-1-6)。其分

表 2-1-6　国际制土壤质地分级制　　　　　　%

质地分类		颗粒组成比例		
类别	质地名称	黏粒	粉沙粒	沙粒
沙土类	沙土和壤质沙土	0～15	0～15	85～100
	沙质壤土	0～15	0～15	55～85
壤土类	壤土	0～15	30～45	40～55
	粉沙质壤土	0～15	45～100	0～55
黏壤土类	沙质黏壤土	15～25	0～30	55～85
	黏壤土	15～25	20～45	30～55
	粉沙质黏壤土	15～25	45～85	0～40
黏土类	沙质黏土	25～45	0～20	55～75
	壤质黏土	25～45	0～75	10～55
	粉沙质黏土	25～45	45～75	0～30
	黏土	45～65	0～35	0～55
	重黏土	65～100	0～35	0～35

类特点是：首先根据黏粒（粒径＜0.002 mm）含量确定四大类：沙土类、壤土类、黏壤土类和黏土类，其界限分别为15％、25％、45％和65％；然后根据沙粒、粉粒和黏粒的含量进一步细分为4类12级。沙粒含量如大于55％，则在四大类别前加个"沙质"前缀，如大于85％，则为沙土类；粉沙粒含量如大于45％，则在质地名称前冠以"粉沙质"前缀。

（2）卡庆斯基土壤质地分类制　卡庆斯基土壤质地分类制是依据物理性黏粒或物理性沙粒的含量，并参考土壤类型，将土壤质地分成沙土类、壤土类和黏土类；然后再根据各粒级含量的变化进一步细分（表2-1-7）。对我国而言，一般土壤可选用草原土及红黄壤类的分类级别。

表 2-1-7　卡庆斯基制质地分级制　　　　　　　　　％

质地分类		物理性黏粒含量			物理性沙粒含量		
类别	名称	灰化土类	草原土类及红黄壤类	碱化及强碱化土类	灰化土类	草原土类及红黄壤类	碱化及强碱化土类
沙土	松沙土	0～5	0～5	0～5	95～100	95～100	95～100
	紧沙土	5～10	5～10	5～10	90～95	90～95	90～95
壤土	沙壤土	10～20	10～20	10～15	80～90	80～90	85～90
	轻壤土	20～30	20～30	15～20	70～80	70～80	80～85
	中壤土	30～40	30～45	20～30	60～70	55～70	70～80
	重壤土	40～50	45～60	30～40	50～60	40～55	60～70
黏土	轻黏土	50～65	60～75	40～50	35～50	25～40	50～60
	中黏土	65～80	75～85	50～65	20～35	15～25	35～50
	重黏土	＞80	＞85	＞65	＜80	＜85	＜65

2. 土壤质地的肥力特性与生产性状

（1）不同质地土壤的肥力特性　土壤质地对土壤的许多性质和过程均有显著影响，首先是土壤的孔隙状况和表面性质受土壤质地的控制，而这些性质又影响土壤的通气与排水、有机物质的降解速率、土壤溶质的运移、水分渗漏、植物养分供应、根系生长、出苗、耕作质量等。沙质土、壤质土和黏质土在上述各方面都有明显差异（表2-1-8）。

（2）不同质地土壤的生产性状　土壤质地不同，对土壤的各种性状影响也不相同，因此其农业生产性状（如肥力状况、耕作性状、植物反应等）也不相同（表2-1-9）。

表 2-1-8　土壤质地对土壤性质和过程的影响

性质	沙质土	壤质土	黏质土
保水性	低	中~高	高
毛管上升高度	低	高	中
通气性	好	较好	不好
排水速度	快	较慢	慢或很慢
有机质含量	低	中	高
有机质降解速率	快	中	慢
养分含量	低	中等	高
供肥能力	弱	中等	强
污染物淋洗	允许	中等阻力	阻止
防渗能力	差	中等	好或很好
胀缩性	小或无	中等	大
可塑性	无	较低	强或很强
升温性	易升温	中等	较慢
耕性	好	好或较好	较差或恶劣
有毒物质	无	较低	较高

表 2-1-9　不同质地土壤的生产性状

生产性状	沙质土	壤质土	黏质土
通透性	颗粒粗,大孔隙多,通气性好	良好	颗粒细,大孔隙少,通气性不良
保水性	饱和导水率高,排水快,保水性差	良好	饱和导水率低,保水性强,易内涝
肥力状况	养分含量少,分解快	良好	养分多,分解慢,易积累
热状况	热容量小,易升温,昼夜温差大	适中	热容量大,升温慢,昼夜温差小
耕性好坏	耕作阻力小,宜耕期长,耕性好	良好	耕作阻力大,宜耕期短,耕性差
有毒物质	对有毒物质富集弱	中等	对有毒物质富集强
植物生长状况	出苗齐,发小苗,易早衰	良好	出苗难,易缺苗,贪青晚熟

3. 土壤质地改良

　　农业生产中经常遇到土壤质地不适应所选用植物需要的情况,或者某一地区由于母质的原因,土壤质地不利于大规模农业生产的需要,就必须对土壤质地进行改良。

(1)增施有机肥,改良土性 由于有机质对土粒的黏结力比沙粒大,而弱于黏粒,施用有机肥后,可以促进沙粒的团聚,而降低黏粒的黏结力,达到改善土壤结构的目的。

(2)掺沙掺黏,客土调剂 若沙地附近有黏土、胶泥土、河泥等,可采用搬黏掺沙的办法;若黏土附近有沙土、河沙等,可采取搬沙压淤的办法,逐年客土改良,使之达到"三泥七沙"或"四泥六沙"的壤土质地范围。

(3)引洪漫淤,引洪漫沙 对于沿江沿河的沙质土壤,采用引洪漫淤方法,达到改良沙质土壤质地的目的。对于黏质土壤,采用引洪漫沙方法,方法是漫沙将畦口开低,每次不超过10 cm,逐年进行,可使大面积黏质土壤得到改良。

(4)翻淤压沙,翻沙压淤 在具有"上沙下黏"或"上黏下沙"质地层次的土壤中,可以通过耕翻法,将上下层的沙粒与黏粒充分混合,可以起到改善土壤质地的作用。

(5)种树种草,培肥改土 在过沙过黏不良质地土壤上,种植豆科绿肥植物,增加土壤有机质含量和氮素含量,促进团粒结构形成,从而改良质地。

(6)因土制宜,加强管理 如对于大面积过沙土壤:首先营造防护林,种树种草,防风固沙;其次选择宜种植物;再次是加强管理。如采取平畦宽垅,播种宜深,播后镇压,早施肥、勤施肥,勤浇水,水肥宜少量多次等措施。对于大面积过黏土壤,根据水源条件种植水稻或水旱轮作等。

(二)土壤孔性

土壤中土粒或团聚体之间以及团聚体内部的空隙叫做土壤孔隙。土壤孔隙性是指土壤孔隙的数量、大小、比例和性质的总称。由于土壤孔隙状况极其复杂,实践中难以直接测定,通常是用间接的方法,测定土壤密度、容重后计算出来。

1.土壤密度和容重

(1)土壤密度 土壤密度是指单位体积土粒(不包括粒间孔隙)的烘干土重量,单位是 g/cm^3 或 t/m^3。其大小与土壤矿物质组成、有机质含量有关,因此,土壤的固相组成不同,其密度值不同。由于多数矿物的密度为 $2.6\sim2.7$ g/cm^3,有机质的密度为 $1.4\sim1.8$ g/cm^3。由于土壤有机质含量并不多,所以一般情况下,把土壤密度常以 2.65 g/cm^3 表示。

(2)土壤容重 土壤容重是指在田间自然状态下,单位体积土壤(包括粒间孔隙)的烘干土重量,单位也是 g/cm^3 或 t/m^3。其大小随土壤三相组成的变化而变化,多数土壤容重在 $1.0\sim1.8$ g/cm^3;沙质土多在 $1.4\sim1.7$ g/cm^3;黏质土一般在

$1.1 \sim 1.6$ g/cm³；壤质土介于二者之间。土壤密度与土壤容重的区别如图 2-1-5 所示。

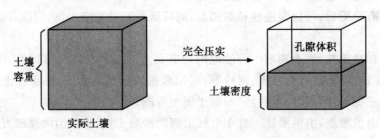

图 2-1-5 土壤密度与土壤容重的区别示意图

土壤容重是一个十分重要的基本数据，主要应用在：

一是计算土壤质量。利用土壤容重可以计算单位面积土壤的质量。如测得土壤容重为 1.20 g/cm³，求 1 hm²（1 hm² = 10 000 m²）耕层土壤（深度为 20 cm）的质量为：

$$m = 1.20 \times 10\,000 \times 0.2 = 2\,400(t)$$

二是计算土壤组分储量。根据 1 hm² 耕层土壤质量可计算单位面积土壤中水分、有机质、养分、盐分等重量。例如，上例中测得土壤有机质含量为 15 g/kg，则求 1 hm² 耕层土壤（深度为 20 cm）的有机质的储量为：

$$m_o = 2\,400 \times 15 \div 1\,000 = 36(t)$$

三是计算灌水（或排水）定额。如测得土壤实际含水量为 10%，要求灌水后达到 20%，则 1 hm² 耕层土壤（深度为 20 cm）的灌水量为：

$$m_w = 2\,400 \times (20\% - 10\%) = 240(t)$$

四是判断土壤的松紧程度。对于大多数土壤来讲，含有机质多而结构好的耕作层土壤宜在 $1.1 \sim 1.3$ g/cm³，在此范围内，有利于幼苗的出土和根系的生长（表 2-1-10）。

表 2-1-10 旱地土壤容重、孔隙度和松紧状况的关系

土壤容重/(g/cm³)	<1.00	1.00~1.14	1.14~1.26	1.26~1.30	>1.30
孔隙度/%	>60	55~60	52~55	50~52	<50
松紧状况	极松	疏松	适度	稍紧	紧密

对于质地相同的土壤来说，容重过小则表明土壤处于疏松状态，容重值过大则

表明土壤处于紧实状态。对于植物生长发育来说,土壤过松过紧都不适宜:过松则通气透水性强,易漏风跑墒;过紧则通气透水性差,妨碍根系延伸。

2. 土壤孔隙性

(1)土壤孔隙数量 土壤孔隙数量常以孔隙度来表示。土壤孔隙度是指自然状况下,单位体积土壤中孔隙体积占土壤总体积的百分数。实际工作中,可根据土壤密度和容重计算得出。

$$土壤孔隙度=\left(1-\frac{土壤容重}{土壤密度}\right)\times100\%$$

土壤孔隙度的变幅一般在 $30\%\sim60\%$,多数植物生长适宜的孔隙度为 $50\%\sim60\%$。如测定土壤容重为 1.15 g/cm^3,土壤密度为 2.65 g/cm^3,求该土壤的孔隙度为:

$$土壤孔隙度=\left(1-\frac{1.15}{2.65}\right)\times100\%=56.6\%$$

(2)土壤孔隙类型 土壤孔隙大小、形状不同,无法按其真实孔径来计算,因此土壤孔隙直径是指与一定的土壤水吸力相当的孔径,称为当量孔径。土壤水吸力与当量孔径之间的关系式如下:

$$d=\frac{3}{s}$$

式中:d 为当量孔径,单位为 mm;s 为土壤水所承受的吸力,单位为 kPa。

根据土壤孔隙的通透性和持水能力,将其分为 3 种类型,如表 2-1-11 所示。

表 2-1-11 土壤孔隙类型及性质

孔隙类型	通气孔隙	毛管孔隙	无效孔隙(非活性孔隙)
当量孔径/mm	>0.02	0.002~0.02	<0.002
土壤水吸力/kPa	<15	15~150	>150
主要作用	此孔隙起通气透水作用,常被空气占据	此孔隙内的水分受毛管力影响,能够移动,可被植物吸收利用,起到保水蓄水作用	此孔隙内的水分移动困难,不能被植物吸收利用,空气及根系不能进入

(3)土壤孔隙性与植物生长 生产实践表明,适宜于植物生长发育的耕作层土壤孔隙状况为:总孔隙度为 $50\%\sim56\%$,通气孔隙度在 10% 以上,如能达到 $15\%\sim20\%$ 更好,毛管孔隙度与非毛管孔隙度之比为 2∶1 为宜,无效孔隙度要求尽量低。

而在同一土体内孔隙的垂直分布应为"上虚下实":"上虚"即要求耕作层土壤疏松一些,有利于通气透水和种子发芽、破土、出苗;"下实"即要求下层土壤稍紧实一些,有利于保水和扎稳根系。此外,在潮湿多雨地区,土体下部有适量的大孔隙可增强排水性能。

3. 土壤孔性调节

土壤孔隙度的适当调节,有利于创造松紧适宜的土壤环境,对于种子出苗、扎根都有非常重要的作用。

(1)防止土壤压实 土壤压实是指在播种、田间管理和收获等作业过程中,因农机具的碾压和人畜践踏而造成的土壤由松变紧的现象。因此,首先应在宜耕的水分条件下进行田间作业;其次应尽量实行农机具联合作业,降低作业成本;第三是尽量采用免耕或少耕,减少农机具压实。

(2)合理轮作和增施有机肥 实行粮肥轮作、水旱轮作,增施有机肥料,可以改善土壤孔隙状况,提高土壤通气透水性能。

(3)合理耕作 深耕结合施用有机肥料,再配合耙耱、中耕、镇压等措施,可使过紧或过松土壤达到适宜的松紧范围。

(4)工程措施 采用工程措施改造或改良铁盘、砂姜、漏沙、黏土等障碍土层,创造一个深厚疏松的根系发育土层,对果树、园林树木等深根植物尤其重要。

(三)土壤结构

土壤结构包含土壤结构体和土壤结构性。土壤结构体是指土壤颗粒(单粒)团聚形成的具有不同形状和大小的土团和土块。土壤结构性是指土壤结构体的类型、数量、稳定性以及土壤的孔隙状况。

1. 土壤结构体的类型及特性

按照土壤结构体的大小、形状和发育程度可分为以下四大类(图2-1-6)。

(1)团粒与粒状结构 团粒结构是指近似球形且直径大小在 $0.25\sim10$ mm 的土壤结构体,俗称"蚂蚁蛋"、"米糁子"等,常出现在有机质含量较高、质地适中的土壤中,是农业生产中最理想的结构体,如蚯蚓粪。

粒状结构是指土粒团聚成棱角比较明显,水稳性与机械稳定性较差,大小与团粒结构相似的土团。常出现在有机质含量不高、质地偏沙的耕作层土壤中,其土壤肥力状况不及团粒结构。

团粒结构的主要特点为:团粒与团粒之间有适量的通气孔隙,水少气多,好气微生物活跃,有利于有机质矿质化作用,养分释放快;团粒内部有大量的毛管孔隙,水多气少,嫌气微生物活跃,有利于腐殖质的积累,养分可以得到贮存;因此具有团粒结构的土壤,结构体大小适宜,松紧度适中,孔隙性能好,其土壤的水、肥、气、热

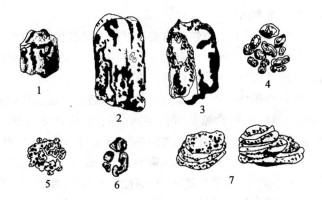

图 2-1-6　土壤结构的主要类型

1.块状结构　2.柱状结构　3.棱柱状结构　4.团粒结构

5.微团粒结构　6.核状结构　7.片状结构

（引自土壤肥料,宋志伟,2009）

协调,通气透水、保水保肥,供水供肥等性能强,耕作阻力小,耕作效果好,有利于植物根系的扩展、延伸,是植物生长发育最理想的土壤结构。

(2)块状与核状结构　这两种结构近似立方体形状。一般块状结构大小不一,边面不明显,结构体内部较紧实,俗称"坷垃"。在有机质含量较低或黏重的土壤中,一方面由于土壤过干、过湿耕作时,在表层易形成块状结构;另一方面由于受到土体的压力,在心土、底土中也会出现。

核状结构的直径一般小于 3 cm,棱角多,内部紧实坚硬,泡水不散,俗称"蒜瓣土",多出现在有机质缺乏的黏土中。这两种结构的土壤肥力、耕作性能较差,既透风跑墒,又漏水漏肥,且耕作阻力大,土块或土核不易破碎。

(3)柱状与棱柱状结构　是指近似直立、体形较大的长方体结构,俗称"立土"。如果顶端平圆而少棱的称柱状结构,多出现在典型碱土的下层;如果边面棱角明显的称棱柱状结构,多出现在质地黏重而水分又经常变化的下层土壤中。由于土壤的湿胀干缩作用,在土壤过干时易出现土体垂直开裂,漏水漏肥;过湿时易出现土粒膨胀粘闭,通气不良。

(4)片状与板状结构　是指形状扁平、成层排列的结构体,俗称"卧土"。如果地表在遇雨或灌溉后出现结皮、结壳,称为"板结"现象,播种后种子难以萌发、破土、出苗;如果受农机具压力或沉积作用,在耕作层下出现的犁底层也为片状结构,其存在有利于托水托肥,但出现部位不能过浅、过厚,也不能过于紧实黏重,否则土壤通气透水性差,不利于植物的生长发育。

2.土壤结构与土壤肥力

(1)团粒结构与土壤肥力 团粒结构是良好的土壤结构体,其特点是多孔性与水稳性,团粒结构多是土壤肥沃的标志之一。第一,创造了土壤良好的孔隙性。团粒与团粒之间有适量的通气孔隙,团粒内部有大量的毛管孔隙,为土壤水、肥、气、热的协调创造了良好的条件。第二,水汽协调,土温稳定。团粒结构间的通气孔隙可通气透水,团粒内部的毛管孔隙具有保存水分能力,因此水汽协调,土温稳定。第三,保肥供肥性能良好。团粒与团粒之间好气微生物活跃,养分释放快;团粒内部嫌气微生物活跃,养分可以得到贮存。第四,土质疏松,耕性良好。具有团粒结构的土壤,结构体大小适宜,松紧度适中,孔隙性能好,其土壤的水、肥、气、热协调,通气透水、保水保肥,供水供肥等性能强,耕作阻力小,耕作效果好,有利于植物根系的扩展、延伸。

(2)其他结构与土壤肥力 第一,块状结构体间孔隙过大,大孔隙数量远多于小孔隙,不利于蓄水保水,易透风跑墒,出苗难;出苗后易出现"吊根"现象,影响水肥吸收;耕层下部的暗坷垃因其内部紧实,还会影响扎根,而使根系发育不良。故有"麦子不怕草,就怕坷垃咬"之说。第二,核状结构具有较强的水稳性和力稳性,但因其内部紧实,小孔隙多,大小孔隙不协调,土性不好。第三,片状结构多在土壤表层形成板结,不仅影响耕作与播种质量,而且影响土壤与大气的气体交换,阻碍水分运动。犁底层的片状结构不利于植物根系下扎,限制养分吸收。第四,柱状、棱柱状结构体内部甚为坚硬,孔隙小而多,通气不良,根系难以深入;结构体间于干旱时收缩,形成较大的垂直裂缝,成为水肥下渗通道,造成跑水跑肥。

3.土壤结构改良

改良不良结构,促进土壤团粒结构形成的措施主要有:

(1)增施有机肥料 我国土壤由于有机质含量低,缺少水稳性团粒结构,因此需增施优质有机肥来增加土壤有机质,促进土壤团粒结构的形成。

(2)调节土壤酸碱度 对酸性土壤施用石灰,碱性土壤施用石膏,在调节土壤酸碱度的同时,增加了钙离子,促进良好结构的形成。

(3)合理耕作 合理的精耕细作(适时深耕、耙耱、镇压、中耕等)有利于破除土壤板结,破碎块状与核状结构,疏松土壤,加厚耕作层,增加非水稳性团粒结构体。

(4)合理轮作 用地植物和养地植物轮作,同一地块每隔3~4年就要更换一次植物品种或植物类型,否则容易造成土壤结构不良,养分不平衡,降低土壤肥力,植物容易感染病害。

(5)合理灌溉、晒垡、冻垡 避免大水漫灌,灌后要及时疏松表土;有条件地区采用沟灌、喷灌或地下灌溉为好;在休闲季节采用晒垡或冻垡,促进良好结构的形成。

(6)施用土壤结构改良剂 天然土壤结构改良剂和是人工合成结构改良剂,能使分散的土粒形成稳定的团粒。

(四)土壤耕性

1.土壤物理机械性

土壤物理理机械性是多项土壤动力学性质的统称,包括土壤的黏结性、黏着性、可塑性、胀缩性以及其他受外力作用后(如农机具的切割、穿透和压板作用等作用)而发生形变的性质,在农业生产中主要影响土壤耕性。

(1)土壤黏结性 土壤黏结性是指土粒与土粒之间相互黏结在一起的性能。土壤质地、土壤水分、土壤有机质等是影响土壤的黏结性的主要因素。质地越黏重,土壤的黏结性就越强;反之,相反。土壤黏结性与土壤含水量的关系如图2-1-7所示。土壤有机质可以提高沙质土壤的黏结性,降低黏质土壤的黏结性。土壤的黏结性越强,耕作阻力越大,耕作质量越差。

(2)土壤黏着性 土壤的黏着性是指土粒黏附于外物上的性能,是由土粒、水膜、外物之间相互吸附而产生的。土壤黏着性与土壤黏结性的影响因素相似,也是土壤质地、土壤水分、土壤有机质等。质地越黏重,土壤的黏着性就越强;反之,相反。干燥的土壤无黏着性,当土壤含水量增加到一定程度时,土粒表面有了一定厚度的水膜,就具有了黏附外物的能力,随着含水量的增加黏着性增强,达到最高时后又逐渐降低,可见土壤含水量过高或过低都会降低黏着性(图2-1-8)。土壤有机质可降低黏质土壤的黏着性。土壤黏着性愈强,则土壤易于附着于农具上,耕作阻力愈大,耕作质量愈差。

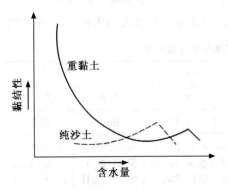

图 2-1-7 土壤黏结性与土壤含水量

(引自土壤肥料,宋志伟,2009)

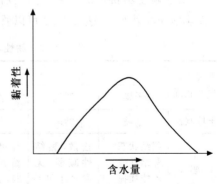

图 2-1-8 土壤黏着性与土壤含水量

(引自土壤肥料,宋志伟,2009)

（3）土壤胀缩性　土壤吸水体积膨胀,失水体积变小,冻结体积增大,解冻后体积收缩这种性质,称为土壤的胀缩性。影响胀缩性的主要因素是土壤质地、黏土矿物类型、土壤有机质含量、土壤胶体上代换性阳离子种类以及土壤结构等。一般具有胀缩性的土壤均是黏重而贫瘠的土壤。

2.土壤耕性

（1）衡量耕性好坏的标准　土壤耕性是指耕作时土壤所表现出来的一系列物理性和物理机械性的总称。土壤耕性的好坏可以从三个方面来衡量:

第一,耕作的难易程度。农民把耕作难易作为判断土壤耕性好坏的首要条件,耕作难易是指耕作阻力的大小,耕作阻力越大,越不易耕作。凡是耕作时省工省劲易耕的土壤,群众称之为"土轻"、"口松"、"绵软";耕作时费工费劲难耕的土壤,群众称之为"土重"、"口紧"、"僵硬"等。一般沙质土和结构良好的壤质土易耕作,耕作阻力小;而缺乏有机质、结构不良的黏质土其黏结性、黏着性强,耕作阻力大,耕作起来困难。

第二,耕作质量的好坏。是指土壤耕作后所表现出来的土壤状况。凡是耕后土垡松散容易耙碎、不成坷垃、土壤疏松,孔隙状况良好、有利于种子发芽、出土及幼苗生长的称之耕作质量好;反之,耕作质量差。一般土壤黏结性和可塑性强,且含水量在塑性范围内的,则土壤耕作质量差;反之,相反。

第三,适耕期的长短。适耕期是指适合耕作的土壤含水量范围。一般来说,适耕期长的土壤耕性好,耕性不良的土壤适耕期短,适耕期应选择在土壤含水量低于可塑下限或高于可塑上限,前者称之为干耕,后者称之为湿耕。

（2）影响土壤耕性的因素　如前所述,土壤水分含量影响到土壤物理机械性,从而影响土壤耕性。表2-1-12可以看到耕性与土壤水分状况的关系。土壤质地

表 2-1-12　耕性与土壤水分状况的关系

土壤水分含量状况	少————→多					
	干燥	湿润	潮湿	泞湿	多水	极多水
土壤状况	坚硬	酥软	可塑	黏韧	浓浆	稀浆
主要性状	固结状态黏结性强不能揉捏	松散,黏结性减弱,无黏着性和可塑性,能捏成条或团	有可塑性,黏结性减弱,几乎无黏着性	有可塑性和黏着性,黏结性减弱	可塑性消失但有黏着性,黏结性极弱	可塑性、黏着性、黏结性消失,呈稀浆状,容易流动

续表 2-1-12

土壤水分含量状况	少———→多					
	干燥	湿润	潮湿	泞湿	多水	极多水
耕作阻力	大	小	大	大	大	小
耕作质量	成硬土块不散碎	易散碎成小土块	不散碎成大土块	不散碎成大土块	泥泞状的浓泥浆	成稀泥浆
宜耕性	不宜	宜旱地耕作	不宜	不宜	不宜	宜水田耕作

与耕性的关系也很密切。黏重的土壤其黏结性、黏着性和可塑性都比较强,干时表现极强黏结性,水分稍多时又表现黏着性和可塑性,因而宜耕范围窄。对于不同土壤质地的适耕期来讲,沙土较长、壤土次之、黏土最短。农民对各种质地土壤在耕性上的评价有许多谚语,例如:对缺乏有机质、结构不良的黏土形容为"早上黏、中午硬、过了晌午榜不动";对沙质土评价为"干好耕、湿好耕、不干不湿更好耕"。

　　3.土壤耕性改良

　　改善土壤耕性可以从掌握耕作时土壤适宜含水量,改良土壤质地、结构,提高土壤有机质含量等方面着手。

　　(1)掌握耕作时土壤适宜含水量　我国农民在长期的生产实践中总结出许多确定宜耕期的简便方法,如北方旱地土壤宜耕状态是:一是眼看,雨后和灌溉后,地表呈"喜鹊斑",即外白里湿,黑白相间,出现"鸡爪裂纹"或"麻丝裂纹",半干半湿状态是土壤的宜耕状态;二是犁试,用犁试耕后,土垡能被抛散而不黏附农具,即出现"犁花"时,即为宜耕状态;三是手感,扒开二指表土,取一把土能握紧成团,且在1 m 高处松手,落地后散碎成小土块的,表示土壤处于宜耕状态,应及时耕作。

　　(2)增施有机肥料　增施有机肥料可降低黏质土壤的黏结性、黏着性,增强沙质土的黏结性、黏着性,并使土壤疏松多孔,因而改善土壤耕性。

　　(3)改良土壤质地　黏土掺沙,可减弱黏重土壤的黏结性、黏着性、可塑性和起浆性;沙土掺黏,可增加土壤的黏结性,并减弱土壤的淀浆板结性。

　　(4)创造良好的土壤结构性　良好的土壤结构,如团粒结构,其土壤的黏结性、黏着性、可塑性减弱,松紧适度,通气透水,耕性良好。

　　(5)少耕和免耕　少耕是指对耕翻次数或强度比常规耕翻少的土壤耕作方式;免耕是指基本上不对土壤进行耕翻,而直接播种植物的土壤利用方式。

　　(五)土壤吸收性能

　　1.土壤胶体

　　(1)土壤胶体构造　胶体是指直径在 1～100 nm 的物质颗粒,而土壤胶体是指 1～1 000 nm(长、宽、高三个方向上至少有一个方向在此范围内)的土壤颗粒。土壤胶体分散系统是由胶体微粒(分散相)和微粒间溶液(分散介质)两大部分构成,构造上从内到外可分为微粒核、决定电位离子层、补偿离子层三部分(图 2-1-9)。微粒核是由黏粒矿物或腐殖质等物质组成。在微粒核表面由于分子的解离而产生带有某种电荷的离子,该离子层称为决定电位离子层。由于决定电位离子层的存在,必然要吸附分散介质中与其电荷相反的离子以达到平衡,该相反的离子层称为补偿离子层。

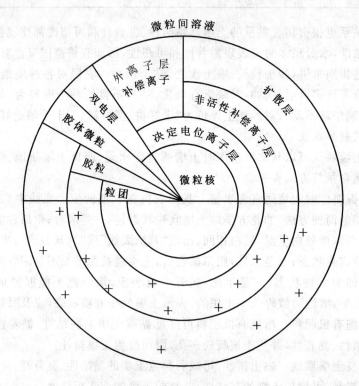

图 2-1-9 土壤胶体结构示意图

(2)土壤胶体种类 根据微粒核的组成物质不同,可以将土壤胶体分为三大类:

①无机胶体。微粒核的物质是无机物质,主要包括成分复杂的各种次生铝硅酸盐黏粒矿物和成分简单的氧化物及含水氧化物。

②有机胶体。微粒核的物质是有机质,主要成分是土壤腐殖质,其活性比无机胶体强,但数量不如无机胶体多。

③有机-无机复合胶体。微粒核的组成物质是土壤矿物质和有机质的结合体。一般来讲,土壤中的无机胶体和有机胶体很少单独存在,大多通过多价离子或功能团相互结合成有机－无机复合胶体。这些复合胶体是形成良好结构的重要物质基础。土壤肥力越高,复合胶体所占的比例越高。

(3)土壤胶体特性　土壤胶体是土壤固相中最活跃的部分,对土壤理化性质和肥力状况起着巨大影响,这是因为土壤胶体具有以下主要特性:

①有巨大的比表面和表面能。土壤胶体的比表面越大,表面能就越大,对分子和离子产生较大的吸引力,吸附能力就越强。因此,质地越黏重的土壤,其保肥能力越强;反之,越弱。

②带有一定的电荷。根据电荷产生机制不同,可将土壤胶体产生电荷分为永久电荷和可变电荷。由黏粒矿物晶体内发生同晶代换作用所产生的电荷称为永久电荷,永久电荷的产生与矿物类型有关。土壤胶体中电荷的数量和性质随溶液pH值变化而变化,故这部分电荷称为可变电荷。

③具有一定的凝聚性和分散性。土壤胶体有两种存在状态,一种是胶体微粒分散在介质中形成胶体溶液,称为溶胶;另外一种是胶体微粒相互团聚在一起而呈絮状沉淀,称为凝胶。胶体的两种存在状态在一定条件下可以进行转化。

2.土壤吸收性能

土壤吸收性能是指土壤能吸收和保持土壤溶液中的分子、离子、悬浮颗粒、气体(CO_2、O_2)以及微生物的能力。根据土壤对不同形态物质吸收、保持方式的不同,可分为以下五种类型。

(1)机械吸收　机械吸收是指土壤对进入土体的固体颗粒的机械阻留作用。土壤是多孔体系,可将不溶于水中的一些物质阻留在一定的土层中,起到保肥作用。这些物质中所含的养分在一定条件下可以转化为植物吸收利用的养分。

(2)物理吸收　物理吸收是指土壤对分子态物质的吸附保持作用。土壤利用分子引力吸附一些分子态物质,如有机肥中的分子态物质(尿酸、氨基酸、醇类、生物碱)、铵态氮肥中的氨气分子(NH_3)及大气中的二氧化碳(CO_2)等。物理吸收保蓄的养分能被植物吸收利用。

(3)化学吸收　化学吸收是指易溶性盐在土壤中转变为难溶性盐而保存在土壤中的过程,也称之为化学固定。如把过磷酸钙肥料施入石灰性土壤中,有一部分磷酸一钙会与土壤中的钙离子发生反应,生成难溶性的磷酸三钙、磷酸八钙等物质,不能被植物吸收利用。

(4)离子交换吸收　离子交换吸收作用是指土壤溶液中的阳离子或阴离子与土壤胶粒表面扩散层中的阳离子或阴离子进行交换后而保存在土壤中的作用,又称物理化学吸收作用。这种吸收作用是土壤胶体所特有的性质,由于土壤胶粒主要带有负电荷,因此绝大部分土壤发生的是阳离子交换吸收作用。离子交换吸收作用是土壤保肥供肥最重要的方式。

(5)生物吸收 生物吸收是指土壤中的微生物、植物根系以及一些小动物可将土壤中的速效养分吸收保留在体内的过程。生物吸收的养分可以通过其残体重新回到土壤中,且经土壤微生物的作用,转化为植物可吸收利用的养分。因此这部分养分是缓效性的。

3. 离子交换作用

(1)阳离子交换作用 阳离子交换作用是指土壤溶液中的阳离子与土壤胶粒表面扩散层中的阳离子进行交换后而保存在土壤中的作用。例如土壤胶体原来吸附着 Ca^{2+}、Na^+,当施入钾肥后,K^+ 进入土壤胶粒的扩散层,称为吸附过程;同时扩散层中 Ca^{2+}、Na^+ 进入土壤溶液,称为解吸过程,反应式如下:

$$\boxed{\begin{array}{c}\text{土壤}\\\text{胶粒}\end{array}}\!\!\begin{array}{l}-Ca^{2+}\\[6pt]-Na^+\end{array} +3K^+ \rightleftharpoons \boxed{\begin{array}{c}\text{土壤}\\\text{胶粒}\end{array}}\!\!\begin{array}{l}-K^+\\-K^+ +Ca^{2+}+Na^+\\-K^+\end{array}$$

阳离子交换作用具有以下特点。一是可逆反应。也就是吸附过程和解吸过程同时进行,一般能迅速达到动态平衡,但是当溶液的浓度和组成发生改变时,则会打破这种平衡,继续发生吸附和解吸过程,建立新的平衡。二是等电荷交换。即以相等单价电荷摩尔数进行交换,例如,1 mol K^+ 可以交换 1 mol NH_4^+ 或 Na^+,1 mol 的 Ca^{2+} 可以交换 2 mol 的 NH_4^+ 或 Na^+。三是反应迅速。离子交换的速度迅速,在土壤水分能使补偿离子充分水化的情况下,一般需要几秒钟即可完成。四是受质量作用定律支配。价数较低交换力弱的离子,若提高其在土壤溶液中的离子浓度,也可交换出价数高交换力强的离子。

各种阳离子交换能力的大小顺序为:$Fe^{3+}>Al^{3+}>H^+>Ca^{2+}>Mg^{2+}>NH_4^+>K^+>Na^+$,这个顺序与阳离子对胶体的凝聚力顺序是一致的。

阳离子交换量是指在中性条件下,每千克烘干土所吸附的全部交换性阳离子的厘摩尔数,单位为 cmol(+)/kg。阳离子交换量的大小反映了土壤保肥能力的大小,阳离子交换量越大,则土壤的保肥性越强;反之,相反。一般认为,阳离子交换量大于 20 cmol(+)/kg,土壤保肥能力强;10~20 cmol(+)/kg,保肥能力中等;小于 10 cmol(+)/kg,保肥能力弱。

(2)阴离子交换作用 阴离子交换作用是指土壤中带正电荷胶体所吸收的阴离子与土壤溶液中的阴离子相互交换的作用。在极少数富含高岭石、铁铝氧化物及其含水氧化物的土壤中,其土壤 pH 接近或小于等电点,产生了带正电荷的土壤胶体,发生阴离子交换作用。根据被土壤吸收的难易程度可分为三类:一是易被土壤吸收的阴离子,如磷酸根离子($H_2PO_4^-$、HPO_4^{2-}、PO_4^{3-})、硅酸根离子($HSiO_3^-$、SiO_3^{2-})及某些有机酸的阴离子。二是很少被吸收甚至不能被吸收的阴离子,如Cl^-、NO_3^-、NO_2^- 等。三是介于上述二者之间的阴离子,如 SO_4^{2-}、CO_3^{2-}、HCO_3^- 以及某些有机酸的阴离子。

4. 交换性离子的有效性

(1)交换性阳离子的饱和度　土壤吸附的某种交换性阳离子的量占土壤阳离子交换量的百分数,称为该离子的饱和度。某种离子的饱和度越高,该离子的有效性越高;反之,则低(表 2-1-13)。因增加一种离子而使该离子的饱和度升高所产生的效应称为交换性阳离子的饱和度效应。生产上采用集中施肥可提高施肥点附近的养分离子的饱和度,从而提高施肥的效果。

表 2-1-13　交换性阳离子的饱和度与有效性的关系

土壤	阳离子交换量 /[cmol(+)/kg]	交换性 Ca^{2+} /[cmol(+)/kg]	交换性 Ca^{2+} 饱和度/%	Ca^{2+} 的有效性
甲	10	4	40.0	高
乙	40	5	12.5	低

(2)陪伴离子的效应　土壤胶粒表面同时存在多种离子,对某种离子来讲,其他种类的离子均是陪伴离子。如果陪伴离子的交换能力强,则该离子在相同浓度下,吸收到胶粒表面的比例则高,而被陪伴的离子则在土壤溶液中的比例升高,被陪伴离子的有效性相应升高;反之,则此种养分离子较多地被吸附到胶粒表面,而溶液中的量较少,其有效性则低。这种因陪伴离子的不同而产生的效应称为陪伴离子效应(表 2-1-14)。

表 2-1-14　陪伴离子对交换性钙有效性的作用

土壤	交换性阳离子组成	盆中幼苗干重/g	幼苗吸钙量/mg
甲	40%Ca^{2+}+60%H^+	2.80	11.15
乙	40%Ca^{2+}+60%Mg^{2+}	2.79	7.83
丙	40%Ca^{2+}+60%Na^+	2.34	4.36

5. 土壤吸收性调节

一是改良土壤质地,通过增施有机肥料、黏土掺沙或沙土掺黏,来改良土壤质地,增加土壤的吸收性能。二是合理施用化肥,在施用有机肥料基础上,合理施用化肥,可以起到"以无机(化肥)促有机(增加有机胶体)"作用,改善土壤供肥性能。三是合理耕作,适当的翻耕和中耕可改善土壤通气性和蓄水能力,促进微生物活动,加速有机质及养分转化,增加有效养分。四是合理灌排,施肥结合灌水,可充分发挥肥效;及时排除多余水分,以透气增温,促进养分转化。五是调节交换性阳离子组成,酸性土壤通过施用石灰或草木灰,碱性土壤施用石膏,均可增加钙离子浓度,增加离子交换性能。

(六)土壤酸碱性

土壤酸性或碱性通常用土壤溶液的 pH 来表示。土壤的 pH 表示土壤溶液中 H^+ 浓度的负对数值,$pH=-\log[H^+]$。我国一般土壤的 pH 变动范围在 4~9,多数土壤的 pH 在 4.5~8.5,极少有低于 4 或高于 10 的。"南酸北碱"就概括了我国土壤酸碱反应的地区性差异。

1.土壤酸碱性

(1)土壤酸碱性指标

①土壤酸性指标。土壤中 H^+ 的存在有 2 种形式:一是存在于土壤溶液中,二是吸收在胶粒表面。因此,土壤酸度可分为以下 2 种基本类型。

一是活性酸度。活性酸是由土壤溶液中氢离子浓度直接反映出来的酸度,又称有效酸度,通常用 pH 值表示。

二是潜性酸度。潜性酸度是指致酸离子(H^+、Al^{3+})被交换到土壤溶液后引起的土壤酸度,通常用每 1 000 g 烘干土中 H^+、Al^{3+} 的厘摩尔数表示,单位为 $cmol(+)/kg$。根据测定潜性酸度时所用浸提液的不同,将潜性酸度又分为交换性酸度和水解性酸度。用过量的中性盐溶液浸提土壤而使胶粒表面吸附的 H^+、Al^{3+} 进入土壤溶液后所表现的酸度称为交换性酸度;而用弱酸强碱的盐类溶液浸提土壤而使胶粒吸附的 H^+、Al^{3+} 进入土壤溶液所产生的酸度称为水解性酸度。

②土壤碱性指标。土壤碱性除用 pH 值表示外,还可用总碱度和碱化度两个指标表示。我国北方多数土壤 pH 为 7.5~8.5,而含有碳酸钠、碳酸氢钠的土壤,pH 常在 8.5 以上。总碱度是指土壤溶液中碳酸根和重碳酸根离子的总浓度,常用中和滴定法测定,单位为 $cmol(+)/L$。通常把土壤中交换性钠离子的数量占交换性阳离子数量的百分比,称为土壤碱化度。一般碱化度为 5%~10%时为轻度碱化土壤;10%~15%时为中度碱化土壤;15%~20%时为高度碱化土壤;>20%时为碱土。

(2)土壤酸碱性与土壤肥力及植物生长

一是影响植物的生长发育。不同植物对土壤酸碱性都有一定的适应范围,如茶树适合在酸性土壤上生长,棉花、苜蓿则耐碱性较强,但一般植物在弱酸、弱碱或中性土壤上(pH 为 6.0～8.0)都能正常生长,表 2-1-15 为主要植物最适宜的 pH 范围。

表 2-1-15　主要植物最适宜的 pH 范围

名称	pH	名称	pH	名称	pH
水稻	6.0～7.0	烟草	5.0～6.0	栗	5.0～6.0
小麦	6.0～7.0	豌豆	6.0～8.0	茶	5.0～5.5
大麦	6.0～7.0	甘蓝	6.0～7.0	桑	6.0～8.0
棉花	6.0～7.0	胡萝卜	5.3～6.0	槐	6.0～7.0
大豆	6.0～7.0	番茄	6.0～7.0	松	5.0～6.0
玉米	6.0～7.0	西瓜	6.0～7.0	刺槐	6.0～8.0
马铃薯	4.8～5.4	南瓜	6.0～8.0	白杨	6.0～8.0
甘薯	5.0～6.0	黄瓜	6.0～8.0	栎	6.0～8.0
向日葵	6.0～8.0	杏	6.0～8.0	柽柳	6.0～8.0
甜菜	6.0～8.0	苹果	6.0～8.0	桦	5.0～6.0
花生	5.0～6.0	桃	6.0～8.0	泡桐	6.0～8.0
甘蔗	6.0～7.0	梨	6.0～8.0	油桐	6.0～8.0
苕子	6.0～7.0	核桃	6.0～8.0	榆	6.0～8.0
紫花苜蓿	7.0～8.0	柑橘	5.0～7.0		

二是影响土壤肥力。土壤中氮、磷、钾、钙、镁等养分有效性受土壤酸碱性变化的影响很大。微生物对土壤反应也有一定的适应范围。土壤酸碱性对土壤理化性质也有影响。土壤酸碱度与土壤肥力的关系见表 2-1-16。

2.土壤缓冲性

土壤缓冲性是指土壤抵抗外来物质引起酸碱反应剧烈变化的能力。由于土壤具有这种性能,可使土壤的酸碱度经常保持在一定范围内,避免因施肥、根系呼吸、微生物活动、有机质分解等引起土壤反应的显著变化。

(1)土壤缓冲性的机理　一是交换性阳离子的缓冲作用。当酸碱物质进入土壤后,可与土壤中交换性阳离子进行交换,生成水和中性盐。二是弱酸及其盐类的缓冲作用。土壤中大量存在的碳酸、磷酸、硅酸、腐殖酸及其盐类,它们构成一个良好的缓冲体系,可以起到缓冲酸或碱的作用。三是两性物质的缓冲作用。土壤中的蛋白质、氨基酸,胡敏酸等都是两性物质,既能中和酸又能中和碱,因此具有一定的缓冲作用。

表 2-1-16 土壤酸碱度与土壤肥力的关系

土壤酸碱度	极强酸性	强酸性	酸性	中性	碱性	强碱性	极强碱性
pH	3.0 4.0	4.5 5.0	5.5 6.0	6.5 7.0	7.5 8.0	8.5 9.0	9.5
主要分布区域或土壤	华南沿海的泛酸田	华南黄壤、红壤		长江中下游水稻土	西北和北方石灰性土壤	含碳酸钙的碱土	

肥力状况		极强酸性	强酸性	酸性	中性	碱性	强碱性	极强碱性
	土壤物理性质	越酸因钙、镁离子减少,氢离子增多,土壤结构易破坏,妨碍土壤中水分和空气的调节				盐碱土中由于钠离子的作用,土粒分散,湿时泥泞不透水,干时坚硬		
	微生物	越酸有益细菌活动越弱,而真菌的活动越强			适宜于有益细菌的生长	越碱有益细菌活动越弱		
	氮素	硝态氮的有效性降低			氨化作用、硝化作用、固氮作用最为适宜,氮的有效性高	越碱氮的有效性越低		
	磷素	越酸磷易被固定,磷的有效性降低			磷的有效性最高	磷的有效性降低	磷的有效性增加	
	钾钙镁	越酸有效性含量越低			有效性含量随 pH 增加而增加	钙镁的有效性降低		
	铁	越酸铁越多,植物易受害			越碱有效性越低			
	硼锰铜锌	越酸有效性越高			越碱有效性越低(但 pH 8.5 以上,硼的有效性最高)			
	钼	越酸有效性越低			越碱有效性越高			
	有毒物质	越酸铝离子、有机酸等有毒物质越多			盐土中过多的可溶性盐类以及碱土中的碳酸钠对植物有毒害			
指示植物		酸性土:铁芒箕、映山红、石松等			钙质土:蜈蚣草、铁丝蕨、南天竺等 盐土:虾须草、盐蒿、扁竹叶、柽柳等 碱土:剪刀股、碱蓬、牛毛草、麻陆等			
化肥施用		宜施用碱性肥料			宜施用酸性肥料			

(2)影响土壤缓冲性的因素 主要有:一是土壤质地。土壤质地越黏重,土壤的缓冲性能越强;质地越沙,缓冲性能越弱。二是土壤有机质。由于有机胶体的比表面和所带的负电量远远大于无机胶体,且部分有机质是两性物质,因此土壤有机质含量高的土壤,其缓冲性能越强;反之,越弱。三是土壤胶体种类。有机胶体的缓冲性能大于无机胶体,而在无机胶体中,缓冲性能的大小顺序为:蒙脱石>伊利石>高岭石>铁铝氧化物及其含水氧化物。

土壤缓冲性能在生产上有重要作用。由于土壤具有缓冲性能,使土壤pH在自然条件下不会因外界条件改变而剧烈变化,土壤pH保持相对稳定,有利于维持一个适宜植物生活的环境。生产上采用增施有机肥料及在沙土中掺入塘泥等办法,来提高土壤的缓冲能力。

模块二　植物生长的土壤环境状况评估

【模块目标】能熟练进行土壤混合样品的采集与处理;能熟练判断当地土壤质地类型,合理选种植物;能熟练测定当地土壤的有机质含量,判断肥力状况;能熟练测定当地土壤的容重,计算土壤孔隙度,判断土壤松紧状况;能正确挖掘土壤剖面,进行肥力性状调查;能结合当地种植植物,正确进行土壤环境状况评价。

任务一　土壤样品的采集与处理

1.任务目标

能够熟练准确进行当地各类土壤耕层混合样品的采集,并依据分析目的进行不同样品的制备,为以后正确进行土壤分析奠定基础。

2.任务准备

根据班级人数,按2人一组,分为若干组,每组准备以下材料具和用具:取土钻或小铁铲、布袋(塑料袋)、标签、铅笔、钢卷尺、制样板、木棍、镊子、土壤筛(18目、60目)、广口瓶、研钵、样品盘等。

3.相关知识

土壤样品的采集和处理是土壤分析工作中的一个重要环节,直接影响分析结果的准确性和精确性。不正确的采样方法,常常导致分析结果无法应用,误导制定农业生产措施,对农业生产造成极大的负面影响。土壤样品的采集必须遵循随机、多点混合和具有代表性的原则,严格按照要求和目的进行操作。因此通过多点采集,使土样具有代表性;根据农化分析样品的要求,将采集的代表土样磨成一定的细度,以保证分析结果的可比性;四分法以保证样品制备和取舍时的代表性。

4.操作规程和质量要求

选择种植农作物、蔬菜、果树、花卉、园林树木、草坪、牧草、林木等场所,进行耕层土壤混合样品采集。

工作环节	操作规程	质量要求
合理布点	(1)布点方法。为保证样品的代表性,采样前确定采样点可根据地块面积大小,按照一定的路线进行选取。采样的方向应该与土壤肥力的变化方向一致,采样线路一般分为对角线式、棋盘式和蛇形3种(图2-1-10) (2)采样点确定。保证采样点"随机"、"均匀",避免特殊取样。一般以5~20个点为宜 (3)采样时间。采样目的不同,采样时间不同。根据土壤测定需要,应随时采样。供养分普查的土样,可在播种前采集混合样品。供缺素诊断用的样品,要在病株的根部附近采集土样,单独测定,并和正常的土壤对比。为了摸清养分变化和作物生长规律,可按作物生育期定期取样;为了制定施肥计划供施肥诊断用的土样,除在前作物收获后或施基肥、播前采集土样,以了解土壤养分起始供应水平外,还可在作物生长季节定期连续采样,以了解土壤养分的动态变化。若要了解施肥效果,则在作物生长期间,施肥的前后进行采样	(1)一般面积较大,地形起伏不平,肥力不均,采用蛇形布点;面积中等,地形较整齐,肥力有些差异,采用棋盘式布点;面积较小,地形平坦,肥力较均匀,采用对角线法布点 (2)每个采样点的选取是随机的,尽量分布均匀,每点采取土样深度一致,采样量一致 (3)将各点土样均匀混合,提高样品代表性 (4)采样点要避免田埂、路旁、沟边、挖方、填方、堆肥地段及特殊地形部位
正确取土	在选定采样点上,先将2~3 mm表土杂物刮去,然后用土钻或小铁铲垂直入土15~20 cm。用小铁铲取土,应挖一个一铲宽和20 cm深的小坑,坑壁一面修光,然后从光面用小铲切下约1 cm厚的土片(土片厚度上下应一致),然后集中起来,混合均匀。每点的取土深度、质量应尽量一致。如果测定微量元素,应避免用含有所测定的微量元素的工具来采样,以免造成污染	(1)样品具代表性,取土深度、质量一致 (2)采集剖面层次分析标本,分层取样,依次由下而上逐层采取土壤样品
样品混合	将采集的各土点样在盛土盘上集中起来,粗略选去石砾、虫壳、根系等物质,混合均匀,量多时采用四分法(图2-1-11),弃去多余的土,直至所需要数量为止,一般每个混合土样的质量以1 kg左右为宜	四分法操作时,初选剔杂后土样混合均匀,土层摊开底部平整,薄厚一致
装袋与填写标签	采好后的土样装入布袋中,用铅笔写好标签,标签一式两份,一份系在布袋外,一份放入布袋内。标签注明采样地点、日期、采样深度、土壤名称、编号及采样人等,同时做好采样记录	装袋量以大半袋约1 kg为宜
风干剔杂	从野外采回的样品要及时放在样品盘上,将土样内的石砾、虫壳、根系等物质仔细剔除,捏碎土块,摊成薄薄一层,置于干净整洁的室内通风处自然风干	土样置阴凉处风干,严禁暴晒,并注意防止酸、碱、气体及灰尘的污染,同时要经常翻动

续表

工作环节	操作规程	质量要求
磨细过筛	(1)18目(1 mm 筛孔)样品制备　将完全风干的土样平铺在制样板上,用木棍先行碾碎。经初步磨细的土样,用 1 mm 筛孔(18目)的筛子过筛,不能通过筛分的,则用研钵继续研磨,直到全部通过 1 mm 筛孔(18目)为止,装入具有磨口塞的广口瓶中,称为 1 mm 土样或 18 目样 (2)60目(0.25 mm 筛孔)样品制备　剩余的约 1/4 土样,则继续用研钵磨磨,至全部通过 0.25 mm(60目)筛,按四分法取出 200 g 左右,供有机质、全氮测定之用。将土样装瓶,称为 0.25 mm 土样或 60 目样	石砾和石块少量可弃去;多量时,必须收集起来称其质量,计算其百分含量,在计算养分含量时考虑进去。过 18 目筛后的土样经充分混匀后,供 pH、速效养分等测定用
装瓶贮存	装样后的广口瓶中,内外各附标签一张,标签上写明土壤样品编号、采样地点、土壤名称、深度、筛孔号、采集人及日期等。制备好的样品要妥为保存,若需长期贮存,最好用蜡封好瓶口	在保存期间避免日光、高温、潮湿及酸碱气体的影响或污染,有效期 1 年

5.常见技术问题处理

(1)样品的代表性　采样时必须按照一定的采样路线进行。采样点的分布尽量做到"均匀"和"随机";布点的形式以蛇形为好,在地块面积小,地势平坦,肥力均匀的情况下,方可采用对角线或棋盘式采样路线(图 2-1-10)。

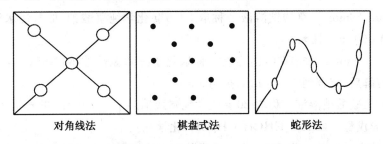

对角线法　　　　棋盘式法　　　　蛇形法

图 2-1-10　采样点分布线路图

(2)四分法　将各点采集的土样捏碎混匀,铺成四方形或圆形,划分对角线分成 4 份,然后按对角线去掉 2 份(占 1/2),或去掉 4 堆中的 1 堆(占 1/4)如图 2-1-11 所示。可反复进行类似的操作,直至数量符合要求。

任务二　土壤质地测定

1.任务目标

能熟练应用简易比重计法和手测法判断当地农田、菜园、果园、绿化地、林地、草地的土壤质地类型,为耕作、播种、灌溉等提供依据。

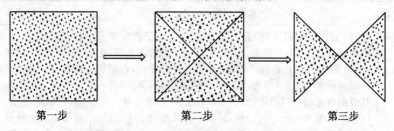

第一步　　　　　　　　第二步　　　　　　　　第三步

图2-1-11　四分法取舍样品示意图

2.任务准备

将全班按2人一组分为若干组,每组准备以下材料和用具:量筒(1 000 mL、100 mL)、特制搅拌棒、甲种比重计(鲍氏比重计)、温度计(100℃)、带橡皮头玻璃棒、烧杯(50 mL)、天平(感量0.01 g)、角匙、称样纸、500 mL三角瓶、电热板、滴管等。沙土、壤土、黏土等已知质地名称土壤样本和待测土壤样本、表面皿。并提前进行下列试剂配制:

(1)0.5 mol/L NaOH溶液　称取20 g化学纯NaOH,加蒸馏水溶解后,定容至1 000 mL,摇匀。

(2)0.25 mol/L草酸钠溶液　称取33.5 g化学纯草酸钠,加蒸馏水溶解后,定容到1 000 mL,摇匀。

(3)0.5 mol/L六偏磷酸钠溶液　称取化学纯六偏磷酸钠$(NaPO_3)_6$ 51 g,加蒸馏水溶解后,定容到1 000 mL,摇匀。

(4)2%碳酸钠溶液　称取20 g化学纯碳酸钠溶于1 000 mL的蒸馏水中。

(5)异戊醇　$(CH_3)_2CHCH_2CH_2OH$(化学纯)。

(6)软水的制备　将200 mL 2%碳酸钠溶液加入到15 000 mL自来水中,静置过夜,上清液即为软水。

3.相关知识

简易比重计测定土壤质地的原理是:土样经物理化学方法分散为单粒后,将其制成一定容积的悬浊液,使分散的土粒在悬浊液中自由沉降。悬浊液中粒径愈大的颗粒,温度越高时,自由沉降的速率越快。根据司笃克斯定律计算在一定温度下,某一粒级土粒下沉所需时间(表2-1-17)。经过沉降时间后,可用特制的甲种比重计测得土壤悬液中所含小于某一粒级土粒的质量,经换算后可得出该粒级土粒在土壤中的质量百分数,然后查表确定质地名称。

4.训练规程和质量要求

(1)简易比重计法 选择所提供的土壤分析样品,进行下列全部或部分内容。

工作环节	操作规程	质量要求
称样	称取通过 1 mm 筛孔的风干土样 50 g(沙质土称 100 g),置于 500 mL 三角瓶,供分散处理用	样品称量精确到 0.01 g
样品分散	根据土壤 pH 值选择加入相应的分散剂(石灰性土壤加 0.5 mol/L 六偏磷酸钠 60 mL;中性土壤加 0.25 mol/L 草酸钠 20 mL;酸性土壤加 0.5 mol/L NaOH 40 mL)。再加入 100~150 mL 软水,用带橡皮头的玻璃棒充分搅拌 5 min 以上,再静置 0.5 h 以上	样品分散,除研磨法外,也可使用煮沸法、振荡法处理。但一定要分散彻底
悬液制备	将分散后的土壤悬浊液用软水无损地洗入 1 000 mL 量筒中至刻度,该量筒作为沉降筒之用	应少量多次无损洗至 800~900 mL,再定容
测量悬液温度	将温度计插入待测量沉降筒的悬浊液中,记录悬液温度	应注意手持温度计进行测量,防止损坏
自由沉降	用搅拌棒在沉降筒内沿上下方向充分搅拌土壤悬浊液 1 min 以上。搅拌结束后计时,让土粒在沉降筒内自由沉降	约上下各 30 次,搅拌棒的多孔片不要提出液面
测悬液比重	根据表 2-1-17 和悬浊液温度查到待测土粒所需的沉降时间(表 2-1-18),提前半分钟小心将甲种比重计放入沉降筒内,如沉降筒内泡沫较多,可加入几滴异戊醇消泡。沉降时间到则读数,并记下读数。然后小心取出比重计,让土粒继续自由沉降,供下一级别粒级测定用	每次读数应以弯月面上缘为准,取出的比重计应放在清水中洗净备用
结果计算	(1)将风干土样重换算成烘干土样重 烘干土重(g)=风干土重(g)/[水分(%)+100]×100%=风干土重×水分系数 (2)比重计读数的校正 校正值=分散剂校正值+温度校正值 校正后读数=比重计读数-校正值 分散剂校正值=分散剂毫升数×分散剂摩尔浓度×分散剂相对分子质量 (3)土粒含量 小于某粒径土粒含量(%)=[校正后读数/烘干土重]×100% 某两粒径范围内土粒含量=两相邻粒径土粒含量相减值 (4)查表确定质地名称 查卡庆斯基质地分类标准得到所测土样的质地名称	计算正确,查表得到所测土样的质地名称

表 2-1-17 某粒径土粒的沉降时间

温度/℃	<0.05 mm			<0.01 mm			<0.005 mm			<0.001 mm		
	时	分	秒	时	分	秒	时	分	秒	时	分	秒
7		1	23		38			2	45		48	
8		1	20		37			2	40		48	
9		1	18		36			2	30		48	
10		1	18		35			2	25		48	
11		1	15		34			2	25		48	
12		1	12		33			2	20		48	
13		1	10		32			2	15		48	
14		1	10		31			2	15		48	
15		1	8		30			2	15		48	
16		1	6		29			2	5		48	
17		1	5		28			2	0		48	
18		1	2		27	30		1	55		48	
19		1	0		27			1	55		48	
20			58		26			1	50		48	
21			56		26			1	50		48	
22			55		25			1	50		48	
23			54		24	30		1	45		48	
24			54		24			1	45		48	
25			53		23	30		1	40		48	
26			51		23			1	35		48	
27			50		22			1	30		48	
28			48		21	30		1	30		48	
29			46		21			1	30		48	
30			45		20			1	28		48	
31			45		19	30		1	25		48	
32			45		19			1	25		48	
33			44		19			1	20		48	
34			44		18	30		1	20		48	
35			42		18			1	20		48	

表 2-1-18 甲种比重计温度校正值 ℃

温度	校正值	温度	校正值	温度	校正值
6.0～8.5	−2.2	18.5	−0.4	26.5	＋2.2
9.0～9.5	−2.1	19.0	−0.3	27.0	＋2.5
10.0～10.5	−2.0	19.5	−0.1	27.5	＋2.6
11.0	−1.9	20.0	0	28.0	＋2.9
11.5～12.0	−1.8	20.5	＋0.15	28.5	＋3.1
12.5	−1.7	21.0	＋0.3	29.0	＋3.3
13.0	−1.6	21.5	＋0.45	29.5	＋3.5
13.5	−1.5	22.0	＋0.6	30.0	＋3.7
14.0～14.5	−1.4	22.5	＋0.8	30.5	＋3.8
15.0	−1.2	23.0	＋1.0	31.0	＋4.0
15.5	−1.1	23.5	＋1.1	31.5	＋4.2
16.0	−1.0	24.0	＋1.3	32.0	＋4.6
16.5	−0.9	24.5	＋1.5	32.5	＋4.9
17.0	−0.8	25.0	＋1.7	33.0	＋5.2
17.5	−0.7	25.5	＋1.9	33.5	＋5.5
18.0	−0.5	26.0	＋2.1	34.0	＋5.8

（2）手测法 手测法分成干测法和湿测法两种，无论是何种方法，均为经验方法。选择所提供的土壤分析样品，进行下列全部或部分内容。

工作环节	操作规程	质量要求
干测法	取玉米粒大小的干土块，放在拇指与食指间使之破碎，并在手指间摩擦，根据指压时间大小和摩擦时感觉来判断（表 2-1-19）	（1）应拣掉土样中的植物根、结核体（铁子、石灰结核）、侵入体等
湿测法	取一小块土，放在手中捏碎，加入少许水，以土粒充分浸润为度（水分过多过少均不适宜），根据能否搓成球、条及弯曲时断裂等情况加以判断（表 2-1-20）	（2）干测法见表 2-1-19 （3）湿测法见表 2-1-20
结果判断	（1）按照先摸后看，先砂后黏，先干后湿的顺序，对已知质地的土壤进行手摸测定其质地 （2）先摸后看就是首先目测，观察有无坷垃、坷垃多少和硬软程度。质地粗的土壤一般无坷垃，质地越细坷垃越多越硬。沙质土壤比较粗糙无滑感，黏重的土壤正好相反	加入的水分必须适当，不黏手为最佳，随后按照搓成球状、条状、环形的顺序进行，最后将环压偏成片状，观察指纹是否明显

表 2-1-19　土壤质地手测法判断标准(干测法)

质地名称	干燥状态下在手指间挤压或摩擦的感觉	在湿润条件下揉搓塑型时的表现
沙土	几乎由沙粒组成,感觉粗糙,研磨时沙沙作响	不能成球形,用手捏成团,但一解即散,不能成片
沙壤土	沙粒为主,混有少量黏粒,很粗糙,研磨时有响声,干土块用小力即可捏碎	勉强可成厚而极短的片状,能搓成表面不光华的小球,不能搓成条
轻壤土	干土块稍用力挤压即碎,手捻有粗糙感	片长不超过 1 cm,片面较平整,可成直径约 3 mm 的土条,但提起后易断裂
中壤土	干土块用较大力才能挤碎,为粗细不一的粉末,沙粒和黏粒的含量大致相同,稍感粗糙	可成较长的薄片,片面平整,但无反光,可以搓成直径约 3 mm 的小土条,弯成 2~3 cm 的圆形时会断裂
重壤土	干土块用大力才能破碎成为粗细不一的粉末,黏粒的含量较多,略有粗糙感	可成较长的薄片,片面光华,有弱反光,可以搓成直径约 2 mm 的小土条,能弯成 2~3 cm 的圆形,压扁时有裂缝
黏土	干土块很硬,用力不能压碎,细而均一,有滑腻感	可成较长的薄片,片面光华,有强反光,可以搓成直径约 2 mm 的细条,能弯成 2~3 cm 的圆形,且压扁时无裂缝

表 2-1-20　土壤质地野外手感鉴定分级标准(湿测法)

质地名称 卡庆斯基制	国际制	手捏	手刮	手挤
沙土	沙土	不管含水量为多少,都不能搓成球	不能成薄片,刮面全部为粗沙粒	不能挤成扁条
壤沙土	沙壤土	能搓成不稳定的土球,但搓不成条	不能成薄片,刮面留下很多细沙粒	不能挤成扁条
轻壤	壤土	能搓成直径 3~5 mm 粗的小土条,拿起时摇动即断	较难成薄片,刮面粗糙似鱼鳞状	能勉强挤成扁条,但边缘缺裂大,易断
中壤	黏壤土	小土条弯曲成圆环时有裂痕	能成薄片,刮面稍粗糙,边缘有少量裂痕	能挤成扁条,摇动易断
重壤	壤黏土	小土条弯曲成圆环时无裂痕,压扁时产生裂痕	能成薄片,刮面较细腻,边缘有少量裂痕,刮面有弱反光	能挤成扁条,摇动不易断
黏土	黏土	小土条弯曲成圆环时无裂痕,压扁时也无裂痕	能成薄片,刮面细腻平滑,无裂痕,发光亮	能挤成卷曲扁条,摇动不易断

5.常见技术问题处理

(1)简易比重计法测定质地时,应注意:样品中需去除有机质,有机质多的土样在加分散剂之前,应缓缓加入5%过氧化铁,使有机质分解。分散应充分,悬浊液搅拌用力及速度应均匀,搅拌器向下达底部,向上至液面3～5 cm处,避免将气泡带入悬浊液影响沉降。土壤中含有较多的可溶性盐如碳酸钙、碳酸镁时,先用0.2 mol/L HCl溶液淋洗,至所有碳酸盐全部溶解,并将淋洗损失的质量换算成干土重的百分数即盐酸的洗失量。沉降开始后应保持静置,避免直接光照射,最好能保持沉降环境温度相对稳定。

(2)手测法是以手指对土壤的感觉为主,根据各粒级颗粒具有不同的可塑性和黏结性估测,结合视觉和听觉来确定土壤质地名称,方法简便易行,熟悉后也较为准确,适合于田间土壤质地的鉴别。手测法又有干测法和湿测法,可以相互补充,一般以湿测为主。沙粒粗糙,无黏结性和可塑性;粉粒光滑如粉,黏结性与可塑性微弱;黏粒细腻,表现较强的黏结性和可塑性;不同质地的土壤,各粒级颗粒的含量不同,表现出粗细程度与黏结性和可塑性的差异。

任务三　土壤容重与孔隙度测定

1.任务目标

能熟练准确测定当地农田、菜园、果园、绿化地、林地、草地等土壤容重,并能计算土壤孔隙度,判断土壤孔隙状况,为土壤管理提供依据。

2.任务准备

将全班按2人一组分为若干组,每组准备以下材料和用具:环刀(容积100 cm³)、天平(感量500.01 g和1 000.1 g)、恒温干燥箱、削土刀、小铁铲、铝盒、酒精、草纸、剪刀、滤纸等。

3.相关知识

土壤容重是土壤松紧度的指标,与土壤质地、结构、有机质含量和土壤紧实度等有关,可用以计算单位面积一定深度的土壤重量,为计算土壤水分、养分、有机质和盐分含量提供基础数据;而且也是计算土壤孔隙度和空气含量的必要数据。土壤孔隙度与土壤肥力有密切的关系,是土壤的重要物理性质,土壤空隙度一般不直接测定,而是由土壤密度和容重计算得出。本任务采用重量法原理。先称出已知容积的环刀重,然后带环刀到田间取原状土,立即称重并测定其自然含水量,通过前后差值换算出环刀内的烘干土重,求得容重值,再利用公式计算出土壤孔隙度。

4.操作规程和质量要求

工作环节	操作规程	质量要求
称空重	检查每组环刀与上下盖和环刀托是否配套(图2-1-12),用草纸擦净环刀,加盖称重,记下编号;同时称重干洁的铝盒,编号记录,然后带上环刀、铝盒、削土刀、小铲或铁锹到田间取样	样品称量精确到0.1 g;要注意环刀与上下盖、铝盒及盖要训练中保持对应
选点	测耕作层土壤容重,则在待测田间选择代表性地点,除去地表杂物,用铁锹铲平地表,去掉约1 cm的最表层土壤,然后取土,重复3次。若测土壤剖面不同层次的容重,则需先在田间选择挖掘土壤剖面的位置,然后挖掘土壤剖面,按剖面层次,自下而上分层采样,每层重复3次	选择待测田间代表性地点,使取样有代表性
取土	将环刀托放在已知重量的环刀上,套在环刀无刃口一端,将环刀刃口向下垂直压入土中,至环刀筒中充满土样为止。环刀压入时要平稳,用力要一致	要用力均匀使环刀入土;在用小刀削平土面时,应注意防止切割过分或切割不足;多点取土时取土深度应保持一致
称重	用小铁铲或铁锹挖去环刀周围的土壤,在环刀下方切断,取出已装满土的环刀,使环刀两端均留有多余的土壤。用小刀削去环刀两端多余的土壤,使两端的土面恰与刃口平齐,并擦净环刀外面的土,立即称重。若带回室内称重,则应在田间立即将环刀两端加盖,以免水分蒸发影响称重	若不能立即称重,带回室内称重,则应立即将环刀两端加盖,以免水分蒸发影响称重
测定土壤含水量	在田间环刀取样的同时,在同层采样处,用铝盒采样(20 g左右),用酒精燃烧法测定土壤自然含水量。或者直接从称重后的环刀筒中取土(约20 g)测定土壤含水量	酒精燃烧法测定土壤自然含水量
土壤容重计算	按下式计算土壤容重: $$\text{土壤容重}(d, \text{g/cm}^3) = \frac{(M-G) \times 100}{V(100+W)}$$ 式中:M 为环刀+湿重(g);G 为环刀重(g);V 为环刀容积(cm³);W 为土壤含水量(%)	此法重复测定不少于3次,允许平行绝对误差<0.03 g/cm³,取算术平均值
土壤孔隙度计算	计算方法如下: $$\text{土壤孔隙度}(P_1) = \left(1 - \frac{\text{土壤容重}}{\text{土壤密度}}\right) \times 100\%$$ 式中:土壤密度采用密度值2.65 g/cm³ 土壤毛管孔隙度(P_2)=土壤田间持水量×土壤容重×100% 土壤非毛管孔隙度(P_3)=P_1-P_2	

5.常见技术问题处理

可将各次称重结果记录入表 2-1-21 中,便于计算。

表 2-1-21　土壤容重测定记录表

土样编号	环刀重 G/g	(环刀＋湿土)重 M/g	铝盒重 W_1/g	(铝盒＋湿土)重 W_2/g	(铝盒＋干土)重 W_3/g	含水量 /%	容重 /(g/cm³)	孔隙度 /%

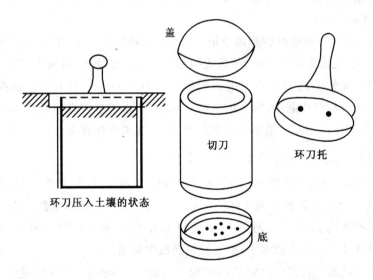

图 2-1-12　环刀示意图

任务四　土壤有机质测定

1.任务目标

了解重铬酸钾容量法——外加热法测定土壤有机质含量的原理,能熟练测定所提供样品的土壤有机质含量,进一步巩固有关玻璃器皿的使用和操作。

2.任务准备

将全班按 2 人一组分为若干组,每组准备以下材料和用具:硬质试管(Φ18 mm×180 mm)、油浴锅或远红外消解炉、铁丝笼、温度计(300℃)、分析天平或电子天平(感量 0.000 1 g)、电炉、滴定管(25 mL)、弯颈小漏斗、三角瓶(250 mL)、量筒(10 mL、100 mL)、移液管(10 mL)。并提前进行下列试剂配制:

(1)0.4 mol/L 重铬酸钾-硫酸溶液 称取 40.0 g 重铬酸钾溶于 600～800 mL 水中,用滤纸过滤到 1 L 量筒内,用水洗涤滤纸,并加水至 1 L。将此溶液转移至 3 L 大烧杯中;另取密度为 1.84 g/L 的化学纯浓硫酸 1 L,慢慢倒入重铬酸钾溶液内,并不断搅拌。每加约 100 mL 浓硫酸后稍停片刻,待冷却后再加另一份浓硫酸,直至全部加完。此溶液可长期保存。

(2)0.2 mol/L 硫酸亚铁溶液 称取化学纯硫酸亚铁 55.60 g 溶于 600～800 mL 蒸馏水中,加化学纯浓硫酸 20 mL,搅拌均匀,加水定容至 1 000 mL,贮于棕色瓶中保存备用。

(3)0.2 mol/L 重铬酸钾标准溶液 称取经 130℃烘 1.5 h 以上的分析纯重铬酸钾 9.807 g,先用少量水溶解,然后无损地移入 1 L 容量瓶中,加水定容。

(4)硫酸亚铁溶液的标定 准确吸取 3 份 0.2 mol/L $K_2Cr_2O_7$ 标准溶液各 20 mL 于 250 mL 三角瓶中,加入浓硫酸 3～5 mL 和邻啡罗啉指示剂 3～5 滴,然后用 0.2 mol/L $FeSO_4$ 溶液滴定至棕红色为止,其浓度计算为:

$$c = (6 \times 0.2 \times 20) \div V$$

式中:c 为硫酸亚铁溶液摩尔浓度(mol/L);V 为滴定用去硫酸亚铁溶液体积(mL);6 为 6 mol/L $FeSO_4$ 与 1 mol $K_2Cr_2O_7$ 完全反应的摩尔系数比值。

(5)邻啡罗啉指示剂 称取化学纯硫酸亚铁 0.695 g 和分析纯邻啡罗啉 1.485 g 溶于 100 mL 蒸馏水中,贮于棕色滴瓶中备用。

(6)其他试剂 石蜡(固体)或磷酸或植物油 2.5 kg;浓 H_2SO_4(化学纯,密度 1.84 g/L)。

3.相关知识

土壤有机质含量,一般是通过测定有机碳的含量计算求得,将所测的有机碳乘以常数 1.724,即为有机质总量。在加热条件下,用稍过量的标准重铬酸钾-硫酸溶液氧化土壤有机碳,剩余的重铬酸钾用标准硫酸亚铁滴定,以土样和空白样所消耗标准硫酸亚铁的量差值可以计算出有机碳量,进一步可计算土壤有机质的含量,其反应式如下:

$$2K_2Cr_2O_7+3C+8H_2SO_4\rightarrow2K_2SO_4+2Cr_2(SO_4)_3+3CO_2\uparrow+8H_2O$$
$$K_2Cr_2O_7+6FeSO_4+7H_2SO_4\rightarrow K_2SO_4+Cr_2(SO_4)_3+3Fe_2(SO_4)_3+7H_2O$$

用 Fe^{2+} 滴定剩余的 $Cr_2O_7^{2-}$ 时,以邻啡罗啉($C_{12}H_8N_2$)为氧化还原指示剂。在滴定过程中指示剂的变色过程如下:开始时溶液以重铬酸钾的橙色为主,此时指示剂在氧化条件下,呈淡蓝色被重铬酸钾的橙色掩盖,滴定时溶液逐渐呈绿色(Cr^{3+}),至接近终点时变为灰绿色。当 Fe^{2+} 溶液过量半滴时,溶液则变成棕红色,表示颜色已达终点。

4. 操作规程和质量要求

选择所提供的土壤分析样品,进行下列全部或部分内容。

工作环节	操作规程	质量要求
称样	用分析天平准确称取通过 60 目筛的风干土样 0.05~0.5 g(精确到 0.000 1 g),放入干燥的硬质试管底部,记下土样重量	一般有机质含量<20 g/kg,称量 0.4~0.5 g;20~70 g/kg,称量 0.2~0.3 g;70~100 g/kg,称量 0.1 g;100~150 g/kg,称量 0.05 g
加氧化剂	用移液管准确加入重铬酸钾-硫酸溶液 10 mL,小心将土样摇散,贴上标签,盖上小漏斗,将试管插入铁丝笼中待加热	此法只能氧化 90% 的有机质,所以在计算分析结果时氧化校正系数为 1.1
加热氧化	将铁丝笼放入预先加热至 185~190℃ 的油浴锅或远红外消解炉中,此时温度控制在 170~180℃,自试管内大量出现气泡开始计时,保持溶液沸腾 5 min,取出铁丝笼,待试管稍冷后,用卷纸或废报纸擦净试管外部油液,冷却至室温	加热时产生的二氧化碳气泡不是真正沸腾,只有待真正沸腾时才能开始计算时间
溶液转移	将试管内含物用蒸馏水少量多次洗入 250 mL 的三角瓶中,总体积控制在 60~70 mL,加入邻啡罗啉指示剂 3~5 滴摇匀	要用水冲洗试管和小漏斗,转移时要做到无损;最后使溶液的总体积达 50~60 mL,酸度为 2~3 mol/L
滴定	用标准的硫酸亚铁溶液滴定 250 mL 三角瓶的内含物。溶液颜色由橙色(或黄绿)经绿色、灰绿色变到棕红色即为终点	指示剂变色敏锐,临近终点时,要放慢滴定速度
空白实验	必须同时做两个空白试验,取其平均值,空白试验用石英砂或灼烧的土代替土样,其余规程同上	如果试样滴定所用硫酸亚铁溶液的毫升数不到空白实验所消耗的硫酸亚铁溶液毫升数的 1/3,则有氧化不完全的可能,应减少土样称量重做

续表

工作环节	操作规程	质量要求
结果计算	土壤有机质含量= $$\frac{(V_0-V)\times c_2\times 0.003\times 1.724\times 1.1}{m}\times 10$$ 式中:V_0 为滴定空白时消耗的硫酸亚铁溶液体积(mL);V 为滴定样品时消耗的硫酸亚铁溶液体积(mL);c_2 为硫酸亚铁溶液的浓度(mol/L);0.003 为 1/4 碳原子的毫摩尔质量(g);1.724 为由有机碳换算为有机质的系数;1.1 为氧化校正系数;m 为烘干土样重	平行测定结果允许相差:有机质含量<10 g/kg,允许绝对相差≤0.5 g/kg;有机质含量 10~40 g/kg,允许绝对相差≤1.0 g/kg;有机质含量 40~70 g/kg,允许绝对相差≤3.0 g/kg;有机质含量>100 g/kg,允许绝对相差≤5.0 g/kg

5.常见技术问题处理

(1)可将各次称重结果记录入表 2-1-22 中,便于计算。

表 2-1-22　土壤有机质测定时数据记录

土样号	土样重 /g	初读数 /mL	终读数 /mL	净体积 /mL	有机质含量 /g·kg	平均含量 /%
样品 1						
样品 2						
样品 3						
空白 1						
空白 2						

(2)测定土壤有机质必须采用风干土样;水稻土及一些长期渍水土壤,由于较多的还原性物质存在,可消耗重铬酸钾,使结果偏高。如样品中含 Cl^- 较多,可加一定量(0.1 g)的硫酸银消除部分干扰。消煮时间对分析结果有较大影响,应尽量准确。油浴用锅应根据材质不同定期强制更换,以防止石蜡渗漏引发火灾。消煮好的溶液颜色一般应是橙黄色或黄中稍带绿色;如果以绿色为主,说明重铬酸钾不足,而土样含有机质过高。在滴定时,消耗的硫酸亚铁铵量小于空白用量的 1/3 时,有氧化不完全的可能,应弃去重做。在计算结果时,采用的是风干土样的质量;由于水分含量较低,予以忽略。土壤样品处理过程中,应注意剔除植物根、叶等有机残体。

任务五 土壤剖面观测与肥力性状调查

1.任务目标

能熟练进行当地主要农田、菜园、果园、绿化地、林地、草地等土壤剖面的设置、挖掘和观察记载的基本技术,并能较准确地鉴别土壤生产性状,找出限制生产的障碍因素,为合理的改良利用土壤提供依据。

2.任务准备

根据班级人数,按4人一组,分为若干组,每组准备以下材料和用具:广泛试纸、土壤标本盒、土样袋、海拔仪、望远镜、罗盘、调查表、铁锹、土铲、短柄锄头、剖面刀、放大镜、铅笔、钢卷尺、颜色铅笔、白瓷比色盘、土壤剖面记录表、小刀、橡皮擦、1∶3稀盐酸(10‰盐酸),酸碱混合指示剂等。

3.相关知识

从地表向下所挖出的垂直切面叫土壤剖面。土壤剖面一般是由平行于地表、外部形态各异的层次组成,这些层次叫土壤发生层或土层。土壤剖面形态是土壤内部性质的外在表现,是土壤发生、发育的结果。不同类型的土壤具有不同的剖面特征。

(1)自然土壤剖面 自然土壤剖面一般可分为四个基本层次:腐殖质层、淋溶层、淀积层和母质层。每一层次又可细分若干层,如图2-1-13所示。

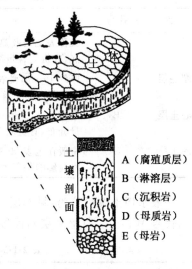

图 2-1-13 自然土壤剖面示意图

由于自然条件和发育时间、程度的不同,土壤剖面构型差异很大,有的可能不具有以上所有的土层,其组合情况也可能各不相同。如发育处在初期阶段的土壤类型,剖面中只有 A—C 层,或 A—AC—C 层;受侵蚀地区表土冲失,产生 B—BC—C 层的剖面;只有发育时间很长,成土过程亦很稳定的土壤才有可能出现完整的 A—B—C 式的剖面。有的在 B 层中还有 Bg 层(潜育层)、Bca 层(碳酸盐聚积)、Bs 层(硫酸盐聚积)层等。

(2)耕作土壤的剖面 旱地土壤剖面一般也分为四层:即耕作层(表土层)、犁底层(亚表土层)、心土层及底土层(图2-1-14、表2-1-23)。

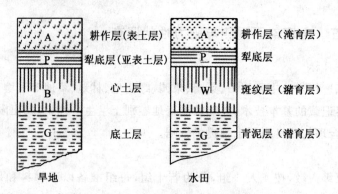

图 2-1-14　耕作土壤剖面示意图

表 2-1-23　旱地土壤剖面构造

层次	代号	特　征
耕作层	A	又称表土层或熟化层,厚 15～20 cm。受人类耕作生产活动影响最深,有机质含量高,颜色深,疏松多孔,理化与生物学性状好
犁底层	P	厚约 10 cm,受农机具影响常呈片状或层状结构,通气透水不良,有机质含量显著下降,颜色较浅
心土层	B	厚度为 20～30 cm,土体较紧实,有不同物质淀积,通透性差,根系少量分布,有机质含量极低
底土层	G	一般在地表 50～60 cm 以下,受外界因素影响很小,但受降雨、灌排和水流影响仍很大

　　一般水田土壤可分为:耕作层(淹育层),代号 A;犁底层,代号 P;斑纹层(潴育层),代号 W;青泥层(潜育层),代号 G 等土层(表 2-1-24)。

表 2-1-24　水田土壤剖面构造

层次	代号	特　征
淹育层	A	水稻土的耕作层,长期在水耕熟化和旱耕熟化交替进行条件下,有机质积累增加,颜色变深,在根孔和土壤裂隙中有棕黄色或棕红色锈斑
犁底层	P	受农机具影响常呈片状或层状结构,可起到托水托肥作用
潴育层	W	干湿交替、淋溶淀积作用活跃,土体呈棱柱状结构,裂隙间有大量锈纹锈斑淀积
潜育层	G	长期处于饱和还原条件,铁、铝氧化物还原,土层呈蓝灰色或黑灰色,土体分散成糊状

4.操作规程和质量要求

选择当地主要土壤,进行下列全部或部分内容。

工作环节	操作规程	质量要求
土壤剖面设置	剖面位置的选择一定要有代表性。对某类土壤来说,只有在地形、母质、植被等成土因素一致的地段上设置剖面点,才能准确地反映出土壤的各种性状	避免选择在路旁、田边、沟渠边及新垦搬运过的地块上
土壤剖面挖掘	选好剖面点后,先划出剖面的挖掘轮廓,然后挖土。主剖面的规格一般长为 1.5 m、宽 0.8 m、深 1.0 m。深度不足 1.0 m 者,挖至母岩、砾石层或地下水位为止。将观察面分成两半,一半用土壤剖面刀自上而下地整理成毛面,另一半削成光面,以便观察时相互进行比较	观察面要垂直向阳,观察面的对面要挖成阶梯状。所挖出表土和底土分别堆放在土坑的两侧,以便回填时先填底土,再填表土,尽可能恢复原状
剖面层次划分	自然土壤剖面按发生层次划分土层:枯枝落叶层、腐殖质层、淋溶层、淀积层、底土层等层次。耕作土壤剖面层次划分:耕作层、犁底层、心土层、底土层或母岩层。水稻土剖面层次:耕作层、犁底层、潴育层、潜育层或青泥层	由于自然条件和发育时间、程度的不同,土壤剖面构型差异很大,一般不具有所有层次,其组合情况也各不相同
剖面形态观察记载	(1)土壤颜色:土壤颜色有黑、白、红、黄四种基本色,但实际出现的往往是复色。观察时,先确定主色,后确定次色,次色记在前,主色记在后	确定土壤颜色时,旱田以干状态时为准,水田以观察时的土色为准
	(2)土壤质地:野外测定土壤质地,一般用手测法,其中有干测法和湿测法两种,可相互补充,一般以湿测法为主	标准见土壤质地测定内容
	(3)土壤结构:用挖土工具把土挖出,让其自然落地散碎或用手轻捏,使土块分散,然后观察被分散开的个体形态的大小、硬度、内外颜色及有无胶膜、锈纹、锈斑等,最后确定结构类型	标准见土壤结构具体内容
	(4)松紧度:野外鉴定土壤松紧的方法可根据小刀插入土体的难易和阻力大小来判断。有条件的可用土壤紧实度仪测定	松:小刀易入土,基本无阻力;散:稍加力,小刀即可插入土体;紧:用力较大,小刀才能插入土体;紧实:用力很大,小刀才能插入土体;坚实:十分费力,小刀也难以插入土体

续表

工作环节	操作规程	质量要求
	(5)土壤干湿度:按各土层的自然含水状态分级	干:土壤呈干土块,手试无凉感,嘴吹时有尘土扬起;润:手试有凉感,嘴吹无尘土扬起;潮:有潮湿感,手握成土团,落地即散,放在纸上能使纸变湿;湿:放在手上使手湿润,握成土团后无水流出
	(6)新生体:新生体是在土壤形成过程中产生的物质,如铁锰结核、石灰结核等	反映土壤形成过程中物质的转化情况
	(7)侵入体:是外界侵入土壤中的物体,如瓦片,砖渣、炭屑等	其存在,与土壤形成过程无关
	(8)根系:反映植物根系分布状况	多量:> 10 条$/cm^2$;中量:$5 \sim 10$ 条$/cm^2$;少量:约 2 条$/cm^2$;无根:见不到根痕
	(9)石灰性反应:用10%稀盐酸,直接滴在土壤上,观察气泡产生情况,判断其石灰含量	无石灰质:无气泡、无声音;少石灰质:徐徐产生小气泡,可听到响声,含量为1%以下;中量石灰质:明显产生大气泡和响声,但很快消失,含量为 1%~5%;多石灰质:发生剧烈沸腾现象,产生大气泡,响声大,历时较久,含量为5%以上
	(10)亚铁反应:用赤血盐直接滴加测定。土壤酸碱度:土壤酸碱度的测定用混合指示剂法	土壤酸碱度标准见土壤酸碱度测定
土壤样品的采集	土样的采集分分析样和标本样两种。分析样的采集在土壤剖面挖好后,按土壤剖面所划分的层次从下向上依次采取每一层次的土样,分别放入土样袋或土层标本盒并写好标签,标签上应注明采样地点,采集层次,采集时间,采集人等内容。土壤标本样的采集,是在野外无法确定所观察土壤的名称时,按所划土壤层次分别取一块原状土壤,一面使其露出自然断面其他几面削平后放入标本盒中,写好采样地点,采集时间,采集人等,并在标本盒侧面注明每一土层的厚度。然后带回室内研究确定土类名称。或作为典型土壤标本保存	纸盒采集标本,根据土壤剖面层次,由下而上逐层采集原状土挑出结构面,按上下装入纸盒,结构面朝上,每层装一格,每格要装满,标明每层深度,在纸盒盖上写明采集地点、地形部位、植物、母质、地下水位、土壤名称、采集日期及采集人

续表

工作环节	操作规程	质量要求
土壤肥力性状调查	调查土壤肥力性状包括质地(手测法)、容重、结构、孔隙度、通透性、酸碱度、有机质和速效氮磷钾含量等,根据各土层的特征特性,对所调查的土壤生产性能客观的进行综合评价,找出限制生产的障碍因子,并提出改良利用的主要途径和措施	土壤容重、孔隙度、酸碱度、有机质和速效氮磷钾含量等根据前面实验方法进行测定

5.常见技术问题处理

(1)土壤生产性能评价　将上述观察结果记录于土壤剖面观察记载表(表 2-1-25)。根据各土层的特征特性,生产利用现状或自然植被种类、覆盖度等。对所调查土壤的生产性能客观地进行评价,找出限制生产的障碍因素,并提出改良利用的主要途径与措施。

(2)记载土壤剖面所在位置、地形部位、母质、植被或作物栽培情况、土地利用情况、地下水深度、地形草图可画地貌素描图,要注明方向,地形剖面图要按比例尺画,注明方向,轮作施肥情况可向当地社员了解。

(3)划分土壤剖面层次,记载厚度,按土层分别描述各种形态特征,土层线的形状及过渡特征。

(4)进行野外速测,测定 pH 值、高铁、亚铁反应及石灰反应,填入剖面记载表。

(5)最后根据土壤剖面形态特征及简单的野外速测,初步确定土壤类型名称,鉴定土壤肥力,找出限制生产的障碍因素,并提出利用改良意见。

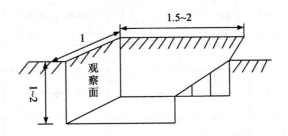

图 2-1-15　剖面挖掘示意图(单位:mm)

表 2-1-25　土壤剖面观察记载表

剖面野外编号＿＿＿室内编号＿＿＿＿地点：＿＿＿县乡＿＿＿村　调查时间：＿＿年＿＿月＿＿日

土壤名称：当地名称＿＿＿＿＿＿最后定名＿＿＿＿＿＿代表面积＿＿＿＿＿＿

（一）土壤剖面环境

1.地形＿＿＿＿＿　　2.海拔＿＿＿＿＿　　3.成土母质＿＿＿＿＿　4.自然植被＿＿＿＿＿

5.农业利用方式＿＿＿　6.灌溉方式＿＿＿＿　7.排水条件＿＿＿＿　8.地下水位＿＿＿＿

9.地下水水质＿＿＿＿　10.侵蚀情况＿＿＿＿

（二）土壤生产性能　　　　　　　　　　　　　　　　　　（三）土壤剖面示意图

1.耕作制度＿＿＿＿　　3.施肥水平　　　　　4.植物生长表现：

2.产量水平　　　　　　（1）＿＿＿＿＿　　　5.耕作性能：

（1）＿＿＿＿＿　　　　（2）＿＿＿＿＿　　　6.障碍因素：

（2）＿＿＿＿＿　　　　（3）＿＿＿＿＿　　　7.肥力等级：

（四）土壤剖面描述

剖面图	层次代号	深度/cm	质地	新生体			紧实度	植物根系	侵入体	孔隙度
				类别	形态	数量				

剖面图	层次代号	深度/cm	亚铁反应	石灰反应	pH	全氮/%	碱解氮/(mg/kg)	速效磷/(mg/kg)	速效钾/(mg/kg)	有机质/(g/kg)

任务六 当地植物生长的土壤环境状况综合评价

1. 任务目标

选择当地具有代表性的种植植物和土壤类型,通过合理取样,及时测定土壤有机质、孔隙度、质地、养分含量等指标;合理设置并挖掘土壤剖面,观察分析土壤生产性状;并调查当地自然条件和农业生产情况,能综合评价当地土壤环境状况,为当地农业生产提供科学依据。

2. 任务准备

(1)拟订工作计划 主要内容有:调查时间、方法措施、人员和经费等。

(2)准备资料 收集当地调查地区有关农业、土壤、气象等方面的资料。特别是地形图、土壤图等资料。

(3)器材工具 采样工具,测定测定土壤有机质、孔隙度、质地、养分含量等仪器设备及试剂,土壤剖面观察设备与试剂。

(4)现场准备 根据各校实际情况,选择离校较近、交通方便的农田、菜田、果园、林地、城市绿地等场所。

3. 相关知识

土壤调查是野外研究土壤的一种基本方法。它以土壤地理学理论为指导,通过对土壤剖面形态及其周围环境的观察、描述记载和综合分析比较,对土壤的发生演变、分类分布、肥力变化和利用改良状况进行研究、判断。土壤调查调查步骤一般可分3个阶段:

(1)准备阶段 主要的工作包括:路线踏查,统一调查技术,确定土壤调查的填图单元;收集并阅读调查区内各种有关自然、社会经济、农业和土壤的资料和图件;准备供调查填图时用的底图,通常选用大于成图比例尺的符合精度要求的地形图(或地形-地块图),也可用航片或卫片判读方法进行;准备调查用的装备、工具和化学分析设备等。

(2)野外作业阶段 按统一的调查技术要求进行以下工作:依照技术规程要求,在规定的面积范围内挖掘具有代表性的土壤剖面,进行观察、描述、记载和比较,并采集供各种用途的土壤标本;根据土壤剖面形态特征,确定土壤变异的界线和勾绘土壤草图;研究调查区内土壤的特性、分布与成土因素、人为因素之间的关系,以揭示土壤类型的差异及其自然分布规律;根据成土条件和土壤特性提出土壤合理利用的途径。

(3)室内整理资料阶段 主要的工作包括:将野外各种资料和化学分析资料进行整理、归纳和系统化;根据经整理的资料制定土壤分类系统和制图单元系统;绘制土壤图和其他有关图件；编写土壤调查报告和有关图件的说明书等。

4.操作规程和质量要求

工作环节	操作规程	质量要求
成土因素调查	自然环境因素是影响土壤肥力性状和农业生产活动的重要条件，必须观察的项目有：所处的地形部位；土壤母质类型；地下水位；本地区的气候条件；自然植被和人工植被种类；土壤侵蚀情况；农业生产活动	可通过当地水文、气象、农业、地质等部门进行咨询或查询
路线确定与样点选择	依照计划要求，在规定的面积范围内，合理选点，采集土壤分析的耕层农化样品，并确定土壤剖面挖掘的地点	选择的样点一定要有代表性
土壤剖面的观察	挖掘具有代表性的土壤剖面，进行观察、描述、记载和比较，并采集供各种用途的土壤标本 (1)土壤剖面地点选择和挖掘方法。为使土壤剖面能正确地反映土壤肥力状况，必须能在代表本地一般情况的地方设置土壤剖面来观察土壤形状。土壤剖面挖掘方法见任务五 (2)合理划分土层。根据颜色、结构、质地、松紧度、根系分布和新生体等划分土层 (3)观察土壤颜色、质地、结构、湿度、松紧度、新生体、侵入体、根系、石灰反应、亚铁反应等	剖面挖掘时，注意在种有作物的地上，应尽量避免损坏四周的作物。在土壤剖面观察时，特别要注意有无障碍层次，障碍层次的层位、厚度，有效土层厚度等。具体要求参见任务五
土壤标本和样品采集	(1)采集纸盒样本。供室内土壤比较、识别和陈列之用，每一样点应采集1～2个 (2)采集分析样本。一般采集耕层混合样品，供分析有机质、速效养分、质地等	具体要求参见样品采集与处理
改良利用现状	农业生产活动是决定土壤性质最重要的因素，观察和调查访问的项目为： (1)主要作物类型，历年来(可调查3～5年)该地种植的作物及轮作倒茬情况；当年种植的作物种类、品种及其生长状况 (2)水利条件：水地，还是旱地，灌溉水源如何，灌溉后有何问题发生，有无水涝的危险和排除的可能 (3)近年来(2～3年来)的施肥水平、耕作技术水平；近年来(2～3年来)农作物的产量水平和品质 (4)有无水土流失、盐渍化现象，采取过哪些措施 (5)当地改良利用的经验和问题	选择的农户要具有代表性和典型性；也可以通过农业、水文等部门进行调查访谈获得资料

续表

工作环节	操作规程	质量要求
土壤肥力因素测定	(1)土壤质地测定。在室外测定基础上,可进一步在室内采用比重计法进行测定确认 (2)土壤有机质测定。分析所取样点的耕层有机质含量 (3)土壤容重与孔隙度测定。分析所取样点的耕层容重与孔隙度 (4)土壤速效养分测定。分析所取样点的耕层碱解氮、速效磷、速效钾等含量	具体要求见土壤质地测定、有机质、容重和孔隙度、速效养分等测定
整理资料和比土评土	(1)对室内分析资料和野外调查资料进行整理、统计和分析,在此基础上进行比土评土,最好能初步确定土壤名称 (2)根据获得的资料,分析评价该地区土壤生产性能。根据各土层的特征特性,结合以上调查生产利用现状或自然植被种类、覆盖度等,对所调查的土壤生产性能客观的进行评价,找出限制生产的障碍因子,并提出改良利用的主要途径和措施	在老师指导下,通过集中讨论,查阅相关资料,进行该项活动
编写土壤环境状况评价报告	一般包括以下内容: (1)前言:说明调查的目的、任务、时间、参加人员、调查方法、取得的成果等 (2)基本情况:调查地区的自然条件和农业利用情况 (3)土壤情况:调查地区的土壤种类、特性及肥力变化;土壤利用现状及存在的问题 (4)建议:根据存在的问题,提出土壤改良利用的相关建议	报告内容要做到:内容简捷、事实确凿、论据充足、建议合理

5. 常见技术问题处理

(1)土壤调查资料(土壤图、调查报告以及其他有关的各种图件或文字说明)可以作为全国性或区域性的综合自然区划、农业区划以及国土整治规划的依据之一,也是农业生产单位(乡、村及农、林、牧场)进行生产规划和制定改土培肥措施的重要根据某些专门性的土壤调查,如荒地资源调查、工程土壤调查、低产土壤调查、侵蚀土壤调查、污染土壤调查、自然保护区土壤调查以及军事土壤调查等,其目的性和服务对象更为明确,应用性更强,因此如何做好该项工作具有重要意义。

(2)土壤肥力评价时,可参考表2-1-26。

表 2-1-26　土壤养分分级指标

分级	全氮 (N) /%	全磷 (P₂O₅) /%	全钾 (K₂O) /%	有机质 /%	水解氮 (N) /(mg/kg)	速效磷 (P₂O₅) /(mg/kg)	速效钾 (K₂O) /(mg/kg)
极缺乏	<0.03	<0.04	<0.6	<0.5	<30	<5	<50
缺乏	0.03~0.08	0.04~0.08	0.6~1.0	0.5~1.5	30~60	30~60	50~80
中等	0.08~0.16	0.08~0.12	1.0~1.5	1.5~3.0	60~90	60~90	80~150
丰富	0.16~0.30	0.12~0.18	1.5~2.5	3.0~5.0	90~120	90~120	150~200
极丰富	>0.30	>0.18	>2.5	>5.0	>120	>80	>200

模块三　植物生长的土壤环境调控

【模块目标】了解我国主要土壤资源基本情况；熟悉当地土壤退化的类型、危害及防治措施；掌握当地主要土壤（农业土壤、草原土壤、森林土壤、城市土壤）的利用与管理。

【背景知识】

我国的土壤资源

我国土壤资源极其丰富，其特征存在显著差异。现将我国一些重要土壤类型的分布与特征总结如表 2-1-27 所示。

表 2-1-27　我国部分土类的分布和主要性质

土类	分布	主要性质和利用
砖红壤	热带雨林、季雨林	遭强烈风化脱硅作用，氧化硅大量迁出，氧化铝相对富集（脱硅富铝化），游离铁占全铁的80%，黏粒硅铝率<1.6，风化淋溶系数<0.05，盐基饱和度<15%，黏粒矿物以高岭石、赤铁矿与三水铝矿为主，pH 4.5~5.5，具有深厚的红色风化壳。生长橡胶及多种热带植物
赤红壤	南亚热带季雨林	脱硅富铝风化程度仅次于砖红壤，比红壤强，游离铁度介于二者之间。黏粒硅铝率1.7~2.0，风化淋溶系数0.05~0.15，盐基饱和度15%~25%，pH 4.5~5.5，生长龙眼、荔枝等

续表 2-1-27

土类	分布	主要性质和利用
红壤	中亚热带常绿阔叶林	中度脱硅富铝风化，黏粒中游离铁占全铁的 50%～60%，深厚红色土层。底层可见深厚红、黄、白相间的网纹红色黏土。黏土矿物以高岭石、赤铁矿为主，黏粒硅铝率 1.8～2.4，风化淋溶系数<0.2，盐基饱和度<35%，pH 4.5～5.5，生长柑橘、油桐、油茶、茶等
黄壤	亚热带湿润条件，多见于 700～1 200 m 的山区	富含水合氧化物（针铁矿），呈黄色，中度富铝风化，有时含三水铝石，土壤有机累积较高，可达 100 g/kg，pH 4.5～5.5。多为林地，间亦耕种
黄棕壤	北亚热带暖湿落叶阔叶林	弱度富铝风化，黏化特征明显，呈黄棕色黏土。B 层黏聚现象明显，硅铝率 2.5 左右，铁的游离度 2.5 左右，铁的游离度较红壤低，交换性酸 B 层大于 A 层，pH 5.5～6.0。多由沙页岩及花岗岩风化物发育而成
黄褐土	北亚热带丘陵岗地	土体中游离碳酸钙不存在，土色灰黄棕，在底部可散见圆形石灰结核。黏化淀积明显，B 层黏聚，有时呈黏盘。黏粒硅铝率 3.0 左右，pH 表层 6.0～6.8，底层 7.5，盐基饱和度由表层向底层逐渐趋向饱和。由较细粒的黄土状母质发育而成
棕壤	湿润暖温带落叶阔叶林，但大部分已垦殖旱作	处于硅铝风化阶段，具有黏化特征的棕色土壤，土体见黏粒淀积，盐基充分淋失，pH 6～7，见少量游离铁。多有干鲜果类生长，山地多森林覆盖
暗棕壤	温带湿润地区针阔叶混交林	有明显有机质富集和弱酸性淋溶，A 层有机质含量可达 200 g/kg，弱酸性淋溶，铁铝轻微下移。B 层呈棕色，结构面见铁锰胶膜，呈弱酸性反应，盐基饱和度 70%～80%。土壤冻结期长
褐土	暖温带半湿润区	具有黏化与钙质淋移淀积的土壤，盐基饱和，处于硅铝风化阶段，有明显黏淀层与假菌丝状钙积层。B 层呈棕褐色，pH 7～7.5，盐基饱和度达 80% 以上，有时过饱和
灰褐土	温带干旱、半干旱山地，云冷杉下	腐殖质累积与积钙作用明显的土壤。枯枝落叶层有机质可达 100 g/kg，下见暗色腐殖层，有弱黏淀特征，钙积层在 40～60 cm 以下出现，铁、铝氧化物无移动，pH 7～8
黑土	温带半湿润草甸草原	具深厚均腐殖质层的无石灰性黑色土壤，均腐殖质层厚 30～60 cm，有机质含量 30～60 g/kg。底层具轻度滞水还原淋溶特征，见硅粉，盐基饱和度在 80% 以上，pH 6.5～7.0
草甸土	地下水位较浅	潜水参与土壤形成过程，具有明显腐殖质累积，地下水升降与浸润作用，形成具有锈色斑纹的土壤。具有 A—C 构型

续表 2-1-27

土类	分布	主要性质和利用
砂姜黑土	成土母质为河湖沉积物	经脱沼与长期耕作形成,仍显残余沼泽草甸特征。底土中见沙姜聚积,上层见面砂姜,底层可见沙姜瘤与砂姜盘,质地黏重
潮土	近代河流冲积平原或低平阶地	地下水位浅,潜水参与成土过程,底土氧化还原作用交替,形成锈色斑纹和小型铁子。长期耕作,表层有机质含量 10~15 g/kg
沼泽土	地势低洼,长期地表积水	有机质累积明显及还原作用强烈,形成潜育层,地表有机质累积明显,甚至见泥炭或腐泥层
草甸盐土	半湿润至半干旱地区	高矿化地下水经毛细管作用上升至地表,盐分累积大于 6 g/kg 以上时,属盐土范畴。易溶盐组成中所含的氯化物与硫酸盐比例有差异
滨海盐土	沿海一带,母质为滨海沉积物	土体含有氯化物为主的可溶盐。滨海盐土的盐分组成与海水基本一致,氯盐占绝对优势,次为硫酸盐和重碳酸盐,盐分中以钠、钾离子为主,钙、镁次之。土壤含盐量 20~50 g/kg,地下水矿化度 10~30 g/L,土壤积盐强度随距海由近至远,从南到北而逐渐增强。土壤 pH 7.5~8.5,长江以北的土壤富含游离碳酸钙
碱土	干旱地区	土壤交换性钠离子达 20% 以上,pH 9~10。土壤黏粒下移累积,物理性状劣,坚实板结。表层质地轻,见蜂窝状孔隙
水稻土	长期季节性淹灌脱水,水下耕翻,氧化还原交替	原来成土母质或母土的特性有重大改变。由于干湿交替,形成糊状淹育层,较坚实板结的犁底层(AP)、渗育层(P)、潴育层(W)与潜育层(G)多种发生层
灌淤土	长期引用高泥沙含量灌溉水淤灌	在落淤后,即行耕翻,逐渐加厚土层达 50 cm 以上,从根本上改变了原来土壤的层次,包括表土及其他土层,均作为埋藏层,因而形成土体深厚,色泽、质地均一,土壤水分物理性状良好的土壤类型
黄绵土	由黄土母质直接耕翻形成	由于土壤侵蚀严重,表层耕层长期遭侵蚀,只得加深耕作黄土母质层,因而母质特性明显,无明显发育,为 A—C 型土。由于风成黄土富含细粉粒,质地、结构均一,疏松绵软,富含石灰,磷钾储量较丰,但有效性差。土壤有机质缺乏,含量约 5 g/kg
风沙土	半干旱、干旱漠境地区及滨海地区,风沙移动堆积	由于成土时间短暂,无剖面发育,反映了沙流动堆积与固定的不同阶段
紫色土	热带亚热带紫红色岩层直接风化	A—C 构型,理化性质与母岩直接相关,土层浅薄,剖面层次发育不明显。母质富含矿质养分,且风化迅速,为良好的肥沃土壤

任务一 各类土壤资源利用与管理

1. 任务目标

了解农业土壤、草原土壤、森林土壤、城市土壤等各类土壤资源的特点,掌握农业土壤、草原土壤、森林土壤、城市土壤等各类土壤资源的培肥与管理措施,为当地农业生产提供科学依据。

2. 任务准备

根据班级人数,按 4 人一组,分为若干组,小组共同调研,制定各类土壤培肥改良计划或方案,共同研讨,并进行小组评价。

3. 相关知识

农业土壤包括农田土壤和园艺土壤。农田土壤是在自然土壤基础上,通过人类开垦耕种,加入人工肥力演变而成的,分为旱地土壤和水田土壤;园艺土壤是栽培果树、蔬菜等园艺植物的农田土壤。草原土壤是在天然草类覆盖下发育而成的土壤。森林土壤是指森林覆盖下发育而成的土壤。城市土壤是自然土壤被城市占据,在人类强烈活动影响下形成的。各类土壤资源的利用方式与特征如表 2-1-28 所示。

表 2-1-28 各类土壤资源的利用方式与特征

利用形式	土壤特征
旱地高产田	适宜的土壤环境:山区梯田化,平原园田化、方田化。协调的土体构型:上虚下实的剖面构型,耕作层深厚、疏松、质地较轻。适量协调的土壤养分。良好的物理性状,有益微生物数量多、活性大、无污染
旱地中低产田	干旱灌溉型:降雨量不足或季节分配不合理,缺少必要调蓄工程,或土壤保蓄能力差
	盐碱耕地型:土壤中可溶性盐含量超标,影响植物生长
	坡地梯改型:具有流、旱、瘦、粗、薄、酸等特点
	渍涝排水型:地势低洼,排水不畅,常年或季节性渍涝
	沙化耕地型:主要障碍因素为风蚀沙化
	障碍层次型:如土体过薄,剖面上有夹沙层、砾石层、铁磐层、砂浆层、白浆层等障碍层次
水田土壤	具有特殊的土壤剖面构型:淹育层—犁底层—潴育层—潜育层。水热状况比较稳定。氧化还原电位较低,物质的化学变化较大。嫌气微生物为主,有机质积累较多

续表 2-1-28

利用形式	土壤特征
果园土壤	(1)南方果园:土壤类型多,有机质含量低,质地黏重,耕性不良,养分含量较低,土壤酸性 (2)北方果园:土层深厚,质地适中,灌排条件好,肥力较高,无盐碱化
菜园土壤	熟化层深厚。有机质含量高,养分含量丰富。土壤物理性状良好。保肥供肥能力强
设施土壤	土壤温度高。土壤水分相对稳定、散失少。土壤养分转化快、淋失少。土壤溶液浓度易偏高。土壤微生态环境恶化。营养离子平衡失调。易产生气体危害和土壤消毒造成的毒害
草原土壤	(1)资源丰富,类型多样。我国草原土壤类型众多,主要有黑土、黑钙土、栗钙土、棕钙土、灰钙土、草甸土、山地草甸土、草毡土、黑垆土等 (2)水热条件不协调,肥力特性较差。我国草原土壤1/2面积分布在北方温带草原区,1/3分布在青藏高原高寒区。水热条件从东到西、从南到北差异很大 (3)肥力水平相差较大,并且不稳定。肥力水平从东到西、从南到北逐渐降低,草地生力水平也表现出同样趋势。年际间降水量变化较大,季节降水量也不均匀,造成土壤生产力水平不稳定
森林土壤	(1)气候湿润,水分条件较好。森林土壤分布区降水量较多,蒸发量小于降水量 (2)表层有机营养丰富,物质循环较快。土壤表层腐殖质形成较多,土壤有机营养较丰富,尤其是土壤氮素较丰富 (3)土壤反应趋向酸性,盐基饱和度较低。森林土壤淋溶作用较强,土壤中盐基离子淋失较多,凋落物分解所形成的有机酸较多,土壤盐基饱和度较低,土壤胶体吸附较多的铝离子和氢离子,从而使土壤显酸性 (4)生物资丰富,生态环境良好。森林与森林土壤是许多珍稀动物赖以生存生活的基础,良好的土壤环境条件维持着森林良好生长,保护着地下水、地表水和各类生物资源,保护着良好的森林生态环境,以保证动物生存、生活所需的环境条件
城市土壤	(1)人为影响大,肥力性状差。城市土壤微生物数量较少,植被类型明显减少;土壤生物量大幅度降低,土壤生物多样性下降;土壤物质流和能量流循环失衡,土壤物质运行受到阻隔;土壤腐殖质逐渐减少;土壤团粒结构被破坏,土壤结构趋向块状和片状,碴、砾石多;土壤紧实度加剧,土壤容重明显变大,孔隙状况不良,总孔隙度小,土壤持水能力降低;土壤酸性或碱性加剧,营养元素含量下降 (2)土壤污染严重。城市化伴随工业发展,城市人口密度和数量增大,各种化学用品不断增加,生活垃圾、工程废料和生活废水及工业污染物排放等都是污染土壤的因素 (3)净化功能明显降低,有害成分增加。城市土壤由于腐殖质呈明显的下降趋势,土壤生物活性明显降低,土壤黏土矿物更新过程放缓,所以土壤降解、转化污染物的能力大大降低,土壤过滤器和净化器的功能明显减弱。各类污染物易进入地下水或通过生物链进入动物、植物体内,造成城市地下水体污染和城市植物有害成分增加

4.操作规程与质量要求

工作环节	操作规程	质量要求
旱地高产田的培肥与管理	(1)当地高产土壤环境现状评估。调查当地高产土壤的类型,培肥管理中存在哪些问题,有何典型经验 (2)总结当地高产田培肥管理经验,制定其培肥与管理措施。增施有机肥料,科学施肥:以有机肥为主、化肥为辅、有机无机相配合。合理灌排:适时适量地按需供水、均匀灌水、节约用水。合理轮作,用养结合:合理搭配耗地植物、自养植物、养地植物。深耕改土,加速土壤熟化:深耕结合施用有机肥料,并与耙糖、施肥、灌溉等耕作管理措施相结合。防止土壤侵蚀,保护土壤资源	经过培肥管理,达到: (1)山区梯田化,平原园田化、方田化 (2)具有上虚下实的较厚耕层;水田有适度发育的犁底层 (3)土壤养分丰富,有机质含量适中,全氮、速效磷、速效钾含量较高 (4)具有良好土壤孔隙和结构,团粒结构多,水热状况良好 (5)有益微生物丰富,土壤不存在污染、退化等
旱地中低产田的培肥管理	(1)当地中低产土壤环境现状评估。调查当地中低产土壤的类型,培肥管理中存在哪些问题,有何改良利用典型经验 (2)总结当地中低产田培肥管理经验,制定其培肥与管理措施。干旱灌溉型的要通过发展灌溉加以改造耕地,并做到合理灌溉。盐碱耕地型的可建设排水工程,干沟、支沟、斗沟、农沟配套成网;井灌井排,深浅井合理分布,咸水、淡水综合利用;平整土地,防止地表积盐;进行淤灌;旱田改水田;耕作培肥。坡地梯改可通过植树造林、种植绿肥牧草、坡面工程措施(等高沟埂、梯田、治沟保坡,沟坡兼治等)、推广有机旱作种植技术、发展灌溉农业等措施。渍涝排水型要建设骨干排水工程(干沟、支沟)进行排水;田间建设沟渠(斗沟、农沟)配套成网。沙化耕地型可通过:营建防护林网;种植牧草绿肥;平整土地,全部格田化;发展灌溉,保灌6次;土壤培肥,秸秆还田、增施有机肥、补施磷钾肥等。障碍层次型可采取:在坡地采用等高种植;采用深松、深翻加深耕层,混合上下土层,消除障碍层;增施有机肥,秸秆还田,平衡施肥,培肥土壤	
水田土壤的培肥管理	(1)当地水田土壤环境现状评估。调查当地水田土壤的类型,培肥管理中存在哪些问题,有何改良利用典型经验 (2)总结当地水田土壤培肥管理经验,制定其培肥与管理措施。深耕改土:稻麦两茬、水旱轮作区秋种或冬前进行深耕。增施有机肥料,培肥土壤:增施有机肥料、种植绿肥、稻草还田、犁冬晒白。合理轮作,平衡养分:水旱轮作、稻肥轮作、稻经轮作、增施磷钾肥等。排水洗盐。消除障碍因子:排水晒田、深耕耙糖、增施石灰或草木灰	

续表

工作环节	操作规程	质量要求
果园土壤的培肥管理	(1)当地果园土壤环境现状评估。调查当地果园土壤的类型,培肥管理中存在哪些问题,有何改良利用典型经验 (2)总结当地果园土壤培肥管理经验,制定其培肥与管理措施。加强果园土、肥、水管理:山丘果园修筑梯田、平地果园挖排水沟;增施有机肥,平衡施用氮磷钾及微量元素肥料。适度深翻,熟化土壤:深耕结合增施有机肥料;中耕除草与培土。增加地面覆盖:地膜覆盖和春秋覆草有效配合;果园种植绿肥。黄河故道等沙荒地,要设置防风林网,种植绿肥增加覆盖,培土填淤	
菜园土壤的培肥管理	(1)当地菜园土壤环境现状评估。调查当地菜园土壤的类型,培肥管理中存在哪些问题,有何改良利用典型经验 (2)总结当地菜园土壤培肥管理经验,制定其培肥与管理措施。改善灌排条件,防止旱涝危害:采用渗灌、滴灌、雾灌等节水灌溉技术,高畦深沟种植。深耕改土:施用有机肥基础上,2~3年深翻一次。合理轮作:改单一品种连作为多种蔬菜轮作。增施有机肥,减少化肥施用:二者比例以5:5为宜	
设施土壤的培肥管理	(1)当地设施土壤环境现状评估。调查当地设施土壤的类型,培肥管理中存在哪些问题,有何改良利用典型经验 (2)总结当地设施土壤培肥管理经验,制定其培肥与管理措施。施足有机底肥。整地起垄:提早进行灌溉、翻耕、耙地、镇压,最好进行秋季深翻。适时覆膜,提高地温。膜下适量浇水。控制化肥追施量:适当控制氮肥用量,增施磷、钾肥。多年设施栽培连茬种植前最好进行土壤消毒	
草原土壤的培肥管理	(1)当地草原土壤环境现状评估。调查当地草原土壤的类型,培肥管理中存在哪些问题,有何改良利用典型经验 (2)总结当地草原土壤培肥管理经验,制定其培肥与管理措施。一是加强草原土壤资源利用方向的管理。草原土壤资源利用的方向必须坚持以牧为主,长期保持天然草地生态功能的稳定,对滥开垦草原土壤发展种植业和其他各类破坏草原的经营活动应加强管理,坚持退耕还草还牧。二是合理利用,加强保护。必须加强以草定畜、以草配畜、增产增畜、草畜平衡为基础的草地畜牧业管理。严禁滥垦、滥牧。三是科学放牧,建设人工草地。实行科学的放牧制度。推行划区轮牧和季节性放牧。适当发展人工草地	(1)加强对随意开垦农用、矿产开发、过度采集根用药材、砍伐防护林、居住地建设、公路建设等的管理 (2)人工草地首先选择在退化草地上,并且推广留高茬刈割,有利于保护土壤,抑制风蚀沙化

续表

工作环节	操作规程	质量要求
森林土壤的培肥管理	(1)当地森林土壤环境现状评估 调查当地森林土壤的类型,培肥管理中存在哪些问题,有何改良利用典型经验 (2)总结当地森林土壤培肥管理经验,制定其培肥与管理措施:①加强森林土壤资源保护。保护好森林土壤资源是保护我国天然林的主要任务。我国现存森林土壤应严禁开垦从事农业、牧业利用,对火灾后的迹地应及时进行人工补植或保护自然恢复。②加强森林地面凋落物保护。加强对林地土壤表层凋落物的管理,严禁大量收集用做燃料和供牲畜食用。③加强森林抚育管理。加强采伐、整枝,促进营养物质良性循环,淘汰劣质树种,保留优势树种,保护林下植被,可以促进森林良好生长发育	(1)宜林土地区应加强封山育林管理,不到更新采伐期严禁采伐 (2)在林区通过适当发展人工薪炭林,解决燃料问题,是保护凋落物的有效途径
城市土壤的培肥管理	(1)当地城市土壤环境现状评估 调查当地城市土壤的类型,培肥管理中存在哪些问题,有何改良利用典型经验 (2)总结当地城市土壤培肥管理经验,制定其培肥与管理措施:①加强城市绿地建设。城市规划中要规划出足够的城市绿地、城市公园、居住小区绿地,街道绿化造林形成网络。②加强城市垃圾回收和无害化处理。城市垃圾回收并进行无害化处理是控制有害物质进入土壤中的最有效手段之一。③树立城市生态地面硬化观。城市地面硬化要向生态硬化的方向发展。也可以在方砖孔内人工种植草坪,使硬化、绿化和水分循环形成三位一体格局	城市建设要树立绿色城市理念,重视保护植物残落物,尽量避免焚烧,促使土壤与残落物进行物质循环

5.常见技术问题处理

根据各院校所在地的土壤资源情况,重点选择当地具有代表性的土壤,通过农户调查、专家访谈、查阅资料等方式,寻找土壤利用与管理过程中存在的问题,当地土壤存在哪些障碍因素或低产因素,是制订培肥管理方案的关键所在。

任务二 土壤退化与防治

1.任务目标

了解土壤退化概念,熟悉土壤退化类型及危害,掌握当地土壤退化的防治。

2.任务准备

根据班级人数,按4人一组,分为若干组,小组共同调研,制订各类土壤退化防治方案,共同研讨,并进行小组评价。

3.相关知识

土壤退化是指土壤数量减少和质量降低,数量减少表现为表土丧失,或整个土体毁坏,或土地被非农业占用;质量降低表现在土壤物理、化学、生物学方面的质量下降。中国科学院南京土壤研究所借鉴国外的分类,根据我国的实情,将土壤退化分为土壤侵蚀、土壤沙化、土壤盐化、土壤污染等(表 2-1-29)。

表 2-1-29　土壤退化分类

一　级	二　级
土壤侵蚀	水蚀,冻融侵蚀,重力侵蚀
土壤沙化	悬移风蚀,推移风蚀
土壤盐化	盐渍化和次生盐渍化,碱化
土壤污染	无机物污染,农药污染,有机废物污染,化学废料污染,污泥、矿渣和粉煤灰污染,放射性物质污染,寄生虫、病原菌和病毒污染
土壤性质恶化	土壤板结,土壤潜育化和次生潜育化,土壤酸化,土壤养分亏缺
耕地非农业占用	

　　我国土壤侵蚀严重,水蚀、风蚀面积占国土面积 1/3,流失土壤每年大约 50 亿 t,占世界总流失量的 1/5;沙漠戈壁面积 110 万 km^2,沙漠化土壤面积已达 32.83 万 km^2;盐碱荒地 0.2 亿 km^2,盐碱耕地 0.07 亿 km^2;环境恶化,工业"三废"、化肥、农药、生物调节剂、地膜等严重污染土壤;由于有机肥投入减少,肥料结构不合理造成土壤肥力下降。

　　土壤退化发生广、强度大、类型多、发展快、影响深远,因此应积极采取措施,进行有效防治(表 2-1-30)。

表 2-1-30　各种土壤退化的含义、危害

类　型	含　义	危　害
土壤侵蚀	土壤及其母质在水力、风力、冻融、重力等外力作用下,被破坏、剥蚀、搬运和沉积的全过程	土壤质量退化;生态环境恶化;引起江河湖库淤积
土壤沙化	因风蚀,土壤细颗粒物质丧失,或外来沙粒覆盖原有土壤质层,造成土壤质地变粗的过程	严重影响农牧业生产;使大气环境恶化;危害河流、交通;威胁人类生存
土壤盐渍化	易溶性盐在土壤表层积累的现象或过程	引起植物生理干旱;降低土壤养分有效性;恶化土壤理化性质;影响植物吸收养分
土壤潜育化	土壤处于受积滞水分的长期浸渍,土体内氧化还原电位过低,并出现青泥层或腐泥层或泥炭层或灰色斑纹层的过程	还原物质较多;土性冷;养分有效性低;结构不良

续表 2-1-30

类　型	含　义	危　害
土壤污染	人类活动所产生的污染物,通过不同途径进入土壤,其数量和速度超过了土壤的容纳能力和净化速度的现象	导致严重经济损失;导致农产品污染超标、品质不断下降;导致大气环境次生污染;导致水体富营养化并成为水体污染的祸患;成为农业生态安全的克星

4.操作规程和质量要求

工作环节	操作规程	质量要求
土壤侵蚀的预防与治理	(1)调查当地土壤侵蚀现状和危害 (2)总结当地土壤侵蚀预防与治理经验,制订治理方案。水利工程措施:坡面治理、沟道治理和小型水利工程。生物措施:种草种树、绿化荒山、农林牧综合经营。耕作措施:一是改变地面微小地形,如横坡耕作、沟垄种植、水平犁沟、筑埂作垄、等高种植、丰产沟等;二是增加地面覆盖,如间作套种、草田轮作、草田带状间作、宽行密植、利用秸秆杂草等进行生物覆盖、免耕或少耕等,三是增加土壤入渗,如增施有机肥、深耕改土、纳雨蓄墒、并配合耙糖、浅耕等	达到:土壤肥力明显提高;森林覆盖率显著提高;生态环境明显改善
土壤沙化的预防与治理	(1)调查当地土壤沙化现状和危害 (2)总结当地土壤沙化预防与治理经验,制订治理方案。营造防沙林带:建立封沙育草带、前沿阻沙带、草障植物带、灌溉造林带、固沙防火带。实施生态工程:建立农林草生态复合经营模式。合理开发水资源:调控河流上、中、下游流量,挖蓄水池、打机井、多管井、开挖"马槽井"等。控制农垦:控制载畜量,控制农垦。采取综合治沙:活沙障、机械固沙、化学固沙等技术	达到:大气环境明显改善;小气候环境明显改善;人类生存条件有所好转
土壤盐渍化的预防与治理	(1)调查当地土壤盐渍化现状和危害 (2)总结当地土壤盐渍化预防与治理经验,制订治理方案。水利工程措施:排水、灌溉洗盐、放淤压盐。农业改良措施:种植水稻、耕作改良与增施有机肥料。生物措施:植树造林、种植绿肥牧草。化学改良措施:施用石膏、磷石膏、硫酸亚铁、沥青等	达到:土壤肥力明显提高;物理性状得到显著改善;作物生长良好,产量显著提高

续表

工作环节	操作规程	质量要求
土壤潜育化的预防与治理	(1)调查当地土壤沙化现状和危害 (2)总结当地土壤沙化预防与治理经验,制订治理方案。排水除渍:开挖截洪沟、环田沟、十字形或非字性沟,排出山洪水、冷泉水、铁锈水、渍水和矿毒水。合理轮作:改单作为水旱轮作,粮肥轮作。合理耕作:冬季耕作层犁翻晒白,且早耕早晒,晒白晒透。合理施肥:宜施磷、钾、硅肥。多种经营:采取稻田—养殖(鱼、鸭)、或种植藕、荸荠等	达到:土壤肥力明显提高;物理性状得到显著改善;作物生长良好,产量显著提高
土壤污染的预防与治理	(1)调查当地土壤沙化现状和危害 (1)总结当地土壤沙化预防与治理经验,制订治理方案。首先,减少污染源:加强对土壤污染的调查和监测、控制和消除工业"三废"、控制化学农药使用、合理施用化肥;其次,综合治理:一是采取客土、换土、隔离法、清洗法、热处理等工程措施;二是采取生物吸收、生物降解、生物修复等生物措施;三是加入沉淀剂、抑制剂、消除剂、拮抗剂、修复剂等改良剂;四是增施有机肥料、控制土壤水分、选择合适形态化肥、种植抗污染品种、改变耕作制度、改种木本植物和工业用植物;五是完善法制,发展清洁生产	达到:土壤肥力明显提高;物理性状得到显著改善;作物生长良好,产量显著提高;土壤中污染物质逐渐消除;农产品中无有害物质残留

5.常见技术问题处理

造成土壤退化的因素很多,包括土壤特性、社会经济、生态系统等综合因素,其中人为因素最为重要。不合理的土壤耕作会加速土壤退化,导致土壤质量下降;如坡耕地采取坡改梯可有效防止水土流失。不合理灌溉将会造成水资源浪费、土壤盐渍化、重金属污染。化肥的不合理施用会造成农产品质量下降、地下水污染、水体富营养化、温室气体释放等。过量施用农药,不但杀死有害生物,也易杀死土壤有益微生物,同时造成土壤残留,降低土壤生产力和农产品质量。农业生产上使用的地膜基本上不可降解,其覆盖面广、厚度过薄、易破碎、残留量大,在土壤中不易腐烂,污染范围大。

☆ 关键词

原生矿物 次生矿物 成土母质 土壤有机质 土壤通气性 土壤质地 土壤容重 土壤孔性 土壤孔隙度 土壤结构体 土壤结构性 团粒结构 土壤耕性 土壤胶体 土壤吸收性能 阳离子交换作用 土壤酸碱性 土壤缓冲性 土壤剖面 土壤资源 土壤退化 土壤侵蚀 土壤沙化 土壤盐渍化 土壤潜育化 土壤污染

☆ 内容小结

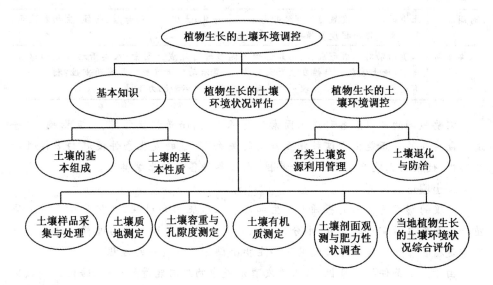

☆ 信息链接

土壤形成与发育

1.土壤形成因素

自然土壤是在母质、气候、生物、地形和时间等五大成土因素的综合作用下逐渐发育形成的;而在人类活动起主导作用的情况下,自然土壤的发生发展过程便进入了一个新的、更高级的阶段,即开始了农业土壤的发生发展过程(表2-1-31)。

表 2-1-31 成土因素对土壤形成的影响

成土因素	对土壤形成的影响
母质	母质的化学组成对土壤的形成、性状和肥力有明显影响;土壤母质的机械组成决定了土壤质地;母质的层次性可长期保存于土壤剖面构造中
气候	气候决定着土壤的水、热条件;气候影响土壤有机质的积累与分解;气候直接参与母质的风化过程和土壤淋溶化学过程
地形	地形重新对土壤水分、热量进行再分配;地形可以对母质进行再分配;地形影响土壤的形成和分布
生物	主要表现在有机质积累和腐殖质形成方面,具体表现为:植物对养分的富集和选择吸收;生物固氮作用;微生物和土壤动物分解转化有机质的作用

续表 2-1-31

成土因素	对土壤形成的影响
时间	土壤的形成和发展随时间的推移而不断深化；土壤形成的母质、气候、生物和地形等因素的作用程度和强度都随时间的延长而加深的
人类活动	人类活动对土壤形成、演化的影响远远超过自然成土因素；人类活动可定向培育土壤，使土壤肥力特性发生巨大变化；人类活动对土壤影响具有两重性：利用合理有利于肥力提高，不合理利用导致土壤资源破坏和肥力下降

需要强调的是以上各种成土因素不是孤立的，而是相互作用、相互影响，且普遍长期存在的。正是由于这种相互作用的关系，土壤的发生条件便趋向多样性和复杂性，使某些土壤产生了一些分异性，形成各种各样的土壤类型。

2. 土壤形成过程

土壤的形成是在母质基础上产生和发展土壤肥力的过程，也就是在母质上使植物生长发育所需要的养分、水分、空气、热量不断积累和协调的过程。这一过程实质是植物营养物质的地质大循环和生物小循环矛盾统一的过程。

由于成土条件的复杂性，使土壤发育形成中物质与能量的迁移、转化、累积、交换各不相同，从而产生了各种各样的成土过程，如黏化过程、熟化过程、钙化过程、富铁铝化过程、潜育化过程、潴育化过程、盐碱化过程、白浆化过程、腐殖质积累过程等。

☆ 师生互动

1. 调查当地土壤质地情况，完成下列表格中内容。

3 种不同土壤质地的特点和农业生产特性

性质与生产特性	沙土	黏土	壤土
通气透水性			
保水保肥性			
养分含量			
供肥性能			
土温变化			
植物生长特性			
适宜作物（3 种）			

2.调查当地土壤,列表比较四类土壤结构体的特性、俗称和发生条件。

结构类型	特性	俗称	发生条件
团粒结构			
块状结构			
柱状结构			
片状结构			

3.调查当地农户与园林工作者,并实地测量5处土壤容重,提出当地主要植物生长适宜的土壤孔隙指标是多少?

4.了解一下当地主要土壤的基本组成情况:原生矿物和次生矿物有哪些类型?土壤水气组成如何? 土壤有机质含量在什么范围? 并综合评价一下。

5.描述一下当地土壤的质地、孔性、结构、酸碱性等,并探讨其改善或调控有哪些措施?

6.选取当地典型土壤类型,采取土壤样品并进行有关室内分析,挖掘土壤剖面,进行该土壤生产性状描述。

7.描述一下当地主要土壤资源的特点及改良培肥管理方有哪些典型经验,并给予总结。

8.当地土壤经常发生哪些退化现象? 如何进行预防与治理?

☆ 资料收集

1.阅读《土壤》、《中国土壤与肥料》、《土壤通报》、《土壤学报》、《植物营养与肥料学报》、《××农业科学》等杂志。

2.浏览"中国肥料信息网"、"××省(市)土壤肥料信息网"、"中国科学院南京土壤研究所网站"、"中国农业科学院土壤肥料研究所网站"等网站。

3.通过本校图书馆借阅有关土壤肥料方面的书籍。

4.了解近两年有关土壤方面的新技术、新成果、最新研究进展等资料,制作卡片或写一篇综述文章。

☆ 学习评价

项目名称			植物生长的土壤环境调控		
评价类别	项目	子项目	组内学生互评	企业教师评价	学校教师评价
专业能力	资讯	搜集信息能力			
		引导问题回答			
	计划	计划可执行度			
		计划参与程度			
	实施	工作步骤执行			
		功能实现			
		质量管理			
		操作时间			
		操作熟练度			
	检查	全面性、准确性			
		疑难问题排除			
	过程	步骤规范性			
		操作规范性			
	结果	结果质量			
	作业	完成质量			
社会能力	团队	团结协作			
		敬业精神			
方法能力	方法	计划能力			
		决策能力			
评价评语	班级		姓名	学号	总评
	教师签字	第　组	组长签字		日期
	评语：				

项目二　植物生长的光环境调控

项目目标

◆知识目标:知道昼夜、季节的形成,光污染及其对植物的影响;理解日照长短的变化,掌握太阳辐射的相关知识;熟悉光照度、光质、光照时间对植物生长发育的影响;能利用植物对光环境的适应知识,调控植物生长的光环境。

◆能力目标:能熟练测定光照度、日照时间。了解当地的光照时间、光照度情况,结合当地种植的植物,正确进行光环境状况评价,并提出光环境调控措施。

模块一　基本知识

【模块目标】知道昼夜、季节的形成,理解昼夜长短的变化。熟悉有关太阳辐射的概念,理解太阳辐射在大气中的减弱过程。掌握光质、光照度、光照时间对植物生长发育的影响及植物对光环境的适应知识,并能熟练应用到实践中。

【背景知识】

昼夜和四季

地球上几乎所有生命活动所必需的能量都直接或间接地来自太阳光。太阳以辐射的形式将太阳能传递到地球表面,给地球带来光和热,并使地球上产生昼夜和四季。

地球是一个椭圆球体,它围绕太阳和地轴不停地转动,围绕太阳的转动称公转,地球公转一周,时间为365日5时48分46秒,称1回归年,即1年;围绕地轴自西向东的转动称自转,自转一周23时56分4秒,称1恒星日,即1昼夜。若从北极星方向来看,地球绕太阳的公转和地球自西向东的自转方向都是逆时针方向的。由于地球的公转和自转,就形成了季节和昼夜的变化

1.昼夜

由于地球是一个不发光也不透明的球体,在地球自转过程中,在同一时间里,总是有半个球面朝向太阳,另半个球面背向太阳。朝向太阳的半球称昼半球,背向太阳的半球称夜半球,昼半球和夜半球的分界线称晨昏线。当地球自西向东自转时,昼半球的东侧逐渐进入黑夜,夜半球的东侧逐渐进入白天,由此形成了地球上的昼夜交替现象(图2-2-1)。

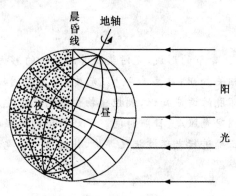

图 2-2-1 昼夜的形成

地球在自转和公转的过程中,由于地轴与地球公转轨道面始终维持66°34′的倾角不变,所以晨昏线和地轴不在同一个平面上(春分、秋分日除外),晨昏线和地球上的纬度线相交割,把同一纬度线分为两部分,一部分在昼半球,称之为昼弧段;一部分在夜半球,称之为夜弧段。由于地球和太阳的相当位置经常发生变化,所以晨昏线也经常发生变化,晨昏线所分割的昼弧段和夜弧段的长短也经常发生变化,昼弧段长,白天时间长;昼弧段短,白天时间也短(赤道地区昼弧和夜弧相等),这就形成了昼夜长短的变化(图2-2-2)。

2.日照变化

(1)可照时数 日照时间分为可照时数与实照时数。在天文学上,某地的昼长是指从日出到日落太阳可能照射的时间间隔,也称为可照时数,也叫昼长,它是不受任何遮蔽时每天从日出到日落的总时数,以小时、分为单位。可由气象常用表查得。各纬度,各月的可照时数见表2-2-1。

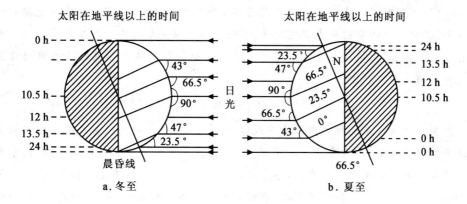

图 2-2-2　昼夜长短的变化

表 2-2-1　北半球可照时数简表

（各月 15 日值,单位:时:分）

月份	纬度								
	0°	10°	20°	30°	40°	50°	60°	65°	70°
1	12:08	11:36	11:04	10:25	9:39	8:33	6:42	5:01	0
2	12:07	11:49	11:30	11:09	10:41	10:06	9:10	8:22	7:22
3	12:07	12:04	12:02	11:58	11:55	11:52	11:48	11:41	11:34
4	12:06	12:22	12:36	12:55	13:15	13:45	14:31	15:11	16:08
5	12:07	12:35	13:05	13:41	14:23	15:23	17:06	18:44	23:00
6	12:07	12:43	13:20	14:04	15:00	16:20	18:49	21:42	24:00
7	12:08	12:40	13:14	13:54	14:45	15:58	18:06	20:23	24:00
8	12:07	12:27	12:49	13:14	13:47	14:32	15:43	16:45	18:20
9	12:06	12:11	12:14	12:14	12:30	12:40	12:57	13:12	13:30
10	12:07	11:55	11:41	11:27	11:12	10:40	10:15	9:50	9:12
11	12:07	11:41	11:21	10:39	10:00	9:03	7:36	6:19	3:58
12	12:07	11:33	10:57	10:15	9:22	8:08	5:56	3:50	0

实际上,由于受云雾等天气现象或地形和地物遮蔽的影响,太阳直接照射的实际时数会短于可照时数,将一天中太阳直接照射地面的实际时数称为实照时数,也叫日照时数。实照时数是用日照计测得的,日照计只能感应一定能量的太阳直接辐射,有云、地物遮挡时测不到。

(2)光照时间 在日出前与日落后的一段时间内,虽然没有太阳直射光投射到地面,但仍有一部分散射光到达地面,习惯上称为曙光和暮光。在曙暮光时间内也有一定的光强,对植物的生长发育产生影响。把包括曙暮光在内的昼长时间称为光照时间。即

$$光照时间＝可照时数＋曙暮光时间$$

生产上曙暮光是指太阳在地平线以下 $0°\sim6°$ 的一段时间。当太阳高度降低至地平线以下 $6°$ 时,晴天条件上的光照度约为 3.5 lx。曙暮光持续时间长短,因季节和纬度而异。全年以夏季最长,冬季最短。就纬度来说,高纬度要长于低纬度,夏半年尤为明显。例如在赤道上,各季的曙暮光时间只有 40 多分钟,而在 $60°$ 的高纬度,夏季曙暮光可以长达 3.5 h。冬季也有 1.5 h。

(3)太阳高度角 在地球上看来,太阳在天空的位置随时在变,因地而异。太阳在天空中的位置用太阳高度角和太阳方位角来表示。

太阳高度角是太阳光线与当地地平面的倾角,用符号 h 表示,范围为 $0°\sim90°$。一天和一年之中,太阳高度角发生规律性的变化,使地球的光热条件也发生周期性变化。一天中近日出太阳高度角最小,然后逐渐增大,正午太阳高度角最大,以后又逐渐减少,日落后为零。一年中赤道上每年有两次最大值和两次最小值;赤道与南北回归线之间有两次最大值和一次最小值;在南北回归线上有一次最大值和一次最小值;而在北回归线以北和南回归线以南地区,正午太阳高度每年只有一次最大值和一次最小值,并且在一年中任何时刻,太阳高度角均小于 $90°$。而且正午的太阳高度角随纬度增加而减小。

太阳方位角是指太阳光线在水平面上的投影和当地子午线的夹角。用 A 表示,以正南方向的太阳方位角为零,从正南以西,太阳方位角大于零;从正南以东,太阳方位角小于零。在不同纬度地区、不同季节以及一天里不同时刻,太阳方位角不同。

3.四季

地球围绕太阳公转过程中,太阳光线垂直投射到地球上的位置不断变化,引起各地的太阳高度角和日照时间长短发生改变,造成一年中各纬度(主要是中高纬度)所接受太阳辐射能也发生了变化。当地球位于轨道上不同位置时,北半球受到太阳照射的情况也不同。

在每年的 6 月 22 日左右,太阳直射北回归线,北半球各地区的正午太阳高度角最大,日照时间也最长,获得的太阳能量也最多,这一天称为夏至,天文学上定为

夏季开始的日期。

过了夏至日，随着地球在轨道位置上的变化，太阳直射点逐渐南移，到 9 月 23 日左右，太阳直射赤道，北半球各地区的太阳高度角减小，日照时间也缩短，获得的太阳能量也减少，天气开始转凉，这一天称为秋分，天文学上定为秋季开始的日期。

秋分过后，太阳直射点移向南半球，此时北半球太阳高度角继续减小、日照时间继续变短，所接受的太阳能量也在减少，得热少于失热，温度继续降低；到 12 月 22 日前后，太阳直射南回归线，这一天是北半球太阳高度角最小、日照时间最短、接受热量最少的一天，称为冬至，天文学上定为冬季开始的日期。

过了冬至日，太阳直射点开始北移，至次年的 3 月 21 日左右，太阳直射赤道，北半球各地区的太阳高度角增大，日照时间延长，获得的太阳能量增多，万物苏醒，大地回春，这一天称为春分，天文学上定为春季开始的日期。地球如此不停地绕太阳公转，北半球各地所得到太阳能量也周期的变化着，周而复始，就形成了寒来暑往的季节交替现象。

在日常生活中，常以 3、4、5 月份为春季，6、7、8 月份为夏季，9、10、11 月份为秋季，12 月份和次年 1、2 月份为冬季。

一、植物生长的光环境

(一)太阳辐射

1. 太阳辐照度和光照度

(1)太阳辐射   太阳是一个巨大、炽热、自行发光发热的星球，内部温度高达 1.5×10^7 K，表面温度可达 6 000 K。太阳以电磁波的形式向外放射巨大能量的过程称为太阳辐射，放射出来的能量称为太阳辐射能。地球仅截取约太阳辐射总能量的 22 亿分之一，但每年地球表面和大气仍可从太阳获得 5.74×10^{24} J 的能量。太阳辐射是地面和大气最主要能量源泉，是一切生命活动的基础。

(2)太阳辐照度   太阳辐照度是反映太阳辐射强弱程度的物理量，是指单位时间内垂直投射到单位面积上的太阳辐射能量的多少。单位是 $J(/m^2 \cdot s)$。太阳辐照度主要由太阳高度角和日照时间决定。太阳高度角大，日照时间长，则太阳辐照度强。

在日地平均距离时，在大气上界垂直于太阳辐射的平面上所测得的太阳辐照度称为太阳常数。太阳常数的数值随太阳黑子数目的变化和测定方法的不同而有变化。世界气象组织根据火箭、卫星等仪器观测的结果，规定从 1981 年 10 月将太阳常数修改为 1 367.69 J/(m² · s),其变化幅度一般在±2%。

(3)光照度 光照度表示物体被光照射明亮程度的物理量,是指可见光在单位面积上的光通量,单位是勒克斯(lx)。光照度与太阳高度角、大气透明度、云量等有关。光照度取决于人眼对可见光的平均感觉,所以光照度与辐照度是两个不同的概念。一般来说,夏季晴天中午地面的光照度约为 $1.0×10^5$ lx,阴天或背阴处光照度为 $(1.0×10^4)\sim(2.0×10^4)$ lx。

2. 太阳辐射光谱与光合有效辐射

(1)太阳辐射光谱 太阳辐射能随波长的分布曲线称为太阳辐射光谱。在大气上界太阳辐射能量多数集中在 $0.15\sim4.0$ μm,按其波长可分为紫外线(波长小于 0.4 μm)、可见光(波长 $0.4\sim0.76$ μm)和红外线(波长大于 0.76 μm)三个光谱区。其中可见光区的能量占太阳辐射总能量的 50%左右,由红、橙、黄、绿、青、蓝、紫 7 种光组成;红外线区占 43%左右;紫外线区占 7%左右(图 2-2-3)。

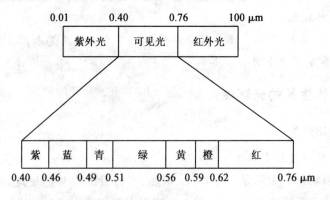

图 2-2-3 太阳辐射光谱

由于大气吸收,地球表面测得的太阳辐射光谱为 $0.29\sim5.3$ μm。而且在空间和时间都有变化。随着太阳高度角的变化,太阳辐射光谱中各部分的相对强度改变;紫外线、蓝紫光随太阳高度角减少而减少,红橙光及红外线部分却逐渐增加;海拔高度增加,直接辐射中长、短波成分均增加。一年中夏季短波成分多,冬季长波成分多。一天中正午短波成分多,早晚长波成分多。

(2)光合有效辐射 光合有效辐射是指绿色植物进行光合作用时,被叶绿素吸收并参与光化学反应制造有机物质的太阳辐射光谱成分。光合有效辐射的波谱为 $0.38\sim0.76$ μm。植物对光合有效辐射各种波长的吸收和利用是不同的。

利用水平面上的太阳直接辐射(S')与散射辐射(D)可计算光合有效辐射。其

公式为:

$$PAR=0.43S'+0.57D$$

式中:PAR 为光合有效辐射;S' 为水平面上太阳直接辐射;D 为太阳辐射的散射辐射。

在作气候学估算和分析时,国际上常用太阳总辐射(Q)计算光合有效辐射,但所取系数差异很大,我国多取 $PAR=0.45\sim0.49Q$。

3.太阳辐射的变化

太阳辐射穿过大气层时,其强度受到明显的减弱,光谱组成也发生改变。这种改变是由于大气对太阳辐射的吸收、散射和反射作用而造成的。

(1)大气对太阳辐射的吸收 大气中各种气体对太阳辐射有选择性的吸收。主要吸收物质有:氧、水汽、臭氧、二氧化碳、尘埃和云滴等(图 2-2-4)。

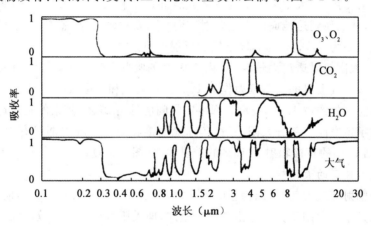

图 2-2-4 大气中各组成成分对太阳辐射的吸收

水汽主要吸收红外线,最强的是波长 $0.93\sim2.85\ \mu m$ 的吸收带,也能吸收一部分可见光。

臭氧主要吸收紫外线,还可吸收部分可见光。有两个主要的吸收带:一个在 $0.20\sim0.32\ \mu m$,这是最强的一个波段,由于这个波段的辐射被臭氧吸收而不能到达地面,使地面上的生物免受过多紫外线的伤害,而透过的少量紫外线还能起到杀菌治病的作用。另一个主要吸收带位于 $0.60\ \mu m$ 附近,强度不太强,位于可见光区。

二氧化碳和水汽在红外线区有一个较强的吸收带,二氧化碳主要吸收 $4.3\ \mu m$ 附近的辐射,水汽吸收最强的是位于红外线区的 $0.93\sim2.85\ \mu m$。

尘埃通常吸收量较小,但当有沙暴、烟雾或浮尘时,吸收作用比较显著。云滴主要吸收红外线。

(2)大气对太阳辐射的散射　太阳辐射通过大气遇到空气分子或其他微粒等质点时,一部分能量就会以这些质点为中心向四面八方散播出去,这种作用称为散射。散射并不像吸收那样把辐射变为热能,而是改变辐射的方向,使一部分太阳辐射不能到达地面。

散射有分子散射和粗粒散射两种。分子散射是指直径比太阳辐射波长短的质粒(如空气分子)所产生的散射现象,其散射能力与波长的四次方成反比。粗粒散射是指直径比太阳辐射波长长的质粒(如烟尘、尘埃、云滴和雾滴等)产生的散射现象,它们对各种波长几乎具有同等的散射能力。

(3)大气对太阳辐射的反射　大气中的云层和较大颗粒的尘埃对太阳辐射均可发生反射作用,使太阳辐射中的一部分能量返回宇宙空间,其中以云层反射作用最为显著,从而使到达地面的太阳辐射减弱。云量愈多,云层愈厚,反射作用愈强,云层的反射率为50%～55%,厚云层的反射率可达90%。

总之,太阳辐射透过大气层后,由于大气的吸收、散射和反射作用大大减弱。如果把射入大气上界的太阳辐射作为100%,被大气和云层吸收的约占14%,被散射回宇宙空间的约占10%,被反射回宇宙空间的约占27%,其余的到达地面,地面又反射回宇宙空间一部分太阳辐射,实际地面接收的太阳辐射能只有大气上界的43%,包括27%的直接辐射和16%的散射辐射(图2-2-5)。

4.到达地面的太阳辐射

太阳辐射穿过大气时,因为被吸收、散射及反射而减弱,因此,到达地面的太阳辐照度总是小于太阳常数。且由两部分组成,即太阳直接辐射和散射辐射。

(1)太阳直接辐射(S')　太阳直接辐射是指以平行光线的形式直接投射到地球表面的太阳辐射。太阳直接辐射的强弱受太阳高度角、大气透明度、海拔高度和地球纬度等因素的影响。在农业生产中,可利用调节太阳高度角,提高对太阳辐射能的吸收利用。

(2)散射辐射(D)　散射辐射指经散射后,由天空投射到地面的太阳辐射。散射辐射强弱也受太阳高度角和大气透明度等因素的影响。

(3)太阳总辐射(Q)　太阳总辐射是指经过地球大气层的吸收、散射、反射后到达地面的太阳辐射。太阳总辐射由太阳直接辐射和太阳散射辐射两部分组成:

$$Q = S' + D$$

地面上接受太阳总辐射数量的多少用总辐射量表示。总辐射量是指地平面

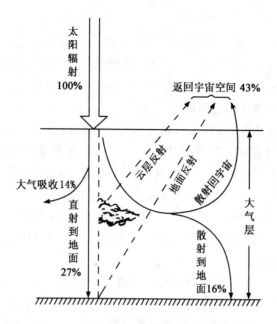

图 2-2-5 太阳辐射通过大气层的减弱情况

上的单位面积,在某一时段内所接受的太阳总辐射能的数量。其中,时间取一天、一月、一年,分别称为日总量、月总量、年总量。我国光能资源比较丰富,全国各地总辐射量为 $356\sim921$ kJ/cm²。表 2-2-2 列出了我国部分地区的太阳辐射年总量值。

表 2-2-2 我国部分地区的太阳辐射年总量 kJ/cm²

地 区	哈尔滨	北京	杭州	南昌	广州	昆明	拉萨
太阳辐射年总量	468	565	436	495	455	522	791

5.影响太阳总辐射的因素

进入地球表面的太阳总辐射,由于不同因素的影响而发生变化,这些因素主要有太阳高度角、海拔、坡向与坡度、大气透明度等。

(1)太阳高度角 太阳高度角越大,太阳辐射在穿越大气层的过程中经历的距离就越短,太阳辐射被大气吸收、散射和反射的量就越少,太阳总辐射就越强;反之,越弱。随着纬度降低,太阳高度角增大,太阳总辐射增强。但太阳总辐射年总量最大值不是出现在赤道,而是在赤道南北 20°附近。这是因为赤道上空常年多云的缘故。

太阳高度角随季节和昼夜发生有规律的变化。所以太阳总辐射也随季节和昼夜发生有规律的变化。通常,总辐射的日、年变化与太阳高度角的变化同步,即一天中,正午太阳总辐射大,早晚太阳总辐射较小,夜间太阳总辐射为零;一年中,夏季太阳总辐射大,冬季太阳总辐射小。

(2)海拔 海拔高度愈高,太阳光通过大气的路程愈短,大气透明度也愈大。因此,太阳总辐射就愈强。如在海拔 1 000 m 的山地可获得全部太阳辐射能的70%,而在海平面上只能获得50%。青藏高原成为我国太阳总辐射最强的地区。

(3)坡向与坡度 坡向也影响太阳总辐射。在坡地上,太阳光线的入射角随坡向和坡度而变化。在北半球纬度 $30°\sim50°N$ 的温带地区,太阳的位置偏南,在相同的辐照度下,所照射的地面面积是南坡小于平地,则单位面积的太阳辐射量是南坡大于平地,北坡则少于平地。

(4)大气透明度 大气透明度的特征用透明系数(P)表示,大气透明系数是指太阳辐射透过一个大气量(太阳光通过的大气路径与海平面上大气垂直厚度之比)后的太阳辐照度与大气上界的太阳辐照度之比。大气透明系数较小时,说明大气中含水汽、尘埃、杂质多,大气透明度较差,使到达地面的太阳直接辐射减少,但却可使散射辐射增强。在多数情况下,大气透明度减小,会使太阳总辐射减少。

(5)日照长短 日照时间长,获得太阳辐射量多,日照时间短,获得太阳辐射量少。夏半年,高纬地区白昼时间长,弥补太阳高度角低损失的能量。

(6)天气状况 晴朗的天气,由于云层少且薄,大气对太阳辐射的削弱作用弱,到达地面的太阳总辐射就强;阴雨的天气,由于云层厚且多,大气对太阳辐射的削弱作用强,到达地面的太阳总辐射就弱。

云量增多,太阳总辐射可能增大,也可能减小,分三种情况:当天空乌云密布时,太阳直接辐射为零,到达地面的辐照度以散射辐射为主,但其值也减少,则这时的太阳总辐射必定减少;当部分天空有云,且云遮住太阳,这时,对该区域来讲,太阳直接辐射为零,而散射辐射的增大量补偿不了太阳直接辐射的减少量,则太阳总辐射也减少;当部分天空有云,而且是没有遮住太阳的中云和高云,这时,对该区域来讲,太阳直接辐射没有明显地减少或减少不多,而散射辐射却有明显增大,因此使得太阳总辐射增大。

6.地面辐射和大气辐射

(1)地面辐射(E_s) 地球表面吸收太阳辐射,温度升高,表面的平均温度约为300 K,它也时刻不停地向外辐射能量,称为地面辐射。其辐射波长为 $3\sim80~\mu m$,

又称地面长波辐射,属红外热辐射。地面辐射所放出的能量一部分散失到宇宙空间,大部分被大气中的水汽和二氧化碳等所吸收,因此地面辐射是大气的直接热源。

(2)大气辐射(E_a)　大气直接吸收太阳辐射的能力很弱,但能强烈地吸收地面长波辐射。大气吸收地面辐射后温度升高,平均温度约为 200 K,也能不断地向外放射辐射,称为大气辐射。其波长大部分在 $7\sim120~\mu m$,又称大气长波辐射,也属红外热辐射。

地面辐射的方向是向上的,大气辐射的方向是投向四面八方的,其中投向地面的那部分大气辐射,因与地面辐射方向相反,故称为大气逆辐射。由此可见,大气一方面能让太阳辐射透射到地面,使地面增温;另一方面又能强烈地吸收地面辐射,并以大气逆辐射的形式把一部分能量返回地面,使地面散失的热量得到部分补偿,对地面起到保温作用,这种作用如同玻璃温室的保温作用一样,所以称为温室效应。如果没有大气的保护,地球表面的平均温度会降低 38℃。

(3)地面有效辐射　地面辐射与地面吸收的大气逆辐射之差,称为地面有效辐射。即:

$$E=E_a-E_e$$

在冬季或夜间,地面收入的辐射能小于支出的辐射能($E>0$),使地面降温,严重时对植物造成冷害甚至冻害。农林生产中的地面覆盖、温室大棚等设施,都可以减少地面有效辐射,使地面及其一定空间内的空气温度保持相对稳定,有利于植物的正常生长或安全越冬。逆温时 $E<0$。

地面有效辐射受天气状况、下垫面性质、海拔高度、地气温差、风等因子的影响。云雾多、湿度大地面有效辐射小,干土地面有效辐射大于湿土;粗糙地面有效辐射大于光滑;无覆盖地面有效辐射大于有覆盖等。

(4)地面辐射平衡　地面辐射平衡是指单位面积的地表面,在一定时间内,辐射能的收入和支出之差。用 R 表示,即:

$$R=(S'+D)(1-r)-E$$

式中:r 为地面反辐射率。地面反辐射率(r)指地面反射辐射与到达地面的太阳总辐射的百分比;r 为地面反辐射率,$(1-r)$ 则为地面吸收率。因此,R 是形成气候的重要因子,改变任何一项就会改变地面辐射状况,从而人工调节小气候。例如:铲地松土可减小地面对太阳辐射的反射率,使 R 增大,白天增温;灌水土色变深反射率减小,有效辐射也减小,另外,在高温季节可向垄上撒白色的高岭土增大反射率,可降温。

地面辐射平衡也有日、年变化,一天中白天地面吸收的太阳总辐射远远大于地面有效辐射,地面辐射平衡大于零,且正午最大;夜间地面辐射平衡小于零,正负转换时间,在日出后约 1 h 和日落前约 1 h。

一年中夏季太阳辐射较强,地面辐射平衡大于零;冬季地面辐射平衡小于零。正负转换时间因纬度而异,我国 39°N 以南地面辐射平衡为正值的月份较多,以北为负值的月份较多。

(二)城市光照条件

城市地区由于空气中污染物较多,使水汽凝结核随之增加,再加上建筑物的摩擦作用引起空气的乱流运动,使城市较易形成低云,因此城市地区的低云量、雾、阴天日数都比郊区多。使得城市大气透明度减小,到达地面的太阳直接辐射减少,散射辐射增多。

城市中建筑物林立,太阳辐射到达地面过程中被阻拦遮住,所以城市中的遮阳处较多,如高架桥下,大厦间的峡谷,建筑物的北侧等,从而造成太阳辐射的不均匀性。一般东西向街道北侧接受的太阳辐射比南侧多。

空气污染及城市太阳辐射状况的变化,导致城市的树木偏冠;树木和建筑物之间的距离太近,迫使树木形成朝向街道的不对称生长。虽然街道地面和建筑物的反射可部分补偿辐射的减弱,但光线不足会使树木的生长量减少。同时城市中的照明系统也会对植物产生影响。尤其是人为的光污染,如白亮污染、人工白昼、彩光污染等,这些都会影响到植物的生长发育。

1.光污染的概念

光污染问题最早于 20 世纪 30 年代由国际天文界提出,他们认为光污染是城市室外照明使天空发亮造成对天文观测的负面的影响。后来英美等国称之为"干扰光",在日本则称为"光害"。

目前,国内外对于光污染并没有一个明确的定义。现在一般认为,光污染是指环境中光辐射超过各种生物正常生命活动所能承受的指数,从而影响人类和其他生物正常生存和发展的现象。从波长 $1 \times 10^{-5} \sim 1$ mm 的光辐射,即紫外辐射,可见光和红外辐射,在不同的条件下都可能成为光污染源。在日常生活中,人们常见的光污染的状况多为由镜面建筑反光所导致的行人和司机的眩晕感,以及夜晚不合理灯光给人体造成的不适。光污染是我国城市地区呈上升趋势的一种环境污染,近些年开始受到重视。

2.光污染的分类

国际上一般将光污染分成三类,即白亮污染、人工白昼和彩光污染。

(1)白亮污染　白亮污染主要由强烈人工光和玻璃幕墙反射光、聚焦光产生,如常见的眩光污染就属此类。建筑物上的玻璃幕墙反射的太阳光或汽车前灯强光突然照在高速行驶的汽车内,会使司机在刹那间头晕目眩,看不清路面情况,分不清红绿灯信号,辨不清前方来车,容易发生交通事故,因此在高速公路分车带上必须有1 m多高的绿篱或挡光板。

(2)人工白昼　夜幕降临后,商场、酒店的广告灯、霓虹灯闪烁夺目。有些强光束甚至直冲云霄,犹如白昼。

(3)彩光污染　舞厅、夜总会安装的黑光灯、旋转灯和荧光灯、霓虹灯、灯箱广告以及彩色光源构成了彩光污染。

也有人按光污染的发生和造成影响的时间为分类标准,将光污染分为昼光光污染和夜光光污染,白亮污染即属于昼光光污染,人工白昼和彩光污染则属于夜光光污染。

3.光污染对植物的影响

光污染(主要是人工白昼和彩光污染)对植物的影响,主要有以下几个方面。

(1)对植物生物节律的影响　植物白天利用光合作用积累的有机物质生长,夜间进行呼吸作用停止生长,即日长夜息,具有明显的生长周期性。具体表现是植物按体内生物节律活动,如果夜间室外灯光照射植物,就会破坏植物体内生物节律,影响其正常生长,特别是夜里长时间,高辐射能量作用于植物,就会使植物的叶或茎变色,甚至枯死。

(2)对植物花芽形成的影响　植物对白日(光照)和黑夜(黑暗)时间长短的反应非常灵敏,黑暗期的小小改变,如只插入几分钟的人工照明,植物也能"测量"出来。许多植物通过黑夜的长短来控制开花,$0.66~\mu m$的红光能有效地抑制短日照植物的开花,而诱导长日照植物开花,人眼不能见到的远红光($0.73~\mu m$)则能诱导短日植物开花,抑制长日照植物开花。因此,根据不同光源所含红光或红外光的不同(如长时间、大量的夜间人工光照射),就会导致植物花芽的过早形成。

(3)对植物休眠和冬芽形成的影响　植物叶片通过测量黑夜的长短,能预测季节的变化,这是触发植物落叶和冬眠的信号,如果夜间室外灯光照射植物,就会使休眠受到干扰,引起落叶形态的失常和冬芽的形成。易受灯光影响的树种有枫树、四照花、垂柳等,桃花按不同叶龄,对灯光的灵敏度也不一样,受到强光照射的部位,跟其他部位的叶和花明显不同。由于光的照射,梧桐树、刺槐的叶片将逐渐减少,留下的叶片也会慢慢枯死。

(4)对阴性植物生长的影响 阴性植物的光补偿点较低,也就是说,这类植物在较弱光照条件下比在较强光照下生长更好,比如城市绿化常见的一些蕨类植物、地被植物(酢浆草、春兰、人参、黄连、细辛、宽叶麦冬及吉祥草等)和一些阴性木本(如红豆杉、三角杉、铁杉、可可、咖啡、肉桂、萝芙木、珠兰、茶、柃木、紫金牛、中华长春藤、地锦、三七、草果等)。长时间和过强的夜间照明会使这些阴性植物生长不良。

光污染不仅影响植物的正常生长,还对人类和环境产生影响。如长时间在白色光亮污染环境下工作和生活的人,视网膜和虹膜都会受到程度不同的损害,视力急剧下降,白内障的发病率高达45%;还会导致头晕心烦,甚至失眠、食欲下降、情绪低落、身体乏力等类似神经衰弱的症状。夏天,玻璃幕墙强烈的反射光进入附近居民楼房内,增加了室内温度,影响正常的生活。有些玻璃幕墙是半圆形的,反射光汇聚还容易引起火灾。烈日下驾车行使的司机会出其不意地遭到玻璃幕墙反射光的袭击,眼睛受到强烈刺激,很容易诱发车祸。因此,防治光污染是急需解决的一个重要问题。

二、光与植物生长发育

光是植物生长发育必需的重要条件之一,不同种类的植物在生长发育过程中要求的光照条件不同,植物长期适应不同光照条件又形成相应的适应类型。

(一)光质与植物生长发育

光质又称光的组成,是指具有不同波长的太阳光谱成分。光质主要由紫外线、可见光和红外线组成,不同波长的光具有不同的性质,对植物的生长发育具有不同的影响。

1.光质对光合作用的影响

影响植物光合作用的是太阳辐射光谱中的可见光,植物光合作用对光能的利用是从叶绿素对光的吸收开始的,而叶绿素对光能的吸收有两个高峰:一个在波长为 $0.40\sim0.50\ \mu m$,以蓝紫光为主;一个波长在 $0.60\sim0.70\ \mu m$,以红、橙光为主,是植物光合作用效率最高的波长,具有最大的光合活性。其中蓝紫光能被类胡萝卜素所吸收,红橙光和黄绿光则能被藻胆色素吸收,而绿光为生理无效光。

2.光质对植物生长的影响

一般长波光能促进植物伸长生长。如红橙光有利于叶绿素的形成,促进种子萌发,加速长日植物的发育;波长 0.66 μm 的红光和波长 0.73 μm 的远红光能影响长日照植物和短日照植物的开花。短波光能抑制植物的伸长生长,如短波的蓝紫光和紫外线能抑制茎节间伸长,促进多发侧枝和芽的分化,并且引起植物的向光敏感性,有助于促进花青素等植物色素的合成。因此,高山及高海拔地区因紫外线较多,植株矮小且生长缓慢,形成矮粗的形态,花卉色彩更加浓艳,果色更加艳丽,品质更佳。

在农业上,通过改变光质可影响植物生长,如有色薄膜育苗,红色薄膜有利于提高叶菜类产量,紫色薄膜对茄子有增产作用。红光下甜瓜植株加速发育,果实提前 20 d 成熟,果肉的糖分和维生素含量也有增加。

3. 光质对植物产品品质的影响

光的不同波长对植物的光合作用产物产生影响,红光有利于碳水化合物的合成,蓝紫光有利于蛋白质和有机酸的合成。

短波光能促进花青素的合成,使植物茎叶、花果颜色鲜艳;但短波光能抑制植物生长,阻止植物的黄化现象,在蔬菜生产上可利用这一原理生产韭黄、蒜黄、豆芽、葱白等蔬菜。

在农业生产上,通过影响光质而控制光合作用的产物,可以改善农作物的品质。高山茶经常处于短波光成分较多的环境,纤维素含量少,茶素和蛋白质含量高,易生产名茶。

总之,不同光质对植物的影响不同,植物的反应也不相同,如表 2-2-3 所示。

表 2-2-3　太阳辐射的不同波段对植物的重要生理生态效应

波段/μm	吸收特性	生理生态效应
>1.0	能被组织中水分吸收	没有特殊效应,只是转化成热能
0.72~1.0	植物稍有吸收	促进种子萌发,促进植物延伸
0.61~0.72	被叶绿素强烈吸收	对植物的光合作用和光周期有强烈影响
0.51~0.61	叶绿素吸收作用稍有下降	表现为低光合作用与弱成形作用
0.40~0.51	被叶绿素和胡萝卜素强烈吸收	强烈影响光合作用,并抑制植物的伸长生长,使之形成矮粗形体
0.31~0.40	被叶绿素与原生质吸收	对光合起作用稍有影响,对植物无特殊影响
0.280~0.31	被原生质吸收	强烈影响植物形态建成,影响生理过程,刺激某些生物合成,对大多数植物有害
<0.28	被原生质吸收	可立即杀死植物

(二)光照度与植物生长发育

光照度依地理位置、地势高低、云量等的不同呈规律性的变化。即随纬度的增加而减弱,随海拔的升高而增强。一年之中以夏季光照最强,冬季光照最弱;一天之中以中午光照最强,早晚光照最弱。

1.光照度影响植物光合作用

光照度是影响植物光合作用的重要因素。绿色植物的光合作用是在光照条件下进行的,在一定的光照度范围内,随着光照度的增强,光合速率也随着增加,当光照度达到某一数值后,光合速率不再随光照度的增强而增加,而是达到最大值,此时的光照度称为光饱和点。这时如果光照度继续增加,光合速率将保持不变。若光照度还继续增加,反而会使光合速率下降,这是因为太阳辐射的热效应使叶面过热的缘故。叶片只有处于光饱和点的光照下,才能发挥其最大的制造与积累干物质的能力;在光饱和点以上的光强不再对光合作用起作用(图2-2-6)。

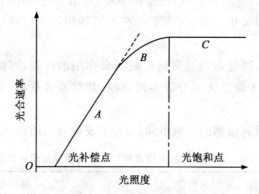

图 2-2-6　植物的光合速率和光照度的关系

A.光合速率随光照度的增强而呈比例的增加

B.光合速率随光照度的增强速度转慢

C.光照度达到光饱和点,光合速率随光照度的增强不发生变化

不同植物的光饱和点不同(表 2-2-4)。一般来说,阳生植物比阴生植物的光饱和点高。阴生植物(深水藻或阴生叶片)在海平面全光照的 1/10 或更低时即达光饱和;阳生植物,尤其是荒漠植物或高山植物,在中午直射光下也未达到光饱和。C_4 植物的光饱和点一般比 C_3 植物高。对于水稻、小麦等 C_3 植物,光饱和点为3 万～5 万 lx,C_4 植物如玉米的光饱和点为 3 000～60 000 lx,有的 C_4 植物在自然光强下甚至测不到光饱和点(如玉米的嫩叶)。作物群体的光饱和点较单叶为高,

小麦单叶光饱和点为 2 万~3 万 lx,而群体在 10 万 lx 下尚未达到饱和。这因为光照度增加时,群体的上层叶片虽已饱和,但下层叶片的光合作用强度仍随光照度的增加而增强,所以群体的总光合作用强度还在上升。

植物有光合积累同时也有呼吸消耗,当光照度降低时,光合速率也随之下降,当光照度降低到一定程度时,植物光合作用制造的有机物质与呼吸作用消耗的有机物质相等,即植物的光合强度与呼吸强度达到平衡,这时的光照度称为光补偿点。在光补偿点以上,植物的光合作用超过呼吸作用,可以积累有机物质;光补偿点以下,植物的呼吸作用超过光合作用,消耗植物体内贮存的有机物质。如长时间在光补偿点以下,植株会逐渐枯黄致死。不同植物的光补偿点不同(表 2-2-4),一般来说,阴生植物的光补偿点比较低,如茶树、生姜、韭菜、苋菜、白菜等,作物群体的光补偿点也较单株、单叶为高。

对于植物的光合作用来说,光照度在光补偿点与光饱和点之间光合作用能正常进行,低于光补偿点或高于光饱和点对植物的生长都是不利的。

表 2-2-4 不同植物叶片的光补偿点和光饱和点 lx

植　　物	光补偿点	光饱和点
草本阳生植物	1 000~2 000	50 000~80 000
草本阴生植物	200~300	5 000~10 000
冬季落叶乔木和灌木的阳生叶	1 000~1 500	25 000~50 000
冬季落叶乔木和灌木的阴生叶	300~600	10 000~15 000
常绿阔叶树和针叶树的阳生叶	500~1 500	20 000~50 000
常绿阔叶树和针叶树的阴生叶	100~200	5 000~10 000
苔藓与地衣	400~2 000	10 000~20 000
小麦	200~400	24 000~30 000
棉花	750 左右	50 000~80 000
烟草	500~1 000	28 000~40 000
番茄	3 000	70 000
黄瓜	2 000	55 000

2.光照度与植物生长发育

首先,光照度对种子发芽有一定影响。植物种子的发芽对光照条件的要求各不相同,有的植物种子需要在光照条件下才能发芽,受影响的常是小种子,也有少数几种大种子的园艺植物,如紫苏、胡萝卜、桦树等;有的植物种子需要在遮阳的条件下才能发芽,如葱、蒜、黄花、百合、郁金香、万年青、麦冬等;而多数植物的种子,只要温度、水分、氧气条件适宜,有无光照均可发芽,如小麦、水稻、棉花、大豆等。

其次,光照度影响着植物的周期性生长。光照度有规律性的日变化和年变化,这种变化影响着植物叶片气孔的开闭、蒸腾强度、光合速率及产物的转化运输等生理过程。它与温度等因子共同影响着植物生长,从而使植物生长表现出昼夜周期性和季节周期性。

第三,光照度影响植物的抗寒能力。秋季天气晴朗,光照充足,植物光合能力强,积累糖分多,使植物的抗寒能力较强。若秋季阴天时间较多,光照不足,积累糖分少,则植物抗寒能力差。

第四,光照度影响植物的营养生长。光能促进植物的组织和器官的分化,制约着各器官的生长速度和发育比例。强光对植物茎的生长有抑制作用,但能促进组织分化,有利于树木木质部的发育。如在全光照下生长的树木,一般树干粗壮,树冠庞大。在高强光中生长的树木较矮,但是干重增加,根茎比提高,叶子较厚,栅栏组织层数较多。但强光往往导致高温,易造成水分亏缺,气孔关闭和二氧化碳供应不足,引起光合作用下降,影响植物的生长;而光照不足,枝长且直立生长势强,表现为徒长和黄化。另外,光能促进细胞的增大和分化,控制细胞的分裂和伸长,植物体积的增大、重量的增加等。

第五,光照度影响植物的生殖生长。适当强光有利于植物生殖器官的发育,若光照减弱,营养物质积累减少,花芽的形成也减少,已经形成的花芽,也会由于体内养分供应不足而发育不良或早期死亡。如在强光下,小麦可分化更多的小花,黄瓜雌花增加;在弱光下,小麦小花分化减少,黄瓜雌花减少,棉花营养体徒长,落铃严重,果树已形成的花芽可能退化,开花期和幼果期遇到长期光照不足会导致果实发育停滞甚至落果。

3. 光照度与植物产品品质

首先,光照度影响植物花的颜色及果实着色。在强光照射下,有利于花青素的形成,这样会使植物花朵、果实的颜色鲜艳。光照对植物花蕾的开放时间也有很大影响。如半枝莲、酢浆草的花朵只在晴天的中午盛开,月见草、紫茉莉、晚香玉只在傍晚开花,昙花在夜间开花,牵牛、亚麻只盛开在每日清晨日出时刻。

其次,光照度影响植物叶的颜色。光照充足,叶绿素含量多,植物叶片呈现正常绿色。如果缺乏足够的光照,叶片中叶绿素含量少,呈现浅绿、黄绿甚至黄白色。

最后,光照度还影响植物产品的营养成分。光照充足、气温较高及昼夜温差较大条件下,果实含糖量高,品质优良。

(三)光照时间与植物生长发育

一天中,白天和黑夜的相对长度称为光周期。所谓相对长度是指日出至日落的理论日照时数(即可照时数),而不是实际有阳光的时数。植物对于白天和黑夜的相对长度的反应,称光周期现象。各地生长季节特别是由营养生长向生殖生长转移之前,日照时数长短是影响各类植物发育的重要因素。

1.光照时间与植物开花

在光周期现象中,对植物开花起决定作用的是暗期的长短。也就是说,短日照植物必须长于某一临界暗期才能形成花芽,长日照植物必须短于某一临界暗期才能开花。

闪光实验证明了暗期的重要性。如在暗期中间给予短暂的光照(用闪光,最有效的波长是 $0.64 \sim 0.66\ \mu m$ 的红光),即使光期总长度短于临界日长,由于临界暗期遭到中断,短日照植物的花芽分化受到抑制,因此不开花;但可促进长日照植物开花。因不存在暗断现象,黑暗不能间断光期的作用(图 2-2-7)。秋季用短光照中断长时间的黑夜,抑制短日照植物的开花,可有效地控制植物的花期,以满足人们在不同季节对植物开花观赏的需求。

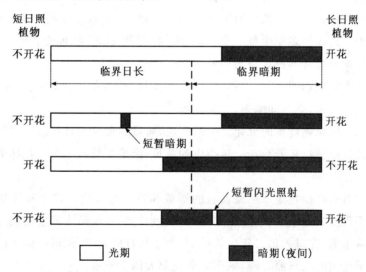

图 2-2-7　不同时间的光照处理对短日照和长日照植物开花的影响

用适宜植物开花的光周期处理植物,叫做光周期诱导。经过足够日数的光周期诱导的植物,即使再处于不适合的光周期下,那种在适宜的光周期下产生的诱导效应也不会消失,植物仍能正常开花。在光周期诱导期间,所需的光周期诱导日数随植物而异。主要与该种植物的地理起源有关,通常起源于北半球的植物,短日照植物是越靠近北方起源的种或品种所需要光周期诱导的短日数越少;长日照植物则是越靠近南方起源的种或品种所需要光周期诱导的长日数越少。在光周期诱导期间,如果光照度过弱,会降低开花反应。

值得注意的是,植物的开花不仅受光照时间的影响,还受其他环境因子的影响,如温度、水分等,生产实践中人为控制光照长短的同时,还要协调其他因子,才能真正达到控制花期的目的。

2. 光周期与植物休眠

光周期对植物的休眠有重要影响。一般短日照促进植物休眠而使生长减缓,长日照可以打破或抑制植物休眠,使植物持续不断的生长。如生长在北方的植物,深秋植物落叶,停止生长,进入休眠,就与短日照诱导有关。南方起源的树木北移时,由于秋季北方的日照时间长,往往造成南方树木徒长,秋季不封顶,这样很容易遭受初霜的危害。为了使其在北方安全越冬,可对其进行短日照处理,使树木的顶芽及早木质化,进入休眠状态,增强抗寒越冬的能力。

但也有些植物只有在长日照下才能引起休眠,主要有夏休眠的常绿植物和原产于夏季干旱地区的多年生草本花卉,如水仙、百合、仙客来、郁金香等。

3. 光周期对植物其他方面的影响

光周期影响植物的生长。短日植物置于长日照下,常常长得高大;而把长日照植物置于短日照下,则节间缩短,甚至呈莲座状。

光周期影响植物性别的分化。一般来说,短日照促进短日照植物多开雌花,长日照促进长日照植物多开雌花。瓜类中的黄瓜、南瓜在长日照下雄花居多,短日照下雌花居多。

光周期对有些植物地下贮藏器官的形成和发育有影响。如短日照植物菊芋,在长日照下仅形成地下茎,但并不加粗,而在短日照下,则形成肥大的块茎;二年生植物白香草木樨,在进入第二年生长以前,由于短日照影响,能形成肉质的贮藏根,但如果给予连续的长日照处理,则不能形成肥大的肉质根。

植物对光周期的敏感性是各不相同的。通常木本植物对光周期的反应不如草本植物敏感。利用植物对光周期的不同反应,可通过人工控制光照时数来调整植物的生长发育。

三、植物对光环境的适应

植物长期生长在一定的光照条件下,在其形态结构及生理特性上表现出一定的适应性,进而形成了与光照条件相适应的不同生态类型。

(一)植物对光照度的适应

1.叶的适光变态

叶片是植物直接接受阳光的器官,在形态结构、生理特征上受光的影响最大,对光有较强的适应性。由于叶长期处于光照度不同的环境中,其形态结构、生理特征上往往产生适应光的变异,称为叶的适光变态。阳生叶与阴生叶是叶适光变态的两种类型。一般在全光照或光照充足的环境下生长的叶片属于阳生叶,具有叶片短小,角质层较厚,叶绿素含量较少等特征;而在弱光条件下生长的植物叶片属于阴生叶,表现为叶片排列松散,叶绿素含量较多等特点(表 2-2-5)。

表 2-2-5　阳生叶与阴生叶比较

特征	阳生叶	阴生叶
叶片	厚而小	薄而大
叶面积/体积	小	大
角质层	较厚	较薄
叶脉	密	疏
气孔分布	较密,但开放时间短	较稀,但经常开放
叶绿素	较少	较多
叶肉组织	栅状组织较厚或多层	海绵组织较丰富
分化生理	蒸腾、呼吸、光补偿点、光饱和点均较高	蒸腾、呼吸、光补偿点、光饱和点均较低

2.植物对光照度的适应类型

自然界中,有的植物在强光照下生长良好,而有的植物需要在较弱的光环境下才能生存;同样,有的植物在遮阳的情况下生长健壮,而有的植物却不能忍受遮阳。这是植物长期适应不同的光照度而形成的不同生态习性。通常按照植物对光照度的适应程度将其划分为三种类型:阳性植物、阴性植物、中性植物。

(1)阳性植物　在全光或强光下生长发育良好,在庇荫或弱光下生长发育不良的植物。阳性植物需光量一般为全日照的 70% 以上,多生长在旷野和路边等阳光充足的地方。如桃、杏、枣、扁桃、苹果等绝大多数落叶果树,多数露地一二年生花卉及宿根花卉(如一串红、鸡冠花、一品红、桃花、梅花、月季、米兰、海棠、菊花等)、仙人掌科、景天科等多浆植物、茄果类及瓜类等,还有草原和沙漠植物以及先叶开花的植物都属于阳性植物。

(2)阴性植物 阴性植物指在弱光条件下能正常生长发育,或在弱光下比强光下生长良好的植物。阴性植物需光量一般为全日照的 5%～20%,在自然群落中常处于中、下层或生长在潮湿背阴处,如蕨类植物、兰科、凤梨科、姜科、天南星科及秋海棠等植物均为阴性植物。

(3)中性植物 介于阳性植物与阴性植物之间的植物。一般对光的适应幅度较大,在全日照下生长良好,也能忍耐适当的庇荫,或在生育期间需要较轻度的遮阳,大多数植物属于此类。如桂花、夹竹桃、棕榈、苏铁、樱花、桔梗、白菜、萝卜、甘蓝、葱蒜类等。中性植物中的有些植物随着其年龄和环境条件的差异,常常又表现出不同程度的偏喜光或偏阴生特征。

3. 植物的耐阴性

植物对光照度的适应能力,常用耐阴性来表示,植物忍耐庇阴的能力称为植物的耐阴性。因此,阳性植物的耐阴性最差,阴性植物的耐阴性强。我国北方地区常见树种的耐阴性由弱到强的次序大致为:落叶松、柳、山杨、白桦、刺槐、臭椿、枣、红桦、白榆、水曲柳、华山松、侧柏、红松等。

植物的耐阴性一般相对固定,但外界因素如年龄、气候、纬度、土壤等条件的变化,会使植物的耐阴性发生细微的变化。特别是多年生植物,随着年龄和环境条件(气候条件和土壤条件)的变化而变化。如幼苗、幼树的耐阴性一般高于成年树木,随着年龄的增加,耐阴性有所降低;湿润温暖条件下的植物耐阴性较强,而干旱寒冷环境中的植物则趋向于喜光;在土壤肥沃的环境下生长的植物耐阴性强,而长于瘠薄土壤的植物则趋向喜光。由于植物的耐阴性不是固定不变的,所以对同一种植物的耐阴性,不同的人时常有不同的看法,这在很大程度上是因为观察的对象在年龄和立地条件方面可能有很大的差别。

植物对光照度的生态适应性在育苗生产及栽培中有着重要的意义。对阴生植物和耐阴性强的植物育苗要注意采用遮阳手段。还可根据不同环境的光照度,合理地选择栽培植物,做到植物与环境相统一,促进植物的生长发育。

(二)植物对光照时间的适应

由于长期适应不同光照周期的结果,有些植物需要在长日照条件下才能开花,而有些植物则需要在短日照条件下才能开花。根据植物对光周期的不同反应,可把植物分为以下 3 类。

1. 长日照植物

长日照植物是指当日照长度超过临界日长才能开花的植物。也就是说,光照长度必须大于一定时数(这个时数称为临界日长)才能开花的植物。当日照长度不够时,只进行营养生长,不能形成花芽。这类植物的开花通常是在一年中日照时间较长的季节里。如凤仙花、令箭荷花、风铃草、小麦、油菜、萝卜、菠菜、蒜、豌豆等,用人工方法延长光照时数可使提前开花。而且光照时数愈长,开花愈早。否则将维持营养生长状态,不开花结实。

2. 短日照植物

短日照植物是指日照长度短于临界日长时才能开花的植物。一般深秋或早春开花的植物多属此类,如牵牛花、一品红、菊花、芙蓉花、苍耳、菊花和水稻、大豆、高粱等,用人工缩短光照时间,可使这类植物提前开花。而且黑暗时数愈长,开花愈早。在长日照下只能进行营养生长而不开花。

3. 日中性植物

日中性植物是指开花与否对光照时间长短不敏感的植物,只要温度、湿度等生长条件适宜,就能开花的植物。如月季、仙客来、蒲公英、番茄、黄瓜、四季豆等。这类植物受日照长短的影响较小。

将植物能够通过光周期而开花的最长或最短日照长度的临界值,称为临界日长。对于短日照植物是指成花所需的最长日照长度,对于长日照植物是指成花所需的最短日照长度。一般认为,临界日长为每日 12~14 h。实际上,不是任何植物都如此。有的短日照植物,如苍耳的临界日长可达 15.5 h;而有的长日照植物,如天仙子临界日长仅 12 h。每种植物有其自身的临界日长,不一定长日照植物所要求的日照时数一定比短日照植物长。例如,长日照植物菠菜的临界日长为 13 h,也就是说,它们需要在长于 13 h 光照下才能开花,少于 13 h 就不能开花;短日照植物菊花(大多数品种)的临界日长为 15 h,只要日照时数不超过 15 h,菊花就能开花。因此,对于长日照植物来说,只要在日照时数长于临界日长的条件下就能开花;而对于短日照植物来说,只要在日照时数短于临界日长的条件下就能开花。

植物对光周期的反应,是植物在进化过程中对日照长短的适应性表现,在很大程度上与原产地所处的纬度有关。长日照植物大多为原产于高纬度的植物,短日照植物大多为原产于低纬度的植物,因此在引种过程中,必须考虑植物对日照长短的反应。

模块二 植物生长的光环境状况评估与调控

【模块目标】熟悉照度计、日照计的构造原理;能利用仪器进行光照度、日照时数的测定。根据当地的光能资源状况及植物生长状况,对植物生长的光环境进行正确的评价,知道植物对光环境的适应知识,熟悉如何调控植物生长的光环境。

任务一 光照度的测定

1.任务目标

熟悉照度计的构造原理,能利用仪器进行光照度的测定。

2.任务准备

根据班级人数,按 2 人一组,分为若干组,每组准备的用具:照度计、笔(铅笔或钢笔)、白纸等。

3.相关知识

光照度大小取决于可见光的强弱,一天中正午最大,早晚小;一年中夏季最大,冬季最小。而且,随纬度增加,光照度减小。照度计是测定光照度(简称照度)的仪器,它是利用光电效应的原理制成的。整个仪器有感光元件(硒光电池)和微电表组成。当光线照射到光电池后,光电池即将光能转换为电能,反映在电流表上。电流的强弱和照射在光电池上的光照度呈正相关,因此,电流表上测得的电流值经过换算即为光照度。为了方便,把电流计的数值直接标成照度值,单位是勒克斯(lx)。

4.操作规程和质量要求

仪器可选用 ST-80C 数字照度计(图 2-2-8),场所可选择操场上阳光直射的位置、树林内、田间、日光温室。

图 2-2-8 ST-80C 数字照计

工作环节	操作规程	质量要求
熟悉照度计的结构	ST-80C 数字照度计由测光探头和读数单元两部分组成,两部分通过电缆用插头和插座连接。读数单元左侧有"电源"、"保持"、"照度"、"扩展"等操作键	学会各操作键的使用方法

续表

工作环节	操作规程	质量要求
测量光照度	(1)压拉后盖,检查电池是否装好。然后调零,方法是完全遮盖探头光敏面,检查读数单元是否为零。不为零时仪器应检修 (2)按下"电源"、"照度"和任一量程键(其余键抬起),然后将大探头的插头插入读数单元的插孔内 (3)打开探头护盖,将探头置于待测位置,光敏面向上,此时显示窗口显示数字,该数字与量程因子的乘积即为光照度值(单位:lx) (4)如欲将测量数据保持,可按下"保持"键。(注意:不能在未按下量程键前按"保持"键)读完数后应将"保持"键抬起恢复到采样状态 (5)测量完毕将电源键抬起(关)。再用同样方法测定其他测点照度值。全部测完则抬起所有按键,小心取出探头插头,盖上探头护盖,照度计装盒带回	(1)根据光的强弱选择适宜的量程按键 (2)电缆线两端严禁拉动而松脱,测点转移时应关闭电源键,盖上探头护盖 (3)测量时探头应避免人为遮挡等影响,探头应水平放置使光敏面向上 (4)每个测点连测3次,取平均值 (5)测量结果可列表(表2-2-6)

表 2-2-6　×年×月×日×时光照度观测记录　　　　　　　　　　　　　lx

测点	次数	读数	选用量程	光照度值	平均值
阳光直射的位置	1				
	2				
	3				
树林内	1				
	2				
	3				
田间	1				
	2				
	3				
日光温室	1				
	2				
	3				

注:各院校可根据院校的具体情况选取测点。

5.常见技术问题处理

(1)如果显示窗口的左端只显示"1"表明照度过载,应按下更大量程的键测量。或表明在按下量程键前已误将"保持"键先按下了。应再按抬起后才施测。若显示窗口读数≤19.9 lx,则改用更小的量程键,以保证数值更精确。

(2)当液晶显示板左上方出现"LOBAT"字样或"←"时,应更换机内电池。

任务二　日照时数的测定

1. 任务目标

熟悉日照计的构造原理,能利用仪器进行日照时数的测定。

2. 任务准备

根据班级人数,按 2 人一组,分为若干组,每组准备的用具:日照计、笔(铅笔或钢笔)、白纸等。

3. 相关知识

可照时数指某地从日出到日落的时间,日照时数指太阳直接照射地面的实际时数,日照时数与可照时数的百分比称日照百分率。测定日照时数多用乔唐式日照计(又称暗筒式日照计)。它是利用太阳光通过仪器上的小孔射入筒内,使涂有感光药剂的日照纸上留下感光迹线,然后根据感光迹线的长度来计算日照时数。

4. 操作规程和质量要求

测定日照时数的仪器一般用乔唐式日照计。选择露地、林荫下、建筑物前后等场所,进行下列全部或部分内容的测定。

工作环节	操作规程	质量要求
熟悉日照计的构造	暗筒式日照计由暗筒、底座、隔光板、进光孔、筒盖、压纸夹、纬度刻度盘、纬度刻度线组成(图 2-2-9)	知道每个组成部件的作用及如何使用
日照计的安置	(1)安在终年从日出到日落都能受到太阳光照射的地方,常安置在观测场南面的柱子上或平台上,高度 1.5 m (2)底座要水平,日照计暗筒的筒口对准正北 (3)纬度记号线对准纬度盘的当地纬度	要精确测定子午线的位置,并在底座上做标记,使暗筒的筒口对准正北 熟知当地的地理纬度
日照时数的测定	(1)涂药。先配药,用柠檬酸铁铵(感光剂)与清水以 3∶10 的比例配成感光液;用赤血盐(铁氰化钾是显影剂)与清水以 1∶10 的比例配成显影液。分别装入褐色瓶中放于暗处保存备用。涂药时取两种药液等量均匀混合,在暗处或红灯光下进行。涂药前,先用脱纸棉把需涂药的日照纸表面擦净,再另用脱纸棉蘸药液薄而均匀地涂在日照上,涂后的纸放于暗处阴干	(1)配药液时要混合均匀,而且量不可过多,以能涂 10 张日照纸的量为宜,以免日久受光失效 (2)涂药时,用脱纸棉擦净日照纸表面后弃掉,再用新的脱纸棉涂药,脱纸棉用过后不能再次使用 (3)不要把药品溅到皮肤和衣服上

续表

工作环节	操作规程	质量要求
	(2)换纸。每天日落后换纸(阴天也换)，换下日照纸并签好名，将涂有感光药液填好年、月、日的另一张日照纸，放入暗筒内，并将纸上10时线对准暗筒正中线，纸孔对准进光孔，压紧纸，盖好盖 (3)记录。取下日照纸按感光迹线长短在下画铅笔线，然后放入足量的清水中浸泡3～5 min取出，待阴干后，复验感光迹线与铅笔线是否一致，如感光迹线比铅笔线长，补描上这一段铅笔线，然后按铅笔线长度统计日照时数	(4)日照纸在换的过程中不能感光，否则将没有感光迹线 (5)描铅笔线时，注意和感光迹线长度一致，计算时把上、下午的迹线相加即可。最好连续进行1个月的观测，观测结果列表，并查出该地相同时间内的可照时间，计算日照百分率，(表2-2-7、表2-2-8)
日照计的检查与维护	每月应检查一次日照计，发现问题及时纠正。每天日出前应检查日照计的小孔，有无小虫、尘沙堵塞或露、霜遮蔽	每月查看日照计的水平、方位、纬度的安置情况

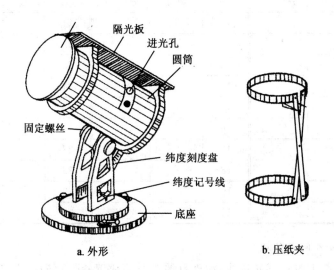

隔光板
进光孔
圆筒
固定螺丝
纬度刻度盘
纬度记号线
底座

a.外形　　　　　b.压纸夹

图 2-2-9　乔唐式日照计

表 2-2-7　日照时数观测表（××月）

时间/日	日照时数/h	时间/日	日照时数/h	时间/日	日照时数/h
1		11		21	
2		12		22	
3		13		23	
4		14		24	
5		15		25	
6		16		26	
7		17		27	
8		18		28	
9		19		29	
10		20		30	

表 2-2-8　可照时数及日照百分率

时间/日	可照时数/h	日照百分率/%	时间/日	可照时数/h	日照百分率/%	时间/日	可照时数/h	日照百分率/%
1			11			21		
2			12			22		
3			13			23		
4			14			24		
5			15			25		
6			16			26		
7			17			27		
8			18			28		
9			19			29		
10			20			30		

5.常见技术问题处理

（1）日照纸上没有感光迹线,检查日照纸是否感光;天气情况,是否为阴天;暗筒上的小孔是否被遮住。

（2）日照纸上的感光迹线有间断,说明1天中出现太阳被云遮住的现象,计算时这段没迹线的部分,不计入1天的日照时间中。

任务三　当地植物生长的光环境状况综合评价

1. 任务目标

调查当地的光能资源状况及植物生长状况,并对植物生长的光环境进行正确的评价。

2. 任务准备

根据班级人数,按 5～6 人一组,分为若干组,每组准备的用具:钢笔、笔记本等。

3. 相关知识

光资源是农业气候资源的重要组成部分,影响着一个地区的种植制度、作物布局、植物的引种及植物的生长状况,了解一个地区的光资源状况对植物生长的影响,可充分利用当地的光照资源,提高光能利用率。

我国是光能资源非常丰富的国家,在各省(区)中,西藏西部光能资源最丰富,居世界第二位,仅次于撒哈拉大沙漠。根据各地接受太阳总辐射量的多少,可将全国划分为 5 类地区。

一类地区为我国光能资源最丰富的地区,年太阳辐射总量 6 680～8 400 MJ/m²,年日照时数 3 200～3 300 h/年。包括宁夏北部、甘肃北部、新疆东部、青海西部和西藏西部等地。

二类地区为我国光能资源较丰富地区,年太阳辐射总量为 5 852～6 680 MJ/m²,年日照时数 3 000～3 200 h。包括河北西北部、山西北部、内蒙古南部、宁夏南部、甘肃中部、青海东部、西藏东南部和新疆南部等地。

三类地区为我国光能资源中等类型地区,年太阳辐射总量为 5 016～5 852 MJ/m²,年日照时数 2 200～3 000 h。主要包括山东、河南、河北东南部、山西南部、新疆北部、吉林、辽宁、云南、陕西北部、甘肃东南部、广东南部等地。

四类地区是我国光能资源较差地区,年太阳辐射总量 4 180～5 016 MJ/m²,年日照时数 1 400～2 000 h。包括湖南、湖北、广西、江西、浙江、福建北部、广东北部、陕西南部、安徽南部等地。

五类地区是我国光能资源最差地区,年太阳辐射总量 3 344～4 180 MJ/m²,年日照时数 1 000～1 400 h。包括四川大部分地区和贵州省。

其中一、二、三类地区,年日照时数大于 2 000 h,年辐射总量高于 5 000 MJ/m²,是我国光能资源丰富或较丰富的地区,面积较大,约占全国总面积的 2/3 以上,具有利用光能资源的良好条件。四、五类地区虽然光能资源条件较差,但仍有一定的利用价值。

4.操作规程和质量要求

工作环节	操作规程	质量要求
调查当地的光能资源	(1)到当地气象局有关部门调查当地各月的总辐射量,太阳辐射量全年平均值,高值区和低值区,并找出规律,分析可利用的太阳辐射能量的多少 (2)到当地气象局有关部门调查当地年平均日照时数,最大值和最小值分布地区及日照时数,分析一年四季的日照情况 (3)调查温室内的日照时数、光照度及生长季内的太阳辐射量	调查数据要准确、清晰,列表把结果写出来(附表2-2-9、表2-2-10、表2-2-11)
调查当地的植物生长利用光能状况	(1)调查当地木本植物(包括野生和栽培)的种类(利用当地植物志或到有关部门查询),分析木本植物利用光能的情况 (2)调查当地草本植物(包括野生和栽培)的种类,并进一步调查当地的种植制度(实地调查或到有关部门查询),分析草本植物对光能的利用情况 (3)调查当地日光温室及温室内花卉、蔬菜及作物的生长状况(实地调查)	调查出植物的种类及每种植物完成一个生长周期需要的光照资源情况
根据调查结果对植物生长的光环境状况进行评价	(1)当地的光资源是否被充分利用;如果没有,提出有效利用的措施 (2)当地生长的植物、种植制度是否充分利用了光资源;如果没有,提出有效的改革措施 (3)分析日光温室内生长的花卉、蔬菜及作物对光能的利用情况	把光资源状况与植物生长状况进行对比分析,综合评价当地光环境状况

表 2-2-9　　××地区各月总辐射量　　　　　　　　　　$J/(cm^2 \cdot d)$

地点	月 份											
	1	2	3	4	5	6	7	8	9	10	11	12

表 2-2-10　××地区年日照时数

地点	时数/h	地点	时数/h	地点	时数/h

表 2-2-11　××地区温室生长季内的光资源

地点	光照度/lx	日照时数/h	太阳辐射量/[J/(cm^2·d)]

5.常见技术问题处理

(1)在调查过程中,如遇到光资源的资料不清楚(如太阳总辐射量要看清是日、月还是年),不明白的要及时向有关人员询问,不能估计,资料一定要准确无误。

(2)在调查植物的过程中,若有不认识的植物,及时向有关部门询问或查植物志,至认清认准植物为止。

任务四　植物生长的光环境调控

1.任务目标

能利用所学过的植物生长光环境知识与技能,调控植物的生长发育,提高植物的栽培质量及其观赏价值,更好地满足人类日益增长的生产、生活需求。

2.任务准备

根据班级人数,按5～6人一组,分为若干组,每组准备的用具:菊花、黑布或不透光的黑色薄膜、60 W 或 100 W 灯泡、铁锹等农具。

3.相关知识

光环境调控的应用主要是利用光照时间和光照度调整植物的生长发育,具体体现在:

(1)控制花期　利用人工控制光照时间的方法可提早或推迟开花时间,还可改变植物的开花习性,达到观赏目的,克服杂交亲本花期不遇,解决种间或种内杂交时花期不遇的问题。

(2)科学引种　从异地引进新的作物或品种时,首先要了解被引种作物的光周期特性。在我国一般来说,短日照植物南种北引,生长期会延长,开花期推后,应引早熟品种;北种南引,生长期会缩短,开花期提前,应引晚熟品种。长日照植物刚好相反,北种南引,生长期会延长,开花期推后,应引早熟品种;南种北引,生长期会缩短,开花期提前,应引晚熟品种。同纬度地区的日照长度相同,如果其他的生长条件合适,相互引种比较容易。

(3)缩短育种周期　育种所获得的杂种,常需要培育很多代,才能得到一个新品种,通过人工光周期诱导,使花期提前,在一年中就能培育二代或多代,从而缩短育种时间,加速良种繁育的进程。根据我国气候多样性的特点,可进行作物南繁北育,利用异地种植以满足作物发育条件。例如,短日照植物玉米、水稻均可在海南岛繁育种子,然后在北方种植;长日照的小麦、油菜等,夏季在黑龙江或青海繁育种子,冬季在云南繁育种子,能做到一年内繁育 2～3 代。根据光周期理论,同一作物的不同品种对光周期反应的敏感性不同,所以在育种时,应注意亲本光周期敏感性的特点,一般选择敏感性弱的亲本,其适应性强些,有利于良种的推广。

(4)维持植物营养生长　收获营养器官的作物,如果开花结实,会降低营养器官的产量和品质,因而可用不适宜的光照条件(短日照植物给予长日照条件或间断暗期,相反长日照植物给予短日照条件)防止或延长这类作物开花,延长营养生长期,增加株高,提高产量。如有些短日照的甘蔗品种,在短日照来临时,用光照来间断暗期(一般在午夜用强的闪光进行处理),就可继续维持营养生长抑制甘蔗开花,使甘蔗的蔗茎的产量提高,含糖量也增加。

(5)改变休眠与促进生长　光照时间对温带植物的秋季落叶和冬季休眠等特性有着一定的影响。长日照可以促进植物萌动生长,短日照有利于植物秋季落叶休眠。城市中的树木,由于人工照明延长了光照时间,从而使其春天萌动早,展叶早;秋天落叶晚,休眠晚,这样就延长了园林树木的生长期,因此控制光照时间可以促进植物的萌动或调整休眠。

(6)合理栽植配置　掌握植物对光环境的生态适应类型,在植物的栽植与配置中非常重要。只有了解植物是喜光性的还是耐阴性的种类,才能根据环境的光照特点进行合理种植,做到植物与环境的和谐统一。如在城市高大建筑物的阳面和背光面的光照条件差异很大,在其阳面应以阳性植物为主,在其背光面则以阴性植物为主。在较窄的东西走向的楼群中,其道路两侧的树木配置不能一味追求对称,南侧树木应选耐阴性树种,北侧树木应选阳性树种。否则,必然会造成一侧树木生长不良。

4.操作规程和质量要求

(1)通过调控光照时间控制花期　菊花是我国十大名花之一,是典型的短日照植物,自然花期为秋末冬初,一般 4～5 月份扦插,扦插后 25 天左右定植,8 月下旬花芽开始分化,9 月中旬,花蕾开始形成,10 月中旬,绽蕾透色,10 月底 11 月初盛开,进入观赏期。

工作环节	操作规程	质量要求
遮光处理	(1)选花。选早花、中花的菊花品种 (2)遮光。当植株长到 50 cm(距预定花期 50～60 d)开始,即在 5 月初开始进行遮光处理,到花瓣伸长时结束。设在傍晚或早晨一般由当天的 17:00 到次日的 7:00 时,采用白天 10 h 光照,其余时间是黑暗。遮光材料选用聚丙烯遮阳网(遮光 80%) (3)花期。6 月下旬即可开花,一直延续到"七·一"	(1)选对处理敏感,遮光后花色变为鲜艳,枝条粗壮的菊花品种 (2)夜间不能撤掉遮光设备,可将遮光物四周下部掀开通风 (3)要求菊花同期开放,花色鲜艳亮丽
补光处理	(1)选花。选取晚花的菊花品种 (2)补光。从 8 月上旬开始至 10 月下旬开始处理。每天 23:00 至次日 2:00 补充光照,一直到 10 月下旬。补加光照采用每 10 m² 100 W 白炽灯,光照度 50 lx,高度在植株生长点的上方 70～80 cm (3)花期。经过处理的菊花,在元旦即可开花	(1)选若不进行处理在 9 月花芽开始分化的品种 (2)处理过程中室温在 20℃左右,最低不能低于 15℃ (3)要求菊花同期开放,花色鲜艳亮丽

（2）日光温室内光照的调节　目前,我国北方的日光温室逐渐增多,温室内一般存在前排光照强,后排光照弱,上部光照强,下部光照弱的差异。通过一定的措施调节好温室内的光照条件是温室内植物生长良好的基础。

工作环节	操作规程	质量要求
增强温室内的自然光照	(1)清洁棚面。每天坚持用布条、笤帚等工具清扫棚面、清除表面灰土杂物可以明显增加光照。如果内壁附有水滴,也要清除,这样可以提高透光率 15% 左右 (2)增设反光膜。将反光膜(表面镀有铝粉的银色聚酯膜,幅宽 1 m,厚度 0.005 mm 以上)挂在日光温室的后柱附近,将照到北侧的阳光反射到后柱前面,可明显提高北半部的光照度 (3)合理布局种植。种植高架作物,前排作物一定影响后排光照,所以要合理布局蔬菜种植。一般采用高低架搭配和高低畦排列法。高低架搭配就是将高架作物和低架作物搭配种植,可将低矮作物种植在前排、高架作物种植在后排,也可以在种植同一作物时,将前排作物及早摘心打顶,后排仍留高架;高低畦排列就是将室内土地整成梯形畦,前低后高,每畦高度差 5～6 cm,这样就可以减少遮阴。合理安排种植行向,植物行向以南北行向较好,没有死阴影。若是东西行向,则行距要加大,单屋面温室的栽培床高度要南低北高、防止前后遮阳	按要求做好管理,保证温室内有良好的光照,出现光照减弱的现象,及时进行调整

续表

工作环节	操作规程	质量要求
在光照强的季节实施遮光	(1)遮光材料。黑色遮阳网 (2)遮光方式。即用黑色遮阳网在温室面外侧30～40 cm处或直接同面重叠	每天测量温室内的光照度和温度情况,如光照度过强或温度过高,及时进行遮光
在光照弱或光照时数少的季节进行人工补光	(1)补光的光源。白炽灯或高压水银灯,补光的光照度3 000～7 000 lx (2)补光方法。光源距植物1.0～2.0 m,灯和灯之间间距2.0 m,一般300 m²的温室每排约25个灯	当发现光照度减弱,甚至到光补偿点以下时,及时进行补光

5.常见技术问题处理

(1)遮光的时候,若遇到大风天气,根据天气预报的预报结果,及时加固遮光材料,补光时若遇到停电,及时发电或采取其他措施补光。

(2)在日光温室管理过程中,发现光强或光弱的情况时,及时按要求进行遮光或补光。

☆ **关键词**

光照时间　太阳高度角　太阳辐射　太阳辐射光谱　光合有效辐射光谱　光质　光照度　日照时数　阳性植物　阴性植物　中性植物　植物的耐阴性　长日照植物　短日照植物　日中性植物

☆ **内容小结**

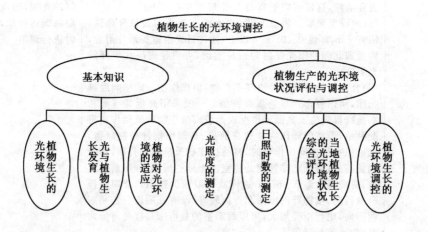

☆ 信息链接

植物生长"光的食谱"

阳光是植物生长不可缺少的条件,因为植物的光合作用离不开它,然而在现实生活中,植物对于光照的要求常常得不到满足。在特定的气象条件下,农作物的生长常常会遭遇"阳光荒",比如在连阴雨的情况下,因为日照不足,经常会造成农作物的减产。再比如在种植反季节蔬菜的时候,因为季节的差异,阳光的照射也常常无法满足需要,为了弥补日光的缺憾,很多反季节蔬菜不得不靠激素来刺激生长,造成"营养空洞"的情况发生。另外光照不足,还有可能令大棚菜中的硝酸盐含量增高,对人体产生危害。因此利用科技手段解决植物光照不足的难题成为科学研究的一个新的热点。

植物对光谱的敏感性和人不同,而不同植物之间喜爱的"光食谱"也不同,因为植物的光合作用有着复杂的机理,它们的差别来自于叶片内色素的特殊吸收性。举例来说,有研究发现蓝色光源($0.40\sim0.50$ μm)对植物的分化与气孔的调节十分重要。如果蓝光不足,远红光的比例太多,茎部将过度成长,而容易造成叶片黄化。

根据以上现象,南京农业大学农学院的徐志刚副教授等专家进行了研究,把环保节能的 LED 光源用于植物照明,为植物生长配制"光的食谱"。

在地下实验室里,他们利用 500 颗柔性 LED 光源系统配制不同波长的光源对植物生长进行对比实验,为找到最适合草莓生长的光谱,经过了近百项对比实验,最后终于发现草莓在红蓝光的光照条件下,生长的情况更好。据了解,专家们现在正分别对菊花、兰花、转基因棉花、冬青和驱蚊香草等进行试验对比,已获得第一批实验数据,第二批实验正在有条不紊地进行。在黑暗的地下室里,在完全缺乏阳光的情况下,植物们仅凭借专家们配置出来的"日光浴",实现了正常生长。在合适波长的 LED 光源的照射之下,植物的生长速度和成活率均提高 $20\%\sim50\%$,而且节约 30% 以上能源。据研究,利用柔性 LED 光源系统配制光源,模拟自然光源,基本可以满足植物 90% 的光照要求。

另外在人造自然光下,可以调节植物的生长节奏,避免植物同时上市造成烂市,还可以解决反季节蔬菜的营养流失问题。

目前美国宇航部门已着手研究在太空站上应用这套系统种植植物和蔬菜,希望可以为宇航员提供一个模拟自然的生态环境,同时能让宇航员在太空也能吃上新鲜蔬菜,徐志刚说真希望自己的人造自然光也能够飞上太空,种出蔬菜。

☆ 师生互动

1.城市街道和农村的光照条件有何不同？为什么？

2.调查总结当地提高植物光能利用率的典型经验以及如何利用当地的光资源状况调控植物的生长发育？

3.调查并讨论光照度、光质、光照时间对当地植物有哪些典型影响？并举例说明有哪些主要的长日照植物、短日照植物、日中性植物、阳性植物、阴性植物。

☆ 资料收集

1.阅读《中国农业气象》、《气象知识》、《中国气象学报》、《××农业大学学报》、《××农业科学》等杂志。

2.浏览"气象万千网"、"中国农业气象网"、"××省(市)农业气象网"等网站。

3.通过本校图书馆借阅有关农业气象方面的书籍。

4.了解近两年有关农业气象的新技术、新成果、最新研究进展等资料,制作卡片或写一篇综述文章。

☆ 学习评价

项目名称			植物生长的光环境调控		
评价类别	项目	子项目	组内学生互评	企业教师评价	学校教师评价
专业能力	资讯	搜集信息能力			
		引导问题回答			
	计划	计划可执行度			
		计划参与程度			
	实施	工作步骤执行			
		功能实现			
		质量管理			
		操作时间			
		操作熟练度			
	检查	全面性、准确性			
		疑难问题排除			
	过程	步骤规范性			
		操作规范性			
	结果	结果质量			
	作业	完成质量			

续表

项目名称	植物生长的光环境调控						
评价类别	项目	子项目		组内学生互评	企业教师评价		学校教师评价
社会能力	团队	团结协作					
		敬业精神					
方法能力	方法	计划能力					
		决策能力					
评价评语	班级		姓名		学号		总评
	教师签字		第　　组	组长签字		日期	
	评语：						

项目三　植物生长的水分环境调控

项目目标

◆ **知识目标**：了解土壤水的形态及有效性；熟悉空气湿度、降水、水分的表示方法；能运用所学知识对水分环境进行调节，熟悉当地主要水分环境的调控途径。

◆ **能力目标**：能熟练进行土壤水分、土壤田间持水量、空气湿度、降水量与蒸发量测定；判断土壤墒情，确定灌溉时期及灌溉定额；能结合当地种植植物，正确进行水分环境状况评价，并提出水分环境调控措施。

模块一　基本知识

【模块目标】知道大气中水分、土壤水分等种类及变化规律；熟悉土壤含水量及降水的表示方法；理解水分对植物的作用；认识水分对植物分布的影响；熟悉植物对水分的生态适应类型及规律。

【背景知识】

植物生长环境的水循环

水环境是植物赖以生存最基本的生态环境。自然界的水分运动是一个循环的过程，植物生长不断地从周围环境中吸收水分，以满足其正常生命活动的需要；同时，又将体内的水分通过蒸腾作用不断地散失到环境当中去，维持植物体内的水分平衡。植物体内的水分散失到空气中，与由江河湖泊、海洋蒸发的水分共同组成大气中的水分，大气中水分饱和后便以雨、露、霜、雹、雾等形式降落地下，重新形成土壤水。土壤、植物和大气共同完成自然界中水的循环。

地球上的降水量和蒸发量总的来说是平衡的。也就是说,通过降水和蒸发这两种形式,地球上的水分达到平衡状态。但在不同的表面、不同地区的降水量和蒸发量是不同的。就海洋和陆地来说,海洋的蒸发量约占总蒸发量的84%,陆地只有16%;海洋中的降水量占总降水量的77%,陆地占23%;可见,海洋的降水比蒸发少7%。海洋和陆地的水量差异是通过江河源源不断送水到海洋,以弥补海洋每年因蒸发量大于降水量而产生的亏损,达到全球水循环的平衡。

水分是植物生存不可缺少的条件,它既是构成植物有机体的重要成分,也是植物全部生命过程正常进行的保证。它和太阳辐射、温度一样是重要的气象因子。在农业生产中,水分的分布和供应状况决定着作物种类及分布,同时影响着其产量高低和品质优劣。

可以说,水环境是人类生存的核心环境,是保障社会、经济可持续发展的基础条件,但水环境自然修复承载能力是有限的。当人类活动超出水环境承载限度时,就打破了水分的循环平衡状态,其表现特征为:水资源短缺,地下水严重超采,水土流失,河道干涸,水环境污染,洪涝、干旱、风暴潮、泥石流等自然灾害频发,造成了水环境的恶化。

人类可以通过采取大规模兴修水利、发展灌溉、植树造林、水土保持、治理污染等方式,有效调控水资源,促进水分循环,保护好人类和植物赖以生存的水环境,这对于改善一个地区的农业气候,促进人类可持续发展具有重要意义。

一、植物生长的水分环境

植物生长需求的水分包括地下部分的土壤水分和地上部分的大气水分。植物一生中需要大量土壤水分,这些水分主要依赖于自然降水(或灌溉)。大气中的水分是大气组成成分中最富于变化的部分。大气中水分的存在形式有气态、液态和固态;多数情况下,水分是以气态存在于大气中,三种形态在一定条件下可相互转化。

(一)大气水分

1.空气湿度

(1)空气湿度的表示方法　空气湿度是表示空气中水汽含量(即空气潮湿程度)的物理量。常用的表示方法有:

①水汽压(e)与饱和水汽压(E)。大气中水汽所产生的分压称为水汽压。水汽压是大气压的一个组成部分。通常情况下,空气中水汽含量多,水汽压大;反之,水汽压小。水汽压的单位常用百帕(hPa)表示。

温度一定时,单位体积的空气中能容纳的水汽量是有一定限度的。若水汽含量正好达到了某一温度下空气所能容纳水汽的最大限度,则水汽已达到饱和,这时的空气称为饱和空气。饱和空气的水汽压称饱和水汽压;未达到此限度的空气称未饱和空气;超过这个限度的空气称为过饱和空气。一般情况下,超出部分水汽发生凝结。所以,在温度一定时,所对应的饱和水汽压是确定的。温度增加(降低)时,饱和水汽压也随之增加(降低)。

②绝对湿度(a)。单位容积空气中所含水汽的质量称为绝对湿度,实际上就是空气中水汽的密度,单位为 g/cm^3 或 g/m^3。空气中水汽含量愈多,绝对湿度就愈大,绝对湿度能直接表示空气中水汽的绝对含量。

③相对湿度(r)。是指空气中实际水汽压与同温度下饱和水汽压的百分比,即:

$$r=e/E\times100\%$$

相对湿度表示空气中水汽的饱和程度。在一定温度条件下,水汽压愈大,空气愈接近饱和。当 $e=E$ 时,$r=100\%$,空气达到饱和,称为饱和状态;当 $e<E$ 时,$r<100\%$,称为未饱和状态;当 $e>E$ 时,$r>100\%$ 而无凝结现象发生时,称过饱和状态。因饱和水汽压随温度变化而变化,所以在同一水汽压下,气温升高,相对湿度减少,空气干燥;相反,气温降低,相对湿度增加,空气潮湿。

④饱和差(d)。是指在一定温度下,饱和水汽压和实际水汽压之差,即:

$$d=E-e$$

饱和差表示空气中的水汽含量距离饱和的绝对数值。一定温度下,e 愈大,空气愈接近饱和,当 $e=E$ 时,空气达到饱和,这时候 $d=0$。

⑤露点(t_d)。气温愈低,饱和水汽压就越小,所以对于含有一定量水汽的空气,在水汽含量和气压不变的情况下,降低温度,使饱和水汽压与当时实际水汽压值相等,这时的温度就成为该空气的露点温度,简称露点,单位为℃。实际气温与露点之差表示空气距离饱和的程度。如果气温高于露点,则表示空气未达饱和状态;气温等于露点时,则表示空气已达到饱和状态;气温低于露点,则表示空气达到过饱和状态。

(2)空气湿度的变化

①绝对湿度的变化。绝对湿度的日变化有两种类型:一是单波形日变化,即绝对湿度的日变化与温度的日变化一致。一天中有一个最大值和一个最小值。最大值出现在午后温度最高的时候,即 14:00~15:00;最小值出现在日出之前。单波形的日变化,多发生在温度变化不太大的海洋、海岸地区、寒冷季节的大陆和暖季

潮湿地区。二是双波形日变化,在一天中有两个最大值和两个最小值,两个最大值分别出现在 8:00~9:00 和 20:00~21:00;两个最低值分别出现在日出前和 14:00~15:00。双峰形的日变化常出现在温度变化较剧烈的内陆暖季及沙漠地区(图 2-3-1)。

绝对湿度的年变化与气温的年变化相似。在陆地上,最大值出现在 7 月份,最小值出现 1 月份。在海洋或海岸地方,绝对湿度最大值在 8 月份,最小值在 2 月份。

②相对湿度的变化。相对湿度的日变化与气温的日变化相反。相对湿度与水汽压及气温有关。当气温升高时,水汽压及饱和水汽压都随之增大,但是饱和水汽压的增大要比水汽压快,因而水汽压与饱和水汽压的百分比就变小,也就是相对湿度变小;反之,气温降低时,相对湿度就增大。所以,一天中相对湿度的最大值出现在气温最低的清晨,最小值出现在 14:00~15:00(图 2-3-2)。

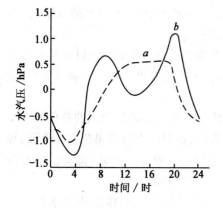

图 2-3-1 绝对湿度日变化图

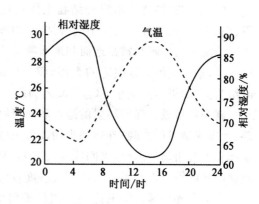

图 2-3-2 相对湿度日变化

相对湿度的年变化一般与气温的年变化相反。夏季最小,冬季度大。但在季风区由于夏季有来自海洋的潮湿空气,冬季有来自大陆的干燥空气,因此使相对湿度的年变化与温度年变化相似。

2. 水汽凝结

自然界中,常会有水汽凝结成液态(露点温度在 0℃以上)或固态冰晶(露点温度在 0℃以下)的现象发生,而大气中的水汽凝结需在一定的条件下才能发生凝结。

(1)水汽凝结的条件 水汽由气态转变为液态或固态的过程称为凝结。大气中水汽发生凝结的条件有 2 个:一是大气中的水汽必须达到过饱和状态;二是大气中必须有凝结核,两者缺一不可。

①水汽达到过饱和状态。大气中的水汽达到过饱和状态的途径有两种:一种是在一定温度下增加大气中的水汽含量,使水汽压增大。另一种是在水汽含量不变的条件下,使气温降低到露点或露点以下。自然界中前一种情况比较罕见,绝大部分凝结现象发生在降温过程。常见的降温方式一般有 4 种:暖空气与较冷下垫面发生的接触冷却与辐射冷却、两种温度不同且都接近饱和空气的混合冷却、空气上升发生的绝热冷却。

②有凝结核存在。大气除需满足 $e > E$ 外,还必须有液态或固体微粒作为水汽凝结的核心,这些水汽凝结的核心称为凝结核。进入大气中的氯化物、硫化物、氮化物和氨等都是吸湿性很强的凝结核,凝结效果好。此外,大气中的尘粒、花粉粒和微小的有机物,也能把水汽分子吸附在它们表面形成小水滴或小冰晶,但凝结效果较差。

(2)水汽凝结物　水汽凝结物主要包括地面和地面物体表面上的凝结物(如露、霜、雾凇、雨凇等)、大气中的凝结物(如雾和云)。

①露和霜。露和霜是地面和地面物体表面辐射冷却,温度下降到空气的露点以下时,空气接触到这些冷的表面,而产生的水汽凝结现象。如露点高于 0℃,就凝结为露;如果露点低于 0℃,就凝结为霜。

露和霜形成于强烈辐射的地面和地面物体表面上。形成露和霜的条件是在晴朗、无风或微风的夜晚;导热率小的疏松土壤表面、辐射能力强的黑色物体表面、辐射面积大且粗糙的地面,晚间冷却较强烈,易于形成露或霜。此外,低洼的地方和植株的枝叶面上夜间温度较低而且湿度较大,所以露和霜较重。

②雾凇和雨凇。雾凇是一种白色松脆的似雪易散落的晶体结构的水汽凝结物,它常凝结于地面物体,如树枝、电线、电杆等的迎风面上,雾凇又称树挂。雾凇是一种有害的天气现象,当雾凇积聚过多时,可致电线、树枝折断,对交通、通信、输电等造成障碍。但雾凇融化后,对北方越冬作物有利。

雨凇是过冷却雨滴降落到 0℃ 以下的地面或物体上直接冻结而成的毛玻璃状或光滑透明的冰层,称为雨凇。雨凇外表光滑或略有突起。雨凇多发生在严冬或早春季节,是我国北方的灾害天气。它不仅常常导致电线折断,影响铁路和公路交通运输,而且对农业和畜牧业威胁很大,还会压死越冬作物,破坏牧草,使牲畜因缺草而大批死亡。

③雾。当近地气层温度降低到露点以下时,空气中的水汽凝结成小水滴或水冰晶,弥漫在空气中,使水平方向上的能见度不到 1 km 的天气现象称为雾。雾削弱了太阳辐射、减少了日照时数、抑制了白天温度的增高、减少了蒸散、限制了根系

吸收作用。

④云。云是自由大气中的水汽凝结或凝华而形成的微小水滴、过冷却水滴、冰晶或者它们混合形成的可见悬浮物。云和雾没有本质区别,只是云离地而雾贴地。形成云的基本条件:一是充足的水汽;二是有足够的凝结核;三是使空气中的水汽凝结成水滴或冰晶时所需的冷却条件。

形成云的主要原因是空气的上升运动把低层大气的水汽和凝结核带到高层,由于绝热冷却而产生降温。当温度降低到露点以下时,空气中的水汽达到过饱和状态,这时水汽便以凝结核为核心,凝结成微小的水滴或冰晶,即是云。反之,空气的下沉运动,由于绝热增温而使云消散。

3. 降水

降水是指从云中降落到地面的液态或固态水。广义的降水是地面从大气中获得各种形态的水分,包括云中降水和地面凝结物。

(1)降水条件 降水产生于云层中,但有云未必有降水。云滴是非常小的,其直径为 $5\sim50~\mu m$,下降速度慢。因空气浮力及上升气流作用而悬浮于空中或因中途蒸发而降不到地面。因此要使云层产生降水,必须使云滴增大到其受重力下降的速度超过上升气流的速度,并在下降过程中不被全部蒸发。因此,要形成较强的降水:一是要有充足的水汽;二是要使气块能够被持久抬升并冷却凝结;三是要有较多的凝结核。

(2)降水的表示方法

①降水量。降水量是指一定时段内从大气中降落到地面未经蒸发、渗透和流失而在水平面上积聚的水层厚度。降水量是表示水多少的特征量,通常以 mm 为单位。降水量具有不连续性和变化大的特点,通常以日为最小单位,进行降水日总量、旬总量、月总量和年总量的统计。

②降水强度。降水强度是指单位时间内的降水量。降水强度是反映降水急缓的特征量,单位为 mm/d 或 mm/h。按降水强度的大小可将降水分为若干等级(表2-3-1)。

表 2-3-1　降水等级的划分标准

种类	等级	小/mm	中/mm	大/mm	暴/mm	大暴/mm	特大暴/mm
雨	12 h	0.1~5.0	5.1~15.0	15.1~30.0	30.1~60.0	≥60.1	—
	24 h	0.1~10.0	10.0~25.0	25.1~50.0	50.1~100	100.1~200.0	>200.0
雪	12 h	0.1~0.9	1.0~2.9	≥3.0	—	—	—
	24 h	≤2.4	2.5~5.0	>5.0	—	—	—

在没有测量雨量的情况下,我们也可以从当时的降雨状况来判断降水强度(表 2-3-2)。

表 2-3-2　降水等级的判断标准

降水强度等级	降雨状况
小雨	雨滴下降清晰可辨;地面全湿,落地不四溅,但无积水或洼地积水形成很慢,屋上雨声微弱,檐下只有雨滴
中雨	雨滴下降连续成线,落硬地雨滴四溅,屋顶有沙沙雨声;地面积水形成较快
大雨	雨如倾盆,模糊成片,四溅很高,屋顶有哗哗雨声;地面积水形成很快
暴雨	雨如倾盆,雨声猛烈,开窗说话时,声音受雨声干扰而听不清楚;积水形成特快,下水道往往来不及排泄,常有外溢现象
中雪	积雪深达 3 cm 的降雪过程
大雪	积雪深达 5 cm 的降雪过程
暴雪	积雪深达 8 cm 的降雪过程

③降水变率。降水变率是反映某地降水量是否稳定的特征量,包括降水绝对变率和相对变率两种。

绝对变率,又称降水距平,是指某地实际降水量与多年同期平均降水量之差。绝对降水变率为正值时,表示比正常年份降水量多,负值表示比正常年份少。因此用绝对变率表示某地降水量的变动情况。平均绝对变率是指绝对变率绝对值的平均值。

相对变率是指降水距平与多年同期平均降水量的百分比。如果逐年的相对降水变率均较大,则表示平均降水量的可靠程度小,发生旱涝灾害的可能性就越大。平均相对变率是指相对变率绝对值的平均值。

绝对变率和相对变率用以表示某地不同年(季或月)的降水变动情况。平均绝对变率和平均相对变率可反映降水历年(季或月)变动的平均情况。对于不同地区来说,由于各地平均值不同影响绝对变率数值的可比性,这时用相对变率来比较,消除了平均值的影响。

④降水保证率。是表示某一界限降水量可靠程度的大小。某一界限降水量在某一段时间内出现的次数与该段时间内降水总次数的百分比,称为降水频率。降水量高于或低于某一界限降水量的频率的总和称为高于或低于该界限降水量的降水保证率。

（3）降水的种类

①按降水物态形状分。可分为：一是雨，从云中降到地面的液态水滴。直径一般为 0.5～7 mm。下降速度与直径有关，雨滴越大，其下降速度也越快。二是雪，从云中降到地面的各种类型冰晶的混合物。雪大多呈六角形的星状、片状或柱状晶体。三是霰，是白色或淡黄色不透明的而疏松的锥形或球形的小冰球，直径约 1～5 mm。霰是冰晶降落到过冷却水滴的云层中，互相碰撞合并而形成，或是过冷却水在冰晶周围冻结而成的。由于霰的降落速度比雪花大得多，着落硬地常反跳而破碎。霰常见于降雪之前或与雪同时降落。直径小于 1 mm 的称为米雪。四是雹，由透明和不透明冰层组成的坚硬的球状、锥状或形状不规则的固体降水物。雹块大小不一。其直径由几毫米到几十毫米，最大可达十几厘米。

②按降水性质分。可分为：一是连续性降水，强度变化小，持续时间长，降水范围大，多降自雨层云或高层云。二是间歇性降水，时小时大，时降时止，变化慢，多降自层积云或高层云。三是阵性降水，骤降骤止，变化很快，天空云层巨变，一般范围小，强度较大，主要降自积雨云。四是毛毛状降水，雨滴极小，降水量和强度都很小，持续时间较长，多降自层云。

③按降水强度分。可分为：小雨、中雨、大雨、暴雨、特大暴雨，小雪、中雪、大雪、暴雪等（表 2-3-1）。

（二）土壤水分

土壤水分是土壤的重要组成部分，它是植物吸水的主要来源。土壤的水分主要来自降水、灌溉和地下水。它以固态、液态和气态 3 种形态存在。植物直接吸收利用的是液态水。土壤水并非纯净水，而是稀薄的溶液，不仅溶有各种溶质，而且还有胶粒悬浮或分散于其中。

1. 土壤水分的形态

根据水分在土壤中的物理状态、移动性、有效性和对植物的作用，可常把土壤水分划分为吸湿水、膜状水、毛管水、重力水等不同的形态（图 2-3-3）。

（1）吸湿水　由于固体土粒表面的分子引力和静电引力对空气中水汽分子的吸附力而被紧密保持的水分叫吸湿水。其厚度只有 2～3 个水分子层，分子排列紧密，不能自由移动，无溶解力，也不能为植物吸收，属于无效水分。

土壤吸湿水的多少，决定于周围的物理条件，主要是大气湿度与温度。当土壤空气中水汽达到饱和时，土壤吸湿水可达最大值，这时的含水量为最大吸湿量，也称为吸湿系数。一般土壤质地愈细，有机质含量愈高，土壤吸湿水含量也就愈高；相反，则少。

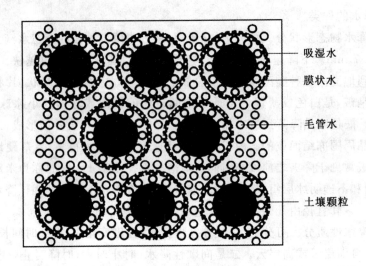

图 2-3-3　土壤水分形态模式示意图

（2）膜状水　膜状水是指土粒靠吸湿水外层剩余的分子引力从液态水中吸附一层极薄的水膜。膜状水受到的引力比吸湿水小，因而有一部分可被植物吸收利用。但因其移动缓慢，只有当植物根系接触到时才能被吸收利用。吸湿水和膜状水又合称为束缚水。

膜状水达到最大时的土壤含水量，称为最大分子持水量。通常在膜状水没有被完全消耗之前，植物已呈萎蔫状态；当植物因吸不到水分而发生萎蔫时的土壤含水量，叫做萎蔫系数（或称凋萎系数），它包括全部吸湿水和部分膜状水，是植物可利用的土壤有效水分的下限。

（3）毛管水　毛管水是指土壤依靠毛管引力的作用将水分保持在毛管孔隙中的水，称为毛管水。毛管水是土壤中量宝贵的水分，也是土壤的主要保水形式。根据毛管水在土壤中存在的位置不同，可分为毛管悬着水和毛管上升水。毛管悬着水是指在地下水位较低的土壤，当降水或灌溉后，水分下移，但不能与地下水联系而"悬挂"在土壤上层毛细管中的水分；毛管上升水是指地下水随毛管引力作用而保持在土壤孔隙中的水分。

当毛管悬着水达到最大量时的土壤含水量，称为田间持水量；它代表在良好的水分条件下灌溉后的土壤所能保持的最高含水量，是判断旱地土壤是否需要灌水和确定灌水量的重要依据（表 2-3-3）。毛管上升水达到最大量时的土壤含水量，称为毛管持水量；当地下水位适当时，毛管上升水可达根系分布层，是植物所需水分的重要来源之一。

表 2-3-3　不同质地和耕作条件下的田间持水量　　　　　　　　%

| 土壤质地 | 沙土 | 沙壤土 | 轻壤土 | 中壤土 | 重壤土 | 黏土 | 二合土 | |
							耕后	紧实
田间持水量	10~14	13~20	20~24	22~26	24~28	28~32	25	21

　　有机质含量低的沙质土,毛管孔隙少,毛管水很少。在结构不良、过于黏重的土壤中,孔隙细小所吸附的悬着水几乎都是膜状水。土壤沙黏适当,有机质含量丰富,具有良好团粒结构的土壤,其内部具有发达的毛管孔隙,可以吸收大量水分,毛管水量最大。

　　当土壤含水量降到田间持水量的 70% 左右时,毛管水多处断裂呈不连续状态。此时毛管水的运动缓慢,水量又少,难于满足植物的需要,表现出缺水症状,此时的土壤含水量,称为毛管断裂含水量。这时一般应及时灌水,而不能等到土壤含水量降到凋萎系数时才抗旱,否则将严重影响植物产量。

　　(4)重力水　当土壤中的水分超过田间持水量时,不能被毛管力所保持,而受重力作用的影响,沿着非毛管孔隙(空气孔隙)自上而下渗漏的水分,叫重力水。土壤重力水饱和时的含水量,称为全蓄水量(或饱和含水量)。全蓄水量包括了土壤的重力水、毛管水、膜状水和吸湿水。全蓄水量是计算稻田淹灌水量的依据。

　　2. 土壤水分的有效性

　　对某一土壤来说,土壤所保持的各种水分形态类型的最大数值变化极小或基本恒定,称为土壤水分常数。吸湿系数、凋萎系数、田间持水量等都是常见的水分常数。土壤水分常数不仅反映了土壤的持水量和含水量的大小,也反映了土壤的吸持和运动状态以及可被植物利用的难易程度,对研究土壤水分状况及其对植物有效性有重要意义。

　　土壤中各种形态的水分中可以被植物吸收利用的水分称为有效水;不能被植物吸收利用的水分称为无效水。土壤水分对植物是否有效,主要取决于土壤对水分的保持力及植物根系的吸水力。当植物根系的吸水力大于土壤水分的保持力时,土壤水分就能被植物利用;反之,则不能被植物利用。多数土壤水分必须在土壤中流动一段路程,才能达到根部。当土壤水分含量充分,土壤水吸力较小时,植物吸水容易。随着水分的蒸发和被植物吸收,根际土壤水分越来越少,土壤水吸力越来越大,植物吸水就会越来越困难。如果没有水从附近流向根际,最后土壤水吸力将趋向于和植物根部水吸力平衡,植物吸水就会停止,要使附近水流向根部,不仅要它的水吸力低于植物根部,还要有足够速率流向根部,以补偿植物蒸腾的需要。如果流动速率不能满足植物的需要,植物就会萎蔫。

而土壤含水量大于凋萎系数,但又低于毛管断裂含水量时(土壤含水量小于田间持水量的 70% 时),因水的运动缓慢,难于及时满足植物的需求量,则属无效水。在毛管断裂含水量至田间持水量或毛管持水量之间的毛管水,因运动速度快,供水量大,能及时满足植物的需要,属速效水。土壤有效水的多少与土壤质地、有机质含量有密切关系。一般而言,质地过沙或过黏的土壤,有效水少;壤质土,有机质含量高,结构好的土壤,有效水则多,见表 2-3-4。

表 2-3-4 土壤质地、有机质与有效水的关系   %

墒情类型	田间持水量	凋萎系数	有效水
沙土	3~6	0.2~0.3	2.8~5.7
沙壤土	6~12	0.3~3.0	5.7~9.0
壤土	12~23	3.0~12.0	9.0~11
黏土	21~23	12.0~15.0	9.0~8.0
泥炭土	160~200	60.0~80.0	100.0~120.0

3. 土壤含水量的表示方法

(1)质量含水量 是指土壤水分质量占烘干土壤质量的比值,通常用百分数来表示。即:

$$质量含水量 = \frac{水分质量(g)}{烘干土质量(g)} \times 100\%$$

(2)容积含水量 是指土壤中水的容积占土壤容积的百分数。用以说明土壤水分占孔隙容积的比值,了解土壤水分与空气的比例关系。

$$容积含水量 = \frac{水的体积}{土壤体积} \times 100\% = 土壤含水量(质量含水量) \times 土壤容重$$

例:某土壤含水量(质量含水量)为 20.3%,土壤容重为 1.2 g/cm³,则土壤含水量(容积含水量)= 20.3% × 1.2 = 24.4%。又如,土壤孔隙度为 55%,则空气所占体积为 55% − 24.4% = 30.6%。

(3)相对含水量 指土壤实际含水量占该土壤田间持水量的百分数。土壤相对含水量是以土壤实际含水量占该土壤田间持水量的百分数来表示。一般认为,土壤含水量以田间持水量的 60%~80% 时,为最适旱地植物的生长发育。

$$相对含水量 = \frac{土壤实际含水量(质量百分比)}{田间持水量(质量百分比)} \times 100\%$$

例：某土壤的田间持水量为 24%，今测得该实际含水量为 12%，则：

$$相对含水量 = \frac{12}{24} \times 100\% = 50\%$$

（4）土壤蓄水量（贮水量）　为了便于比较和计算土壤含水量与降水量、灌水量与排水量之间的关系，常将土壤含水量换算为水层厚度（mm），即以土壤蓄水量或贮水量来表示。

水层厚度（mm）＝土层厚度（mm）×土壤含水量（体积百分比）

例：某土层厚度为 1 000 mm，土壤含水量（质量百分比）为 20%，容重为 1.2 g/cm³，则水层厚度为：

$$1\ 000（mm）\times 20\% \times 1.2 = 240\ mm$$

如果已知土层厚度为 H（cm），土壤面积为 M（cm²），土壤容重为 P（g/cm³），则：

$$水层厚度（mm）= \frac{HMPB}{M} \times 10 = 10HPB$$

HPB 是一定厚度、一定面积土壤的干质量（g），乘以水质量含水量，即为含水量总重（g），即水的体积（mL），除以面积（m²），即得这个含水量，相当于水层厚度（cm），再乘 10 则为毫米数，B 为水的含水量（%）。

关于灌水定额的计算公式如下：

灌水定额（m³/m²）＝（田间持水量－土壤含水量）×
土壤容重×面积×湿润深度

例：有一土壤田间持水量为 26%，当时测定该土壤含水量为 16%，土壤容重为 1.5 g/cm³，如要灌溉 667 m² 面积，使 0.5 m 深的土层中的水分达到田间持水量，问需灌水多少（m³）？

灌水量（m³）＝（26%－16%）×1.5×667×0.5＝50 m³，如以水层深度（mm）表示，则：

$$\frac{50\ m^3}{667\ m^2} \times 1\ 000 = 75\ mm$$

（5）墒情表示法　我国北方地区，群众习惯把农田土壤的湿度称为墒，把土壤湿度变化的状况称为墒情。我国北方各省群众在生产中根据土壤含水量的变化与土壤颜色及性状的关系，把墒情类型分为五级（表 2-3-5）。

表 2-3-5 土壤墒情类型和性状(轻壤土)   %

墒情	汪水	黑墒	黄墒	灰墒	干土面
土色	暗黑	黑至黑黄	黄	灰黄	灰至灰白
手感干湿程度	湿润,手捏有水滴出	湿润,手捏成团,落地不散,手有湿印	湿润,捏成团,落地散碎,手微有湿印和凉爽之感	潮干,半湿润,捏不成团,手无湿印,而有微温暖的感觉	干,无湿润感,捏散成面,风吹飞动
含水量(质量百分比)	>23	20~23	10~20	8~10	<8
相对含水量		100~70	70~45	45~30	<30
性状和问题	水过多,空气少,氧气不足,不宜播种	水分相对稍多,氧气稍嫌不足,为适宜播种的墒情上限,能保苗	水分、空气都适宜,是播种最好的墒情,能保全苗	水分含量不足,是播种的临界墒情,由于昼夜墒情变化,只一部分种子出苗	水分含量过低,种子不能出苗
措施	排水,耕作散墒	适时播种,春播稍作散墒	适时播种,注意保墒	抗旱抢种,浇水补墒后再种	先浇后播

在田间验墒时,要既看表层又要看下层。先量干土层厚度,再分别取土验墒。若干土层在 3 cm 左右,而以下墒情为黄墒,则可播种,并适宜植物生长;若干土层厚度达 6 cm 以上,且在其下墒情也差,则要及早采取措施,缓解旱情。

二、水分环境与植物生长

(一)水分对植物生长的影响

水是植物的重要组成成分,水利是农业的命脉,水对植物的生命具有决定性作用。

1.水分是植物新陈代谢过程的重要物质

细胞原生质含水量在 70%~80%,才能保持新陈代谢活动正常进行,随着细胞内水分减少,植物的生命活动就会大大减弱。如风干种子的含水量低,使其处于静止状态,不能萌发。如细胞失水过多,会引起其结构破坏,导致植物死亡。

水是植物光合作用、合成有机物的重要原料,植物有机物质的合成及分解过程必须有水分参与。还有其他生物化学反应,如呼吸作用中的许多反应,脂肪、蛋白质等物质的合成和分解反应,也需要水参与。没有水,这些重要的生化过程都不能正确进行。

2.水是植物进行代谢作用的介质

细胞内外物质运输、植物体内的各种生理生化过程、矿质元素的吸收与运输、气体交换、光合产物的合成、转化和运输以及信号物质的传导等都需要以水分作为介质。

土壤中的无机物和有机物,要溶解在水中才能被植物吸收。许多生化反应,也要在水介质中才能进行。植物体内物质的运输,是与水分在植物体内不断流动同时进行的。

3.能使植物体保持固有的姿态

植物细胞含有的大量水分,可产生降低水压,以维持细胞的紧张度,保持膨胀状态,使植物枝叶挺立,花朵开放,根系得以伸展,从而有利于植物体获取光照、交换气体、吸收养分等。如水分供应不足,植物便萎蔫,不能正常生活。

4.水分具有重要的生态作用

由于水所具有的特殊理化性质,对植物的生命活动提供许多便利。因此,可作为生态因子,在维持适合植物生活的环境方面起着特别重要的作用。例如,水的汽化热(2.26 kJ/g)、比热(4.19 J/g)较高,导热性好,植物可通过蒸腾散热,调节体温,以减少烈日的伤害;水温变化幅度小,在寒冷的环境中也可保持体温不下降得太快。在水稻育秧遇到低温时,可以浅水护秧;如遇干旱时,也可通过灌水来调节植物周围的空气湿度,改善田间小气候。水有很大的表面张力和附着力,对于物质和水分的运输有重要作用。水是透明的,可见光和紫外光可透过,这对于植物叶子吸收太阳光进行光合作用很重要。此外,可以通过水分,促进肥料的释放,从而调节养分的供应速度。

俗话说:"有收无收在于水",可见水对植物的生命具有决定性作用,水是农业的命脉。因此,降水(或灌溉)适时、适量是确保稳产、高产、优质的重要条件。

(二)水分与植物分布

降水在地球上的分布是即不均匀的,但存在一定的规律性。一般可根据降水量分为潮湿赤道带、热带荒漠带、中纬荒漠带、湿润亚热带、中纬、极地及亚极地带。水分条件与温度条件是决定植物分布的重要生态因子,而森林、草地与荒漠植被的分布主要取决于降水条件。在我国常用年降水量400 mm的等雨量线作为森林和草原的分界线,高于此指标的东部和南部为森林分布区。

我国常用干燥度(K)来反映当地的水分状况,干燥度是指潜在蒸发量与降水量的比值。水分状况或年降水量与该地区的植被分布有密切关系,并影响到该地区的物种数量、群落结构演替等(表2-2-6)。

表 2-3-6 我国水分状况与植被类型关系

干燥度	水分状况	自然植被
≤0.99	湿润	森林
1.00～1.49	半湿润	森林草原
1.50～3.99	半干旱	草甸、草原、荒漠草原
≥4.00	干旱	荒漠

(三)植物生长对水分环境的适应

由于长期生活在不同的水环境中,植物会产生固有的生态适应特征。根据水环境的不同以及植物对水环境的适应情况,可以把植物分为水生植物和陆生植物两大类。

1. 水生植物

生长在水体中的植物统称为水生植物。水体环境的主要特点是弱光、缺氧、密度大、黏性高、温度变化平缓,以及能溶解各种无机盐类等。水生植物对水体环境的适应特点:首先是体内有发达的通气系统,根、茎、叶形成连贯的通气组织,以保证身体各部位对氧气的需要。例如,荷花从叶片气孔进入的空气,通过叶柄、茎进入地下茎和根部的气室,形成了一个完整的通气组织,以保证植物体各部分对氧气的需要。其次,其机械组织不发达甚至退化,以增强植物的弹性和抗扭曲能力,适应于水体流动。同时,水生植物在水下的叶片多分裂成带状、线状,而且很薄,以增加吸收阳光、无机盐和 CO_2 的面积。最典型的是伊乐藻属植物,叶片只有一层细胞。有的水生植物,出现异型叶,毛茛在同一植株上有两种不同形状的叶片,在水面上呈片状,而在水下则丝裂成带状。

水生植物类型很多,根据生长环境中水的深浅不同,可划分为沉水植物、浮水植物和挺水植物 3 类。①挺水植物,是指植物体大部分挺出水面的植物,根系浅,茎秆中空;如荷花、芦苇、香蒲等。②浮水植物,是指叶片漂浮在水面的植物,气孔分布在叶的上面,微管束和机械组织不发达,茎疏松多孔,根漂浮或伸入水底;包括不扎根的浮水植物(如凤眼莲、浮萍等)和扎根的浮水植物(如睡莲、菱角和眼子菜等)。③沉水植物,整个植物沉没在水下,与大气完全隔绝的植物,根退化或消失,表皮细胞可直接吸收水体中气体、营养和水分,叶绿体大而多,适应水体中弱光环境,无性繁殖比有性繁殖发达;如金鱼藻、狸藻和黑藻等。

2. 陆生植物

生长在陆地上的植物统称陆生植物,可分为旱生植物、湿生植物和中生植物三种类型。

(1)旱生植物 是指长期处于干旱条件下,能长时间忍受水分不足,但仍能维持水分平衡和正常生长发育的植物。这类植物在形态上或生理上有多种多样的适应干旱环境的特征,多分布在干热草原和荒漠区(图2-3-4)。根据旱生植物的生态特征和抗旱方式,又可分为多浆液植物和少浆液植物两类。

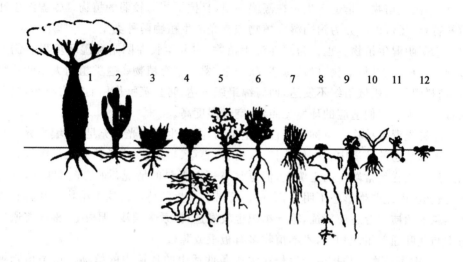

图 2-3-4 植物对干旱的适应生存

1.树干贮水的面包树类 2.茎贮水的仙人掌类 3.叶贮水的龙舌兰类 4.深主根系常绿树和灌木

5.落叶、多刺灌木 6.具叶绿素茎灌木 7.丛生科草 8.垫状植物 9.地下芽植物

10.鳞茎植物 11.一年生植物 12.耐干化植物

(引自园林生态学,冷平生,2005)

①多浆液植物。又称肉质植物。例如仙人掌、番杏、猴狲面包树、景天、马齿苋等。这类植物蒸腾面积很小,多数种类叶片退化而由绿色茎代替光合作用;其植物体内有发达的贮水组织,植物体的表面有一层厚厚的蜡质表皮,表皮下有厚壁细胞层,大多数种类的气孔下陷,且数量少;细胞质中含有一种特殊的五碳糖,提高了细胞质浓度,增强了细胞保水性能,大大提高了抗旱能力。有人在沙漠地区做过一个实验,把一棵37.5 kg重的球状仙人掌放在屋内不浇水,6年后仅蒸腾了11 kg水。这类植物在湿润地区多在温室内盆栽,炎热干旱地带则可露地栽培。

②少浆液植物。又称硬叶旱生植物,如柽柳、沙拐枣、羽茅、梭梭、骆驼刺、木麻黄等。这类植物的主要特点是:叶面积小,大多退化为针刺状或鳞片状;叶表具有发达的角质层、蜡质层或茸毛,以防止水分蒸腾;叶片栅栏组织多层,排列紧密,气孔量多且大多下陷,并有保护结构;根系发达,能从深层土壤内和较广的范围内吸

收水分;维管束和机械组织发达,体内含水量很少,失水时不易显出萎蔫的状态,甚至在丧失 1/2 含水量时也不会死亡;细胞液浓度高、渗透压高,吸水能力特强,细胞内有亲水胶体和多种糖类,抗脱水能力也很强。这类植物适于在干旱地区的沙地、沙丘中栽植;潮湿地区只能栽培于温室的人工环境中。

(2)湿生植物 指适于生长在潮湿环境,且抗旱能力较弱的植物。根据湿生环境的特点,还可以区分为耐阴湿生植物和喜光湿生植物两种类型。

①耐阴湿生植物。也称为阴性湿生植物,主要生长在阴暗潮湿环境里。例如多种蕨类植物、兰科植物,以及海芋、秋海棠、翠云草等植物。这类植物大多叶片很薄,栅栏组织与机械组织不发达,而海绵组织发达,防止蒸腾作用的能力很小,根系浅且分枝少。它们适应的环境光照弱,空气湿度高。

②喜光湿生植物。也称为阳性湿生植物,主要生长在光照充足,土壤水分经常处于饱和状态的环境中。例如池杉、水松、灯心草、半边莲、小毛茛以及泽泻等。它们虽然生长在经常潮湿的土壤上,但也常有短期干旱的情况,加之光照度大,空气湿度较低,因此湿生形态不明显,有些甚至带有旱生的特征。这类植物叶片具有防止蒸腾的角质层等适应特征,输导组织也较发达;根系多较浅,无根毛,根部有通气组织与茎叶通气组织相连,木本植物多有板根或膝根。

(3)中生植物 是指适于生长在水湿条件适中的环境中的植物。这类植物种类多,数量大,分布最广,它们不仅需要适中的水湿条件,同时也要求适中的营养、通气、温度条件。中生植物具有一套完整的保持水分平衡的结构和功能,其形态结构及适应性均介于湿生植物与旱生植物之间,其根系和输导组织均比湿生植物发达,随水分条件的变化,可趋于旱生方向,或趋于湿生方向。

模块二 植物生长的水环境状况评估与调控

【模块目标】熟悉土壤含水量、田间持水量的测定,并能指导农业生产;熟悉空气湿度的测定;熟悉降水量与蒸发量的观测;掌握当地植物生长的水分环境状况综合评价,并能利用其原理进行植物生长的水分环境调控。

任务一 土壤含水量的测定

1.任务目标

能够理解烘干法和酒精燃烧法测定土壤含水量的原理,能够熟练准确地测定土壤水分含量,为土壤耕作、播种、土壤墒情分析和合理排灌等提供依据。

2.任务准备

根据班级人数,按 2 人一组,分为若干组,每组准备以下材料和用具:烘箱、天平(感量为 0.01 g 和 0.001 g)、干燥器、称样皿、铝盒、量筒(10 mL)、无水酒精、滴管、小刀、土壤样品等。

3.相关知识

测定土壤含水量的方法很多,常用的有烘干法和酒精燃烧法。烘干法是目前测定水分的标准方法,其测定结果比较准确,适合于大批量样品的测定,但这种方法需要时间长。酒精燃烧法测定土壤水分快,但精确度较低,只适合田间速测。

烘干法测定水分的原理是:在(105±2)℃下,水分从土壤中全部蒸发,而结构水不被破坏,土壤有机质也不致分解。因此,将土壤样品置于(105±2)℃下烘至恒重,根据烘干前后质量之差,可计算出土壤水分含量的百分数。

酒精燃烧法测定水分的原理是:利用酒精在土壤中燃烧放出的热量,使土壤水分蒸发干燥,通过燃烧前后质量之差,计算土壤含水量的百分数。酒精燃烧在火焰熄灭的前几秒钟,即火焰下降时,土温才迅速上升到 180～200℃。然后温度很快降至 85～90℃,再缓慢冷却。由于高温阶段时间短,样品中有机质及盐类损失很少,故此法测定的土壤水分含量有一定的参考价值。

4.操作规程和质量要求

(1)酒精燃烧法　选择种植农作物、蔬菜、果树、花卉、园林树木、草坪、牧草、林木等田间,进行下列全部内容。

工作环节	操作规程	质量要求
新鲜样品采集	用小铲子在田间挖取表层土壤 1 kg 左右装入塑料袋中,带回实验室以便测定	最好采取多点、随机采取,增加土样的代表性
称空重	用感量为 0.01 g 的天平对洗净烘干的铝盒称重,记为铝盒重(W_1),并记下铝盒的盒盖和盒帮的号码	应注意铝盒的盒盖和盒帮相对应,避免出错
加湿土并称重	将塑料袋中的土样倒出约 200 g,在实验台上用小铲子将土样研碎混合。取 10 g 左右的土样放入已称重的铝盒中,称重,记为铝盒加新鲜土样重(W_2)	应将土样内的石砾、虫壳、根系等物质仔细剔除,以免影响测定结果

续表

工作环节	操作规程	质量要求
酒精燃烧	将铝盒盖开口朝下扣在实验台上,铝盒放在铝盒盖上。用滴管向铝盒内加入工业酒精,直至将全部土样覆盖。用火柴点燃铝盒内酒精,任其燃烧至火焰熄灭,稍冷却;小心用滴管重新加入酒精至全部土样湿润,再点火任其燃烧;重复燃烧3次	酒精燃烧法不适用于含有机质高的土壤样品的测定。燃烧过程中严控温度,注意防止土样损失,以免出现误差
冷却称重	燃烧结束后,待铝盒冷却至不烫手时,将铝盒盖盖在铝盒上,待其冷却至室温,称重,记为铝盒加干土重(W_3)	冷却后应及时称重,避免土样重新吸水
结果计算	平行测定结果用算术平均值表示,保留小数后1位。$$土壤含水量(\%)=\frac{W_2-W_3}{W_3-W_1}\times100\%$$	平行测定结果的允许绝对相差:水分含量 < 5%,允许绝对相差 ≤ 0.2%;水分含量 5% ~ 15%,允许绝对相差 ≤ 0.3%;水分含量 > 15%,允许绝对相差 ≤ 0.7%

(2)烘干法 烘干法适用于新鲜土样和风干土样,这里选用风干土样。根据要求进行下列全部或部分内容。

工作环节	操作规程	质量要求
称空重	用感量为0.001 g的天平对洗净烘干的铝盒称重,记为铝盒重(W_1),并记下铝盒的盒盖和盒帮的号码	应注意铝盒的盒盖和盒帮相对应,避免出错
加风干土并称重	取10 g左右的土样放入已称重的铝盒中,称重,记为铝盒加新鲜土样重(W_2)	应将土样内的石砾、虫壳、根系等物质仔细剔除,以免影响测定结果
烘干	将铝盒放入预先温度升至(105±2)℃的电热烘箱内烘6~8 h。稍冷却后,将铝盒盖盖上,并放入干燥器中进一步冷却至室温	燃烧过程中严控温度,注意防止土样损失,以免出现误差
冷却称重	待铝盒冷却至不烫手时,将铝盒盖盖在铝盒上,待其冷却至室温,称重,记为铝盒加干土重(W_3)	冷却后应及时称重,避免土样重新吸水
结果计算	平行测定结果用算术平均值表示,保留小数后1位。$$土壤含水量(\%)=\frac{W_2-W_3}{W_3-W_1}\times100\%$$	平行测定结果的允许绝对相差:水分含量 < 5%,允许绝对相差 ≤ 0.2%;水分含量 5% ~ 15%,允许绝对相差 ≤ 0.3%;水分含量 > 15%,允许绝对相差 ≤ 0.7%

5.常见技术问题处理

(1)数据记录格式参见表 2-3-7。

表 2-3-7　土壤含水量测定数据记录表

样品号	盒盖号	盒帮号	铝盒重(W_1)	盒加新鲜土重(W_2)	盒加干土重(W_3)	含水量/%	平均值

(2)运用酒精燃烧法测定土壤水分时,一般情况下要经过 3～4 次燃烧后,土样才可达到恒重。

任务二　土壤田间持水量测定

1.任务目标

能够理解烘干法和酒精燃烧法测定土壤田间持水量的原理,能够熟练准确地测定土壤田间持水量,为确定灌水定额,指导农业生产等提供依据。

2.任务准备

根据班级人数,按 2 人一组,分为若干组,每组准备以下材料和用具:环刀(100 cm³)、滤纸、纱布、橡皮筋、玻璃皿、天平(1/100)、剖面刀、铁锹、小锤子、烘箱、烧杯、滴管、铁框或木框(面积 1 m×1 m 或 2 m×2 m,高 20～25 cm)、水桶、铝盒、土钻、铁锹等。

3.相关知识

田间持水量在地势高、水位深的地方是毛管悬着水最大含量,但在地下水位高的低洼地区,它则接近毛管持水量。它的数值反映土壤保水能力的大小。实际测定时常采用实验室法和田间测定法。

其测定原理是:在自然状态下,加水至毛管全部充满。取一定量湿土放入105～110℃烘箱中,烘至恒重。水分占干土重百分数即为土壤田间持水量。

4.操作规程和质量要求

选择种植农作物、蔬菜、果树、花卉、园林树木、草坪、牧草、林木等田间,进行下列全部内容。

(1)实验室法

工作环节	操作规程	质量要求
选点取土	在田间选择挖掘的土壤位置,用小刀修平土壤表面,按要求深度将环刀向下垂直压入土中,直至环刀筒中充满土样为止,然后用土刀切开环周围的土样,取出已充满土的环刀,细心削平刀两端多余的土,并擦净环刀外	环刀取土时要保持土壤的原样,不能压实土壤,否则引起数值不准确
湿润土样	在环刀底端放大小合适滤纸 2 张,用纱布包好后用橡皮筋扎好,放在玻璃皿中。玻璃皿中事先放 2～3 层滤纸,将装土环刀放在滤纸上,用滴管不断地滴加水于滤纸上,使滤纸经常保持湿润状态,至水分沿毛管上升而全部充满达到恒重为止(W_2)	湿润土样时,一定要注意使滤纸经常保持湿润状态
测定含水量	取出装土环刀,去掉纱布和滤纸,取出一部分土壤放入已知重量的铝盒(W_1)内称重,放入 105～110℃烘箱中,烘至恒重,取出称重(W_3)	参照水分测定要求
结果计算	重量田间持水量＝(湿土重－烘干土重)/烘干土重×100% 容积田间持水量＝重量田间持水量×容积	平行测定结果以算术平均数值表示,保留小数点后一位;允许绝对相差≤1%

(2)田间测定法

工作环节	操作规程	质量要求
选择地点	在田间选择代表性的地块,其面积可为 1 m×1 m,或 2 m×2 m,将地表弄平	地点选择要注意代表性,应远离道路、大树、坑、建筑物等
筑埂	在四周筑起内外两层坚实的土埂(或用木棍),土埂高 20～25 cm,内外埂相距 0.25 m(沙质土壤)重 1 m(黏土),内外土埂之间为保护带,带中地面应与内埂中测区一样平	筑埂时一定要拍实,防止渗漏或串水
计算灌溉所需水量并灌水	一般按总空隙度的一倍计算,然后按照需水量进行灌水	为防止水分蒸发,灌水后要用秸秆、塑料布进行及时覆盖
取样	灌水后沙壤土及轻壤土1～2昼夜,重壤土及黏土3～4昼夜,在所需深度用土钻进行取样。于测定区,按正方形对角线打钻,每次打 3 个钻孔,从上至下按土壤发生层分别采土 15～20 g	取样时在埂土铺上木板,人站在木板上工作

续表

工作环节	操作规程	质量要求
测定含水量	将所采土壤迅速装入已知重量(W_1)的铝盒中盖紧,带回室内称重(W_2),在电热板上干燥,再放在烘箱中经105℃烘至恒重(W_3),计算含水量	参照水分测定要求
重复	1～2天后再次取样,重复测定一次含水量,至土壤含水量的变化小于1%～1.5%时,此含水量即为田间持水量	重复是为了提高结果的代表性,一定要给予重视
结果计算	重量田间持水量＝(湿土重－烘干土重)/烘干土重×100% 容积田间持水量＝重量田间持水量×容积	平行测定结果以算术平均数值表示,保留小数点后一位;允许绝对相差≤1%

5.常见技术问题处理

(1)尚未测定上述取样地块的容量、比重,不能计算总空隙度时,可参考如下数字,黏土及重壤土空隙度为50%～45%,中壤及轻壤为45%～40%,沙壤土40%～35%。

(2)第一次先灌计划水量的一半,半天后再加入其余的水量,为了防止倒水量冲击表土,可以在倒水外垫一些草,灌完水后,用草覆盖,以防水分蒸发。

(3)数据记录格式参见表2-3-8。

表2-3-8 田间持水量测定结果记录表

铝盒号	铝盒质量/g	湿土加铝盒质量/g	烘干土加铝盒质量/g	水质量/g	烘干土质量/g	土壤质量含水量/%	田间持水量/%

任务三 空气湿度的测定

1.任务目标

能够准确地说明空气湿度观测仪器的构造原理,熟练准确地进行空气湿度的观测,并依据观测结果正确使用《湿度查算表》查算空气湿度,为以后正确进行水分分析、评价奠定基础。

2.任务准备

根据班级人数,按2人一组,分为若干组,每组准备以下观测仪器和用具:干湿球温度表、通风干湿表、毛发湿度表、毛发湿度计和蒸馏水等。

3.相关知识

(1)干湿球温度表 干湿球温度表是由两支型号完全一样的普通温度表组成的,放在同一环境中(如百叶箱)。其中一支用来测定空气温度,就是干球温度表,另一支球部缠上湿的纱布,称为湿球温度表。湿球温度表的读数与空气湿度有关。当空气中的水汽未饱和时,湿球温度表球部表面的水分就会不断蒸发,消耗湿球及球部周围空气的热量,使湿球温度下降,干、湿球温度表示度出现差值,称干湿差。所以,湿球温度表的示度要比干球温度表低,空气越干燥,蒸发越快,湿球示度低得越多,干湿差越大。反之,干湿差就越小。只有当空气中的水汽达到饱和时,干湿球温度才相等。

(2)通风干湿表 通风干湿表携带方便,精确度较高,常用于野外测定气温和空气湿度。是用两支相同的温度表,其中一支温度表的球部缠有湿润的纱布,称为湿球温度表(图2-3-6),另一支用来测定空气温度,称为干球温度表。湿球温度表感应部分在双层辐射防护管内,防护管借三通管和两支温度表之间的中心圆管与风扇相通。工作时用插入通风器上特制的钥匙上发条,以开动风扇,在通风器的边沿有缝隙,使得从防护管口引入的空气经过缝隙排到外面去,就这样风扇在温度表感应部分周围造成了恒定速度的气流(2.5 m/s),以促进感应部分与空气之间的热交换,减少辐射误差。

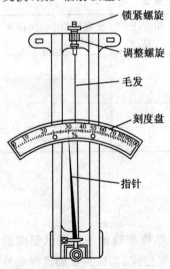

图2-3-5 毛发湿度表示意图

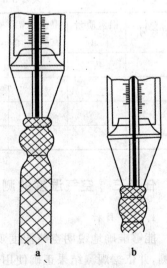

2-3-6 湿球温度表纱布包扎的示意图

（3）毛发湿度表　毛发湿度表的感应部分是脱脂毛发，它具有随空气湿度变化而改变其长度的特性。其构造如图 2-3-5 所示。当空气相对湿度增大时，毛发伸长，指针向右移动，反之，相对湿度降低时，指针向左移动。

（4）毛发湿度计　毛发湿度计有感应、传递放大和自记装置等三部分组成，形同温度计。感应部分由一束脱脂毛发组成，当相对湿度增大时，发束伸长，杠杆曲臂使笔杆抬起，笔尖上移；反之，笔尖下降。这样，随时间便于连续记录出相对湿度的变化曲线。

4.操作规程和质量要求

在观测场内进行下列全部或部分内容。

工作环节	操作规程	质量要求
安置仪器	（1）干湿球温度表的安装方法参考温度观测 （2）毛发湿度表应垂直悬挂在温度表支架的横梁上，表的上部用螺丝固定 （3）毛发湿度计要安置在大百叶箱内温度计的后上方架子上，底座保持水平 （4）通风干湿表于观测前将仪器挂在测杆上（仪器温度表感应部分离地面高度视观测目的而定）	仪器安置正确、牢固
观测	（1）各仪器每天观测 4 次（02 时、08 时、14 时、20 时） （2）观测时，要保持视线与水银柱顶或刻度盘齐平，以免因视差而使读数偏高或偏低 （3）观测顺序为：干球温度→湿球温度→毛发湿度表→湿度计 （4）湿度计的读数压迫读取湿度计瞬时值，并做时间记号。每天 14 时换纸，换纸方法同温度计 （5）通风干湿观测时间和次数与农田中观测时间和次数一致	（1）按时观测，严禁迟测、漏测、缺测 （2）毛发湿度表，只有当气温降到 $-10.0℃$ 以下时才作正式记录使用，观测值要经过订正，以减小误差
查算《湿度查算表》	根据观测的干球温度值 t，在简化后的《湿度查算表》中分别查出水汽压（e）、相对湿度（r）、露点温度（t_d）和饱和水汽压（E）值	查算准确，无误
记录观测结果	将观测结果记录在表格中	（1）记录时，除温度、水汽压、饱和水汽压保留 1 位小数外，其他均为整数 （2）记录要清楚、准确，不能主观臆造数据

5.常见技术问题处理

(1)湿球温度表使用　湿球示度的准确性与包缠用的纱布、纱布的清洁度及湿润用水的纯净度有关。湿球纱布包缠是用统一规定的吸水性能良好的专用纱布。包扎时把湿球温度表从百叶箱内取出,洗净手后,用清洁的水将温度表的球部洗净,然后将长约 10 cm 的新纱巾在蒸馏水中浸湿,平贴无皱折地包卷在水银球上(包卷纱布的重叠部分不要超过球部圆周的 1/4);包好后,用纱线把高出球部上面的纱布扎紧,再把球部下面的纱布紧紧靠着球部扎好(不要扎得过紧),并剪掉多余的纱线。图 2-3-6(a)为温度在 0℃ 以上时的包扎法,(b)为温度在 0℃ 以下时的包扎法。然后,把纱布的下部浸到一个带盖的水杯内,杯口距离湿球球部约 3 cm,杯中盛满蒸馏水,供湿润湿球纱布用。

当湿球纱布开始冻结后,应立即从室内带一杯蒸馏水对湿球纱布进行溶水,待纱布变软后,在球部下 2~3 mm 处剪断,然后把湿球温度表下的水杯从百叶箱内取走,以防水杯冻裂。气温在 −10.0℃ 或以上、湿球纱布结冰时,观测前必须先进行湿球溶冰。用一杯相当室内温度的蒸馏水,将湿球球部浸入水杯中,使冰层完全融化;如果湿球温度表的示度很快上升到 0℃,稍停一会儿再上升,就表示冰已融化。然后把水杯移开,用杯沿将纱布头上的水滴除去。气温在 −10.0℃ 以下时,停止观测湿球温度,用毛发湿度表或湿度计测定湿度。

湿球用水:如果没有蒸馏水,可用清洁的雨雪水,但要用纸或棉花过滤。只有在确无办法的情况下才能用河水,但必须烧开、过滤、冷透至与当时的空气温度相近。井水、泉水禁止使用。水杯内的蒸馏水要经常添满,保持清洁,一般每周更换一次。

(2)通风干湿表　观测前先将仪器挂在测杆上(仪器温度表感应部分离地面高度视观测目的而定),暴露 15 min(冬季 30 min),用玻璃滴管湿润温度表的纱布,然后上好风扇发条,规定的观测时间一到,就可读数。

(3)《湿度查算表》的使用　根据观测的干球温度值 t,在简化后的《湿度查算表》中确定待查找部分,在该部分内分别找到湿球温度 t_w 值与 e、r、t_d 交叉的各点数值,即为相应的水汽压(e)、相对湿度(r)、露点温度(t_d)值。饱和水汽压(E)值为该部分中湿球温度与干球温度相等时的水汽压值。

(4)毛发湿度表的使用　当气温降到 −10.0℃ 以下时正式记录使用,在换用毛发湿度表的前 45 d 用干湿球温度表进行订正,用回归法作订正线,以备订正时使用。

(5)空气湿度观测记录见表 2-3-9。

表 2-3-9 空气湿度观测记录表

观测结果	观测时间(7:00)	观测时间(13:00)	观测时间(17:00)
干球温度表读数/℃			
湿球温度表读数/℃			
毛发湿度表/%			
水汽压/hPa			
相对湿度/%			
露点温度/℃			
饱和水汽压/hPa			
毛发湿度计/100%			

任务四 降水量与蒸发量观测

1.任务目标

能够准确地说明降水量与蒸发量观测仪器的构造原理,熟练准确地进行降水量与蒸发量的观测,为以后正确进行水资源分析、评价奠定基础。

2.任务准备

根据班级人数,按 2 人一组,分为若干组,每组准备以下观测仪器和用具:雨量器、虹吸式雨量计(或翻斗式雨量计)、小型蒸发器和专用量杯等。

3.相关知识

(1)雨量器 主体为金属圆筒。目前我国所用的雨量器筒口直径为 20 mm,它包括盛水器、储水器、漏斗和储水瓶。每一个雨量器都配有一个专用的量杯,不同雨量器的量杯不能混用。盛水器为正圆形,器口为内直外斜的刀刃形,以防止落到盛雨器以外的雨水溅入盛水器内。专用雨量杯上的刻度,是根据雨量器口径与雨量杯口径的比例确定的,每一小格为 0.1 mm,每一大格为 1.0 mm(图 2-3-7)。

(2)虹吸式雨量计 是用来连续记录液态降水量和降水时数的自记仪器。由盛雨器、浮子室、自记钟、虹吸管等组成。当雨水通过盛水器进入浮子室后,浮子室的水面就升高,浮子和笔杆也随之上升,于是自记笔尖就随着自记钟的转动,在自记纸上连续记录降水量的变化曲线,而曲线的坡度就表示降水强度。当笔尖达到

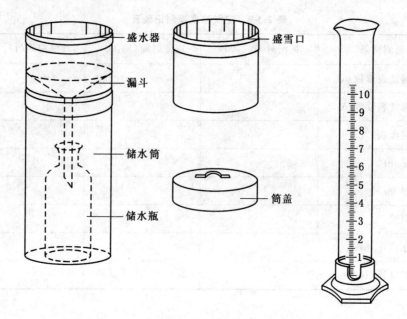

图 2-3-7　雨量筒及量杯示意图

自记纸上限时,借助虹吸管,使水迅速排出,笔尖回落到零位重新记录,笔尖每升降一次可记录 10.0 mm 降水量。自记钟给出降水量随时间的累积过程。

(3)翻斗式雨量计　是可连续记录降水量随时间变化和测量累积降水量的有线遥测仪器。分感应器和记录器两部分,其间用电缆连接。感应器用翻斗测量,它是用中间隔板间开的两个完全对称的三角形容器,中隔板可绕水平轴转动,从而使两侧容器轮流接水,当一侧容器装满一定量雨水时(0.1 mm 或 0.2 mm),由于重心外移而翻转,将水倒出,随着降雨持续,将使翻斗左右翻转,接触开关将翻斗翻转次数变成电信号,送到记录器,在累积计数器和自记钟上读出降水资料。

（4）小型蒸发器　图 2-3-8 所示,为一口径 20 cm、高约 10 cm 的金属圆盆,口缘做成内直外斜的刀刃形,并附有蒸发罩以防鸟兽饮水。

图 2-3-8　小型蒸发器示意图

4.操作规程和质量要求

在观测场内进行下列全部或部分内容。

工作环节	操作规程	质量要求
安置仪器	(1)雨量器要水平地固定在观测场上,器口距地面高度为70 cm (2)雨量计应安装在雨量器附近,盛水器口离地面的高度以仪器自身高度为准,器口应水平 (3)小型蒸发器安装在雨量器附近,终日受阳光照射的位置,并安装在固定铁架上,口缘离地70 cm,保持水平	仪器安置正确、牢固
实地观测	(1)降水量每天观测2次(8:00时、20:00时);蒸发量每天20:00时观测1次 (2)雨量器观测降水量。观测降雨时,将瓶内的水倒入量杯,用食指和拇指平夹住量杯上端,使量杯自由下垂,视线与杯中水凹月面最低处齐平,读取刻度。若观测时仍在下雨,则应启用备用雨量器,以确保观测记录的准确性 观测降雪时,要将漏斗、储水瓶取出,使降雪直接落入储水筒内,也可以将盛雨器换成盛雪器。对于固体降水,必须用专用台秤称量,或加盖后在室温下等待固态降水物融化,然后,用专用量杯测量。不能用烈日烤的方法融化固体降水 (2)雨量计观测降水量。可从记录纸上直接读取降水量值。如果一日内有降水时(自记迹线≥0.1 mm),必须每天换自记纸一次;无降水时,自记纸可8~9 d换一次,在换纸时,人工加入1.0 mm的水量,以抬高笔尖,避免每天迹线重叠 (3)观测蒸发。首先观测原量及蒸发量:用专用量杯测量前一天20:00时注入蒸发器内20 mm清水(今日原量)经24 h蒸发后剩余的水量,并做记录。然后倒掉余量,重新量取20 mm(干燥地区和干燥季节须量取30 mm)清水注入蒸发器内(次日原量) 其次,计算蒸发量,用以下公式:蒸发量＝原量＋降水量－余量。最后水结冰的测量:用称量法(方法和要求同降水部分)	(1)按时观测,严禁迟测、漏测、缺测 (2)观测要规范、标准。观测数值要准确 (3)在炎热干燥的日子里,降水停止后要及时补充观测,若降水强度大时,也就增加观测次数,以保证观测的准确性 (4)有降水时,应取下蒸发器的金属网罩;有强降水时,应随时注意从蒸发器内取出一定的水量,以防溢出,并将取出量记入当时余量中
记录观测结果	(1)计算蒸发量 计算公式:蒸发量＝原量＋降水量－余量 (2)记录。将观测结果和计算结果填在表格里。记录降水量时,当降水量<0.05 mm,或观测前虽有微量降水,因蒸发过快,观测时没有积水,量不到降水量,均记为0.0 mm;0.05 mm≤降水量≤0.1 mm时,记为0.1 mm。记录蒸发量时,因降水或其他原因,致使蒸发量为负值时,则记为0.0 mm;蒸发器内水量全部蒸发完时,记为>20.0 mm(如原量为30.0 mm,记为>30.0 mm)	记录时,降水量、蒸发量均要保留1位小数

5. 常见技术问题处理

(1)虹吸式雨量计记录开始和终止的两端须做时间记号,可轻抬自记笔根部,使笔尖在自记纸上面划一短垂线;如果记录开始或终止时有降水,则应用铅笔做时间记号。如果自记纸上有降水记录,而换纸时没有降水,应在换纸前加水做人工虹吸,使笔尖回到零线;如果换纸时正在降水,则不做人工虹吸。对于固体降水,除了随降随融的固体降水要照常观测外,应停止使用,以免固体降水物损坏仪器。

(2)注意经常清洗盛雨器、蒸发器和贮水瓶。

(3)降水量、蒸发量观测记录参见表 2-3-10。

表 2-3-10　降水量、蒸发量观测记表　　　　　　　　　　　　mm

观测时间	8:00	20:00
降水量		
原量		
余量		
蒸发量		

任务五　当地植物生长的水分环境状况综合评价

1. 任务目标

能够准确地对当地植物生长的水分环境状况进行综合评价,为调节植物生长的水分环境奠定基础。

2. 任务准备

根据班级人数,按 4 人一组,分为若干组,每组准备好当地"植物生长的水分环境状况"预调查的内容和问题。

3. 相关知识

中国水分环境状况

我国多年平均淡水资源总量为 2.8 万亿 m^3,占世界总量的 6% 左右,仅次于巴西、俄罗斯、加拿大,居世界第四位。但人均占有量只有 2 185 m^3,约为世界人均水平的 1/4,世界排名 121 位,是世界上 13 个人均水资源贫乏国家之一。我国有 10 个省、市、自治区的水资源已经低于起码的生存线,那里的人均水资源拥有量不足 500 m^3。

同时,南方水多、北方水少,空间分布极不平衡,年内或年际变化大,经常出现连续干旱年和连续丰水年。2010年后,我国将进入严重缺水期,有专家估计,2030年前中国的缺水量将达到600亿 m^3。

据监测,全国废污水排放量由1980年的315亿t增加到2002年的631亿t。每年约有1/3的工业废水和90%以上的生活污水未经处理就排入水域,全国监测的1 200多条河流中,目前850多条受到污染,90%以上的城市水域也遭到污染,致使许多河段鱼虾绝迹。污染正由浅层向深层发展,地下水和近海域海水也正在受到污染,并且有逐年加重的趋势。日趋严重的水污染不仅降低了水体的使用功能,进一步加剧了水资源短缺的矛盾,而且还严重威胁到农业生产的发展和安全。但随着工农业生产的迅速发展,由于城市工业废水和生活污水大量排入海中,水体污染日益加重,使营养物质在水体中富集,造成海域富营养化。赤潮也日趋严重。我国自1933年首次报道以来,至1994年共有194次较大规模的赤潮,其中60年代以前只有4次,1990年后则有157起。

我国是世界上水土流失最严重的国家之一。水土流失是我国土地资源遭到破坏的最常见的地质灾害,全国几乎每个省都有不同程度的水土流失,其中以黄土高原地区最为严重,其分布之广,强度之大,危害之重,在全球屈指可数。我国的农业耕垦历史悠久,大部分地区自然生态平衡遭到严重破坏,森林覆盖率为12%,有些地区不足2%。到1990年,全国水土流失总面积达367万 km^2,占国土总面积的38.2%,其中水蚀面积179万 km^2,风蚀面积188万 km^2。

全国七大流域和内陆河流域都有不同程度的水土流失,黄河中上游的黄土高原区60万 km^2 面积中,严重水土流失面积达43万 km^2,可以说黄土高原是世界水土流失之最,黄土高原水土流失量3 700 $t/(km^2 \cdot 年)$,最严重的地区高达5万~6万 $t/(km^2 \cdot 年)$,每年从黄土高原输入黄河三门峡以下的泥沙达16亿t,其中4亿t淤积在下游河床,造成黄河下游河床每年淤高10 cm。目前,下游河床高出地面3~10 m,最高达12 m,成为有名的地上悬河。每年虽耗费大量财力和人力加高河堤,但河堤越加越险,后患无穷。

4.操作规程和质量要求

工作环节	操作规程	质量要求
当地水资源调查	调查当地植物生长的水资源量。调查当地植物生长的水资源的空间分布规律。调查当地植物生长的水资源的时间分布规律	可通过当地水利部门进行访问获取;获得的资料、数据客观、真实、可靠
当地水质调查	调查当地植物生长的水质状况。调查当地发生的地质灾害、河流断流、湿地变化等情况	可通过当地水文、地质部门进行访问获取;获得的资料、数据客观、真实、可靠

续表

工作环节	操作规程	质量要求
水分利用情况调查	调查当地农业用水灌溉制度。调查当地灌溉系统及灌溉方式、用水量。调查当地地下水位变化、水土流失情况	可通过当地水利、农业部门进行访问获取;获得的资料、数据客观、真实、可靠
水分灾害情况调查	调查当地的主要水分灾害。调查当地洪、旱灾害危害的程度	通过当地农业部门进行访问获取;获得的资料、数据客观、真实、可靠
植物生长水环境资料观察	当地植物生长的土壤含水量、田间持水量测定或资料收集。当地植物生长的空气湿度测定或资料收集。当地植物生长的降雨量、蒸发量的资料收集	参见土壤含水量、田间持水量、空气湿度、降雨量和蒸发量测定要求
当地植物生长的水环境状况综合评价	根据以上调查资料,进行全面分析,归纳当地影响植物生长的水环境状况,做出综合评价。写一份"当地植物生长的水分环境状况"的调查报告	评价要客观、正确,对当地农业生产具有指导意义

5.常见技术问题处理

水质等级划分可根据国家《地表水环境质量标准》(GB 3838—2002)并按照使用功能划分为 5 类:

表 2-3-11　水质等级

水质等级	使用功能
Ⅰ类水	主要适用于源头水及国家自然保护区
Ⅱ类水	主要适用于集中式生活饮用水水源地一级保护区、珍稀鱼类保护区、鱼虾产卵场等
Ⅲ类水	主要适用于集中式生活饮用水水源地二级保护区、一般鱼类保护区及游泳区
Ⅳ类水	主要适用于一般工业用水区及人体非直接接触的娱乐用水区
Ⅴ类水	主要适用于农业用水区及一般景观要求水域

任务六　植物生长的水分环境调控

1.任务目标

能根据当地植物生长管理情况,正确地提出植物生长的水分环境的调控方案,为当地植物生产提供科学依据。

2.任务准备

根据班级人数,按 4 人一组,分为若干组,每组准备好有关"调控植物生长的水分环境措施"的预习材料。

3. 相关知识

在植物生产实践中,可以从蓄积自然降水、改善灌水质量、减少水分输送及田间水分蒸发与渗漏损失、减少污染等方面来提高农田水分的生产效率,发展节水高效农业。

(1)集水蓄水技术　蓄积自然降水,减少降水径流损失是解决农业用水的重要途径,除了拦河筑坝、修建水库、修筑梯田等大型集水蓄水和农田基本建设工程外,在干旱少雨地区,采取适当方法,汇集、积蓄自然降水发展径流农业是十分重要的措施。如修建坑塘、水窖等贮水措施,以接纳雨水,并采取适当的水分利用配合技术。

沟垄覆盖集中保墒技术是平地(或坡地沿等高线)起垄,农田呈沟、垄相间状态,垄作后拍实,紧贴垄面覆盖塑料薄膜,降雨时雨水顺薄膜集中于沟内,渗入土壤深层,沟要有一定深度,保证有较厚的疏松土层,降雨后要及时中耕以防板结,雨季过后要在沟内覆盖秸秆,以减少蒸腾失水。

等高耕作种植是沿等高线筑埂,改顺坡种植为等高种植,埂高和带宽的设置既要有效地拦截径流,又要节省土地和劳力,适宜等高耕作种植的山坡要厚 1 m 以上,坡度在 $6°\sim10°$,带宽 $10\sim20$ m。

我国的鱼鳞坑就是微集水面积种植之一;在一小片植物,或一棵树周围,筑高 $15\sim20$ cm 的土埂,坑深 40 cm,坑内土壤疏松,覆盖杂草,以减少蒸腾。

(2)节水灌溉技术　目前,节水灌溉技术在植物生产上发挥着越来越重要作用,主要有喷灌、微灌、膜上灌、地下灌等技术等。

喷灌是利用专门的设备将水加压,或利用水的自然落差将高位水通过压力管道送到田间,再经喷头喷射到空中散成细小水滴,均匀散布在农田上,达到灌溉目的。喷灌可按植物不同生育期需水要求适时、适量供水,且具有明显的增产、节水作用,与传统地面灌溉相比,还兼有节省灌溉用工、占用耕地少、对地形和土质适应性强,能改善田间小气候等优点。

地下灌是把灌溉水输入地下铺设的透水管道或采用其他工程措施普遍抬高地下水位,依靠土壤的毛细管作用浸润根层土壤,供给植物所需水分的灌溉技术。地下灌溉可减少表土蒸发损失,水分利用率高,与常规沟灌相比,一般可增产 $10\%\sim30\%$。

微灌技术是一种新型的节水灌溉工程技术,包括滴灌、微喷灌和涌泉灌等。它具有以下优点:一是节水节能。一般比地面灌溉省水 $60\%\sim70\%$,比喷灌省水 $15\%\sim20\%$;微灌是在低压条件下运行,比喷灌能耗低。二是灌水均匀,水肥同步,利于植物生长。微灌系统能有效控制每个灌水管的出水量,保证灌水均匀,均匀度可达 80%～90%;微灌能适时适量向植物根区供水供肥,还可调节株间温度和湿度,不易造成土壤板结,为植物生长发育提供良好条件,利于提高产量和质量。三是适应性强,操作方便。可根据不同的土壤渗透特性调节灌水速度,适用于山区、坡地、平原等各种地形条件。

膜上灌技术是在地膜栽培的基础上,把以往的地膜旁侧改为膜上灌水,水沿放苗孔和膜旁侧灌水渗入进行灌溉。膜上灌投资少,操作简便,便于控制水量,加速输水速度,可减少土壤的深层渗漏和蒸发损失,因此可显著提高水分的利用率。近年来由于无纺布(薄膜)的出现,膜上灌技术应用更加广泛。膜上灌适用于所有实行地膜种植的作物,与常规沟灌玉米、棉花相比,可省水 40%～60%,并有明显增产效果。

调亏灌溉是从植物生理角度出发,在一定时期内主动施加一定程度的有益的亏水度,使作物经历有益的亏水锻炼后,达到节水增产,改善品质的目的,通过调亏可控制地上部分的生长量,实现矮化密植,减少整枝等工作量。该方法不仅适用于果树等经济作物,而且适用于大田作物。

(3)少耕免耕技术 少耕的方法主要有以深松代翻耕,以旋耕代翻耕、间隔带状耕种等。我国的松土播种法就是采用凿形或其他松土器进行松土,然后播种。带状耕作法是把耕翻局限在行内,行间不耕地,植物残茬留在行间。

免耕具有以下优点:省工省力;省费用、效益高;抗倒伏、抗旱、保苗率高;有利于集约经营和发展机械化生产。国外免耕法一般由三个环节组成:利用前作残茬或播种牧草作为覆盖物;采用联合作业的免耕播种机开沟、喷药、施肥、播种、覆土、镇压一次完成作业;采用农药防治病虫、杂草。

(4)地面覆盖技术 沙田覆盖在我国西北干旱、半干旱地区十分普遍,它是由细沙甚至砾石覆盖于土壤表面,起到抑制蒸发,减少地表径流,促进自然降水充分渗入土壤中,从而起到增墒、保墒作用。此外沙田还有压碱,提高土壤温度,防御冷害作用。

秸秆覆盖利用麦秸、玉米秸、稻草、绿肥等覆盖于已翻耕过或免耕的土壤表面;在两茬植物间的休闲期覆盖,或在植物生育期覆盖;可以将秸秆粉碎后覆盖,也可整株秸秆直接覆盖,播种时将秸秆扒开,形成半覆盖形式。

地膜覆盖能提高地温,防止蒸发,湿润土壤,稳定耕层含水量,起到保墒作用,从而有显著增产作用。

化学覆盖是利用高分子化学物质制成乳状液,喷洒到土壤表面,形成一层覆盖膜,抑制土壤蒸发,并有增湿保墒作用。

(5)耕作保墒技术 主要是:适当深耕、中耕松土、表土镇压、创造团粒结构体、植树种草、水肥耦合技术、化学制剂保水节水技术等。

（6）水土保持技术　主要有：一是水土保持耕作技术。主要有两大类：一类是以改变小地形为主的耕作法，包括等高耕种、等高带状间作、沟垄种植（如水平沟、垄作区田、等高沟垄、等高垄作、蓄水聚肥耕作、抽槽聚肥耕作等）、坑田、半旱式耕作、水平犁沟等。另一类是以增加地面覆盖为主的耕作法，包括草田带轮作、覆盖耕作（如留茬覆盖、秸秆覆盖、地膜覆盖、青草覆盖等）、少耕（如少耕深松、少耕覆盖等）、免耕、草田轮作、深耕密植、间作套种、增施有机肥料等。

二是工程措施。主要措施有修筑梯田、等高沟埂（如地埂、坡或梯田）、沟头防护工程、谷坊等。

三是林草措施。主要措施用封山育林，荒坡造林（水平沟造林、鱼鳞坑造林），护沟造林，种草等。

4.操作规程和质量要求

工作环节	操作规程	质量要求
当地利用集水蓄水技术调控水分情况调查	通过到水利、农业、林业等部门访谈技术人员，访问当地有经验的种植能手，查阅有关杂志、书籍、网站等收集相关资料等方式，调查当地如何利用沟垄覆盖集中保墒技术、等高耕作种植、微集水面积种植等措施进行植物生长水分环境调控	（1）选择技术人员一定要有长期从事这方面科学研究和技术推广经验
当地利用节水灌溉技术调控水分情况调查	通过到水利、农业、林业等部门访谈技术人员，访问当地有经验的种植能手，查阅有关杂志、书籍、网站等收集相关资料等方式，调查当地如何利用喷灌技术、微灌技术、地下灌技术、膜上灌技术、植物调亏灌溉技术等措施进行植物生长水分环境调控	（2）选择农户一定要有长期实践经验（3）通过网站、杂志、图书获得资料要注意资料的真实性、可靠性
当地利用耕作保墒技术调控水分情况调查	通过到水利、农业、林业等部门访谈技术人员，访问当地有经验的种植能手，查阅有关杂志、书籍、网站等收集相关资料等方式，调查当地如何利用少耕免耕、深耕中耕、镇压、植树种草、水肥耦合等措施进行植物生长水分环境调控	（4）获得的资料及数据一定要客观、真实、可靠
当地利用水土保持技术调控水分情况调查	通过到水利、农业、林业等部门访谈技术人员，访问当地有经验的种植能手，查阅有关杂志、书籍、网站等收集相关资料等方式，调查当地如何利用水土保持耕作技术、水土保持工程技术、水土保持林草措施等措施进行植物生长水分环境调控	
制定当地植物生长水分环境的调控方案	根据上述调查情况，针对当地植物生长的水分环境情况，制定合理调控植物生长水分环境的实施方案，并撰写一份调查报告	报告内容要做到：内容简捷、事实确凿、论据充足、建议合理

5.常见技术问题处理

由于各院校所在地区水利条件、地形条件、气候条件等差异较大,因此,在实际进行调查时,可选择与本地区植物生长水分环境调控有关的措施进行调查,调控方案的制订、调查报告的编写也要结合本地区实际进行。

☆ **关键词**

空气湿度　水汽压　饱和水汽压　相对湿度　绝对湿度　露点温度　露和霜雾　云　降水　降水量　降水强度　降水保证率　吸湿水　膜状水　毛管水吸湿系数　凋萎系数　田间持水量　水生植物　陆生植物

☆ **内容小结**

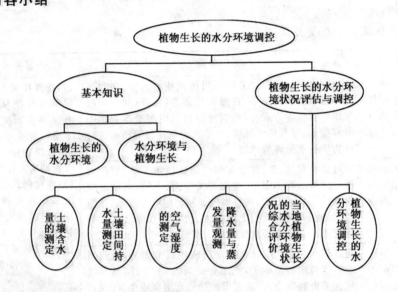

☆ **信息链接**

国外节水农业一览

节水农业是提高用水有效性的农业,是水、土、作物资源综合开发利用的系统工程。衡量节水农业的标准是作物的产量及其品质,用水的利用率及其生产率。节水农业包括节水灌溉农业和旱地节水农业。节水灌溉农业是指合理开发利用水资源,用工程技术、农业技术及管理技术达到提高农业用水效益的目的。旱地节水农业是指降水偏少而灌溉条件有限而从事的农业生产。

　　节水农业是随着近年来节水观念的加强和具体实践而逐渐形成的。它包括三个方面的内容：一是农学范畴的节水，如调整农业结构、作物结构，改进作物布局，改善耕作制度（调整熟制、发展间套作等），改进耕作技术（整地、覆盖等），培育耐旱品种等；二是农业管理范畴的节水，包括管理措施、管理体制与机构，水价与水费政策，配水的控制与调节，节水措施的推广应用等；三是灌溉范畴的节水，包括灌溉工程的节水措施和节水灌溉技术，如喷灌、滴灌等。

　　国外节水农业发达的国家，都是根据各自国情，形成了一套与自身经济、资源、环境相适应的节水措施。

　　1. 以色列模式

　　以色列是世界上土地资源最贫瘠、水资源最短缺的国家之一，全国 90％ 的土地是山丘和沙漠，年均降水量 300 mm，近半地区 150 mm 以下；人均每年可用水资源 300 m³，不到全球平均水平的 1/30，约为我国平均的 1/8。长期以来，以色列政府推广普及使用喷灌和滴灌方式。农业用水从供水口到用水点，全部用管道输水，严格根据作物生长需求，实行节水灌溉。同时，以色列大面积实施高投入、高产出、高经济效益的温室种植技术，喷灌和滴灌系统都装有电子传感器和测定水、肥需求的计算机，自动调节灌溉时间、次数、间隔、灌溉量和施肥等，大大提高了收益。同时，在加大使用循环水力度的同时，不断增建集水设施，以最大限度地收集和贮存在降雨季节的天然降水资源。以色列 Shafdan 污水处理厂是世界最大的污水处理厂之一，每年为特拉维夫 13 个行政区净化 1.3 亿 m³ 污水，并向沙漠地区提供经过处理的灌溉用水。在资源方面，从 1952 年起，以色列耗资 1.5 亿美元，用 11 年时间建成了 145 km 长的"北水南调"输水主管道，把北部加利利湖的水提高到海拔 365 m 的最高点，使全国一半以上的耕地得到灌溉。在市场经济条件下，以色列减少对土地资源要求较高的粮食作物的种植，改种和增种对土地资源要求低、技术含量较高、经济效益较高的经济作物，如棉花、番茄、柑橘、花卉等。

　　2. 美国模式

　　美国地处北美洲中部，辽阔的地域上平原、山脉、丘陵、沙漠、湖泊、沼泽等各种地貌类型均有分布。一方面，根据人少地多、资源环境压力小的特点，美国成功地在旱作农业区推广了保护性节水耕作技术。保护性节水耕作技术的核心是土壤和水的管理，结合自身机械化、信息化方面的优势，走农艺节水的道路。另一方面，通过政府对节水农业的扶持，美国建立了完备的农业节水灌溉设施，以加州为例，加州政府每年对节水技术推广补贴达 3 000 万美元。美国对水资源的分配、调度按不同自然灌区进行，在水资源调配管理中的一个主要手段就是依靠高科技进行自动化管理，各河流、渠道均有自动监测点，监测点随时测定和提供各区域供水量，在灌区管理机构设有灌溉总控制室,及时进行实时调度,并和卫星联网,在全国形成完整的水资源调度调控系统,进行自动化管理。同时,美国是世界上实施精准农业最早的国家之一,精准农业的部分技术和设备已经成熟和成型。美国所有农场主,都聘有农业技术人员,在农作物生长期间,每天都要对不同土层的土壤水分进行定点定时测定和记录,包括需求量和补给量,并根据气象资料对补给量进行计算,真正做到了按需灌溉、精量灌溉。

3.澳大利亚模式

由于季节不同,种植业和畜牧业生产需水与降水不同步,当水源供给量大于需求量时,合理地储存水资源,成为澳大利亚节水灌溉的一项新举措。APEC-VC冬储地下水技术主要是将地表多余的水资源,通过压力储存到地下层。在缺水季节,通过动力机器抽水灌溉农田。同时,通过土壤水分监测,分析土壤水分状况和作物需水情况,确定适宜的灌溉时间、灌水定额,以提高水利用率。这项措施已在澳大利亚,尤其是种植果园等经济效益较高作物地区得到了推广应用。澳大利亚是典型的雨养农业,大部分耕地土层较薄。为了保墒,大部分地区应用了免耕、休耕、少耕、秸秆覆盖等保护性耕作技术。目前全境免耕播种面积占耕地面积的40%左右,少耕占耕地面积35%左右,秸秆还田覆盖也有不同程度应用。

4.印度模式

印度是一个高温缺水的国家,一年中有半年的时间气温在30℃以上;印度又是一个人口众多的国家,人均水资源更加稀少。不过,印度还是一个多山多雨的国家,雨水是他们节水蓄水的对象。印度人很早就发明和应用了很多收集雨水的装置和输水系统,形成了各具特色的节水文化,其节水方式根据不同地区而异。生物篱技术主要应用于坡度较小、土壤层较厚的缓坡地,每隔一定的间距沿等高线种植,通过生物篱拦截泥沙,减缓地表径流,增加土壤蓄水。在坡度较缓的农田还经常采用田间微工程集水:一种做法是把耕地分为种植作物带和不种带,不种植带为集水区,向种植区倾斜,通过收集周围平地或集水区的水分来稳定作物产量;另一种田间微工程是沟垄种植,种植区为沟,集水区为垄,分别单行向沟倾斜,作物种在沟里。在坡度较陡、大雨暴雨多的地区,主要利用蓄水池收集降雨,供干旱季节使用,在降水好的年份可以把占总降水量16%~26%的径流收集起来。

☆ 师生互动

1.空气湿度有哪些表示方法?当地空气湿度有什么变化规律?当地降水有什么规律?

2.当地植物生长的土壤水分状况有何特点?常采取哪些措施进行调节改善?

3.调查当地植物生长对水分环境的生态适应有哪些？并举例说明当地有哪些水生植物和陆生植物？

4.结合当地生产实际，总结当地如何进行植物生长的水分环境调控？

☆ 资料收集

1.阅读《土壤》、《土壤学报》、《中国农业气象》、《气象与气象知识》等杂志。

2.浏览有关"植物生长的水分环境"的相关网站。

3.通过本校图书馆借阅植物生长的水分环境方面的书籍。

4.了解近两年有关植物生长的水分环境方面的新技术、新成果、最新研究进展等资料，制作卡片或写一篇综述文章。

☆ 学习评价

项目名称			植物生长的光环境调控		
评价类别	项目	子项目	组内学生互评	企业教师评价	学校教师评价
专业能力	资讯	搜集信息能力			
		引导问题回答			
	计划	计划可执行度			
		计划参与程度			
	实施	工作步骤执行			
		功能实现			
		质量管理			
		操作时间			
		操作熟练度			
	检查	全面性、准确性			
		疑难问题排除			
	过程	步骤规范性			
		操作规范性			
	结果	结果质量			
	作业	完成质量			

续表

项目名称			植物生长的光环境调控		
评价类别	项目	子项目	组内学生互评	企业教师评价	学校教师评价
社会能力	团队	团结协作			
		敬业精神			
方法能力	方法	计划能力			
		决策能力			
评价评语	班级		姓名	学号	总评
	教师签字		第　组	组长签字	日期
	评语：				

项目四 植物生长的温度环境调控

项目目标

◆ 知识目标:能描述土壤的热特性;熟悉土壤温度、空气温度的变化规律;能描述植物生产上常用的温度指标;熟悉温度对植物生长的影响,掌握气温的变化规律及与农业生产的关系。

◆ 能力目标:能熟练测定当地土壤温度和空气温度,并为当地植物生产提供科学依据;能正确计算当地积温;能结合当地种植植物,对植物生长的温度环境进行调控。

模块一 基本知识

【模块目标】了解地面层与空气的热量交换方式;了解土壤热性质与热量收支状况,熟悉土壤温度的日变化、年变化和垂直变化规律;了解空气的绝热变化与大气稳定度,熟悉空气温度的日变化、年变化、非周期变化和逆温变化规律。熟悉土壤温度、空气温度对植物生长的影响;了解植物生长的三基点温度、农业界限温度、积温的应用;熟悉植物的感温性和温周期现象;认识极端温度对植物生长的影响。

【背景知识】

城市温度环境

1.城市热岛效应

城市是人口、建筑物以及生产、生活活动集中地,其温度条件与周围的郊区比较有很大差异。城市热岛效应是城市气候最明显的特征之一,它是指城市气温高于郊区气温的现象。在不同纬度的城市都普遍存在,一般城市年均气温比周围郊区高 0.5~2℃。徐兆生等人的观察结果表明(图 2-4-1),北京市区平均气温比郊区高 0.7~1℃;在夏季,日平均温度市区比郊区高 0.5~0.8℃,最高温度高 0.8~2℃,最低温度高 1.4~2.5℃,差值十分明显。而且,城市的这种增温作用影响范围可达到周围的郊区。城市热岛效应强度与城市规模、人口密度、建筑密度、城市布局、附近的自然环境有关。在城市人口密度大、建筑密度大、人为释放热量多的市区,形成高温中心。城市中的植被和水体增温缓和,可以降低热岛强度,因此在有植被和水体的地方形成低温带。中小城市的热岛效应较弱,如昌平城区年均气温比周围地区仅高 0.2℃。热岛效应还与季节有关,在一年当中,一般秋、冬城市的热岛效应较强,而夏季较小。特别在北方城市,由于冬天取暖,人为散发热量大大增加,也增强了城市热岛效应。如天津市区与郊区年均温差为 1.0℃,秋季为 0.9℃,春季为 0.4℃。而在冬季温差最高可达 5.3℃。城市的热岛效应常会使城市春天来得较早,秋季结束较晚,城区的无霜期延长,极端低温趋向缓和,但这些导致有利于树木生长的条件,会由于温度过高、湿度降低而丧失。

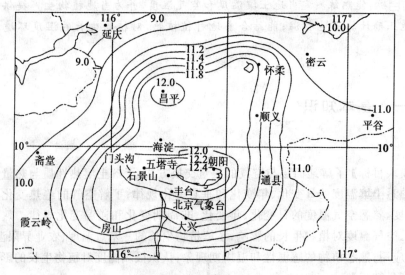

图 2-4-1 北京市 1981 年年平均气温(单位:℃)

(引自园林生态学,冷平生,2005)

2.城市小环境温度变化

在城市局部地区,由于建筑物和铺装地面的作用,会极大地改变光、热、水分布,形成特殊的小气候,对温度因子的影响尤其明显。城市街道和建筑物受热后,如同一块不透水的岩石,其温度远远超过植被覆盖地区。在夏季导致温度过高,影响居民生活和植物的正常生长发育。

　　由于建筑物南北向接受到太阳辐射相差甚大以及风的影响,南北向的温度存在很大的差异,在冬季冻土层的深度和范围明显不一样。北京市园林科研所调查了建筑物附近的温度变化情况,冬季楼的朝向对温度影响最大,楼南侧气温最高北侧最低,东侧与西侧居中,其他季节楼朝向对气温影响较小,夏季楼西侧气温比南侧略高。地温受楼朝向的影响比气温高,楼南侧冻土期与冻土深度明显缩短,在 20 m 高楼南侧楼高范围内冻土期比露天减少 1 倍左右,而北侧冻土期比露天略长,但冻土层深度明显高于露天,楼西与楼东差距不大,一般建筑对温度影响范围可达 3～5 倍楼高,以 1 倍楼高范围内最为明显,城市建筑物对温度、风以及湿度的影响,会在建筑物周围形成与郊区差异明显的特殊小气候,合理利用这些小气候,保以极大地丰富园林植物的多样性,如在楼南可栽种一些较温暖湿润地带的植物种类。

一、植物生长的温度环境

(一)地面层与空气的热量交换方式

　　温度是下垫面和大气热量变化的表征值,是重要的气象要素,更是植物生命活动必要条件之一。地球表面接受太阳辐射能,在下垫面本身、下垫面和空气、空气层之间,进行多种形式的热量交换,使地面温度、下层土壤温度、大气温度发生变化。

　　1. 分子热传导

　　以分子运动来传递热量的过程,称为分子热传导。在土壤层中,热量交换是由分子热传导形式完成的。空气是热的不良导体,空气分子导热率很小,因而由传导方式进行的热量转移比其他方式要少得多,多数情况下可以忽略不计。

　　2. 辐射

　　地面一方面吸收太阳辐射和大气逆辐射,同时也向大气放射长波辐射。白天当地面吸收的辐射超过放出的辐射时,地面被加热增温,并通过辐射或其他方式把热量传送到大气层和深层土壤使大气和深层土壤温度增加;夜间地面放出的长波辐射超过大气逆辐射,结果使地面损失热量,导致地面温度下降,此时深层土壤和大气就反过来以各种方式向地面输送热量,以维持地表面温度不致下降太多,结果深层土壤和大气损失热量,温度也出现下降。

3. 对流

空气在垂直方向上大规模的、有规律的升降运动称为对流,有热力对流(自由对流)和动力对流(强迫对流)两种。热力对流是由热力原因引起的对流;热力对流的空气升降速度快,多在 10 m/s 左右,但它的水平尺度小,多在 0.1~50 km,是中纬度温暖季节经常发生的空气运动现象。动力对流是由动力原因引起的对流;动力对流的升降速度慢,一般在 0.1~10 m/s,但水平尺度大,可达到几百至几千千米。

大气中的对流多数是由热力原因和动力原因共同引起的。对流的结果使上下层空气混合,并发生热量交换。对流运动是地面和低层大气的热量向高层传递的重要方式。

4. 平流

空气大规模的水平运动称为平流。空气经常大规模地在水平方向上流动着,当冷空气流经温暖的区域时,可使当地温度下降,称之为冷平流;反之,当暖空气流经冷的区域时,可使当地温度升高,称之为暖平流。平流运动对缓和地区之间和纬度之间的温度差异有很大作用,是水平方向上热量交换的主要方式。

5. 乱流

因地面受热不均匀,或者空气沿一粗糙不平的下垫面移动时,常出现一种小规模的、无规则的升降气流或空气的涡旋运动,称为乱流。乱流规模小,但经常出现,更具有普遍性。它是地面和空气、空气和空气之间热量交换的重要方式之一。

6. 潜热

下垫面受热后,因水分蒸发而消耗热量,使地面温度降低,这部分热量在大气中凝结释放出来,使气温增加,气象学上把因水的相态变化而引起的热量转移称为潜热。

(二)土壤温度

土壤温度是植物生长的重要环境因素,其变化情况对植物的生长影响较大。土壤的温度在太阳辐射、自身组成及特性、近地气层等因素影响下有其特有的变化规律。

1. 地表热量平衡

土壤的热量收支主要由四个方面的因素组成:一是以辐射方式进行的热量交换(用 R 表示),即辐射差额;二是地面与下层土壤间的热量交换(用 B 表示);三是地面与近地层之间热量交换(用 P 表示);四是通过水分的凝结和蒸发进行的热量交换(用 LE 表示)。四者的关系可用图 2-4-2 表示。

白天,地面吸收的太阳辐射多于地面以辐射放出的有效辐射,辐射收支差额为正值。地表土壤吸收了辐射能转化为热能,温度高于贴地气层和下层土壤,于是地表土壤将热量传给地表空气和深层土壤,土壤水分蒸发也会耗去一部分热量。

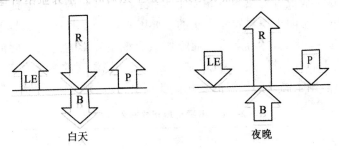

图 2-4-2　地表面热量收支示意图

(引自气象学,刘江,2003)

夜间,地面土壤的辐射收支差额为负值,地面冷却降温,温度低于邻近气层和深层土壤时,P和B热量传导方向与白天相反,同时水汽凝结也放出热量(LE)给地表土壤。

土表温度的升降决定于热量收支各项的变化情况。例如,当土壤很干燥时,地面辐射差额(R)消耗于蒸发的热量很少。干燥的土壤导热率小,传给深层土壤的热量也少,因而地表土壤热量净收入增加,致使地表土壤温度升高较多。当土壤潮湿时,辐射差额消耗于蒸发的热量多,传给深层土壤的热量也多,因而地表土壤热量净收入减少,地表土壤及近地表气层空气的温度上升较少。

地表土壤降温的程度同样也由热量收支各项所决定。夜间辐射差额为负值,地面土壤因失热而冷却。如土壤和空气都很干燥,则由于土壤导热率小,由深层往上传的热量也少,同时,由水汽凝结放出的潜热量也少,地表土壤的热量净收入为负值且数值大。地表土壤失热多,降温快,致使土壤温度低。如在晚秋或冬季节,发生霜冻的机会就多。

2.土壤热性质

土壤温度的高低,主要取决于土壤接受的热量和损失的热量数量,而土壤热量损失数量的大小主要受热容量、导热率和导温率等土壤热性质的影响。

(1)土壤热容量　土壤热容量是指单位质量或容积土壤,温度每升高1℃或降低1℃时所吸收或释放的热量。如以质量计算土壤数量则为质量热容量,常用 C_m 表示,单位是 J/(g·℃);如以体积计算土壤数量则为容积热容量,单位是 J/(cm³·℃),常用 C_v 表示。两者的关系如下:

$$容积热容量＝质量热容量×土壤容重$$

不同土壤组成成分的热容量相差很大(表 2-4-1),水的热容量最大,而土壤空气热容量最小。影响土壤热容量大小的主要因素是土壤水分含量,即水分含量高,则土壤热容量大,反之,热容量小。而土壤热容量主要影响土壤温度的变化速率。热容量大,则土温变化慢;热容量小,则土温易随环境温度的变化而变化。所以,含水量低的土壤,则土温易随气温的变化而变幅大,反之则变幅小。

表 2-4-1　不同土壤组成成分的热容量

土壤成分	土壤空气	土壤水分	沙粒和黏粒	土壤有机质
质量热容量/[J/(g・℃)]	1.004 8	4.186 8	0.75～0.96	2.01
容积热容量/[J/(cm³・℃)]	0.001 3	4.186 8	2.05～2.43	2.51

(2)土壤导热率　土壤导热率指土层厚度 1 cm,两端温度相差 1℃时,单位时间内通过单位面积土壤断面的热量,常用 λ 表示,单位是 J/(cm²・s・℃)。土壤不同组分的导热率相差很大(表 2-4-2),空气的导热率最小,矿物质的导热率最大,水的导热率介于两者之间。

土壤导热率主要取决于土壤水分与土壤空气的相对含量。水分含量高,空气含量低,则土壤导热率高,反之,导热率低。导热率越高的土壤,其温度越易随环境温度变化而变化,反之,土壤温度相对稳定。

表 2-4-2　土壤成分的导热率和导温率

土壤成分	导热率/[J/(cm²・s・℃)]	导温率/(cm²/s)
土壤空气	0.000 21～0.000 25	0.161 5～0.192 3
土壤水分	0.005 4～0.005 9	0.001 3～0.001 4
矿质土粒	0.016 7～0.020 9	0.008 7～0.010 8
土壤有机质	0.008 4～0.012 6	0.003 3～0.005 0

(3)土壤导温率　土壤导温率,也称为导热系数或热扩散率,是指标准状况下,在单位厚度(1 cm)土层中温差为 1℃时,单位时间(1 s)经单位断面面积(1 cm²)进入的热量使单位体积(1 cm³)土壤发生的温度变化值,单位是 cm²/s。

不同土壤成分的导温率相差很大(表 2-4-2)。土壤热容量和导热率是影响其导温率的两个因素,可以用下式表示它们三者之间的关系:

$$土壤导温率＝\frac{土壤导热率}{土壤容积热容量}$$

土壤导温率越高,则土温容易随环境温度的变化而变化;反之,土温变化慢。所以,含水量高的土壤,土温变化慢,即在早春时土温不易提高,而在气温下降时,土温下降速率较慢,有一定的保温作用。

3.土壤温度的变化规律

(1)土壤温度的日变化　一日之中最高温度与最低温度之差称之为日较差。一昼夜内土壤温度的连续变化叫土壤温度的日变化。土表白天接受太阳辐射增热,夜间放射长波辐射冷却,因而引起温度昼夜变化。在正常条件下,一日内土壤表面最高温度出现在13:00左右,最低温度出现在日出之前。

土壤温度日较差主要决定于地面辐射差额的变化和土壤导热率,同时还受地面和大气间乱流热量交换的影响。所以,云量、风和降水对土壤温度的日较差影响很大。晴天时,由于白天土壤接受太阳辐射多,土壤温度上升快,夜间地面有效辐射大,土壤降温迅速,温度低,故日较差大。阴雨天时,白天吸热和夜间放热都少,故日较差小。土壤日较差随着土层深度不同而不同。土表日较差最大,随着深度增加,日较差不断变小,到达一定深度日较差变为零。一般土壤80～100 cm深层的日较差为零。最高、最低温度出现的时间,随深度增加而延后,约每增深10 cm,延后2.5～3.5 h(图2-4-3)。

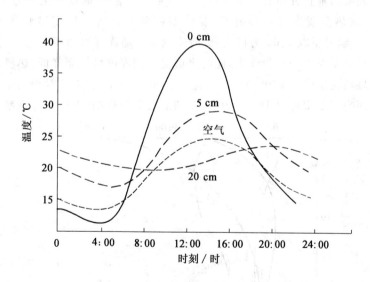

图 2-4-3　不同土层的温度日变化规律

(2)土壤温度的年变化　一年内土壤温度随月份连续地变化,称之为土壤温度的年变化。在中、高纬度地区,土壤表面温度年变化的特点是:最高温度在7月份或8月份,最低温在1月份或2月份。在热带地区,温度的年变化随着云量、降水的情况而变化。如印度6～7月份是雨季,太阳辐射能到地面较少,因此最高温度月份并不在7月而在雨季到来之前的5月份。最高温度月份与温度最低月份出现的时间落后于最大辐射差额和最小辐射差额出现的月份,其落后的情况随下垫面性质而异。凡是有利于表层土壤增温和冷却的因素,如土壤干燥、无植被、无积雪等都能使极值出现的时间有所提早。反之,则使最低温度与最高温度出现的月份推迟。

土壤的年较差随深度的增加而减小,直至一定的深度时,年较差为零。这个深度的土层称之为年温度不变层或常温层。土壤温度年变化消失的深度随纬度而异,低纬度地区,年较差消失层为5～10 m处;中纬度地区消失于15～20 m处,高纬度地区较深,约为20 m。

各层土壤温度最低温度月份和最高温度月份出现的时间随深度的增加而延迟,每深1 m,延迟20～30 d。利用土壤深层温度变化较小的特点,可冬天窖贮蔬菜和种薯,高温季节可窖贮禽、蛋、肉,防止腐烂变质。

(3)土壤温度的垂直变化 由于土壤中各层热量昼夜不断地进行交换,使得一日中土壤温度的垂直分布有一定的特点。一般土壤温度垂直变化分为4种类型,即辐射型(放热型或夜型)、日射型(受热型或昼型)、清晨转变型和傍晚转变型(图2-4-4)。辐射型以1:00为代表,此时土壤温度随深度增加而升高,热量由下向上输导。日射型以13:00为代表,此时土壤温度随深度增加而降低,热量从上向下输导。清晨转变型可以9:00为代表,此时5 cm深度以上是日射型,5 cm以下是辐射型。傍晚转变型可以19:00为代表,即上层为放热型,下层为受热型。

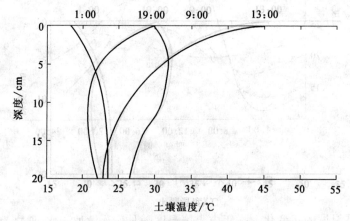

图 2-4-4 一日中土壤温度的垂直变化

一年中土壤温度的垂直变化可分为放热型(冬季,相当于辐射型)、受热型(夏季,相当于日射型)和过渡型(春季和秋季,相当于上午转变型和傍晚转变型)。

(三)空气温度

植物生长发育不仅需要提供适宜的土壤温度,也需要适宜的空气温度给予保证。空气温度简称气温,一般所说气温是指距地面1.5 m高的空气温度。

1.空气的变化规律

(1)空气温度的日变化　空气温度的日变化与土壤温度的日变化一样,只是最高、最低温度出现的时间推迟,通常最高温度出现在14:00~15:00,最低温度出现在日出前后的5:00~6:00。气温的日较差小于土壤温度的日较差,并且随着距地面高度的增加,气温日较差逐渐减小,位相也在不断落后。

气温的日较差受纬度、季节、地形、土壤变化、地表状况等因素影响。气温日较差随着纬度的增加而减小。热带气温日较差平均为10~20℃;温带为8~9℃;而极地只有3~4℃。一般夏季气温的日较差大于冬季,而一年中气温日较差在春季最大。凸出地形气温日较差比平地小;低凹地形气温日较差较平地大。陆地上气温日较差大于海洋,而且距海愈远,日较差愈大。沙土、深色土、干松土的气温日较差,分别比黏土、浅色土和潮湿土大。在有植物覆盖的地方,气温日较差小于裸地。晴天气温日较差大于阴天;大风天和有降水时,气温日较差小。

(2)空气温度的年变化　气温的年变化与土壤温度的年变化十分相似。大陆性气候区和季风性气候区,一年中最热月和最冷月分别出现在7月份和1月份,海洋性气候区落后1个月左右,分别在8月份和2月份。

影响气温年较差的因素有纬度、距海洋远近、地面状况、天气等。气温年较差随着纬度的增高而增大,赤道地区年较差仅为1℃左右,中纬度地区为20℃左右,高纬度地区可达30℃。海上气温年较差较小,距海近的地方年较差小,越向大陆中心,年较差越大;一般情况下,温带海洋上年较差为11℃,大陆上年较差可达20~60℃。凹地的年较差大于凸地的气温年较差,且随海拔升高而减小。一年中晴天较多地区,气温年较差较大,一年中阴(雨)天较多地区,气温年较差较小。

(3)气温的非周期性变化　气温除具有周期性日、年变化规律外,在空气大规模冷暖平流影响下,还会产生非周期性变化。在中高纬度地区,由于冷暖空气交替频繁,气温非周期性变化比较明显。气温非周期性变化对植物生产危害较大,如我国江南地区3月份出现的"倒春寒"天气,秋季出现的"秋老虎"天气,便是气温非周期性变化的结果。气温非周期性变化能够加强或减弱甚至还会破坏原有的气温日、年变化的周期性规律。这在农业上极其重要,也是农业气象上很难掌握的温度变化,应加以注意,并采取适当措施,以减轻受害程度。如经过一段时间的连阴雨天气之后,突然转晴,容易使一些农作物蒸腾急剧增强,而根毛活力又低,往往造成脱水而萎蔫,如在农作物成熟期则会使成熟度加快。因此,一旦天气转晴时,要注意成熟作物的采收。

气温的非周期性变化在农业生产上有一定意义。在两次冷空气侵入的间隙期间,则有几天的气温回升天气,抓住冷空气将过的冷尾暖头进行播种,就能使种子在气温稳定回升这段时间内顺利出苗,避免烂秧、烂种等损失。

(4)大气中的逆温　逆温是指在一定条件下,气温随高度的增高而增加,气温直减率为负值的现象。逆温按其形成原因,可分为辐射逆温、平流逆温、湍流逆温、下沉逆温等类型。这里重点介绍辐射逆温和平流逆温。

辐射逆温是指夜间由地面、雪面或冰面、云层顶等辐射冷却形成的逆温。辐射逆温通常在日落以前开始出现,半夜以后形成,夜间加强,黎明前强度最大。日出以后地面及其邻近空气增温,逆温便自下而上逐渐消失。辐射逆温在大陆常年都可出现,中纬度地区秋、冬季节尤为常见,其厚度可达 $200\sim300$ m。

平流逆温是指当暖空气平流到冷的下垫面时,使下层空气冷却而形成的逆温。冬季从海洋上来的气团流到冷却的大陆上,或秋季空气由低纬度流向高纬度时,容易产生平流逆温。平流逆温在一天中任何时间都可出现。白天,平流逆温可因太阳辐射才使地面受热而变弱,夜间可由地面有效辐射而加强。

逆温现象在农业生产上应用很广泛,如寒冷季节晾晒一些农副产品时,常将晾晒的产品置于一定高度,以免近地面温度过低而冻害。有霜冻的夜间,往往有逆温存在,熏烟防霜,烟雾正好弥漫在贴地气层,保温效果好。防治病虫害时,也往往利用清晨逆温层,使药剂不致向上乱飞,而均匀地洒落在植株上。

2. 空气的绝热变化与大气稳定度

(1)空气的绝热变化　气温的高低变化,实质上是内能大小的变化,当空气获得热量时,内能增加,温度升高,当空气失去热量时,内能减少,温度降低。引起空气内能发生变化的原因有两种:一种是由于空气与外界有热量交换引起的,称为非绝热变化;另一种是空气与外界没有热量交换,而是由外界压力的变化对空气做功,使空气膨胀或压缩引起的,称为绝热变化。

①空气温度的非绝热变化。空气与外界的热量交换是通过下列方式进行的,包括:传导、辐射、对流、湍流、平流、蒸发和凝结(包括升华和凝华)。但实际上,在同一时间对同一团空气而言,温度的变化常常是几种传热方式共同作用引起的。哪个主要,哪个次要看具体情况。地面与空气之间的热量交换,辐射是主要的。但在气层(气团)之间,以对流和湍流为主,其次通过蒸发、凝结过程的潜热出入,进行

热量交换。在不同纬度和地区之间,空气的热量交换主要依靠平流。

②空气温度的绝热变化。气象学上,对于任一空气团与外界之间无热量交换时的状态变化过程,叫绝热过程。在大气中作垂直运动的空气团,其状态变化通常接近于绝热过程。对于作垂直运动的空气团,其温度变化程度取决于空气团中水汽含量的多少,所以绝热变化又可分为:

一是干绝热变化,干空气或未饱和湿空气团,在绝热上升或下降过程中的绝热变化称干绝热变化。其温度随高度的变化率称干绝热直减率(即干绝热垂直减温率),常用 γ_d 表示,其值约为 1℃/100 m,这就是说在干绝热过程中,空气团每上升或下降 100 m,温度要降低或升高 1℃。

二是湿绝热变化,饱和湿空气团,在绝热上升或下降过程中的绝热变化称湿绝热变化。其温度随高度的变化率称湿绝热直减率(即湿绝热垂直减温率),常用 γ_m 表示,其值平均为 0.5℃/100 m。由于在湿绝热变化过程中,伴随着水相的变化,所以 γ_m 不是一个常数,而是随气压和温度变化。γ_m 随温度升高而减小。

(2)大气稳定度　大气稳定度是表征大气层稳定程度的物理量。它表示在大气层某个空气团是否稳定在原来所在的位置,是否易发生对流。当空气团受到垂直方向扰动后,大气层结(温度和湿度的垂直分布)使它具有返回或远离原来平衡位置的趋势和程度,叫大气稳定度。

大气稳定度直接影响大气中对流发展强弱。在稳定度大气层结下,对流运动受到抑制,常出现雾、层状云、连续性降水等天气现象;而在不稳定层结时,对流运动发展旺盛,常出现积状云、阵性降水和冰雹等天气现象。

二、温度环境与植物生长

植物在整个生命周期中所发生的一切生理生化作用,都是在一定的温度环境中进行的。不同的温度环境决定了植物种类的分布,也对生长发育的各项活动产生重要影响。

(一)土壤温度与植物生长

1.影响植物对水分、养分的吸收

在植物生长发育过程中,随着土壤温度的增加,根系吸水量也逐渐增加。通常对植物吸水的影响又间接影响了气孔阻力,从而限制了光合作用。

低温减少了植物对多数养分的吸收,以 30℃ 和 10℃ 下 48 h 短期处理作比较,低温影响水稻对矿物质吸收顺序是磷、氮、硫、钾、镁、钙;但长期冷水灌溉降低土壤温度 3～5℃,则影响顺序为镁、锰、钙、氮、磷。

2. 影响植物块茎块根的形成

土壤温度高低直接影响植物地下储藏器官的形成,如马铃薯苗期土壤温度高生长旺盛,但并不增产,中期如高于 29℃ 不能形成块茎,以 15.6～22.9℃ 最适于块茎形成。土壤温度低,块茎个数多而小。

3. 影响植物生长发育

土壤温度对植物整个生育期都有一定影响,而且前期影响大于气温。如种子发芽对土壤温度有一定要求,小麦、油菜种子发芽所要求最低温度为 1～2℃,玉米、大豆为 8～10℃,水稻则为 10～12℃。土壤温度变化还直接影响植物的营养生长和生殖生长,间接影响微生物活性、土壤有机质转化等,最终影响植物的生长发育和产量形成。

4. 影响地下微生物和昆虫的活动

土壤温度的高低影响土壤微生物的活动、土壤气体的交换、水分的蒸发、各种矿物质的溶解及有机质的分解等。同时土壤温度对昆虫,特别是地下害虫的发生发展有很大影响。如金针虫,当 10 cm 土壤温度达到 6℃ 左右,开始活动,当达到 17℃ 左右活动旺盛,并危害种子和幼苗。

(二)空气温度与植物生长

1. 三基点温度

植物生命活动基本温度包括三种温度概念:一是维持生命温度,一般在 −10～50℃;二是保证生长的温度,一般在 5～40℃;三是保证发育的温度,一般在 10～35℃。但不论是生命活动或生长、发育温度,按其生理过程来说,又都有三个基本点温度,即最低温度、最适温度和最高温度,称为三基点温度。其中在最适温度范围内,植物生命活动最强,生长发育最快;在最低温度以下或最高温度以上,植物生长发育停止。不同植物的三基点温度是不同的(表 2-4-3),高纬度、寒冷地区的植物,三基点温度范围较低;而低纬度、温暖地区的植物,三基点温度范围较高。同一植物不同品种的三基点温度也有差异;同一品种植物不同生育阶段其三基点温度也是不同的,如水稻秧苗生长要求至少 13～15℃ 的水温,但到灌浆期则要求达到 20℃ 以上。

三基点温度是最基本的温度指标,用途很广。在确定温度的有效性、作物的种植季节和分布区域,计算植物生长发育速度、生产潜力等方面必须考虑三基点温度。除此之外,还可根据各种作物三基点温度的不同,确定其适应的区域,如 C_4 作物由于适应较高的温度和较强的光照,故在中纬度地区可能比 C_3 作物产量高,而在高纬度地区 C_3 作物则可能比 C_4 作物高产。

表 2-4-3　几种作物的三基点温度　　　　　　　　　℃

作物种类	最低温度	最适温度	最高温度
小麦	3～4.5	20～22	30～32
玉米	8～10	30～32	40～44
水稻	10～12	30～32	36～38
棉花	13～14	28	35
油菜	4～5	20～25	30～32

2.周期性变温对植物生长的影响

(1)气温日变化与植物生长发育　气温日变化对植物的生长发育、有机质积累、产量和品质的形成有重要意义。植物生长发育在最适温度范围内随温度升高而加快,超过有效温度范围会对植物产生危害。植物的生长和产品品质在有一定昼夜变温的条件下比恒温条件下要好,这种现象称温周期现象。如我国西北地区的瓜果含糖量高、品质好与气温日较差大有密切关系;在青藏高原种植萝卜比内地大得多,小麦的千粒重也特别高,就与青藏高原的日较差大有着直接的关系。在高纬度温差大地区,在较低温度下,日较差大有利于种子发芽;在较高温度下,日较差小有利于种子发芽。温度的日变化影响还与高低温的配合有关。

(2)气温年变化与植物的生长发育　温度的年变化对植物生长也有很大影响,高温对喜凉植物生长不利,而喜温植物却需一段相对高温期。如四季如春的云南高原由于缺少夏季高温,有些水稻品种不能充分成熟;但在平均气温相近的湖北却生长良好。

除周期性变化外,温度非周期性变化与植物生长也有密切关系。温度非周期性变化往往造成农业气象灾害。春,秋两季,温度升高不稳,北方冷空气入侵,常常形成早、晚霜冻危害及低温冷害,比如云南滇中地区就有倒春寒与 8 月低温的影响,造成作物减产;夏末不适时的高温造成长江流域的水稻逼熟而减产。气温的非周期性变化对植物生长发育易产生低温灾害和高温热害。

同时,温度的变化还能引起作物环境中的其他因子,如湿度、土壤肥力等的变化。环境中这些因子的综合作用又能影响作物的生长发育、农业产量的形成和农产品的质量等。

3.农业界限温度

对农业生产有指标或临界意义的温度,称为农业指标温度或界限温度。一个地方的作物布局,耕作制度,品种搭配和季节安排等,都与该温度的出现日期、持续日数和持续时期中积温的多少有密切的关系。重要的界限温度有 0℃、5℃、10℃、15℃、20℃等(表 2-4-4)。

表 2-4-4　重要的农业界限温度的含义

界限温度/℃	含　　义
0	土壤冻结或解冻,农事活动开始或终止,越冬植物停止生长;早春土壤开始解冻,早春植物开始播种。从早春日平均气温通过 0℃ 到初冬通过 0℃ 期间为"农耕期",低于 0℃ 的时期为农闲期
5	春季通过 5℃ 的初日,华北的冻土基本化冻,喜凉植物开始生长。多数树木开始生长。深秋通过 5℃ 越冬植物进行抗寒锻炼,土壤开始日消夜冻,多数树木落叶。5℃ 以上持续的日数称"生长期"或"生长季"
10	春季喜温植物开始播种,喜凉植物开始迅速生长。秋季喜温谷物基本停止灌浆,其他喜温植物也停止生长。大于 10℃ 期间为喜温植物生长期,与无霜期大体吻合
15	春季通过 15℃ 初日,喜温作物积极生长,为水稻适宜移栽期和棉花开始生长期。秋季通过 15℃ 为冬小麦适宜播种期的下限。大于 15℃ 期间为喜温植物的活跃生长期
20	春季通过 20℃ 初日,是水稻安全抽穗、开花的指标,也是热带作物橡胶正常生长、产胶的界限温度;秋季低于 20℃ 对水稻抽穗开花不利,易形成冷害导致空壳。初终日之间为热带植物的生长期

4. 积温

　　植物生长发育不仅要有一定的温度,而且通过各生育期或全生育期间需要一定的积累温度。一定时期的积累温度,即温度总和,称为积温。积温能表明植物在生育期内对热量的总要求。在某一个时期内,如果温度较低,达不到植物所需要的积温,生育期就会延长,成熟期推迟。相反,如果温度过高,很快达到植物所需要的积温,生育期会缩短,有时会引起高温逼熟。

　　(1)积温的种类　高于生物学下限温度的日平均温度称为活动温度。例如某天日平均温度为 15℃,生物学下限温度为 10℃,则当天对该作物的活动温度就是 15℃。活动积温则是植物生育期间的活动温度的总和。各种植物不同生育期的活动积温不同,同一植物的不同品种所需求的活动积温也不相同(表 2-4-5)。由于大多数植物在 10℃ 以上才能活跃生长,所以大于 10℃ 的活动积温是鉴定一个地区对某一植物的热量供应能否满足的重要指标。

　　活动温度与生物学下限温度之差称为有效温度。如某天的日平均温度为 15℃,对生物学下限温度为 10℃ 的作物来说,当天对该作物的有效温度为 15℃ − 10℃ = 5℃。植物生育期内有效温度积累的总和称为有效积温。不同植物或同一植物不同生育期间的有效积温也是不同的(表 2-4-6 和表 2-4-7)。

表 2-4-5 几种植物所需大于 10℃的活动积温   ℃

植物	早熟型	中熟型	晚熟型
水稻	2 400～2 500	2 800～3 200	—
棉花	2 600～2 900	3 400～3 600	4 000
冬小麦	—	1 600～2 400	—
玉米	2 100～2 400	2 500～2 700	＞3 000
高粱	2 200～2 400	2 500～2 700	＞2 800
大豆	—	2 500	＞2 900
谷子	1 700～1 800	2 200～2 400	2 400～2 600
马铃薯	1 000	1 400	1 800

表 2-4-6 水稻早、中、晚熟品种主要发育期要求的有效积温   ℃

品种	播种至出苗	播种至分蘖	播种至抽穗	播种至成熟
三九青	20	340	740	1 130～1 160
广选早	20	430	7 660	1 140～1 180
广陆矮 4 号	20	480	810	1 200～1 250
珍珠矮 11 号	20	530	1 000	1 450～1 500
广选 3 号	20	600	1 040	1 450～1 520
科 6 号	20	950	1 370	1 770

表 2-4-7 植物主要发育期生物学起点温度(B)和有效积温(A)   ℃

植物	发育期	B	A
水稻	播种至出苗	10～12	30～40
	出苗至拔节	10～12	600～700
	抽穗至黄熟	10～15	150～300
冬小麦	播种至出苗	3	70～100
	出苗至分蘖	3	130～200
	拔节至抽穗	7	150～200
	抽穗至黄熟	13	200～300

续表 2-4-7 ℃

植物	发育期	B	A
春小麦	播种至出苗	3	80～100
	出苗至分蘖	3～5	150～200
	分蘖至拔节	5～7	80～120
	拔节至抽穗	7	150～200
	抽穗至黄熟	13	250～300
棉花	播种至出苗	10～12	80～130
	出苗至现蕾	10～13	300～400
	开花至裂铃	15～18	400～600

实践证明,某种植物的全部生育期(或某一生育期)所需的积温,特别是所需的有效积温多趋近常数。因此,植物要完成其生育期(或某一生育期)所持续的日数与其所经历的温度高低成反相关,即植物生育期内逐日温度越高,则各生育期持续日数相应减少;反之,就相应地增加。有效积温比较稳定,能更确切地反映植物对热量的要求。所以,在植物生产中,应用有效积温比较好。

(2)积温的应用 积温作为一个重要的热量指标,在植物生产中有着广泛的用途,主要体现在:

①用来分析农业气候热量资源。通过分析某地的积温大小、季节分配及保证率,可以判断该地区热量资源状况,作为规划种植制度和发展优质、高产、高效作物的重要依据。

②作为植物引种的科学依据。积温是作物与品种特性的主要指标之一,依据植物品种所需的积温,对照当地可提供的热量条件,进行引种或推广,可避免盲目性。

③为农业气象预报服务。作为物候期、收获期、病虫害发生期等预报重要依据,也可根据杂交育种、制种工作中父母本花期相遇的要求,或农产品上市、交货期的要求,利用积温来推算适宜的播种期。

预报作物发育公式为:

$$D = D_1 + \frac{A_t}{t - B}$$

式中:D 为所要预报的发育期;D_1 为前一发育时期出现的日期;A_t 为由 D_1 到 D 期间作物所要求的有效积温指标;t 为 D_1 和 D 期间的平均气温;B 为该发育时期

所要求的下限温度。

④作为农业气候专题分析与区划的重要依据之一。积温是热量资源的主要标志,根据积温多少,确定某作物在某地种植能否正常成熟,预计能否高产、优质。例如分析积温多少与某地棉花霜前花比例的关系,既涉及产量又涉及品质。此外,还可以根据积温分析,为确定各地种植制度(如复种指数、前后茬作物的搭配等)提供依据,并可用积温作为指标之一进行区划。

(3)积温与植物分布　　以日温≥10℃的积温和低温为主要指标,可以把我国分为六个热量带(高原和高山除外)。由于每个带内温度的不同,都有其相应的树种和森林类型,植物种类也由热带的丰富多样逐渐变为寒带的稀少,形成各带所特有的植物种和森林。

赤道带位于北纬10°以南的中国南海岛屿地区。积温大致在9 000℃左右,平均气温超过26℃,主要生长热带植物有:椰子、木瓜、羊角蕉和菠萝蜜等。

热带积温≥8 000℃,最冷气温不低于15℃(或最冷月不低于16℃),包括雷州半岛、湛江及其以南地区。低地植被主要是热带雨林,主要树木为樟科、番荔枝科、龙脑香科、使君子科、楝科、桃金娘科、桑科、无患子科和豆科。

亚热带积温为4 500~8 000℃,最冷气温为0~15℃(最冷月0~16℃)。天然植被为常绿阔叶林或混生常绿阔叶树的阔叶林,主要树种有壳斗科、樟科、茶科、冬青科等常绿阔叶树,马尾松、柏树、杉木等针叶树。

暖温带积温为3 400~4 500℃,最冷气温−10~0℃(最冷月−8~0℃),是亚热带和温带之间的过渡。主要分布落叶阔叶林。

温带积温为1 600~3 400℃,最冷气温−30~10℃(或最冷月−28~8℃)。天然植被为针叶树与落叶树混交林,此外为草原与荒漠。

寒温带积温低于1 600℃,最冷气温低于−30℃(或最冷月低于−28℃)。天然植被为落叶松林。

三、植物对温度环境的适应

植物生长环境中的温度是不断变化的,既有规律性的周期性变化,又有无规律性的变化。如昼夜温度的不同,四季温度的变化等都是有节律的温度变化,而夏季的炎热和冬季的冻害发生时的温度变化都是无节律的,没有周期性的。植物会对其所生长的环境温度变化产生一定的适应性或抗性。

(一)植物的感温性

植物感温性是指植物长期适应环境温度的规律性变化,形成其生长发育对温度的感应特性。不同植物在不同发育阶段,对温度的要求不同,大多数植物生长发育过程中需要一定时期的较高温度,在一定的温度范围内随温度升高生长发育速度加快,有些植物或品种在较高温度的刺激下发育加快,即感温性较强。如水稻的感温性,晚稻强于中稻,中稻强于早稻。

春化作用是植物感温性的另一表现。许多秋播植物(如冬小麦)在其营养生长期必须经过一段低温诱导,才能转为生殖生长(开花结实)的现象,称为春化作用。根据其对低温范围和时间要求不同,可将其分为冬性类型、半冬性类型和春性类型3类。

冬性类型植物春化必须经历低温,春化时间也较长,如果没有经过低温条件则植物不能进行花芽分化和抽穗开花;一般为晚熟品种或中晚熟品种。半冬性类型植物春化对低温要求介于冬性与春性类型之间,春化时间相对较短,一般为中熟或早中熟品种。春性类型植物春化对低温要求不严格,春化时间也较短,一般为极早熟、早熟和部分早中熟品种。现将小麦、油菜通过春化所需温度和天数列于下表2-4-8。

表 2-4-8　不同小麦类型的春化温度范围

小麦类型	春化温度/℃	所需天数/d
冬性	0~5	30~70
半冬性	3~15	20~30
春性	5~20	2~15

(二)植物的温周期现象

植物的温周期现象是指在自然条件下气温呈周期性变化,许多植物适应温度的这种节律性变化,并通过遗传成为其生物学特性的现象。植物温周期现象主要是指日温周期现象。如热带植物适应于昼夜温度高,振幅小的日温周期,而温带植物则适应于昼温较高,夜温较低,振幅大的日温周期。

在一定的温度范围内,昼夜温差较大更有利于植物的生长和产品质量的提高。如在不同昼夜温度下培育的火炬松苗,在昼夜温差最大时(日温 30℃、夜温 17℃)生长最好,苗高达 32.2 cm;昼夜温度均在 17℃时,苗高 10.9 cm,差异十分明显(表2-4-9)。温周期对植物生长的有利作用,是由于生长期中白天很少出现极端的、不利于植物生长的温度,白天适当高温有利于光合作用,夜间适当低温减弱呼吸作用,使光合产物消耗减少,净积累相应增多。

表 2-4-9　不同昼夜温度下火炬松苗高生长量　　　　　　　　　　　cm

日温/℃	夜温/℃		
	11	17	23
30		32.2	
23	30.2	24.9	19.9
17	16.8	10.9	15.8

(三)植物对温度适应的生态类型

根据植物对温度的不同要求,一般可将植物分为以下 5 种类型:

1. 耐寒的多年生植物

这类植物的地上部分能耐高温,但一到冬季地上部分枯死,而以地下部分的宿根越冬,一般能耐 0℃以下的低温。这类植物如金针菜、茭白、藕等。

2. 耐寒的一二年生植物

这类植物能忍受−2～−1℃的低温,短期内可耐−10～−5℃的低温。这类植物如大蒜、大葱、菠菜、白菜等。

3. 半耐寒植物

这类植物不能长期忍受−2～−1℃的低温,在长江流域以南地区可露地越冬。这类植物如豌豆、蚕豆、萝卜、胡萝卜、芹菜、甘蓝等。云南在滇中、滇西以南等地还能冬季露地生长。

4. 喜温植物

这类植物的最适温度为 20～30℃,当温度超过 40℃时,则几乎停止生长;而当温度在 10℃以下时,又会出现授粉不良,导致落蕾落花增加。因此在长江以南可以春播和秋播,北方则以春播为主。这类植物如黄瓜、辣椒、番茄、茄子、菜豆等。

5. 耐热植物

这类植物在 30℃左右光合作用最旺盛,而西瓜、甜瓜及豇豆等在 40℃的高温下仍能生长。不论是华南或华北,还是云南德宏、西双版纳等地都可春播而夏秋收获。这类植物如西瓜、冬瓜、南瓜、丝瓜、甜瓜、豇豆、刀豆等。

(四)极端温度对植物影响

植物进行正常生命活动对温度有一定的要求,当温度低于或高于一定数值,植物便会因低温或高温受害,这个数值即为临界温度,超过临界温度越多,植物受害越严重。

1. 低温危害

植物对低温的适应是有限度的,极端的低温对植物会产生伤害,甚至会将植物冻死。不会使植物受害的最低温度称为"临界温度"或"生物学零度"。主要有：

（1）寒害　寒害又称冷害，是指 0℃ 以上的低温对植物造成的伤害。喜温植物易受寒害，如热带植物丁香蒲桃在海南岛兴隆栽种，当绝对最低气温降到 6.1℃ 时，叶片呈水渍状，降至 3.4℃ 时，顶梢干枯，受害严重。

（2）冻害　冻害是指冰点以下低温使植物体内（细胞内和细胞间隙）形成冰晶引起的伤害。很多植物在 0℃ 以下维持较长时间会发生冻害，如柠檬在 $-3℃$ 受害，甜橙为 $-6℃$，金柑为 $-11℃$。

（3）霜害　由于霜的出现而使植物受害称为霜害。霜害可分为早霜和晚霜，早霜一般在植物生长尚未结束、未进入休眠状态时发生，常使从南方引入的植物受害。晚霜一般危害春季过早萌芽的植物，所以从北方引入的树种应种在比较阴凉的地方，抑制早萌动。辐射降温出现逆温层时，靠近地表的气温最低，故幼苗较易受霜害。

（4）冻举　又称冻拔。气温下降，引起土壤结冰，冰的体积比水大 9%，这使得土壤体积增大，随着冻土层的不断加厚、膨大，会使树木上举。解冻时，土壤下陷，树木留于原处，根系裸露地面，严重时倒伏死亡，像被拔出来似的。冻举多发生在寒温带土壤含水量过大、土壤质地较细的立地条件上。一般小树比大树受害严重。

（5）冻裂　冻裂是指白天太阳光直接照射到树干，入夜气温迅速下降，由于木材导热慢，树干两侧温度不一致，热胀冷缩产生弦向拉力，使树皮纵向开裂而造成伤害。冻裂一般多发生在昼夜温差较大的地方。在高纬度地区，许多薄皮树种如乌桕、核桃、槭树、悬铃木、榆树、七叶树、橡树类等树干向阳面，越冬时常发生冻裂。对这类树种可采用树干包扎、缚草或涂白等措施进行保护。

长期生长在低温环境中的植物通过自然界选择，在形态和生理功能方面表现出很多明显的适应性。在形态上的表现，如芽和叶片上有油脂类物质保护，芽有鳞片，器官表面盖有蜡粉和密毛；树皮有较发达的木栓组织、植株矮小等。这些都有利于抵抗严寒。在生理方面主要是原生质特性的改变。一方面是细胞中水分的减少、细胞汁浓度增加；另一方面是由于淀粉水僻，使细胞液浓度增加，植物冰点降低，防止质壁分离的发生和蛋白质的凝固。有些植物的叶片叶红素增加，吸收红外线，提高叶片温度。处于休眠状态下的植物，在表面形成了酯类化合物，水分不易通过，可以抵抗冻害的发生。

2. 高温危害

温度超过生物最适宜温度范围后再继续上升，就会对植物产生伤害，使植物生长发育受阻，甚至死亡。高温胁迫引起植物的伤害称热害，主要有：

（1）皮烧　强烈的太阳辐射，使树木形成层和树皮组织局部死亡。多发生于树皮光滑树种的成年树木上,如水青冈、冷杉常受此害。在生产实践中,可以通过给树干涂白反射掉大部分热辐射而减轻危害。

(2)根茎灼伤 土表温度增高,灼伤幼苗根茎。松柏科幼苗当土表温度达40℃就会受害。夏季中午强烈的太阳辐射,常使苗床或采伐迹地土表温度达45℃以上,而造成这种危害。灼伤使根茎处产生宽几毫米的缢缩环带,因高温杀死了输导组织和形成层而致死。根茎灼伤多发生在苗圃,可通过遮阳或喷水降温以减轻危害。

植物对高温的生态适应表现为形态和生理两个方面。在形态方面,有些植物体具有密生的绒毛、鳞片,有些植物体呈白色,银白色、叶片革质发亮等。有些植物叶片垂直排列,叶缘向光;有些植物如苏木的一些种,在气温高于35℃时,叶片折叠,减少光的吸收面积,避免热害。有些植物树干、根、茎表面具有很厚的木栓层,起隔绝高温、保护植物体的作用。在生理方面主要表现3个方面:一方面是降低含水量。即在细胞内增加糖或盐的浓度,同时降低含水量,使细胞内原生质浓度增加,增强了原生质抗凝结的能力;细胞内水分减少,使植物代谢减慢,同样增强抗高温的能力。另一方面是旺盛的蒸腾作用。生长在高温强光下的植物大多具有旺盛的蒸腾作用,由于蒸腾而使体温比气温低,避免高温对植物的伤害。第三是有些植物具有反射红外线的能力。植物反射的红外线越多,就越不容易在高温下因过热而受害。

模块二 植物生长的温度环境状况评估与调控

【模块目标】能熟练进行植物群体所需地温和空气温度的观测,并能对观测数据进行整理和科学分析;能正确计算当地积温;能对当地植物生长的温度环境状况作出综合评价;能结合当地种植植物,对植物生长的温度环境进行调控。

任务一 地温的测定

1.任务目标

能够熟练掌握观测植物群体所需地温的技术及有关仪器的使用方法,并对观测数据进行整理和科学分析。

2.任务准备

根据班级人数,按2人一组,分为若干组,每组准备以下材料和用具:地面温度表、地面最高温度表、地面最低温度表、曲管地温表、计时表、铁锹、记录纸和笔。

3.相关知识

(1)测温物质　温度的测定是根据物体热胀冷缩的特性实现的。水银和酒精都具有明显的热胀冷缩的特性,两者比较起来,水银还具有比热小、导热快、沸点高、内聚力大、与玻璃不发生浸润作用等优点。所以,水银温度表的灵敏度和精度都较高,但由于水银的凝固点高,测定低温时便受到限制。而酒精的凝固点低,用来测定低温较好,但酒精具有膨胀系数不稳定、容易蒸发、沸点低、与液面起浸润作用,所以在一般情况下,都使用水银温度表,只有在测低温时,才使用酒精温度表。

(2)温度表的构造　普通温度表包括:感应部分、毛细管玻璃、装在感应部分和毛细管玻璃中的测温物质、指示温度值的刻度盘和玻璃外套组成。

(3)测温仪器　一套地温表包含 1 支地面温度表、1 支地面最高温度表、1 支地面最低温度表和 4 支不同的曲管地温表。

地面温度表用于观测地面温度,是一套管式玻璃水银温度表,温度刻度范围较大,为 −20～80℃,每度间有一短格,表示半度。

地面最高温度表是用来测定一段时间内的最高温度。它是一套管式玻璃水银温度表。外形和刻度与地面温度表相似。它的构造特点是在水银球内有一玻璃针,深入毛细管,使球部和毛细管之间形成一窄道(图 2-4-5)。

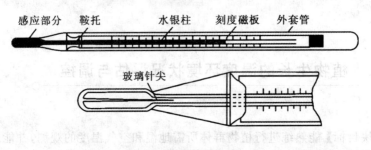

图 2-4-5　最高温度表

地面最低温度表是用来测定一段时间内的最低温度。它是一套管式酒精温度表。它的构造特点是毛细管较粗,在透明的酒精柱中有一蓝色哑铃形游标(表 2-4-6)。

曲管地温表是观测土壤耕作层温度用的,共 4 支(图 2-4-7)。分别用于测定土深 5 cm、10 cm、15 cm、20 cm 的温度。属于套管式水银温度表,每半度有一短格,因球部与表身弯曲成 135°夹角,玻璃套管下部用石棉和灰填充以防止套管内空气对流。

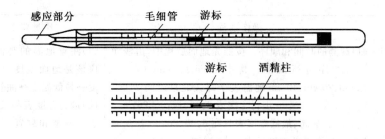

图 2-4-6　最低温度表

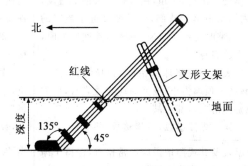

图 2-4-7　曲管地温表示意图

4.操作规程和质量要求

工作环节	操作规程	质量要求
地温表的安装	（1）地面温度表的安装。在观测前 30 min，将温度表感应部分和表身的一半水平地埋入土中；另一半露出地面，以便观测（图 2-4-8） （2）曲管温度表的安装。安装前选挖一条与东西方向成 30°角、宽 25～40 cm、长 40 cm 的直角三角形沟，北壁垂直，东西壁向斜边倾斜。在斜边上垂直量出要测地温的深度即可安装曲管温度表。安装时，从东至西依次安好 5 cm、10 cm、15 cm、20 cm 曲管地温表（图 2-4-7），按一条直线放置，相距 10 cm （3）地面最高温度表的安装。安装方法与地面温度表相同 （4）地面最低温度表的安装。安装方法与地面温度表相同	（1）曲管温度表应安置在观测场内南部地面上，面积为 2 m×4 m （2）地表要疏松、平整、无草，与观测场整个地面相平 （3）曲管温度表的安置按 5 cm、10 cm、15 cm、20 cm 顺序排列，表间相隔 10 cm。5 cm 曲管温度表距 3 支地面温度表 20 cm。安装时，感应部分向北，表身与地面成 45°夹角

续表

工作环节	操作规程	质量要求
地温的观测	(1)观测的时间和顺序。按照先地面后地中,由浅而深的顺序进行观测。其中 0 cm、5 cm、10 cm、15 cm、20 cm、40 cm 地温表于每天北京时间 2:00、8:00、14:00、20:00 进行 4 次或 8:00、14:00、20:00 3 次观测。最高、最低温度表只在 8:00、20:00 各观测 1 次。夏季最低温度可在 8:00 观测 (2)最高温度表调整。用手握住表身中部,球部向下,手臂向体外伸出约 30°角,用大臂将表前后甩动,使毛细管内的水银落到球部,使示度接近于当时的干球温度。调整时动作应迅速,调整后放回原处时,先放球部,后放表身 (3)最低温度表调整。将球部抬高,表身倾斜,使游标滑动到酒精的顶端为止,放回时应先放表身,后放球部,以免游标滑向球部一端 (4)读数和记录。先读小数,后读整数,并应复读	(1)注意地温的观测顺序,应该是地面温度→最高温度→最低温度→曲管地温 (2)最高温度表和最低温度表的调整和放置应注意顺序 (3)各种温度表读数时,要迅速、准确、避免视觉误差,视线必须和水银柱顶端齐平,最低温度表视线应与酒精柱的凹液面最低处齐平 (4)读数精确到小数点后一位,小数位数是"0"时,不得将"0"省略。若计数在零下,数值前应加上"-"号
仪器和观测地段的维护	(1)各种地温表及其观测地段应经常检查,保持干净和完好状态,发现异常应立即纠正 (2)在可能降雹之前,为防止损坏地面和曲管温度表,应罩上防雹网罩,雹停以后立即去掉	当冬季地面温度降到 -36.0℃以下时,停止观测地面和最高温度表,并将温度表取回

地面

图 2-4-8 地面温度表安装示意图

5.常见技术问题处理

根据观测资料,画出定时观测的地温和时间的变化图。从图中可以了解土壤温度的变化情况和求出日平均温度值。若一天 4 次观测,可用下式求出日平均地温:

日平均地面温度＝[(当日地面最低气温＋前一日 20:00 地面温度)/2＋8:00、14:00、20:00 地面温度之和]÷4

任务二　气温的观测

1.任务目标

能够熟练掌握观测气温的技术及有关仪器的使用方法,并对观测数据进行整理和科学分析。

2.任务准备

根据班级人数,按2人一组,分为若干组,每组准备以下材料和用具:干湿球温度表、最高温度表、最低温度表、温度计、百叶箱。

3.相关知识

气温的观测包括定时的气温、日最高温度、日最低温度以及用温度计作气温的连续记录。主要观测仪器有:

(1)干湿球温度表　是由两支规格相同的普通温度表组成,如图2-4-9。干球温度表测量空气温度;在干球温度表的感应球部包裹着湿润的纱布,被称为湿球温度表。湿球温度表和干球温度表配合可测量空气湿度。

(2)最高温度表和最低温度表　是用来测定日最高气温和最低气温,其构造与测定地面最高和最低地温表相同,只是因为变幅比地面小,所以刻度范围比较小。干湿球温度表安放在同一特制的金属架上。

(3)自记温度计　自记温度计是自动记录空气温度连续变化的仪器。自记温度是由感应部分(双金属片)、传递放大部分(杠杆)、自记部分(自记钟、纸、笔)组成,如图2-4-10所示。自记温度计的感应部分是一个弯曲的双金属片,它由热膨胀系数较大的黄铜片与热膨胀系数较小的铟钢片焊接而成。双金属片一端固定在仪器外部支架上,另一端通过杠杆和自记笔连接。当温度变化时,两种金属膨胀或收缩的程度不同,其内应力使双金属片的弯曲程度发生改变,自由端发

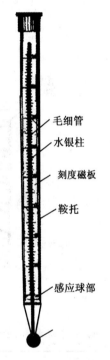

毛细管

水银柱

刻度磁板

鞍托

感应球部

图2-4-9　干球温度表

生位移,通过所连接的杠杆装置,带动自记笔在自记纸上画出温度变化的曲线。

(4)百叶箱　百叶箱是安置测量温、湿度仪器用的防护设备,可防止太阳直接辐射和地面反射辐射对仪器的作用,保护仪器免受强风、雨、雪的影响,并使仪器感应部分有适当的通风,能感应外界环境空气温、湿度的变化。百叶箱分为大百叶箱和小百叶箱两种。大百叶箱安置自记温、湿度计;小百叶箱安置干湿球温度表和最高、最低温度表、毛发表(图2-4-11)。

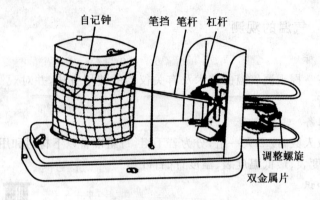

图 2-4-10 自记温度计

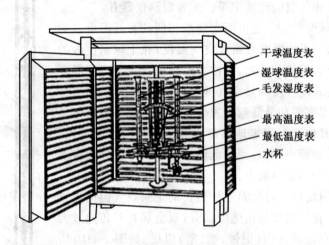

图 2-4-11 小型百叶箱内仪器的安置

4. 操作规程和质量要求

工作环节	操作规程	质量要求
仪器的安置	(1)百叶箱内仪器安装:在小百叶箱的底板中心,安装一个温度表支架、干球温度表和湿球温度表垂直悬挂在支架两侧,球部向下,干球在东,湿球在西,感应球距地面1.5 m左右。如图2-4-10所示。在湿度表支架的下端有两对弧形钩,分别放置最高温度表和最低温度表,感应部分向东 (2)大百叶箱内,上面架子放毛发湿度计,高度以便于观测为准;下面架子放自记温度计,感应部分中心离地面1.5 m,底座保持水平	(1)湿球下部的下侧方是一个带盖的水杯,杯口离湿球约3 cm,湿球纱布穿过水杯盖上的狭缝浸入杯内的蒸馏水中 (2)要注意干湿球的位置,干球在东,湿球在西 (3)要注意最高、最低温度计的感应部分应向东

续表

工作环节	操作规程	质量要求
气温的观测	按干球、湿球、最高、最低温度表、自记温度计、自记湿度计的顺序,在每天 2:00、8:00、14:00、20:00 进行 4 次干湿球温度的观测,在每天20:00 观测最高温度和最低温度各一次	读数记录的要点和要求同地温观测
最高和最低温度表调整	最高、最低温度表的调整方法与地温观测相同	调整的要求同地温观测
仪器和的维护	各种气温表应经常检查,保持干净和完好状态,发现异常应立即纠正	要求同地温观测

5.常见技术问题处理

(1)当温度表水银(或酒精)发生断柱时,可用撞击法进行修理:用于握住球部,使之处于掌心,将握住球部的手在其他较软的东西上面撞击,撞击时手握球部要稳,表身要保持垂直。另可用一只手握住表的中部并使球部朝下,然后用手握表的手腕在另一手掌上撞击。手握表松紧要适宜,撞击时表身要保持垂直。中断排除后,应迅速甩动温度表,将气泡完全排除,处理后应放置一段时间再使用。

(2)根据观测资料,画出定时观测空气温度和时间变化图。从图中可以了解空气温度的变化情况和求出日平均气温值。其统计方法是:

日平均气温＝(2:00 气温＋8:00 气温＋14:00 气温＋20:00 气温)÷4

如果 2:00 气温不观测,可用下式求日平均气温:

日平均气温＝[(当日地面最低气温＋前一日 20:00 气温)/2＋8:00、14:00、20:00 气温之和]÷4

任务三　积温的计算和应用

1.任务目标

能用五日滑动平均法求算某年积温,用直方图法求算多年平均积温,掌握保证率的求算,了解积温在农业分析中的应用。

2.任务准备

根据班级人数,按 2 人一组,分为若干组,每组准备好积温计算的资料和工具。

3.相关知识

(1)某界限温度起止日期　在农业上为充分利用一地的热量资源或研究某一作物对热量条件的要求时,常需要确定日平均气温稳定通过 0℃、5℃、10℃、15℃

等界限温度的起止日期、持续日数。

起始日期是从春季第一次高于某界限温度之日起,向前推四天,按日序依次计算出每连续五日的平均气温,从其中选出第一个在其后不再出现平均气温低于界线温度的连续五日,在这个连续五日的时段中,挑出第一个日平均气温大于或等于该界限温度的日期,此日期即为起始日期。

终止日期是在秋季第一次出现低于某界限温度之日起,向前推四天,按日序顺次计算五日滑动平均气温,从其中选出第一个出现小于或等于界限温度的连续五日,在此五日中挑出最后一个日平均气温大于或等于该界限温度的日期,即为终止日期。

起始日期(初日)到终止日期(终日)之间的天数,称为持续日数(包括初、终日)。由于这种方法是先以计算五天的滑动平均气温来确定某界限温度的起止日期,然后再计算持续日数和积温的,所以称为五日滑动平均法。

(2)频率和保证率 频率是指某气象要素在某段时间内重复出现某一数值的次数与总次数的百分比。保证率是指某气象要素在某时段内高于或低于某一界限数值的总频率,保证率就是可靠程度的意思,它常用在温度、降水、风速等要素的统计上。

4. 操作规程和质量要求

工作环节	操作规程	质量要求
某一年积温的计算	以表 2-4-10 资料为例 (1)起始日期的确定。从表 2-4-10 中找到春季第一次高于 5.0℃ 的日期 3 月 6 日,向前推四天至 3 月 2 日,从 3 月 2 日起,依次计算每连续五日的滑动平均气温,其值依次为 3.8、4.3、4.9 等(表 2-4-11)。由于 7～11 日和 8～12 日两时段的五日滑动平均气温为 4.4℃ 和 4.7℃,说明气温还没有稳定在 5℃ 以上,所以继续计算五日滑动平均气温,直至 3 月 9～13 日及其以后各时段的五日滑动平均值都 ≥ 5.0℃ 时,就在 9～13 日的时段中,挑取第一个日平均气温 ≥5.0℃ 的日期,即 3 月 9 日,为春季日平均气温通过 5.0℃ 的起始日期 (2)终止日期的确定。按照同样的方法可以求得五日滑动平均值 ≤5.0℃ 的第一个时段,即 11 月 4～18 日,这一时段中,挑出最后一个日平均气温 ≥5.0℃ 的日期,即终止日期(11 月 16 日) (3)持续日数的确定。从 3 月 9 日至 11 月 16 日之间共 253 d(包括起始和终止日期两天)即为该地 19××年 ≥5.0℃ 的持续日数 (4)19××年积温的计算。从 3 月 9 日至 11 月 16 日之间共 253 d 中,将各天的日平均气温累加求和得 4 821.6℃,即为该地 19××年 ≥5.0℃ 的活动积温,以这一时段内 ≥5.0℃ 的有效积温 $A = (T - B) \times N = 3\,550.6℃$	(1)活动积温是包括起止日期在内的起始日到终止日之间的各天的日平均气温累加求和 (2)有效积温是用公式 $A = (T - B) \times N$ 来计算的,式中 A 为该时期内的有效积温;B 为生物学下限温度;T 为该时期的平均温度;N 为该时期的天数

续表

工作环节	操作规程	质量要求
多年平均积温的计算	以某地 30 年月平均温度资料(表 2-4-12)为例 (1)直方图的绘制。①根据气候资料,查出北京的多年月平均气温;②选定坐标:选用直角坐标纸一张,横坐标代表月份,以 1 mm 为 1 天,纵坐标代表温度,以 1 mm 为 0.1℃;③绘制直方图:以各月份的日数为横轴,以各月平均温度值为纵轴,绘制成并排的长方形,即直方图(图 2-4-12);④绘制曲线:应根据直方图绘制温度的年变化曲线 (2)求界限温度的起止日期。以求某地≥10℃的起止日期为例。从 2-4-12 中,在纵坐标上找到所求界限温度 10℃的点,并从该点引平行于横坐标的直线,与温度变化曲线相交于 A、B 两点,再由 A、B 两点分别引直线垂直于横坐标,相交于 C、D 两点,则 C、D 两点分别为≥10℃的起始日期和终止日期。即 4 月 5 日和 10 月 23 日,持续日数为 202 d (3)积温的求算。①≥10℃的活动积温:起止日期所在月的活动积温按求梯形的面积方法求算,其余各月的活动积温分别为该月平均温度乘以该月的日数,计算结果如表 2-4-13 所示。②≥10℃的有效积温,仍按公式 $A=(T-B)\times N$ 进行计算。结果为 $A=2\,136.4℃$	阶梯状的直方图,只能反映出各月温度的平均状况,不能反映一年中温度的连续变化情况,所以应根据直方图绘制温度的年变化曲线。绘制曲线时,应力求使各月方块中被曲线割去的面积与补进的面积相等,同时曲线要力求均匀平滑,不能有折角
频率和保证率的计算	根据北京 30 年(1922—1925、1930—1935、1940—1958)≥10℃的活动积温资料(表 2-4-14),求算北京≥10℃各界限积温出现的频率和保证率 (1)由统计数列(表 2-4-14)中挑出最大值(4 584)和最小值(3 965),以了解数列的变动范围 (2)在一定历史条件下组距和组数,一般分组以 6～8 为宜,本例以 100 为组距,共分 7 组 (3)进行分组,列出计算结果(表 2-4-15) (4)统计各界限积温出现次数,并求出频率,然后将各组频率依次累加求和,即得各界限数值的保证率	统计保证率在农业上应用非常广泛。例如,已知某一棉花品种,要求≥10℃的活动积温高于 4 000℃,若某地种植则可求得其成功的保证率为 97%

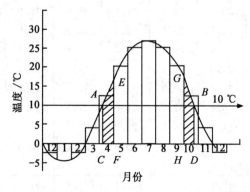

图 2-4-12　某地 30 年月平均温度变化图

表 2-4-10　某地 19××年 3～11 月份逐日平均气温资料

日	月　份								
	3	4	5	6	7	8	9	10	11
1	1.6	6.6	16.3	17.6	30.1	27.2	20.7	15.9	8.4
2	1.0	8.9	18.3	26.7	28.8	28.2	16.6	14.1	9.5
3	1.9	11.5	18.1	25.2	27.8	28.8	17.9	14.6	10.1
4	4.3	9.9	19.6	18.1	32.8	25.6	18.8	16.2	10.5
5	4.6	8.0	22.6	29.4	32.6	22.5	19.6	15.2	7.9
6	7.4	6.0	23.1	27.9	28.0	25.1	18.3	17.2	6.9
7	3.5	7.4	19.0	26.6	23.5	25.0	21.3	15.6	5.8
8	4.8	8.1	20.7	28.3	27.2	25.3	22.0	17.6	4.8
9	5.3	10.7	18.2	31.0	27.9	27.3	22.1	17.6	3.9
10	3.8	15.2	23.2	32.8	26.8	27.5	21.7	12.5	6.3
11	4.6	16.3	19.8	29.2	26.8	28.2	22.0	12.7	8.3
12	5.1	14.3	17.9	24.4	29.6	30.1	22.1	13.7	10.1
13	6.3	16.7	18.2	28.3	30.1	25.3	21.9	13.9	8.4
14	7.1	18.6	17.2	28.4	33.4	23.0	22.3	16.7	7.1
15	3.9	19.6	15.9	27.6	28.4	24.0	20.6	16.7	4.6
16	6.2	19.6	15.9	30.0	32.0	26.0	22.7	13.2	7.9
17	8.5	17.5	18.1	26.5	30.6	23.5	22.6	15.7	2.4
18	9.0	15.3	22.8	22.6	30.8	21.1	22.6	16.2	1.2
19	9.8	14.3	21.4	23.3	27.0	21.6	21.5	15.7	4.3
20	6.7	15.6	24.4	28.4	27.1	23.2	20.0	12.1	1.8
21	5.2	18.4	21.5	27.4	28.7	24.9	19.3	7.9	−0.9
22	7.5	17.9	20.1	26.2	27.3	25.4	16.0	8.8	0.3
23	10.4	18.2	20.0	24.8	26.6	25.6	18.2	10.5	1.5
24	11.3	16.7	18.7	28.4	26.6	23.3	17.9	10.9	1.1
25	12.7	17.2	20.4	26.6	28.7	23.8	16.5	11.9	2.1
26	10.3	20.0	21.0	26.2	27.4	21.9	19.0	10.3	2.4
27	7.0	22.8	16.4	30.0	21.9	22.9	16.7	11.9	2.3
28	8.7	23.5	16.4	31.0	24.8	21.5	15.9	15.1	2.2
29	9.6	22.9	21.7	28.1	25.0	21.9	15.5	12.0	−1.0
30	5.8	21.1	21.2	26.4	23.9	21.1	19.5	7.6	−25
31	3.4		24.9		25.9	20.7		8.1	
			612.1	827.4	865.1	761.7	591.8		

表 2-4-11　五日滑动平均气温计算表

春季≥5.0℃的初日（稳定通过）				秋季≥5.0℃的终日（稳定通过）			
日期	日平均气温/℃	时段	五日滑动平均气温/℃	日期	日平均气温/℃	时段	五日滑动平均气温/℃
2	1.0	3月2～6日	3.8	4	10.5	11月4～8日	7.2
3	1.9	3～7日	4.3	5	7.9	5～9日	5.9
4	4.3	4～8日	4.9	6	6.9	6～10日	5.5
5	4.6	5～9日	5.1	7	6.8	7～11日	5.8
6	7.4	6～10日	5.1	8	4.9	8～12日	6.7
7	3.5	7～11日	4.4	9	3.9	9～13日	7.4
8	4.8	8～12日	4.7	10	6.3	10～14日	8.0
9	5.3	9～13日	5.0	11	0.3	11～15日	7.7
10	3.8	10～14日	5.4	12	10.1	12～16日	7.6
11	4.6	11～15日	5.4	13	8.4	13～17日	6.1
12	5.1	12～16日	5.7	14	7.1	14～18日	4.6
13	6.3	13～17日	6.4	15	4.6	15～19日	4.1
14	7.1	14～18日	5.7	16	7.9	16～20日	3.5
15	3.9	15～19日	6.9	17	2.4	17～21日	0.8
16	6.2	16～20日	6.7	18	1.2	19～22日	0.7

表 2-4-12　某地近 30 年各月平均温度

月份	1	2	3	4	5	6	7	8	9	10	11	12
平均温度/℃	−4.3	−1.9	5.1	13.6	20.0	24.2	25.9	24.6	19.6	12.7	4.3	−2.2

表 2-4-13　某地 30 年≥10℃活动积温表

月份	活动积温/℃	累进值/℃
4	$1/2(AC+EF)\times CF=1/2(10.0+17.0)\times26=351.0$	351.0
5	$20.0\times31=620.0$	971.0
6	$24.2\times30=726$	1 697.0
7	$25.9\times31=802.9$	2 499.0
8	$24.6\times31=762.6$	3 262.5
9	$19.6\times30=588.0$	3 850.5
10	$1/2(BD+GH)\times HD=1/2(10.0+16.6)\times23=305.6$	4 156.4

表 2-4-14　北京市 30 年≥10℃的活动积温

年份	积温/℃	年份	积温/℃	年份	积温/℃	年份	积温/℃	年份	积温/℃
1922	4 438	1 932	4 295	1 941	4 277	1 947	4 131	1 953	4 299
1923	4 070	1 933	4 098	1 942	4 439	1 948	4 318	1 954	4 015
1924	4 188	1 934	4 070	1 943	4 518	1 949	4 303	1 955	4 151
1925	4 261	1 935	4 584	1 944	4 330	1 950	4 165	1 956	3 965
1930	4 440	1 936	4 280	1 945	4 581	1 951	4 136	1 957	4 165
1931	4 211	1 940	4 286	1 946	4 463	1 952	4 240	1 958	4 115

表 2-4-15　频率和保证率的求算表

分组	4 600～4 501	4 500～4 401	4 400～4 301	1 300～4 201	4 200～4 101	4 100～4 001	4 000～3 901
出现次数	3	4	3	8	7	4	1
频率/%	10	13	10	27	24	13	3
保证率/%	10	23	33	60	84	97	100

5.常见技术问题处理

(1)以表 2-4-10 资料为依据,对某地 19××年的温度资料进行统计;分别计算稳定通过 10.0℃起止日期、作物生长活跃期、≥10.0℃的活动积温、≥10.0℃的有效积温。

(2)根据本地各月多年平均气温资料,绘制月平均气温变化的直方图,并利用该图求算本地日平均气温稳定的通过 5.0℃、10.0℃、15.0℃的起止日期,持续日数和活动积温。

(3)某品种冬小麦要求≥10.0℃的活动积温 1 650℃,某品种晚玉米要求≥10.0℃的活动积水温 2 250℃,如果在某地一年内冬小麦和夏玉米倒茬,农耗热需要≥10.0℃的积温 250℃,问其获得成功的保证率是多少?

任务四　当地植物生长的温度环境状况综合评价

1.任务目标

能够准确地对当地植物生长的温度环境状况进行综合评价,为调节植物生长的温度环境奠定基础。

2.任务准备

根据班级人数,按 4 人一组,分为若干组,每组准备好当地"植物生长的温度环境状况"预调查的内容和问题。

3.相关知识

我国由于冬季气温低,而夏季气温高,所以气温年较差大。这也是大陆性气候的一个重要标志。纬度较低的华南、云贵高原的年较差小,大致在 10～20℃愈向北,年较差愈大。长江中下游地区年较差约 25℃,黄河中下游地区 30℃左右,黑龙江和准噶尔盆地 40℃以上。青藏高原因纬度较低,地势高耸,高原面积广大,接受太阳辐射较多,冬季不太寒冷,夏季又很温凉,气温年较差不大。例如,拉萨、昌都、日喀则等地气温年较差仅 18～20℃,比纬度相当的东部地区的汉口(26.2℃)、南京(26.3℃)还要小。藏北高原年较差多在 26℃以下,也比东部同纬度地区小。与世界同纬度平均年较差相比较,我国各地年较差偏大,例如世界 50°N,平均年较差25.1℃,我国满洲里年较差 43.1℃;40°N,平均 18.5℃,天津 30.7℃;30°N,平均12.6℃,杭州 25.1℃;20°N,平均 6.1℃,海口 11.3℃。

气候统计上,常把 12、1、2 月作为冬季,3、4、5 月为春季,6、7、8 月为夏季,9、10、11 月为秋季。但这种四季划分,与各地物候现象不完全一致。1934 年,张宝堃用候平均气温 10℃和 22℃作为划分四季的标准。候平均气温 10℃以下为冬季,22℃以上为夏季,介于 10～22℃的时段为春季和秋季。这样划分出来的四季,与各地的物候现象大体相符。一年之中,候平均气温开始过到 10℃的初春,正是越冬作物返青、春播作物开始播种之时;候平均气温下降到 10℃以下,则是秋熟作物收割完毕,转入冬季。按这个标准,我国各地四季分配长短不一。大体是北方冬长夏短,南方冬短夏长。北温带基本上是长冬(8 个月)无夏,春秋相连。热带地区是长夏无冬。藏北高原则是终年皆冬。中温带、南温带、亚热带等广大地区,一年中寒来暑往,四季分明。特别是长江中下游地区,冬季和夏季各 4 个月,春季和秋季各 2 个月,四季分配较均匀(表 2-4-16)。

表 2-4-16　我国各气候带四季分配

气候带	冬长(月数)	夏长(月数)	春秋长(月数)
北温带	≥8	0	≤4
中温带	6～8	>0～2.5	3.5～5
南温带	4.5～6	1.5～5	3.5～5
北亚热带	3.5～4.5	3～5	3.5～4.5
中亚热带	>0～3.5	4.5～6	4.5～5.5
南亚热带	0	6～8	—
热带	0	8～12	0～4

4.操作规程和质量要求

工作环节	操作规程	质量要求
当地气温变化状况调查	调查当地气温年变化规律、最高温度、最低温度出现的月份情况。调查气温变化对当地植物种植有什么影响？生产上常采取哪些措施进行应对	可通过当地气象站进行访问获取；获得的资料、数据客观、真实、可靠
植物生长温度环境资料观察	当地植物生长的地温测定或资料收集。当地植物生长的气温测定或资料收集	要求参见地温、气温测定
当地积温变化规律的调查	收集当地30年活动积温资料。收集当地近3年每年日平均气温资料。进行平均积温、积温保证率等方面计算	要求参见积温的计算和应用
当地植物生长的温度环境状况综合评价	根据以上调查资料，进行全面分析、归纳当地影响植物生长的温度环境状况，做出综合评价。写一份"当地植物生长的温度环境状况"的调查报告	评价要客观、正确、对当地农业生产具有指导意义

5.常见技术问题处理

由于各院校所在地区气候条件，特别是气温变化等差异较大，因此，在实际进行调查和调查报告的编写也要结合本地区实际进行。

任务五 植物生长的温度环境调控

1.任务目标

能根据当地植物生长管理情况，正确地提出植物生长的温度环境的调控方案，为当地植物生产提供科学依据。

2.任务准备

根据班级人数，按4人一组，分为若干组，每组准备好有关"调控植物生长的温度环境措施"的预习材料。

3.相关知识

合理调控环境的温度，利于植物生长发育，也是农业生产提高产量的重要措施。常用的调控方法主要有：合理耕作、地面覆盖、灌溉排水、设施增温、物理化学制剂增温等。

(1)合理耕作 农业生产常采用耕翻、培土、垄作和镇压等耕作措施，耕作改变了土表状况，影响了对太阳辐射的收支，但影响更大的是对土壤热特性和水分状况的改变。

　　耕翻松土的作用主要有疏松土壤、通气增温、调节水汽、保肥保墒等。松土具有明显的增温效应。白昼或暖季,热量积集表层,温度比未耕地高,而其下层则比较低;夜间或冷季,松土表层温度比未耕地低,下层则较高。

　　镇压以后土壤孔隙度减少,土壤热容量、导热率随之增大。因而清晨和夜间,土表增温,中午前后降温,土表日变幅小。

　　垄作的目的在于:增大受光面积,提高土壤温度,排出渍水,土松通气。在温暖季节,垄作可以提高表土层温度,有利于种子发芽和出苗。

　　(2)地面覆盖　地面覆盖对土壤的温度的调控作用很大,也是常用的措施。农业生产中常用覆盖方式有:地膜覆盖、秸秆覆盖、有机肥覆盖、草木灰覆盖、地面铺沙等。

　　一般地膜覆盖地温比外界地温高 $5\sim10℃$,最低温度比露地温度高 $2\sim4℃$。地膜覆盖具有增温、保墒、增强近地层光强和 CO_2 浓度的功能。

　　在北方秋冬季节利用作物秸秆或从田间剔除的杂草覆盖,可以抵御冷风袭击,减少土壤水分蒸发,防止土壤热容量降低,利于保温和深层土壤热量向上运输。

　　有机肥覆盖一般在北方冬季,起到提高地温的作用。草木灰覆盖在土壤表面,由于加深了土壤颜色,可增强土壤对太阳辐射的吸收,减少反射。

　　我国西北地区甘肃省在农田上铺一层约 10 cm 厚的卵石和粗沙,铺沙前土壤耕翻施肥,铺后数年乃至几十年不再耕翻;山西省则铺细沙,厚度较薄一般使用一年。据山西省研究,铺一层<0.2 cm 的细沙,在 3~4 月份地表可增温 $1\sim3℃$,5 cm 地温可增高 $1.9\sim2.8℃$,10 cm 地温提高 $1.2\sim2.2℃$,另外铺沙覆盖具有保水效应,可防止土壤盐碱化,温、湿度条件得到改善,有利于植物光合作用的加强,植株根系发达,叶面积大,促进其生育期提前。

　　其他覆盖,如无纺布浮面覆盖技术、遮阳网覆盖技术已普遍推广,其主要作用是调温,保墒,抑制杂草等方面。

　　(3)灌溉排水　灌溉地由于地面反射率降低,太阳辐射收入增加且有效辐射减少,吸收热量较多。由于土壤含水量的增加,改变了土壤的热容量,使其明显增大。在寒冷季节灌溉可以提高地温,防止冻害的袭击。在华北地区一般在元旦前后要对越冬植物进行灌溉,是防止冻害发生的有效措施。

　　采用排水,适当降低含水量不仅可以提高地温,还可以使土壤养分的转化和分解,创造良好的土壤结构性和通气性,促进肥力的协调和发展。

　　(4)设施增温　设施增温是指在不适宜植物生长的寒冷季节,利用增温或防寒设施,人为地创造适于植物生长发育的气候条件进行生产的一种方式。设施增温的主要方式有:智能化温室、加温温室、日光温室和塑料大棚等。

（5）物理化学制剂应用 农业上使用的温度调节剂多数是用工业副产品生产的高分子化合物，如石油剂、造纸副产品等。在不同的季节使用的化学制剂类型不同，在冷季使用增温剂，在高温季节使用降温剂。

增温剂主要是一些工业副产品中的高分子化合物，如造纸副产品或石油剂等。这种物质稀释后喷洒于地面，与土壤颗粒结合形成一层黑色的薄膜，这种薄膜也叫液体地膜。液体地膜由于颜色深，吸光性较好，同时还有保水性，减少蒸发，从而保存热量，提高温度。

在高温季节为了避免植物灼伤，要用降温剂。降温剂实质上是白色反光物质，它具有反射强、吸收弱、导热差，以及化学物质结合的水分释放出来时吸收热量而降温的特性。一般可使晴天 14：00 的地面温度降低 10～14℃，有效期可维持 20～30 d，可有效地防止热害、旱害和高温逼热的现象发生。

4.操作规程和质量要求

工作环节	操作规程	质量要求
当地利用耕作措施调控温度情况调查	通过到气象、农业、林业等部门访谈技术人员，访问当地有经验的种植能手，查阅有关杂志、书籍、网站等收集相关资料等方式，调查当地如何利用松土、镇压、垄作等措施进行植物生长温度环境调控	（1）选择技术人员一定要有长期从事这方面科学研究和技术推广经验
当地利用覆盖措施调控温度情况调查	通过到气象、农业、林业等部门访谈技术人员，访问当地有经验的种植能手，查阅有关杂志、书籍、网站等收集相关资料等方式，调查当地如何利用地膜覆盖、秸秆覆盖、有机肥覆盖、铺沙覆盖、其他覆盖等措施进行植物生长温度环境调控	（2）选择农户一定要有长期实践经验 （3）通过网站、杂志、图书获得资料要注意资料的真实性、可靠性
当地利用调节水分措施调控温度情况调查	通过到气象、农业、林业等部门访谈技术人员，访问当地有经验的种植能手，查阅有关杂志、书籍、网站等收集相关资料等方式，调查当地如何利用灌溉、排水、生物措施等措施进行植物生长温度环境调控	（4）获得的试验资料及数据一定要客观、真实、可靠
当地利用设施增温调控温度情况调查	通过到气象、农业、林业等部门访谈技术人员，访问当地有经验的种植能手，查阅有关杂志、书籍、网站等收集相关资料等方式，调查当地如何利用各种温室、大棚、喷施物理化学制剂等措施进行植物生长温度环境调控	
制定当地植物生长温度环境的调控方案	根据上述调查情况，针对当地植物生长的温度环境情况，制定合理调控植物生长温度环境的实施方案，并撰写一份调查报告	报告内容要做到：内容简捷、事实确凿、论据充足、建议合理

5.常见技术问题处理

由于各院校所在地区气候条件、温度变化等差异较大,因此,在实际进行调查时,可选择与本地区植物生长温度环境调控有关的措施进行调查,调控方案的制订、调查报告的编写也要结合本地区实际进行。

☆ **关键词**

热量交换方式　土壤热容量　土壤导热率　土壤导温率　土壤温度　空气温度
逆温　三基点温度　农业界限温度　积温　活动积温　有效积温　植物感温性
植物温周期现象　空气的绝热变化　大气稳定度

☆ **内容小结**

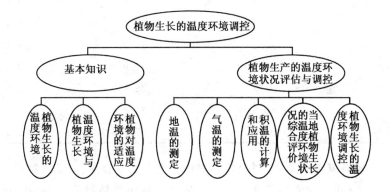

☆ **信息链接**

园林植物对气温的调节——降温作用

植物遮阳可明显减缓小环境温度升高。一般植物叶片对太阳光的反射率为
20%左右,对热辐射的红外光的反射率可高达70%,而城市铺地材料沥青的反射
率仅为4%,鹅卵石为3%。据萨哈夫测定,只有5.2%的太阳辐射透过冷杉的树
冠,6.5%的太阳辐射透过楝树的树冠。树木通过遮挡阳光,减少太阳光的直接辐
射量,从而产生明显的降温效果(表2-4-17)。吴翼在合肥市的测定结果就证明了
这点,而且不同树种的降温效果差异较大,这与树冠的大小、枝叶的密度和叶片的
质地有关。

表 2-4-17　常用行道树遮阳降温效果比较　　　　　　　　　℃

树种	阳光下温度	树阴下温度	温差
银杏	40.2	35.3	4.9
刺槐	40.0	35.5	4.5
枫杨	40.4	36.0	4.4
悬铃木	40.0	35.7	4.3
白榆	41.3	37.2	4.1
合欢	40.5	36.6	3.9
加杨	39.4	35.8	3.6
臭椿	40.3	36.8	3.5
小叶杨	40.3	36.8	3.5
构树	40.4	37.0	3.4
楝树	40.2	36.8	3.4
梧桐	41.1	37.9	3.2
旱柳	38.2	35.4	2.8
槐	40.3	37.7	2.6
垂柳	37.9	37.7	2.3

　　在附近有建筑物的地方,树冠不仅阻挡了太阳直接辐射,而且也阻挡了建筑物墙面的反射,正午时树木郁闭度为 1 的庭院所获得的总辐射量(光和热)一般只有空旷庭院的 1/10。当然,如庭院完全被覆盖后又对空气流通、采光和接收紫外光不利。但树冠投影度为 1/10 时庭院接受到的辐射总量可减少一半左右,且能适量采光,利于通风,又可降低一定的温度。

　　植物一方面可阻挡太阳的热辐射,另一方面又可通过蒸腾作用消耗大量热量,达到降温的效果。Baumgartner 测定,一片云杉林每天通过蒸腾作用可消耗掉 66% 的太阳辐射能。Ruge(1972)计算汉堡市的年平均降水量为 771 mm,其中 1/3 没有经过蒸发而流入城市下水道排走,也就是流走 257 mm,即 2 570 m³/hm²。他认为一棵行道树每年蒸腾消耗的水分为 5 m³,那么每公顷 500 棵行道树将能蒸腾掉相同面积内流走的同样数量的水分,它的凉爽效应为 6.28×10⁹ kJ/(hm²·年)。显然,在夏季植物通过蒸腾作用所消耗的热量对改善城市热岛效应有巨大的作用。

　　由于植物对热辐射的遮挡和蒸腾消耗热量,植物覆盖的表面接受到的长波辐射比建筑材料铺装表面低得多,温度也低得多。上海园林科研所对用爬山虎垂直绿化的普通砖混结构的四层楼房的降温效果进行调查,二楼西墙外侧爬山虎叶层厚度 $10\sim20$ cm,三楼未绿化西外墙为对照。在夏季高温期间测定墙内外的温度变化:三楼外墙最低温度为 26.3℃,最高温度为 44.7℃,昼夜温差为 18.4℃;而二楼外墙最高温度为 35.1℃,最低温度为 27.6℃,昼夜温差为 7.5℃。垂直绿化的降温效果十分显著。由于外墙温度低,减少了热能向内墙的传递,二楼内墙温度比三楼低 $0.8\sim1.7$℃,室内温度二楼也比三楼低 $1\sim1.3$℃。

植物覆盖降低了被覆盖物的温度,被覆盖物对周围环境的热辐射也随之减少。上海园林科研所调查了植物覆盖墙面与地面的反射辐射热的变化(表 2-4-18),绿化墙面或地面的反射辐射热明显低于未绿化的,从而会使周围环境温度较低。

表 2-4-18 植物覆盖对反射辐射热的影响

项目	日期(月/日)									平均值
	8/5	8/10	8/11	8/14	8/15	8/16	8/17	8/24	9/7	
绿化墙面	175.8	184.2	184.2	201.0	209.3	284.7	125.6	318.2	410.3	232.62
草坪	83.7	108.9	301.4	251.2	209.3	192.6	209.3	393.6	393.6	238.19
光墙面	326.6	226.1	351.7	343.3	418.7	452.2	276.3	561.0	628.0	398.21
水泥地面	142.4	284.7	368.4	401.9	544.3	393.6	242.8	552.7	378.3	447.53

注:下午 3:00 测定的数据。

城市地区大面积园林绿地还可形成局部微风。在夏季,建筑物和水泥沥青地面气温高,热空气上升,而绿地(主要是大片森林)内气温低,空气密度大,冷空气下沉,并向周围地区流动,从而使得热空气流向园林绿地,经植物过滤后凉爽的空气流向周围,使周围地区的温度下降。而在冬季森林树冠阻挡地面的辐射热向高空扩散,空旷地空气易流动,散热快,因此在树木较多的小环境中,其气温要比空旷处高,这时树林内热空气会向周围空旷地流动,提高周围地区温度。总之,大片的园林绿地能使城区环境趋于冬暖夏凉,而且由于这些绿地的存在改变了城区的下垫面,有利于空气的流动和大气污染物的稀释。

夏季城市园林绿地的降温效果十分明显,绿地面积越大,降温效果越显著,城市绿地在降低热岛效应方面具有重要意义。据刘梦飞等调查,北京市的城市热岛并不是标准的同心圆,即非市中心温度最高,离市中心越远温度越低,而是多中心型的,具有若干个高温区,这些高温区的分布与地面上植被的多省密切相关,凡有大块绿地和水面或绿化程度较高的地方,温度普遍较低,城市热岛被分割,从而出现多个热岛的现象。

☆ 师生互动

1.当地气温的日变化和年变化有什么规律?

2.当地植物生长的气温状况有何特点? 常采取哪些措施进行调节改善?

3.调查当地植物生长对温度环境怎样进行适应? 举例说明有哪些极端温度危害?

4.结合当地生产实际,总结当地如何进行植物生长的温度环境调控?

☆ 资料收集

1.阅读《土壤》、《土壤学报》、《中国农业气象》、《气象与气象知识》等杂志。

2.浏览有关"植物生长的温度环境"的相关网站。

3.通过本校图书馆借阅植物生长的温度环境方面的书籍。

4.了解近两年有关植物生长的温度环境方面的新技术、新成果、最新研究进展等资料,制作卡片或写一篇综述文章。

☆ 学习评价

项目名称		植物生长的光环境调控			
评价类别	项目	子项目	组内学生互评	企业教师评价	学校教师评价
专业能力	资讯	搜集信息能力			
		引导问题回答			
	计划	计划可执行度			
		计划参与程度			
	实施	工作步骤执行			
		功能实现			
		质量管理			
		操作时间			
		操作熟练度			
	检查	全面性、准确性			
		疑难问题排除			
	过程	步骤规范性			
		操作规范性			
	结果	结果质量			
	作业	完成质量			

续表

项目名称	植物生长的光环境调控					
评价类别	项目	子项目	组内学生互评	企业教师评价	学校教师评价	
社会能力	团队	团结协作				
		敬业精神				
方法能力	方法	计划能力				
		决策能力				
评价评语	班级		姓名		学号	总评
	教师签字		第组	组长签字	日期	
	评语：					

项目五 植物生长的营养环境调控

项目目标

◆ **知识目标**：能描述植物必需营养元素种类与分组，了解植物对养分吸收的原理及植物营养的特性；熟悉合理施肥的基本原理、方式方法；能描述土壤中氮素、磷素、钾素及微量元素的转化过程，熟悉常见化学肥料的合理施用方法；能描述有机肥料、生物肥料的作用与性质，熟悉常见有机肥料的合理施用方法。

◆ **能力目标**：能熟练测定土壤碱解氮、速效磷、速效钾含量；能熟练对常见化学肥料进行鉴定与识别；掌握化学肥料、有机肥料的合理施用技术，树立农产品安全合理施肥与环境保护意识。

模块一 基本知识

【模块目标】认识植物必需的营养元素；了解植物吸收养分的规律；熟悉植物营养临界期、植物营养最大效率期等概念；了解合理施肥的基本原理，熟悉及合理施肥的方式方法，并能运用所学知识进行当地植物的合理施肥。

【背景知识】

植物生长的营养元素

1.植物体内元素的组成

植物的组成十分复杂，一般新鲜的植物体含有 $75\%\sim95\%$ 的水分和 $5\%\sim$

25％的干物质。在干物质中有机物质约占其重量的90％～95％,其组成元素主要是C、H、O和N等;余下的5％～10％为矿物质,也称为灰分,是由很多元素组成,包括磷(P)、钾(K)、钙(Ca)、镁(Mg)、硫(S)、铁(Fe)、锰(Mn)、锌(Zn)、铜(Cu)、钼(Mo)、硼(B)、氯(Cl)、硅(Si)、钠(Na)、钴(Co)、铝(Al)、镍(Ni)、钒(V)、硒(Se)等。现代分析技术研究表明,在植物体内可检测出70多种矿质元素,几乎自然界里存在的元素在植物体内都能找到。

营养元素是指植物体所需要的化学元素。植物营养是指植物体从外界环境中吸取其生长发育所需要的物质并用以维持其生命活动。植物体内的各元素含量差异很大,植物对营养元素的吸收,一方面受植物的基因所决定,另一方面受环境条件所制约。这说明,植物体内的营养元素并不全部是植物生长发育所必需的。植物体内现有的几十种元素,可分为植物生长必需的营养元素和非必需的营养元素。

2.植物必需营养元素及确定标准

判断某种元素是否为植物生长发育所必需的营养元素,一般必须符合以下三条标准:一是不可缺少,植物的营养生长和生殖生长必须有这种元素,是植物完成整个生命周期不可缺少。二是特定的症状,缺少该元素时植物会显示出特殊的、专一的缺素症状,其他营养元素不能代替它的功能,只有补充这种元素后,病症才能减轻或消失。三是直接营养作用,该元素必须对植物起直接的营养作用,并非由于它改善了植物生活条件所产生的间接作用。

某一营养元素只有符合这三条标准,才能被确定为是植物必需的营养元素。到目前为止,已经确定为植物生长发育所必需的营养元素有16种,即碳(C)、氢(H)、氧(O)、氮(N)、磷(P)、钾(K)、钙(Ca)、镁(Mg)、硫(S)、铁(Fe)、锰(Mn)、硼(B)、铜(Cu)、锌(Zn)、钼(Mo)、氯(Cl)。这16种植物必需元素都是用培养试验的方法确定下来的。

在植物必需的营养元素中,碳、氢、氧三种元素来自空气和水分,氮和其他灰分元素主要来自土壤(图2-5-1)。由此说明土壤不仅是植物立足的场所,而且还是植物所需养分的供应者。在土壤的各种营养元素中,氮、磷、钾是植物需要量和收获时带走较多的营养元素,而它们通过残茬和根的形式归还给土壤的数量却不多,常常表现为土壤中有效含量较少,需要通过施肥加以调节,以供植物吸收利用。因此,氮、磷、钾被称为"肥料三要素"。

3.植物必需营养元素的分组

通常根据植物对16种必需营养元素的需要量不同(表2-5-1),可以分为大量

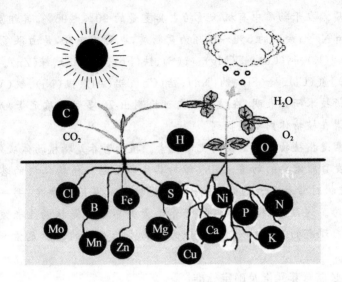

图 2-5-1　植物生长必需营养元素及来源

营养元素和微量营养元素。大量营养元素一般占植株干物质重量的百分之几十到千分之几;它们是碳(C)、氢(H)、氧(O)、氮(N)、磷(P)、钾(K)、钙(Ca)、镁(Mg)、硫(S)等 9 种。微量营养元素占植株干物质重量的千分之几到十万分之几;它们是铁(Fe)、硼(B)、锰(Mn)、铜(Cu)、锌(Zn)、钼(Mo)、氯(Cl)7 种。

　　4.植物必需营养元素的一般功能

　　K. Mengel 和 E. A. Kirkby(1982)根据元素在植物体内的生物化学作用和生理功能,将植物必需营养元素划分为 4 组:

　　第一组包括 C、H、O、N 和 S,它们是构成有机物质的主要成分,也是酶促反应过程中原子团的必需元素。第二组包括 P 和 B,它们都以无机离子或酸分子的形态被植物吸收,并可与植物体中的羟基化合物进行酯化反应形成磷酸酯、硼酸酯等,磷酸酯还参与能量转化。第三组包括 K、Ca、Mg、Mn 和 Cl,它们以离子态被植物吸收,并以离子态存在于细胞的汁液中,或被吸附在非扩散的有机离子上。可调节细胞渗透压,活化酶,或作为辅酶,或成为酶与底物之间的桥键元素,维持生物膜的稳定性和选择透性。第四组包括 Fe、Cu、Zn 和 Mo,它们主要以配位态存在于植物体内,构成酶的辅基,除 Mo 外也常以螯合物或络合物的形态被吸收。它们通过原子化合物的变化传递电子。

表 2-5-1　高等植物必需营养元素的适合含量(以干重计)及利用形态

类别	营养元素	利用形态	含量/%	类别	营养元素	利用形态	含量/(mg/kg)
大量营养元素	碳(C)	CO_2	45	微量营养元素	氯(Cl)	Cl^-	100
	氧(O)	O_2、H_2O	45		铁(Fe)	Fe^{3+}、Fe^{2+}	100
	氢(H)	H_2O	6		锰(Mn)	Mn^{2+}	50
	氮(N)	NO_3^-、NH_4^+	1.5		硼(B)	$H_2BO_3^-$、$B_4O_7^{2-}$	20
	磷(P)	$H_2PO_4^-$、HPO_4^{2-}	0.2		锌(Zn)	Zn^{2+}	20
	钾(K)	K^+	1.0		铜(Cu)	Cu^{2+}、Cu^+	6
	钙(Ca)	Ca^{2+}	0.5		钼(Mo)	MoO_4^{2-}	0.1
	镁(Mg)	Mg^{2+}	0.2				
	硫(S)	SO_4^{2-}	0.1				

5. 必需营养元素之间的相互关系

植物必需营养元素在植物体内构成了复杂的相互关系,这些相互关系主要表现为同等重要和不可代替的关系。即必需营养元素在植物体内不论含量多少都是同等重要的,任何一种营养元素的特殊生理功能都不能被其他元素所代替。

首先,各种营养元素的重要性不因植物对其需要量的多少而有差别,植物体内各种营养元素的含量差别可达十倍、千倍甚至上万倍,但它们在植物营养中的作用,并没有重要和不重要之分。缺少大量营养元素固然会影响植物的生长发育,最终影响产量;缺少微量营养元素也同样会影响植物生长发育,也必然影响产量。

其次,植物体内必需营养元素的生理功能是不可代替的。如磷不能代替氮,钾不能代替磷。由于各种营养元素在植物体内的生理功能有其独特性和专一性,即使有些元素能部分地代替另一必需营养元素的作用,也只是部分或暂时的代替,是不可能完全代替的。

一、植物吸收养分原理

植物对养分的吸收有根部营养和根外营养两种方式。植物的根部营养是指植物根系从营养环境中吸收养分的过程。根外营养是指植物通过叶、茎等根外器官吸收养分的过程。

(一)植物的根部营养

1. 植物根系吸收养分的部位

根系是植物吸收养分和水分的重要器官。在植物生长发育过程中,根系不断地从土壤中吸收养分和水分。对于活的植物来说,根尖大致可分为四个区,即根冠区、分生区、伸长区、根毛区。一般说来,根毛区是根尖吸收养分最活跃的区域。

2.植物根系吸收养分的形态

植物根系可吸收离子态和分子态的养分,一般以离子态养分为主,其次为分子态养分(表 2-5-1)。土壤中呈离子态的养分主要有一、二、三价阳离子和阴离子,如 K^+、NH_4^+、Ca^{2+}、Mg^{2+}、Cu^{2+}、NO_3^-、$H_2PO_4^-$、SO_4^{2-}、MoO_4^{2-}、$B_4O_7^{2-}$ 等离子。分子态养分主要是一些小分子有机化合物,如尿素、氨基酸、磷脂、生长素等。大部分有机态养分需要经过微生物分解转变为离子态养分后,才能被植物吸收利用。

3.养分向根系迁移的途径

植物根系吸收的矿质养分,主要是通过植物根系从土壤溶液或土壤颗粒表面获得的。分散在土壤各个部位的养分到达根系附近或根表的过程称为土壤养分的迁移。其方式有三种,即截获、扩散和质流。

(1)截获 截获是指植物根系在生长与伸长过程中直接与土壤中养分接触而获得的养分的方式(图 2-5-2)。一般只占植物吸收总量的 $0.2\%\sim10\%$,远远不能满足植物的生长需要。因而,截获作用不是土壤养分迁移的主要方式。

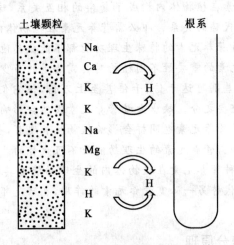

图 2-5-2 土壤截获养分示意图

(引自植物营养学,黄建国,2005)

(2)扩散 扩散是指植物根系吸收养分而使根系附近和离根系较远处的养分离子浓度存在浓度梯度而引起的土壤中养分的移动的方式。由于植物根系不断地从土壤中吸收养分,使得根际土壤溶液中的养分浓度相对降低,这样在根际土壤和土体之间产生养分浓度差。NO_3^-、Cl^-、K^+、Na^+ 等在土壤中的扩散系数大,容易扩散;$H_2PO_4^-$ 扩散系数小,在土壤中扩散慢。

(3)质流 质流是指由于植物蒸腾作用,植物根系吸水而引起水流中所携带养分由土壤向根部流动的过程。在土壤中容易移动的养分,如 NO_3^-、Cl^-、SO_4^{2-}、Na^+ 等主要通过质流到达根系表面。

扩散和质流是使土体养分迁移至植物根系表面的两种主要方式。但在不同的情况下,这两个因素对养分的迁移所起的作用却不完全相同。一般认为,在长距离时,质流是补充养分的主要形式;在短距离内,扩散作用则更为重要。

4. 根系对无机养分的吸收

土壤养分到达植物根系的表面,只是为根系吸收养分准备了条件。大部分养分进入植物体,要经过一系列复杂的过程。养分种类不同,进入细胞的部位不同,其机制也不同。目前比较一致的看法是植物对离子态养分的吸收方式主要有被动吸收和主动吸收两种。

(1)被动吸收　被动吸收是指养分离子通过扩散等不需要消耗能量通过细胞膜进入细胞质的过程,又称非代谢吸收。解释被动吸收的机理主要有杜南平衡学说、扩散学说和离子交换学说。这里主要介绍离子交换学说。

通过截获、扩散、质流等方式迁移到植物根系表面的无机养分,首先进入根细胞的自由空间。离子的进入没有选择性,进入的溶液与外界溶液很快达到平衡。在"自由空间"里进行离子交换,进入细胞内。被动吸收分两情况:一种是根系表面和土壤溶液之间的离子交换(图 2-5-3);另一种是根系与土壤固体颗粒之间的离子交换,也称接触交换(图 2-5-4)。不论哪一种离子交换形式都有一个共同特点,就是养分由高浓度向低浓度扩散,其动力都是物理化学的,与植物代谢作用关系较小。同时这种吸收交换反应是可逆的。因此,被动吸收是植物吸收养分的初级阶段。

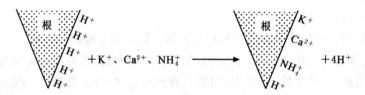

图 2-5-3　植物根上离子与土壤溶液中的离子交换

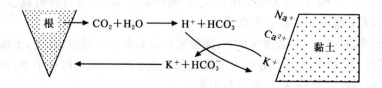

图 2-5-4　碳酸和黏粒所吸附的离子交换

(2)主动吸收 主动吸收,又称代谢吸收,是一个逆电化学势梯度且消耗能量的有选择性地吸收养分的过程。究竟养分是如何进入植物细胞膜内,到目前为止还不十分清楚。很多研究学者提出了不少假说。解释主动吸收的机理主要有载体学说、离子泵学说等。

5.根对有机养分的吸收

植物根系不仅能吸收无机态养分,也能吸收有机态养分。有机养分究竟以什么方式进入根细胞,目前还不十分清楚。解释机理主要是胞饮学说。胞饮作用是指吸收附在质膜上含大分子物质的液体微滴或微粒,通过质膜内陷形成小囊泡,逐渐向细胞内移动的主动转运过程。胞饮现象是一种需要能量的过程,也属于主动吸收(图 2-5-5)。

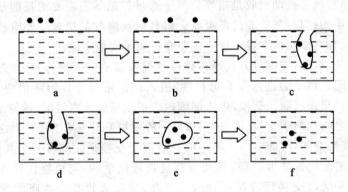

图 2-5-5 胞饮作用示意图

6.影响植物吸收养分的因素

植物吸收养分与外界环境有密切的关系。影响养分吸收的因素主要有:

(1)土壤温度 在 0～30℃范围内,随着温度的升高,根系吸收养分加快,吸收的数量也增加;当温度低于 2℃时,植物只有被动吸收;当土温超过 30℃以上时,养分吸收也显著减少。只有在适当的温度范围内,植物才能正常地、较多地吸收养分。

(2)光照 光照充足,光合作用强度大,吸收能量多,养分吸收也就多。反之,光照不足,养分吸收的数量和强度就少。

(3)土壤通气性 土壤通气良好,能促进植物对养分的吸收;反之,土壤排水不良,呈嫌气状态,植物吸收养分能力下降。在农业生产中,施肥结合中耕,目的之一就是促进植物吸收养分,提高肥料利用率。

(4)土壤酸碱性 酸性条件下,植物吸收阴离子多于阳离子;而碱性条件下,吸收阳离子多于阴离子。大多数养分在 pH 6.5～7.0 时其有效性最高或接近最高。

(5)养分浓度 一般说来,土壤中养分含量高,质流中的离子浓度高,土壤与根系间离子浓度梯度也大,扩散速率增加,根系对离子接触的机会也多,因而有利于植物对养分的吸收。

(6)植物吸收离子的相互作用 植物吸收的离子间相互作用主要表现为拮抗作用和协同作用。离子拮抗作用是指某一离子的存在,能抑制植物对另一种离子的吸收或运转的现象。离子协同作用指某一离子的存在能促进植物对另一种离子的吸收或运转,或相互间表现为促进的现象。这些作用都是对一定的植物和一定的离子浓度而言的,是相对的而不是绝对的。

(二)植物的根外营养

根外营养是植物营养的一种补充方式,特别是在根部营养受阻的情况下,可及时通过叶部、茎等吸收营养进行补救。因此,根外营养是补充根部营养的一种辅助方式。

1.根外营养的特点

根外营养和根部营养比较起来,一般具有以下特点:

(1)直接供给养分,防止养分在土壤中的固定 根外营养直接供给植物吸收养分,可防止养分在土壤中被固定。尤其是易被土壤固定的元素,如铜、铁、锌等,叶部喷施效果较好。在寒冷或干旱地区,土壤施肥不能取得良好效果时,采取根外追肥则能及时供给植物养分。

(2)吸收速率快,能及时满足植物对养分的需要 叶部对养分的吸收和转化都比根部快,能及时满足植物的需要。有人用 ^{32}P 在棉花上进行试验,直接涂在棉叶上的 ^{32}P,5 min 后,根、生长点和嫩叶器官就有相当数量的 ^{32}P,而施入土壤中的 ^{32}P,经 15 d 才能到达相同部位。这一措施对消除某种缺素症,及时补救由于自然灾害造成的损失以及解决植物生长后期所需养分等均有重要作用。

(3)直接促进植物体内的代谢作用 据试验,根外追肥可增加光合作用和呼吸作用的强度,明显提高酶的活性,直接影响到植物体内一系列重要的生理机能,同时也改善了植物向根部供应有机养分的状况,从而能增强植物根系吸收水分和养分的能力。

(4)节省肥料,经济效益高 根外施肥用肥量小,喷施钾、磷等大量元素,其用量仅为土壤施肥用量的 10% 左右。喷施微量元素,不仅节省肥料,还可以避免因土壤施肥不匀和施用量过多所造成的危害。

2.提高根外营养施用效果

(1)注意溶液的组成 喷施的溶液中不同的溶质被叶片吸收的速率是不相同

的。钾被叶片吸收速率依次为 $KCl>KNO_3>K_2HPO_4$,而氮被叶片吸收的速率则为尿素>硝酸盐>铵盐。在喷施生理活性物质和微量元素肥料时,加入尿素可提高吸收速率和防止叶片出现暂时黄化。

(2)注意溶液的浓度及反应 一般在叶片不受害的情况下,适当提高溶液的浓度和调节其 pH 值,可促进叶部对养分的吸收。如果主要目的在于供给阳离子时,溶液的 pH 应调至微碱性;当主要目的在于供给阴离子时,溶液的 pH 则应调至弱酸性。

(3)延长溶液湿润叶片的时间 喷施时间应选在下午或傍晚进行,以防止叶面很快变干。如果同时施用"湿润剂",可降低溶液的表面张力,增大溶液与叶片的接触面积,更能增强叶片对养分的吸收。

(4)最好在双子叶植物上施用 双子叶植物叶面积大,叶片角质层较薄,溶液中的养分易被吸收;对单子叶植物应适当加大浓度或增加喷施次数,以保证溶液能很好地被吸收利用。喷施溶液时,应叶片正面、背面一起喷。

(5)注意养分在叶内的移动性 各种养分在叶细胞内的移动性顺序为:氮>钾>钠>磷>氯>硫>锌>铜>锰>铁>钼;不移动的元素有硼、钙等。在喷施比较不易移动的元素时,喷施 2~3 次为宜,同时喷施在新叶上效果好。

(三)植物营养的特性

1. 植物营养的选择性

植物根据自身的需要,对外界环境中的养分有高度的选择性。当向土壤施入某种肥料以后,由于植物具有选择吸收的特性,就必然会出现吸收肥料中的阴、阳离子不平衡的现象,从而导致土壤环境变酸或变碱。

当把植物栽培在同一种土壤上,常因植物种类不同,它们所吸收的矿物质成分和总量就会有很大的差别。如薯类植物需钾比禾本科植物多;豆科植物需磷较多;叶菜类需氮较多,所以,施肥时必须考虑植物的营养特性。

2. 植物营养的连续性与阶段性

植物在整个生长周期中,要经历几个不同的生长阶段。在这些阶段中,除种子营养和植物生长后期根部停止吸收养分的阶段外,其他阶段都要从土壤中吸收养分。植物营养期是指植物从土壤中吸收养分的整个时期。在植物营养期的每个阶段中,都在不间断地吸收养分,这就是植物吸收养分的连续性。

在植物营养期中,植物对养分的吸收又有明显的阶段性。这主要表现在植物不同生育期中,对养分的种类、数量和比例有不同的要求(图 2-5-6)。在植物营养期中,植物对养分的需求,有两个极为关键的时期:一个是植物营养的临界期,另一个是植物营养的最大效率期。

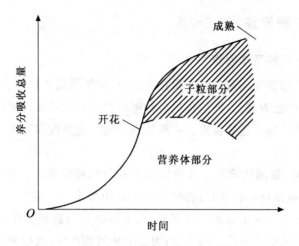

图 2-5-6 植物生长发育期间吸收养分的变化规律

(1)植物营养的临界期 在植物营养过程中,有一时期对某种养分的要求在绝对数量上不多,但很敏感、需要迫切,此时如缺乏这种养分,植物生长发育和产量都会受到严重影响,并由此造成的损失,即使以后补施该种养分也很难纠正和弥补。这个时期称为植物营养的临界期。一般出现在植物生长的早期阶段。水稻、小麦磷素营养临界期在三叶期,棉花在二、三叶期,油菜在五叶期以前;水稻氮素营养临界期在三叶期和幼穗分化期,棉花在现蕾初期,小麦和玉米一般在分蘖期、幼穗分化期;钾的营养临界期资料较少。

(2)植物营养最大效率期 在植物生长发育过程中还有一个时期,植物需要养分的绝对数量最多,吸收速率最快,肥料的作用最大,增产效率最高,这个时期称为植物营养最大效率期。植物营养最大效率期一般出现在植物生长的旺盛时期,或在营养生长与生殖生长并进时期。此时植物生长量大,需肥量多,对施肥反应最为明显。如玉米氮肥的最大效率期一般在喇叭口至抽雄初期,棉花的氮、磷最大效率期在盛花始铃期。为了获得较大的增产效果,应抓住植物营养最大效率期这一有利时期适当追肥,以满足植物生长发育的需要。

植物对养分的要求虽有其阶段性和关键性,但决不能不注意植物吸收养分的连续性。任何一种植物,除了营养临界期和最大效率期外,在各个生育阶段中,适当供给足够的养分都是必要的。忽视植物吸收养分的连续性,植物的生长和产量都将受到影响。

二、合理施肥原理

(一)合理施肥的基本原理

合理施肥是综合运用现代农业科技成果,根据植物需肥规律、土壤供肥规律及肥料效应,以有机肥为基础,产前提出各种肥料的适宜用量和比例以及相应的施肥方法的一项综合性科学施肥技术。一般植物的施肥应掌握以下基本原理。

1. 养分归还学说

19世纪中叶,德国化学家李比希提出了养分归还学说。其中心内容:随着植物的每次收获(包括籽粒和茎秆)必然要从土壤中带走一定量的养分;如果不及时合理地归还植物从土壤中带走的全部养分,土壤肥力会逐渐下降;要想恢复地力,就必须归还植物从土壤中带走的养分;为了增加植物产量,就应该向土壤中添加灰分元素。

该学说中提出的"归还",实质上就是生产过程中通过人为的施肥手段对土壤养分亏缺的积极补偿。虽然不像李比希强调的那样,要归还从土壤中取走的全部养分,而只要根据植物营养特性和土壤养分状况归还必要的养分就可以了。但从发展的观点上看,养分归还学说对恢复和维持土壤肥力有着积极意义。

2. 最小养分律

1843年,李比希在《化学在农业和生理学上的应用》一书中提出了最小养分律。这一理论的中心意思是:植物生长发育需要多种养分,但决定产量的却是土壤中相对含量最少的那种养分——养分限制因子,且产量的高低在一定范围内随这个因子的变化而增减。忽视这个养分限制因素,即使继续增加其他养分,也难以提高植物产量。

在应用最小养分律时应注意以下要点:最小养分不是土壤中绝对含量最小的养分,而是指土壤中有效养分含量相对最少的养分;最小养分不是固定不变的,而是随着植物产量水平和土壤中养分元素的平衡而变化的,当土壤中某种最小养分增加到能够满足植物需要时,这种养分就不再是最小养分,另一种元素又会成为新的最小养分;要想提高植物产量,施肥时首先要补充最小养分。同时还应考虑土壤中对植物生长发育必需的其他养分元素间的平衡。

3. 报酬递减律

报酬递减律是一个经济学上的定律。目前对该定律的一般表述是:从一定土地上所得到的报酬随着向该土地投入的劳动和资本量的增大而有所增加,但达到一定限度后,随着投入的劳动和资本量的增加,单位投入的报酬增加却在逐渐减少。

一般来说,在一定的地力条件下,通过人为因素的努力,产量是能够提高的,但是增产幅度不可能是无限的。换句话说,想通过某一因素增加或改善来换取产量无限制地提高是不可能的,而只能是造成经济上的损失。总之,充分认识报酬递减这一规律,并用它来指导合理施肥,就可避免施肥的盲目性,提高肥料的利用率,从而发挥肥料最大的经济效益。

4．因子综合作用律

植物获得高产是综合因素共同作用的结果,除养分外,还受到温度、光照、水分、空气等环境条件与生态因素等的影响和制约。在这些因素中,其中必然有一个起主导作用的限制因子,产量也在一定程度上受该限制因子的制约。这就是所谓的因子综合作用律。

由于植物和环境条件是统一的,植物生长受许多因子制约,施肥只是植物生长良好、获得高产的综合因子中的一个因子。因此,在施肥实践中,不仅要注意到养分因子中的最小养分,还不能忽视养分以外生态因子供给能力相对较低的因子的影响。

(二)合理施肥技术

合理施肥技术是由适宜的施肥量及养分配比、正确的施肥时期、合理的施肥方法等要素组成。合理施肥应该做到:不断提高土壤肥力;改善土壤理化性质;满足植物对各种养分的需求;降低成本,产量高、品质好、经济效益高。

1．合理施肥时期

一般来说,施肥时期包括基肥、种肥和追肥 3 个环节。只有 3 个环节掌握得当,肥料用得好,经济效益才能高。

(1)基肥　基肥又称为底肥,是指在播种或定植前以及多年生植物越冬前结合土壤耕作施入的肥料。基肥的作用:一是满足整个生育期内植物营养连续性的需求,为植物高产打下良好的基础;二是培肥地力,改良土壤,为植物生长发育创造良好的土壤条件。

从肥料选择的种类来看,一般以有机肥为主,无机肥为辅;以长效肥为主,以速效肥料为辅。生产上习惯把有机肥作为基肥施用,通常不用速效肥料做基肥。从肥料的施用量上来看,一般基肥用量应占总用肥量的绝大部分,具体则根据植物的营养需求与土壤的供肥特性而定。

（2）种肥　种肥是指播种或定植时施入土壤的肥料。一般施于种子或幼苗附近，其目的是为种子发芽和幼苗生长发育创造良好的土壤环境。

种肥多选用速效性化学肥料或腐熟的有机肥料等。因肥料与种子比较接近，施用时需注意，避免因肥料浓度过大、过酸、过碱、吸湿溶解时产生高温或含有毒副成分可能产生的不良作用。

（3）追肥　追肥是指在植物生长发育期间施入的肥料。其目的是及时补充植物生长发育过程中所需要的养分，有利于产量和品质的形成。

追肥常选用速效性化学肥料，腐熟的有机肥有时也可以作追肥。对氮肥来说，应尽量将化学性质稳定的氮肥如硫酸铵、硝酸铵、尿素等作追肥。对磷、钾肥来说，一般通过基肥、种肥去补充。对微量元素肥料来说，应根据不同地区和不同植物在各营养阶段的丰缺状况来确定是否追用。

2. 合理施肥用量

施肥量是构成施肥技术的核心要素，确定经济合理施肥用量是合理施肥的中心问题。估算施肥用量的方法很多，如养分平衡法、肥料效应函数法、土壤养分校正系数法、土壤肥力指标法等。具体内容在测土配方施肥技术中讲述。

3. 合理施肥方法

施肥方法就是将肥料施于土壤和植株的途径与方法，前者称为土壤施肥，后者称为植株施肥。

（1）土壤施肥　在生产实践中，常用的土壤施肥方法主要有：

①撒施。撒施是施用基肥和追肥的一种方法，即把肥料均匀撒于地表，然后把肥料翻入土中。凡是施肥量大的或密植植物如小麦、水稻、蔬菜等封垄后追肥以及根系分布广的植物都可采用撒施法。

②条施。也是基肥和追肥的一种方法，即开沟条施肥料后覆土。一般在肥料较少的情况下施用，玉米、棉花及垄栽红薯多用条施，再如小麦在封行前可用施肥机或耧耩入土壤。

③穴施。穴施是在播种前把肥料施在播种穴中，而后覆土播种，其特点是施肥集中，用肥量少，增产效果较好。果树、林木多用穴施法。

④分层施肥。将肥料按不同比例施入土壤的不同层次内。例如，河南的超高产麦田将作基肥的70%氮肥和80%的磷钾肥撒于地表随耕地而翻入下层，然后把剩余的30%氮肥和20%磷钾肥于耙前撒入垡头，通过耙地而进入表层。

⑤环状和放射状施肥。环状施肥常用于果园施肥，是在树冠外围垂直的地面上，挖一环状沟，深、宽各30～60 cm（图2-5-7），施肥后覆土踏实。来年再施肥时

可在第一年施肥沟的外侧再挖沟施肥,以逐年扩大施肥范围。放射状施肥是在距树木一定距离处,以树干为中心,向树冠外围挖 4~8 条放射状直沟,沟深、宽各 50 cm,沟长与树冠相齐,肥料施在沟内(图 2-5-8),来年再交错位置挖沟施肥。

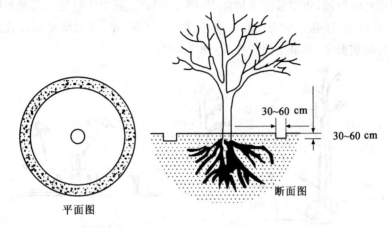

图 2-5-7　环状施肥示意图

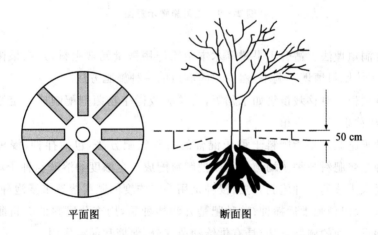

图 2-5-8　放射状施肥示意图

(2)植株施肥　在生产实践中,常用的植株施肥方法主要有:

①根外追肥。把肥料配成一定浓度的溶液,喷洒在植物体上,以供植物吸收的一种施肥方法。此法省肥、效果好,是一种辅助性追肥措施。

②注射施肥。注射施肥是在树体、根、茎部打孔,在一定的压力下,将营养液通过树体的导管,输送到植株的各个部位的一种施肥方法。注射施肥又可分为滴注

和强力注射。

　　滴注是将装有营养液的滴注袋垂直悬挂在距地面 1.5 m 左右高的树杈上,排出管道中气体,将滴注针头插入预先打好的钻孔中(钻孔深度一般为主干直径的 2/3),利用虹吸原理,将溶液注入树体中(图 2-5-9a)。强力注射是利用踏板喷雾器等装置加压注射,压强一般为$(98.1 \sim 147.1) \times 10^4$ N/m²,注射结束后注孔用干树枝塞紧,与树皮剪平,并堆土保护注孔(图 2-5-9b)。

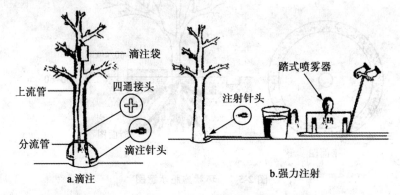

图 2-5-9　注射施肥示意图

　　③打洞填埋法。适合于果树等木本植物施用微量元素肥料,是在果树主干上打洞,将固体肥料填埋于洞中,然后封闭洞口的一种施肥方法。

　　④蘸秧根。对移栽植物如水稻等,将磷肥或微生物菌剂配制成一定浓度的悬浊液,浸蘸秧根,然后定植。

　　⑤种子施肥。是指肥料于种子混合的一种施肥方法,包括拌种、浸种和盖种肥。拌种是将肥料与种子均匀拌和或把肥料配成一定浓度的溶液与种子均匀拌和后一起播入土壤的一种施肥方法;浸种是用一定浓度的肥料溶液来浸泡种子,待一定时间后,取出稍晾干后播种;盖种肥是开沟播种后,用充分腐熟的有机肥或草木灰盖在种子上面的施肥方法,具有供给幼苗养分、保墒和保温作用。

模块二　常见肥料的合理施用

　　【模块目标】能描述土壤中氮素、磷素、钾素及微量元素的转化过程,熟悉常见化学肥料的合理施用技术。能熟练测定土壤碱解氮、速效磷、速效钾含量；能熟练对常见化学肥料进行鉴定。熟悉常见有机肥料和生物肥料的合理施用技术。

任务一 氮肥的合理施用

1.任务目标

了解土壤氮素形态及其转化；熟悉土壤碱解氮含量的测定；掌握常见氮肥的性质和施用要点；掌握当地合理施用氮肥，提高氮肥利用率的技术。

2.任务准备

准备尿素、碳酸氢铵、氯化铵、硫酸铵、硝酸铵、硝酸钙等氮肥样品少许。并将全班按 2 人一组分为若干组，每组准备以下材料和用具：半微量滴定管（1～2 mL 或 5 mL），扩散皿，恒温箱，滴定台，玻璃棒。同时提前进行下列试剂配制：

（1）1.8 mol/L 氢氧化钠溶液 称取分析纯氢氧化钠 72 g，用水溶解后，冷却定容到 1 000 mL。

（2）2％硼酸溶液 称取 20 g 硼酸（H_3BO_3，三级），用热蒸馏水（约 60℃）溶解，冷却后稀释至 1 000 mL，用稀酸或稀碱调节 pH 至 4.5。

（3）0.01 mol/L 盐酸溶液 取 1∶9 盐酸 8.35 mL，用蒸馏水稀释至 1 000 mL，然后用标准碱或硼砂标定。

（4）定氮混合指示剂 分别称 0.1 g 甲基红和 0.5 g 溴甲酚绿指示剂，放入玛瑙研钵中，并用 100 mL 95％酒精研磨溶解，此液应用稀酸或稀碱调节 pH 至 4.5。

（5）特制胶水 阿拉伯胶（称取 10 g 粉状阿拉伯胶，溶于 15 mL 蒸馏水中）10 份，甘油 10 份，饱和碳酸钾 10 份，混合即成。

（6）硫酸亚铁（粉剂） 将分析纯硫酸亚铁磨细，装入棕色瓶中置阴凉干燥处贮存。

3.相关知识

（1）土壤氮素形态及其转化 土壤中氮素养分含量受气候条件、植被、地形、土壤、耕作利用方式等因素的影响差别很大。一般来讲，我国农业土壤含氮量在 0.5～2.0 g/kg。土壤全氮量高于 1.5 g/kg 以上的为高含量，0.5～1.5 g/kg 为中量，低于 0.5 g/kg 以下为低含量。

土壤中氮素形态可分有机态氮和无机态氮两种。有机态氮是土壤中氮的主要形态，一般占土壤全氮量的 95％以上，主要以蛋白质、氨基酸、酰胺、胡敏酸等形态存在。无机态氮是植物可吸收利用的氮素形态，一般只占土壤全氮量的 1.0%～2.0%，最多不超过 5%，主要是铵态氮、硝态氮和极少量的亚硝态氮。

土壤中的氮素转化主要包括氨化作用、硝化作用、反硝化作用、氨的挥发作用等过程(图 2-5-10)。

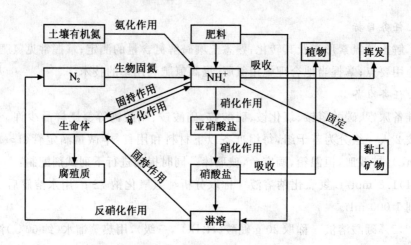

图 2-5-10　土壤中氮素的转化

(引自土壤肥料，宋志伟，2009)

①矿化作用。矿化作用是指土壤中的有机氮经过矿化分解成无机氮素的过程。有机氮的矿化过程需要在一定温度、水分、空气及各种酶的作用下才能进行。矿化作用一般分两步：

水解作用和氨化作用。水解作用可表示为：

$$蛋白质 \xrightarrow[蛋白酶]{+n\,H_2O} 多肽 \xrightarrow[肽酶]{+n\,H_2O} 二肽 \xrightarrow[肽酶]{+n\,H_2O} 氨基酸 + 其他物质 + 能量$$

氨化作用是指氨基酸在微生物-氨化细菌的作用下进一步分解成铵离子(NH_4^+)或氨气(NH_3)的过程。氨化作用与土壤条件有密切的相关性，在土壤湿润、土壤温度为 30～45℃、中性至微碱性条件下氨化作用进行得较快。

氧化脱氨　　氨基酸 $\xrightarrow{O_2}$ 有机酸 + NH_3 + CO_2

还原脱氨　　氨基酸 $\xrightarrow{H_2}$ 有机酸 + NH_3

水解脱氨　　　氨基酸 $\xrightarrow{\text{H}_2\text{O}}$ 有机酸 $+ \text{NH}_3$
　　　　　　　　　　　　　醛 $+ \text{NH}_3$
　　　　　　　　　　　　　醇 $+ \text{NH}_3$

②硝化作用。土壤中氨或铵离子在微生物作用下转化为硝态氮的过程称为硝化作用。包括两步:第一步氨在亚硝化细菌作用下氧化为亚硝酸,第二步在硝化细菌作用下氧化为硝酸。其反应式为:

$$2\text{NH}_3 + 3\text{O}_2 \xrightarrow{\text{亚硝化细菌}} 2\text{HNO}_2 + 2\text{H}_2\text{O}$$

$$2\text{HNO}_2 + \text{O}_2 \xrightarrow{\text{硝化细菌}} 2\text{HNO}_3$$

③反硝化作用。通过反硝化细菌作用,硝态氮被还原为气态氮的过程称为反硝化作用。当土壤处于通气不良条件下,反硝化作用其反应式为:

$$\text{NO}_3^- \longrightarrow \text{NO}_2^- \longrightarrow \text{NO} \longrightarrow \text{N}_2 \uparrow$$

④生物固氮。生物固氮是指通过一些生物所有的固氮菌将空气(土壤空气)中气态的氮被植物根系所固定而存在于土壤中的过程。

⑤无机氮的固定作用。矿化后释放的无机氮和由肥料施入的 NH_4^+ 或 NO_3^- 可被土壤微生物吸收;也可被黏土矿物晶格固定;或与有机质结合,这些统称无机氮的固定作用。

⑥淋溶作用。土壤中以硝酸或亚硝酸形态存在的氮素在灌溉条件下很容易被淋溶损失,造成污染。湿润和半湿润地区土壤中,氮的淋失量较多;干旱和半干旱地区,淋失极少。

⑦氨的挥发作用。矿化作用产生的 NH_4^+ 或施入土壤中的 NH_4^+ 易分解成 NH_3 而挥发。其过程为:

$$\text{NH}_4^+(代换性) \Longleftrightarrow \text{NH}_4^+(液相) \Longleftrightarrow \text{NH}_3(液相) \Longleftrightarrow \text{NH}_3(气相) \Longleftrightarrow \text{NH}_3(大气)$$

(2)土壤碱解氮测定原理　用 1.8 mol/L 氢氧化钠碱解土壤样品,使有效态氮碱解转化为氨气状态,并不断地扩散逸出,由硼酸吸收,再用标准酸滴定,计算出碱解氮的含量。因旱地土壤中硝态氮含量较高,需加硫酸亚铁还原为铵态氮。由于硫酸亚铁本身会中和部分氢氧化钠,故须提高碱的浓度,使加入后的碱度保持在 1.2 mol/L。因水田土壤中硝态氮极微,故可省去加入硫酸亚铁,而直接用 1.2 mol/L 氢氧化钠碱解。

4.操作规程和质量要求

工作环节	操作规程	质量要求
当地土壤碱解氮含量测定	(1)称样。称取通过 1 mm 筛风干土样 2 g 和 1 g 硫酸亚铁粉剂,均匀铺在扩散皿(图 2-5-11)外室内,水平地轻轻旋转扩散皿,使样品铺平。同一样品需称两份做平行测定 (2)扩散准备。在扩散皿内室加入 2 mL 2‰硼酸溶液,并滴加 1 滴氮混合指示剂,然后在扩散皿的外室边缘涂上特制胶水,盖上皿盖,并使皿盖上的孔与皿壁上的槽对准,而后用注射器迅速加入 10 mL 1.8 mol/L 氢氧化钠于皿的外室中,立即盖严毛玻璃盖,以防逸失 (3)恒温扩散。水平方向轻轻旋转扩散皿,使溶液与土壤充分混匀,然后小心地用橡皮筋两根交叉成十字形圈紧固定,随后放入 40℃恒温箱中保温 24 h (4)滴定。24 h 后取出扩散皿去盖,再以 0.01 mol/L 盐酸标准溶液用半微量滴定管滴定内室硼酸中所吸收的氨量(由蓝色滴到微红色) (5)空白实验。在样品测定同时进行两个空白实验。除不加土样外,其他步骤同样品测定 (6)结果计算 $$碱解氮含量(mg/kg) = \frac{c(V-V_0) \times 14 \times 1\,000}{m}$$ 式中:c 为标准盐酸溶液的浓度,mol/L;V 为滴定样品时用去盐酸体积,mL;V_0 为滴定空白样品时用去盐酸体积,mL;14 代表 1 mol 氮的克数;1 000 是换算成每千克样品中氮的质量的系数;m 为烘干样品重,g	(1)样品称量精确到 0.01 g;若为水稻土,不需加还原剂 (2)由于胶水碱性很强,在涂胶和恒温扩散时要特别细心,谨防污染室内 (3)扩散时温度不宜超过 40℃。扩散过程中,扩散皿必需盖严,不能漏气 (4)滴定时应用细玻璃棒搅动室内溶液,不宜摇动扩散皿,以免溢出 (5)空白器皿与样品器皿一定要同时保温扩散 (6)平行测定结果以算术平均值表示,保留整数;平行测定结果允许相对相差≤10%
当地常见氮肥种类的性质与施用要点认识	常见氮肥的种类主要有:尿素、碳酸氢铵、氯化铵、硫酸铵、硝酸铵、硝酸钙等,这些氮肥的性质与施用要点见表 2-5-2。根据当地生产中常用的氮肥品种,抽取样品,熟悉它们的性质和施用要点	要求能准确认识当地常见氮肥品种,并熟悉其含量、化学成分、主要性质和施用要点
当地氮肥合理施用技术推广	(1)根据当地土壤碱解氮含量测定结果,评价其肥力等级,根据种植植物情况,确定氮肥用量 (2)根据当地气候条件、氮肥特性、植物种植情况等确定氮肥品种 (3)根据氮肥品种和用量,通过合理深施,与有机肥、磷钾肥配合施用,施用尿酶抑制剂和硝化抑制剂等提高氮肥利用率	具体要求参见常见技术问题处理

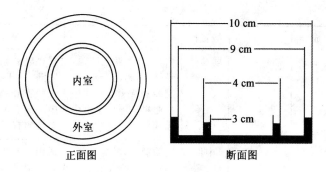

图 2-5-11　扩散皿示意图

表 2-5-2　常见氮肥的性质和施用要点

肥料名称	化学成分	N/%	酸碱性	主要性质	施用要点
碳酸氢铵	NH_4HCO_3	16.8~17.5	弱碱性	化学性质极不稳定，白色细结晶，易吸湿结块，易分解挥发，刺激性氨味，易溶于水，施入土壤无残存物，生理中性肥料	储存时要防潮、密闭。一般作基肥或追肥，不宜作种肥，施入 7~10 cm 深，及时覆土，避免高温施肥，防止 NH_3 挥发，适合于各种土壤和作物
尿素	$CO(NH_2)_2$	45~46	中性	白色晶体，无味无臭，稍有清凉感，易溶于水，呈中性反应，易吸湿，肥料级尿素则吸湿性较小	适用于各种作物和土壤，可用作基肥、追肥，并适宜作根外追肥。尿素中因含有缩二脲，常对植物种子发芽和植株生长有影响
硫酸铵	$(NH_4)_2SO_4$	20~21	弱酸性	白色结晶，因含有杂质有时呈淡灰、淡绿或淡棕色，吸湿性弱，热反应稳定，是生理酸性肥料，易溶于水	宜作种肥、基肥和追肥；在酸性土壤中长期施用，应配施石灰和钙镁磷肥，以防土壤酸化。水田不宜长期大量施用，以防 H_2S 中毒；适于各种作物尤其是油菜、马铃薯、葱、蒜等喜硫作物
氯化铵	NH_4Cl	24~25	弱酸性	白色或淡黄色结晶，吸湿性小，热反应稳定，生理酸性肥料，易溶于水	一般作基肥或追肥，不宜作种肥。一些忌氯作物如烟草、葡萄、柑橘、茶叶、马铃薯等和盐碱地不宜施用

续表 2-5-2

肥料名称	化学成分	N/%	酸碱性	主要性质	施用要点
硝酸铵	NH_4NO_3	34～35	弱酸性	白色或浅黄色结晶,易结块,易溶于水,易燃烧和爆炸,生理中性肥料。施后土壤中无残留	贮存时要防燃烧、爆炸、防潮,适于作追肥,不宜作种肥和基肥。在水田中施用效果差,不宜与未腐熟的有机肥混合施用
硝酸钙	$Ca(NO_3)_2$	13～15	中性	钙质肥料,吸湿性强,是生理碱性肥料	适用于各类土壤和作物,宜作追肥,不宜作种肥,不宜在水田中施用,贮存时要注意防潮

5.常见技术问题处理

氮肥利用率是指植物当季对氮肥中氮素养分吸收的数量占施氮量的百分数。氮肥利用率是衡量氮肥施用是否合理的一项重要指标,在田间情况下氮肥利用率一般水田为20%～50%,旱地为40%～60%,不同植物对不同氮肥的利用率不同。氮肥利用率低是国内外普遍存在的问题。氮肥损失的途径主要是氨的挥发、硝态氮的流失和反硝化作用等途径,因此氮肥的合理施用主要是减少损失,提高氮肥利用率。

(1)根据气候条件合理分配和施用氮肥　氮肥利用率受降雨量、温度、光照强度等气候条件影响非常大。我国北方地区干旱少雨,土壤墒情较差,氮素淋溶损失不大,因此,在氮肥分配上北方以分配硝态氮肥适宜。南方气候湿润,降雨量大,氮素淋溶和反硝化损失问题严重,因此,南方则应分配铵态氮肥。施用时,硝态氮肥尽可能施在旱作土壤上,铵态氮肥施于水田。

(2)根据植物特性确定施肥量和施肥时期　不同植物对氮肥需要不同,一些叶菜类如大白菜、甘蓝和以叶为收获物的植物需氮较多;禾谷类植物需氮次之;而豆科植物能进行共生固氮,一般只需在生长初期施用一些氮肥;马铃薯、甜菜、甘蔗等淀粉和糖料植物一般在生长初期需要氮素充足供应;蔬菜则需多次补充氮肥使得氮素均匀地供给蔬菜需用,不能把全生育期所需的氮肥一次性施入。

同一植物的不同品种需氮量也不同,如杂交稻及矮秆水稻品种需氮较常规稻、籼稻和高秆水稻品种需氮多;同一品种植物不同生长期需氮量也不同。有些植物对氮肥品种具有特殊喜好,如马铃薯最好施用硫酸铵;麻类植物喜硝态氮;甜菜以硝酸钠最好;番茄在苗期以铵态氮较好,结果期以硝态氮较好。

(3)根据土壤特性施用不同的氮肥品种和控制施肥量　一般的沙土、沙壤土保肥性能差,氨的挥发比较严重,因此氮肥应该少量多次;轻壤土、中壤土有一定的保肥性能,可适当地多施一些氮肥;黏土的保肥、供肥性能强,施入土壤的肥料可以很快被土壤吸收、固定,可减少施肥次数。

碱性土壤施用铵态氮肥应深施覆土;酸性土壤宜选择生理碱性肥料或碱性肥料,如施用生理酸性肥料应结合有机肥料和石灰。

(4)根据氮肥特性合理分配与施用　一般来讲,各种铵态氮肥如氨水、碳酸氢铵、硫酸铵、氯化铵,可作基肥深施覆土;硝态氮肥如硝酸铵在土壤中移动性大,宜作旱田追肥;尿素适宜于一切植物和土壤。尿素、碳酸氢铵、氨水、硝酸铵等不宜作种肥,而硫酸铵等可作种肥。

硫酸铵可分配施用到缺硫土壤和需硫植物上,如大豆、菜豆、花生、烟草等;氯化铵忌施在烟草、茶、西瓜、甜菜、葡萄等植物上,但可施在纤维类植物上,如麻类植物;尿素适宜作根外追肥。

(5)铵态氮肥要深施　氮肥深施能增强土壤对 NH_4^+ 的吸附作用,可以减少氨的直接挥发,随水流失以及反硝化脱氮损失,提高氮肥利用率和增产途径。氮肥深施还具有前缓、中稳、后长的供肥特点,其肥效可长达 $60\sim80\ d$,能保证植物后期对养分的需要。深施有利于促进根系发育,增强植物对养分的吸收能力。氮肥深施的深度以植物根系集中分布范围为宜,如水稻以 $10\ cm$ 为宜。

(6)氮肥与有机肥料、磷肥、钾肥配合施用　由于我国土壤普遍缺氮,长期大量的氮肥投入,而磷钾肥的施用相应不足,植物养分供应不均匀,影响了氮肥肥效的发挥。而氮肥与有机肥、磷肥、钾肥配合施用,既可满足植物对养分的全面需要,又能培肥土壤,使之供肥平稳,提高氮肥利用率。

(7)加强水肥综合管理,提高氮肥利用率　水肥综合管理,也能起到部分深施的作用,达到氮肥增产效果的目的。在水田中,已提出的"无水层混施法"(施用基肥)和"以水带氮法"(施用追肥)等水稻节氮水肥综合管理技术,较习惯施用法可提高氮肥利用率 12%,每千克多增产稻谷 $5.1\ kg$,增产 11%。

旱作撒施氮肥随即灌水,也有利于降低氮素损失,提高氮肥利用率。在河南封丘潮土上进行的小麦试验中,用返青肥表施后灌水处理的方法,使尿素的氮素损失比灌水后表施处理方法的氮素损失低 7%,其增产效果接近于深施。

(8)施用长效肥料、脲酶抑制剂和硝化抑制剂　施用脲酶抑制剂,可抑制尿素的水解,使尿素能扩散移动到较深的土层中,从而减少旱地表层土壤中或稻田田面水中铵态氮总浓度,以减少氨的挥发损失。目前研究较多的脲酶抑制剂有 O-苯基磷酰二胺,N-丁基硫代磷酰三胺和氢醌。

硝化抑制剂的作用是抑制硝化细菌防止铵态氮向硝态氮转化,从而减少氮素的反硝化作用损失和淋失。目前国内应用的硝化抑制剂主要有 2-氯-6(三氯甲基)吡啶(CP)、2-氨基-4-氯-6 甲基嘧啶(AM)等,CP 用量为氮肥含 N 量的 1%～3%,AM 为 0.2%。

施用长效氮肥,有利于植物的缓慢吸收,减少氮素损失和生物固定,降低施用成本,提高劳动生产率。

任务二　磷肥的合理施用

1.任务目标

了解土壤磷素形态及其转化;熟悉土壤速效磷含量的测定;掌握常见磷肥的性质和施用要点;掌握当地合理施用磷肥,提高磷肥利用率的技术。

2.任务准备

准备过磷酸钙、重过磷酸钙、钙镁磷肥、钢渣磷肥、脱氟磷肥、偏磷酸钙、沉淀磷肥、磷矿粉、骨粉等磷肥样品少许。将全班按 2 人一组分为若干组,每组准备以下材料和用具:天平,分光光度计,振荡机,容量瓶,三角瓶,比色管,移液管,无磷滤纸。并提前进行下列试剂配制:

(1)无磷活性炭粉　为了除去活性炭中的磷,先用 1:1 盐酸溶液浸泡 24 h,然后移至平板瓷漏斗抽气过滤,用水淋洗到无 Cl⁻ 为止(4～5 次),再用碳酸氢钠浸提剂浸泡 24 h,在平板瓷漏斗抽气过滤,用水洗尽碳酸氢钠并检查到无磷为止,烘干备用。

(2)100 g/L 氢氧化钠溶液　称取 10 g 氢氧化钠溶于 100 mL 水中。

(3)0.5 mol/L 碳酸氢钠溶液　称取化学纯碳酸氢钠 42 g 溶于 800 mL 蒸馏水中,冷却后,以 0.5 mol/L 氢氧化钠调节 pH 至 8.5,洗入 1 000 mL 容量瓶中,用水定容至刻度,贮存于试剂瓶中。

(4)3 g/L 酒石酸锑钾溶液　称取 0.3 g 酒石酸锑钾溶于水中,稀释至 100 mL。

(5)硫酸钼锑贮备液　称取分析纯钼酸铵 10 g 溶入 300 mL 约 60℃ 的水中,冷却。另取 181 mL 浓硫酸缓缓注入 800 mL 水中,搅匀,冷却。然后将稀硫酸溶液徐徐注入钼酸铵溶液中,搅匀,冷却。再加入 100 mL 3 g/L 酒石酸锑钾溶液,最后用水稀释至 2 mL,摇匀,贮于棕色瓶中备用。

(6)硫酸钼锑抗显色剂　称取 0.5 g 左旋抗坏血酸溶于 100 mL 钼锑贮备液中。此试剂有效期 24 h,必须用前配制。

(7)100 μg/mL 磷标准贮备液　准确称取 105℃ 烘干过 2 h 的分析纯磷酸二氢钾 0.439 g 用水溶解,加入 5 mL 浓硫酸,然后加水定容至 1 000 mL。该溶液放入冰箱中可供长期使用。

（8）5 μg/mL 磷标准液　吸取 5.00 mL 磷标准贮备液于 100 mL 容量瓶中，定容。该液用时现配。

3.相关知识

（1）土壤磷素形态及其转化　我国土壤全磷量（P_2O_5）一般在 0.3～3.5 g/kg 范围，其中 99% 以上为迟效磷，作物当季利用的仅有 1%。

土壤中磷素一般以有机磷和无机磷两种形态存在。土壤有机磷主要来源于有机肥料和生物残体，如核蛋白、核酸、磷脂、植素等，占全磷的 10%～50%。土壤无机磷占全磷的 50%～90%，主要以磷酸盐形式存在，根据磷酸盐的溶解性可将无机磷分为水溶性磷（主要是钾、钠、钙磷酸盐，能溶于水）、弱酸溶性磷（主要是磷酸二钙、磷酸二镁，能溶于弱酸）和难溶性磷（主要是磷酸八钙、十钙及磷酸铁、铝盐等）。

土壤中磷的转化包括有效磷的固定（化学固定、吸附固定、闭蓄态固定和生物固定）和难溶性磷的释放过程，它们处于不断地变化过程中（图 2-5-12）。

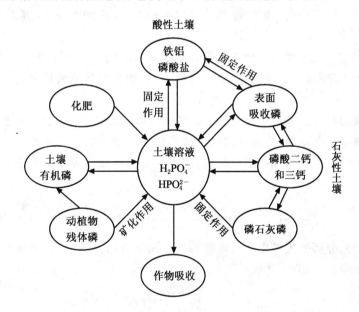

图 2-5-12　磷在土壤中的转化

（引自土壤肥料，宋志伟，2009）

①化学固定。由化学作用所引起的土壤中磷酸盐的转化有两种类型：中性、石

灰性土壤中水溶性磷酸盐和弱酸溶性磷酸盐与土壤中水溶性钙镁盐、吸附性钙镁及碳酸钙镁作用发生化学固定。可用下式表示。

$$\text{磷酸一钙} \xrightarrow{\text{快}} \text{磷酸二钙} \xrightarrow{\text{慢}} \text{磷酸八钙} \xrightarrow{\text{慢}} \text{磷酸十钙}$$

在酸性土壤中水溶性磷和弱酸溶性磷酸盐与土壤溶液中活性铁铝或代换性铁铝作用生成难溶性铁、铝沉淀。如磷酸铁铝（$FePO_4 \cdot AlPO_4$）、磷铝石[$Al(OH)_2 \cdot H_2PO_4$]、磷铁矿[$Fe(OH)_2 \cdot H_2PO_4$]等。

②吸附固定。吸附固定分为非专性吸附和专性吸附。非专性吸附主要发生在酸性土壤中，由于酸性土壤 H^+ 浓度高，黏粒表面的 OH^- 质子化，经库仑力的作用，与磷酸根离子产生非专性吸附。铁、铝多的土壤易发生磷的专性吸附，磷酸根与氢氧化铁、铝、氧化铁、铝的 Fe-OH 或 Al-OH 发生配位基团交换，为化学力作用。

③闭蓄态固定。闭蓄态固定是指磷酸盐被溶度积很小的无定形铁、铝、钙等胶膜所包蔽的过程（或现象）。在砖红壤、红壤、黄棕壤和水稻土中闭蓄态磷是无机磷的主要形式，占无机磷总量的 40% 以上，这种形态磷难以被植物利用。

④生物固定。当土壤有效磷不足时就会出现微生物与植物争夺磷营养，因而发生磷的生物固定。磷的生物固定是暂时的，当生物分解后磷可被释放出来供植物利用。

⑤无机磷的释放。土壤中难溶性无机磷的释放主要依靠 pH、Eh 的变化和螯合作用。在石灰性土壤中，难溶性磷酸钙盐可借助于微生物的呼吸作用和有机肥料分解所产生的二氧化碳和有机酸作用，逐步转化为有效性较高的磷酸盐和磷酸二钙。

$$Ca_3(PO_4)_2 \xrightarrow{+H_2CO_3} Ca_2(HPO_4)_2 \xrightarrow{+H_2CO_3} Ca(H_2PO_4)_2 \xrightarrow{+H_2O} H_3PO_4$$

⑥有机磷的分解。土壤中有机磷在酶的作用下进行水解作用，能逐步释放出有效磷供植物吸收利用。

$$\text{植素} \xrightarrow{\text{水解}} \text{植酸} \xrightarrow{\text{水解}} H_3PO_4$$

$$\text{核蛋白} \xrightarrow{\text{水解}} \text{核酸} + \text{蛋白质}$$

$$\text{核酸} \xrightarrow{\text{核酸酶}} \text{核苷酸} \xrightarrow{\text{核苷酸酶}} \text{核苷} + H_3PO_4$$

$$卵磷脂 \xrightarrow[磷酸酯酶]{水解} 磷酸甘油 + 胆碱 + 脂肪酸$$

$$\xrightarrow{水解} 甘油 + H_3PO_4$$

（2）速效磷测定原理　针对土壤质地和性质，采用不同的方法提取土壤中的速效磷，提取液用钼锑抗混合显色剂在常温下进行还原，使黄色的锑磷钼杂多酸还原成为磷钼蓝，通过比色计算得到土壤中的速效磷含量。一般情况下，酸性土采用酸性氟化铵或氢氧化钠—草酸钠提取剂测定。中性和石灰性土壤采用碳酸氢钠提取剂，石灰性土壤可用碳酸盐的碱溶液。

4.操作规程和质量要求

工作环节	操作规程	质量要求
当地土壤速效磷含量测定	（1）称样。称取通过 1 mm 筛孔的风干土壤样品 2.5 g 置于 250 mL 三角瓶中 （2）土壤浸提液制备。准确加入碳酸氢钠溶液 50 mL，再加约 1 g 无磷活性炭，摇匀，用橡皮塞塞紧瓶口，在振荡机上振荡 30 min，立即用无磷滤纸过滤于 150 mL 三角瓶中，弃去最初滤液 （3）加显色剂。吸取滤液 10.00 mL 于 25 mL 比色管中，缓慢加入显色剂 5.00 mL，慢慢摇动，排出 CO_2 后加水定容至刻度，充分摇匀。在室温高于 20℃处放置 30 min （4）标准曲线绘制。吸取磷标准液 0、0.5、1.0、1.5、2.0、2.5、3.0 mL 于 25 mL 比色管中，加入浸提剂 10 mL，显色剂 5 mL，慢慢摇动，排出 CO_2 后加水定容至刻度。此系列溶液磷的浓度分别为 0、0.1、0.2、0.3、0.4、0.5、0.6 $\mu g/mL$。在室温高于20℃处放置 30 min，然后同待测液一起进行比色，以溶液质量浓度作横坐标，以吸光度作纵坐标（在方格坐标纸上），绘制标准曲线 （5）比色测定。将显色稳定的溶液，用 1 cm 光径比色皿在波长 700 nm 处比色，测量吸光度 （6）结果计算。从标准曲线查得待测液的浓度后，可按下式计算： $$土壤速效磷(mg/kg) = \rho \times \frac{V_显 \times V_提}{V_分 \times m}$$ 式中：ρ 为标准曲线上查得的磷的浓度，mg/kg；$V_显$ 为在分光光度计上比色的显色液体积，mL；$V_提$ 为土壤浸提所得提取液的体积，mL；m 为烘干土壤样品质量，g；$V_分$ 为显色时分取的提取液的体积，mL	（1）样品称量精确到 0.01 g （2）用碳酸氢钠浸提有效磷时，温度应控制在 25℃±1℃；若滤液不清，重新过滤 （3）若有效磷含量较高，应减少浸提液吸取量，并加浸提剂补足至 10 mL 后显色，以保持显色时溶液的酸度。CO_2 气泡应完全排出 （4）标准曲线绘制应以样品同时进行，使其和样品显色时间一致 （5）钼锑抗法显色以 20～40℃ 为宜，如室温低于 20℃，可放置在 30～40℃烘箱中保温 30 min，取出冷却后比色 （6）平行测定结果以算术平均值表示，保留小数点后一位。平行测定结果允许误差：测定值（P，mg/kg）为：<10、10～20、>20 时，允许差（P，mg/kg）分别为：绝对差值 ≤ 0.5、绝对差值 ≤1.0、相对相差≤5%

续表

工作环节	操作规程	质量要求
当地常见磷肥种类的性质与施用要点认识	常见磷肥的种类主要有:过磷酸钙、重过磷酸钙、钙镁磷肥、钢渣磷肥、脱氟磷肥、偏磷酸钙、沉淀磷肥、磷矿粉、骨粉等,这些磷肥的性质与施用要点见表2-5-3。根据当地生产中常用的磷肥品种,抽取样品,熟悉它们的性质和施用要点	要求能准确认识当地常见磷肥品种,并熟悉其含量、化学成分、主要性质和施用要点;并能鉴别其真假
当地磷肥合理施用技术推广	(1)根据当地土壤速效磷含量测定结果,评价其肥力等级,根据种植植物情况,确定磷肥用量 (2)根据当地土壤条件、磷肥特性、植物种植情况等确定磷肥品种 (3)根据磷肥品种和用量,通过合理深施,与有机肥、氮钾肥配合施用等提高氮肥利用率	具体要求参见常见技术问题处理

表 2-5-3 常用磷肥的性质及施用特点

肥料名称	主要成分	$P_2O_5/\%$	主要性质	施用技术要点
重过磷酸钙	$Ca(H_2PO_4)_2$	36～42	深灰色颗粒或粉状,吸湿性强;含游离磷酸4%～8%,呈酸性,腐蚀性强;又称双料或三料磷肥	适用于各种土壤和植物,宜作基肥、追肥和种肥,施用量比过磷酸钙减少一半以上
钙镁磷肥	$\alpha\text{-}Ca_3(PO_4)_2$、$CaO$、$MgO$、$SiO_2$	14～18	黑绿色、灰绿色粉末,不溶于水,溶于弱酸,物理性状好,呈碱性反应	一般作基肥,与生理酸性肥料混施,以促进肥料的溶解;在酸性土壤上也可作种肥或蘸秧根;与有机肥料混合或堆沤后施用可提高肥效
钢渣磷肥	$Ca_4P_2O_5 \cdot CaSiO_3$	8～14	黑色或棕色粉末,不溶于水,溶于弱酸,强碱性	一般作基肥;适于酸性土壤,水稻、豆科植物等肥效较好;其他施用方法参考钙镁磷肥
脱氟磷肥	$\alpha\text{-}Ca_3(PO_4)_2$	14～18	深灰色粉末,物理性状好;不溶于水,溶于弱酸,碱性	施用方法参考钙镁磷肥
沉淀磷肥	$CaHPO_4 \cdot 2H_2O$	30～40	白色粉末,物理性状好;不溶于水,溶于弱酸,碱性	施用方法参考钙镁磷肥

续表 2-5-3

肥料名称	主要成分	P_2O_5/%	主要性质	施用技术要点
偏磷酸钙	$Ca_3(PO_4)_2$	60~70	微黄色晶体,玻璃状,施于土壤后经水化可转变为正磷酸盐	施用方法参考钙镁磷肥,但用量要减少
磷矿粉	$Ca_3(PO_4)_2$ 或 $Ca_5(PO_4)_8 \cdot F$	>14	褐灰色粉末,其中1%~5%为弱酸溶性磷,大部分是难溶性磷	宜于作基肥,一般为每公顷750~1 500 kg,施在缺磷的酸性土壤上,可与硫铵、氯化铵等生理酸性肥料混施
骨粉	$Ca_3(PO_4)_2$	22~23	灰白色粉末,含有3%~5%的氮素,不溶于水	酸性土壤上作基肥;与有机肥料混合或堆沤后施用可提高肥效

5. 常见技术问题处理

我国磷肥的当季利用率在 10%~25%,利用率低的原因:一是磷的固定作用,二是磷在土壤中移动性很小。因此,提高磷肥利用率,是当前农业生产中的一个重要问题。

(1)根据植物特性和轮作制度合理施用磷肥　不同植物对磷的需要量和敏感性不同,一般豆科植物对磷的需要量较多,蔬菜(特别是叶菜类)对磷的需要量小。不同植物对磷的敏感程度为:豆科和绿肥植物>糖料植物>小麦>棉花>杂粮(玉米、高粱、谷子)>早稻>晚稻。不同植物对难溶性磷的吸收利用差异很大,油菜、荞麦、肥田萝卜、番茄、豆科植物吸收能力强,马铃薯、甘薯等吸收能力弱,应施水溶性磷肥最好。

植物需磷的临界期都在早期,因此,磷肥要早施,一般作底肥深施于土壤,而后期可通过叶面喷施进行补充。

磷肥具有后效,在轮作周期中,不需要每季植物都施用磷肥,而应当重点施在最能发挥磷肥效果的茬口上。水旱轮作如油-稻、麦-稻轮作中,应本着"旱重水轻"原则分配和施用磷肥。旱地轮作中应本着越冬植物重施、多施;越夏植物早施、巧施原则分配和施用磷肥。

(2)根据土壤条件合理分配与施用　土壤供磷水平、有机质含量、土壤熟化程度、土壤酸碱度等因素都对磷肥肥效有明显影响。缺磷土壤要优先施用、足量施用,中度缺磷土壤要适量施用、看苗施用;含磷丰富土壤要少量施用、巧施磷肥。有机质含量高(>25 g/kg)土壤,适当少施磷肥,有机质含量低土壤,适当多施;土壤

pH 在 5.5 以下土壤有效磷含量低,pH 在 6.0～7.5 含量高,pH＞7.5 时有效磷含量又低。

酸性土壤可施用碱性磷肥和枸溶性磷肥,石灰性土壤优先施用酸性磷肥和水溶性磷肥。边远山区多分配和施用高浓度磷肥,城镇附近多分配和施用低浓度磷肥。

(3)根据磷肥特性合理分配与施用　普钙、重钙等为水溶性、酸性速效磷肥,适用于大多数植物和土壤,但在石灰性土壤上更适宜,可作基肥、种肥和追肥集中施用。钙镁磷肥、脱氟磷肥、钢渣磷肥、偏磷酸钙等呈碱性,作基肥最好施在酸性土壤上,磷矿粉和骨粉最好作基肥施在酸性土壤中。

由于磷在土壤中移动性小,宜将磷肥分施在活动根层的土壤中,为了满足植物不同生育期对磷需要最好采用分层施用和全层施用。

(4)与其他肥料配合施用　植物按一定比例吸收氮、磷、钾等各种养分,只有在协调氮、钾平衡营养基础上,合理配施磷肥,才能有明显的增产效果。如小麦,氮磷钾配比为 1∶0.4∶0.6,甘蓝为 1∶0.3∶0.3,大麦为 3∶1∶1。

在酸性土壤和缺乏微量元素的土壤中,还需要增施石灰和微量元素肥料,才能更好发挥磷肥的增产效果。

磷肥与有机肥料混合或堆沤施用,可减少土壤对磷的固定作用,促进弱酸溶性磷肥溶解,防止氮素损失,起到"以磷保氮"作用,因此效果最好,是磷肥合理施用的一项重要措施。

(5)合理施用方法　在固磷能力强的土壤上,采用条施、穴施、沟施、塞秧根和蘸秧根等相对集中施用的方法;磷肥应深施于根系密集分布的土层中;也可采用分层施用,即 2/3 磷肥作基肥深施,其余 1/3 在种植时作面肥或种肥施于表层土壤中;根外追肥也是经济有效施用磷肥的方法之一。

(6)制成颗粒磷肥　颗粒直径以 3～5 mm 为宜,易于机械化施肥。但密植植物、根系发达植物还是粉状过磷酸钙好。

任务三　钾肥的合理施用

1.任务目标

了解土壤钾素形态及其转化;熟悉土壤速效钾磷含量的测定;掌握常见钾肥的性质和施用要点;掌握当地合理施用钾肥,提高钾肥施用效果技术。

2.任务准备

准备硫酸钾、氯化钾、草木灰等常见钾肥样品少许。将全班按 2 人一组分为若干组,每组准备以下材料和用具:天平,分析天平,振荡机,火焰光度计或原子吸收分光光度计,容量瓶,三角瓶,塑料瓶,滤纸。并提前进行下列试剂配制:

(1)1 mol/L乙酸铵溶液　称取77.08 g乙酸铵溶于近1 L水中。用稀乙酸或氨水(1∶1)调节至溶液pH为7.0(绿色),用水稀释至1 L。该溶液不宜久放。

(2)100 μg/mL钾标准溶液　准确称取经110℃烘干2 h的氯化钾0.190 7 g,用水溶解后定容至1 L,贮于塑料瓶中。

3.相关知识

(1)土壤钾素形态及其转化　我国土壤全钾量介于5~25 g/kg,比氮和磷含量高。土壤中钾的形态有3种:速效性钾、缓效性钾和难溶性矿物钾。速效性钾又称有效钾,占全钾量的1%~2%,包括水溶性钾和交换性钾。缓效性钾主要是指存在于黏土矿物和一部分易风化的原生矿物中的钾,一般占全钾的2%左右,经过转化可被植物吸收利用,是速效性钾的贮备。难溶性矿物钾是存在于难风化的原生矿物中的钾,占土壤全钾量的90%~98%,植物很难吸收利用。经过长期的风化,才能把钾释放出来。钾在土壤中的转化包括两个过程,即钾的释放和钾的固定。

①土壤中钾的释放。钾的释放是钾的有效化过程,是指矿物中的钾和有机体中的钾在微生物和各种酸作用下,逐渐风化并转变为速效钾的过程。例如正长石在各种酸作用下进行水解作用,可将其所含的钾释放出来。

影响土壤中钾释放的因素主要有:土壤灼烧和冰冻能促进土壤中钾的释放;生物作用也可促进钾的释放;酸性条件可以促进矿石溶解,释放钾离子;种植喜钾植物也可促进钾的释放。

②土壤中钾的固定。土壤中钾的固定是指土壤有效钾转变为缓效钾,甚至矿物态钾的过程。土壤中钾的固定主要是晶格固定。钾离子的大小与2∶1型黏土矿物晶层上孔穴的大小相近,当2∶1型黏土矿物吸水膨胀时,钾离子进入晶层间,当干燥收缩时,钾离子被嵌入晶层内的孔穴中而成为缓放钾(图2-5-13)。土壤中不同形态的钾可以相互转化,并处于动态平衡中(图2-5-14)。

(2)土壤速效钾测定原理　用中性1 mol/L乙酸铵溶液为浸提剂,NH_4^+与土壤胶体表面的K^+进行交换,连同水溶性钾一起进入溶液。浸出液中的钾可直接用火焰光度计或原子吸收分光光度计测定。

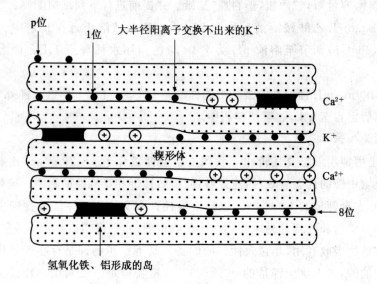

图 2-5-13　2∶1 型黏土矿物固定钾示意图

（引自土壤肥料，宋志伟，2009）

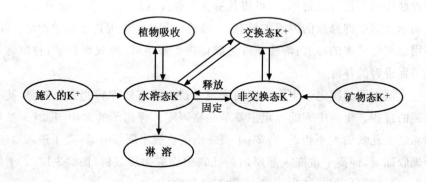

图 2-5-14　土壤中各种形态钾之间转化的动态平衡

4.操作规程和质量要求

工作环节	操作规程	质量要求
当地土壤速效钾含量测定	(1)称样。称取通过 1 mm 筛孔的风干土壤样品 5.0 g 置于 250 mL 三角瓶中 (2)土壤浸提液制备。准确加入乙酸铵溶液 50 mL,塞紧瓶口,摇匀,在 20～25℃下,150～180 r/min 振荡 30 min,过滤 (3)标准曲线绘制。吸取钾标准液 0、3.0、6.0、9.0、12.0、15.0 mL 于 50 mL 容量瓶中,用乙酸铵定容至刻度。此系列溶液钾的浓度分别为 0、6、12、18、24、30 μg/mL (4)空白实验。在样品测定同时进行两个空白实验。除不加土样外,其他步骤同样品测定 (5)比色测定。以乙酸铵溶液调节仪器零点,滤液直接在火焰光度计上测定或用乙酸铵稀释后在原子吸收分光光度计上测定 (6)结果计算。从标准曲线查得或计算待测液的质量浓度后,按下式计算土壤速效钾含量 $$土壤速效钾含量(mg/kg)=\frac{\rho \times V_{提}}{m}$$ 式中:ρ 为从标准曲线上查得或计算待测液中钾的质量浓度,mg/kg;$V_{提}$ 为土壤浸提液总体积,mL;m 为风干土样质量,g	(1)样品称量精确到 0.01 g (2)若滤液不清,重新过滤 (3)标准曲线绘制应以样品同时进行。也可通过计算回归方程,代替标准曲线绘制 (4)若样品含量过高需要稀释,应采用乙酸铵浸提剂稀释定容,以消除基体效应 (5)平行测定结果以算术平均值表示,结果取整数。平行测定结果的相对相差≤5%。不同实验室测定结果的相对相差≤8%
当地常见钾肥种类的性质与施用要点认识	常见钾肥的种类主要有氯化钾、硫酸钾、草木灰等,这些钾肥的性质与施用要点见表 2-5-4。根据当地生产中常用的钾肥品种,抽取样品,熟悉它们的性质和施用要点	要求能准确认识当地常见钾肥品种,并熟悉其含量、化学成分、主要性质和施用要点
当地钾肥合理施用技术推广	(1)根据当地土壤速效钾含量测定结果,评价其肥力等级,根据种植植物情况,确定钾肥用量 (2)根据当地土壤条件、钾肥特性、植物种植情况等确定钾肥品种 (3)根据钾肥品种和用量,通过合理深施、早施、集中施,与有机肥、氮磷肥配合施用等提高氮肥利用率	具体要求参见常见技术问题处理

表 2-5-4　常用钾肥的成分、性质与施用要点

肥料名称	成分	K_2O/%	主要性质	施用技术要点
氯化钾	KCl	50～60	白色或粉红色或淡黄色结晶,易溶于水,不易吸湿结块,生理酸性肥料	适于大多数植物和土壤,但忌氯植物不宜施用;宜作基肥深施,作追肥要早施,不宜作种肥。盐碱地不宜施用
硫酸钾	K_2SO_4	48～52	白色或淡黄色结晶,易溶于水,物理性状好,生理酸性肥料	可作基肥、追肥、种肥和根外追肥,适宜各种植物和土壤,对忌氯植物和喜硫植物有较好效果;酸性土壤上应与有机肥、石灰配合施用,不易在通气不良土壤上施用
草木灰	K_2CO_3	5～10	主要成分能溶于水,碱性反应,还含有钙、磷等元素	适宜于各种植物和土壤,可作基肥、追肥,宜沟施或条施,也作盖种或根外追肥;不能与铵态氮肥和腐熟有机肥料混合施用

5.常见技术问题处理

与其他肥料一样,合理施用钾肥应综合考虑土壤条件、植物种类、肥料性质及施用技术、气候条件、耕作制度等因素。

(1)根据土壤条件合理施用钾肥　植物对钾肥的反应首先取决于土壤供钾水平,钾肥的增产效果与土壤供钾水平呈负相关(表 2-5-5),因此钾肥应优先施用在缺钾地区和土壤上。

表 2-5-5　土壤供钾水平与钾肥肥效

级别	土壤速效钾(K)/(mg/kg)	肥效反应	每千克 K_2O 增粮/kg	建议每公顷用钾肥(K_2O)/kg
严重缺钾	＜40	极显著	＞8	75～120
缺钾	40～80	较显著	5～8	75
含钾中等	80～130	不稳定	3～5	＜75
含钾偏高	130～180	很差	＜3	不施或少施
含钾丰富	＞180	不显效	不增产	不施

一般来讲,质地较黏土壤,供钾能力一般,因此钾肥用量应适当增加。沙质土壤上,钾肥效果快但不持久,应掌握分次、适量的施肥原则,而且应优先分配和施用在缺钾的沙质土壤上。

　　干旱地区和土壤,钾肥施用量适当增加。在长年渍水、还原性强的水田,盐土、酸性强的土壤或土层中有黏盘层的土壤,对根系生长不利,应适当增加钾肥用量。盐碱地应避免施用高量氯化钾,酸性土壤施硫酸钾更好些。

　　(2)根据植物特性合理施用钾肥　不同植物其需钾量和吸收钾能力不同,钾肥应优先施用在需钾量大的喜钾植物上,如油料植物、薯类植物、糖料植物、棉麻植物、豆科植物以及烟草、果、茶、桑等植物。而禾谷类植物及禾本科牧草等植物施用钾肥效果不明显。

　　同类植物不同品种对钾的需要也有差异,如水稻矮秆高产品种比高秆品种对钾的反应敏感,粳稻比籼稻敏感,杂交稻优于常规稻。植物不同生育期对钾的需要差异显著,如棉花需钾量最大在现蕾至成熟阶段,葡萄在浆果着色初期。对一般植物来说,苗期对钾较为敏感。

　　对耐氯力弱、对氯敏感的植物,如烟草、马铃薯等,尽量选用硫酸钾;多数耐氯力强或中等植物,如谷类植物、纤维植物等,尽量选用氯化钾。水稻秧田施用钾肥有较明显效果。

　　在轮作中,钾肥应施用在最需要钾的植物中。在绿肥—稻—稻轮作中,钾肥应施到绿肥上;在双季稻和麦—稻轮作中,钾肥应施在后季稻和小麦上;在麦—棉、麦—玉米、麦—花生轮作中,钾肥应重点施在夏季植物(棉花、玉米、花生等)上。

　　(3)养分平衡与钾肥施用　钾肥肥效常与其他养分配合情况有关。许多试验表明,钾肥只有在充足供给氮磷养分基础上才能更好地发挥作用。在一定氮肥用量范围内,钾肥肥效有随氮肥施用水平提高而提高趋势;磷肥供应不足,钾肥肥效常受影响。当有机肥施用量低或不施时,钾肥有良好的增产效果,有机肥施用量高时会降低钾肥的肥效。

　　(4)采用合理的施用技术　钾肥宜深施、早施和相对集中施。施用时掌握重施基肥,看苗早施追肥原则。对保肥性差的土壤,钾肥应基追肥兼施和看苗分次追肥,以免一次用量过多,施用过早,造成钾的淋溶损失。宽行植物(玉米、棉花等)不论作基肥或追肥,采用条施或穴施都比撒施效果好;而密植植物(小麦、水稻等)采用撒施效果较好。

　　(5)多种途径缓解钾肥供应不足　通过秸秆还田、增施有机肥料和灰肥、种植富钾植物、合理轮作倒茬等途径,增加土壤钾素供应、减少化学钾肥施用。

任务四 微量元素肥料的合理施用

1.任务目标

了解植物的微量元素营养;熟悉土壤中微量元素状况;掌握常见微量元素肥料的性质和施用要点;掌握当地合理施用微肥技术。

2.任务准备

将全班按2人一组分为若干组,每组准备以下材料和用具:硼砂、硼酸、硫酸锌、钼酸铵、硫酸锰、硫酸亚铁、硫酸铜等常见微量元素肥料样品少许。

3.相关知识

(1)植物的微量元素营养 植物微量元素包括硼、锌、钼、锰、铁、铜和氯共7种。植物在生长发育过程中对其需要量很少,而且所适宜的浓度范围很窄。土壤中任何一种微量元素的缺乏或过多,都会影响植物的生长发育。7种微量元素在植物体中的含量、形态及易出现缺素的植物种类如表2-5-6所示。

表 2-5-6　微量元素在植物体中的含量、形态与敏感植物

种类	含量/(mg/kg)	形态	敏感植物
锌	$20\sim100$	离子态(Zn^{2+})、蛋白质复合体	玉米、水稻、芹菜、菠菜、柑橘、桃、苹果、梨、李、杏、葡萄、樱桃等
硼	$2\sim100$	分子态(H_3BO_3)	紫花苜蓿、三叶草、油菜、莴苣、花椰菜、白菜、甘蓝、芹菜、萝卜、甜菜、向日葵、葡萄、苹果、柠檬、橄榄等
钼	$0.1\sim2$	离子态(MoO_4^{2-})、蛋白质复合体	花生、大豆、花椰菜、菠菜、洋葱、萝卜、油菜等
锰	$2\sim100$	离子态(Mn^{2+})、锰与蛋白质结合体	花生、大豆、豌豆、绿豆、小麦、烟草、甜菜、马铃薯、甘薯、黄瓜、莴苣、洋葱、萝卜、菠菜、草莓、樱桃、苹果、桃、柑橘等
铁	$50\sim250$	离子态(Fe^{2+}、Fe^{3+})	花生、大豆、蚕豆、高粱、花椰菜、甘蓝、番茄、观赏植物、葡萄、草莓、柑橘、苹果、桃、梨、樱桃等
铜	$5\sim20$	离子态(Cu^{2+})或络合态	大麦、小麦、莴苣、洋葱、菠菜、胡萝卜、甜菜、柑橘、向日葵等

(2)土壤中微量元素状况 土壤中微量元素含量通常在百万分之几到十万分之几,其中以铁含量最高,钼含量最低。土壤中微量元素的形态非常复杂,主要可分为水溶态、交换态、固定态、有机结合态、矿物态等(表2-5-7)。

表 2-5-7　土壤中微量元素的含量、形态与临界值

种类	含量/(mg/kg)	临界值(有效态)/(mg/kg)	形　态	易缺乏土壤
锌	3～709 平均 100	石灰性或中性土壤 0.5,酸性土壤 1.5	矿物态、吸附态、水溶态、有机络合态	pH>6.5 的土壤
硼	0.5～453 平均 64	0.5	矿物态、吸附态、水溶态、有机态	石灰性土壤和碱性土壤
钼	0.1～6 平均 1.7	0.15	矿物态、有机络合态、交换态、水溶态	酸性土壤
锰	42～3 000 平均 710	100	矿物态、水溶态和交换态、易还原态、有机态	中性和碱性土壤
铁	3.8%	2.5	矿物态、有机螯合态、交换态、水溶态	中性、石灰性、碱性土壤
铜	3～300 平均 22	石灰性或中性土壤 0.2,酸性土壤 2.0	矿物态、有机络合态、交换态和水溶态	中性、石灰性、碱性土壤

土壤中微量元素的有效性主要受土壤 pH、有机质、质地、氧化还原状况等影响。一般来说,酸性土壤中铁、锰、锌、铜、硼等微量元素有效性随土壤 pH 下降而提高;而碱性、石灰性土壤中钼的有效性较高。有机质含量很高的土壤上植物常发生缺铜现象。微量元素被胶体吸附仍具有有效性,若进入晶格内部则失去有效性。土壤氧化还原状况对铁、锰的有效性影响大,氧化条件下,Fe 形成 Fe^{3+},而 Mn 形成 MnO_2,有效性降低;还原条件下铁、锰的有效性大大提高。

4. 操作规程和质量要求

工作环节	操作规程	质量要求
当地常见微量元素肥料种类的性质与施用要点认识	常见微量元素肥料的种类主要有硼肥、锌肥、钼肥、锰肥、铁肥、铜肥等,这些肥料的性质与施用要点见表 2-5-8。根据当地生产中常用的微量元素肥料品种,抽取样品,熟悉它们的性质和施用要点	要求能准确认识当地常见微量元素肥料品种,并熟悉其含量、化学成分、主要性质和施用要点
当地微量元素肥料施用方法调查	(1)根据当地土壤条件、植物种植情况等调查经常施用的微量元素肥料品种有哪些? 哪些植物、土壤上施用效果较好 (2)根据微量元素肥料的特性、种植植物情况,确定应该采用哪种施用方法 (3)当地施用微量元素肥料时,应注意哪些事项	具体要求参见常见技术问题处理

表 2-5-8　微量元素肥料的种类和性质

微量元素肥料	主要成分	有效成分含量（以元素计）/%	性　质
硼肥		B	
硼酸	H_3BO_3	17.5	白色结晶或粉末,溶于水,常用硼肥
硼砂	$Na_2B_4O_7 \cdot 10H_2O$	11.3	白色结晶或粉末,溶于水,常用硼肥
硼镁肥	$H_3BO_3 \cdot MgSO_4$	1.5	灰色粉末,主要成分溶于水
硼泥	—	约0.6	是生产硼砂的工业废渣,呈碱性,部分溶于水
锌肥		Zn	
硫酸锌	$ZnSO_4 \cdot 7H_2O$	23	白色或淡橘红色结晶,易溶于水,常用锌肥
氧化锌	ZnO	78	白色粉末,不溶于水,溶于酸和碱
氯化锌	$ZnCl_2$	48	白色结晶,溶于水
碳酸锌	$ZnCO_3$	52	难溶于水
钼肥		Mo	
钼酸铵	$(NH_4)_2MoO_4$	49	青白色结晶或粉末,溶于水,常用钼肥
钼酸钠	$Na_2MoO_4 \cdot 2H_2O$	39	青白色结晶或粉末,溶于水
氧化钼	MoO_3	66	难溶于水
含钼矿渣	—	10	是生产钼酸盐的工业废渣,难溶于水,其中含有效态钼1%～3%
锰肥		Mn	
硫酸锰	$MnSO_4 \cdot 3H_2O$	26～28	粉红色结晶,易溶于水,常用锰肥
氯化锰	$MnCl_2$	19	粉红色结晶,易溶于水
氧化锰	MnO	41～68	难溶于水
碳酸锰	$MnCO_3$	31	白色粉末,较难溶于水
铁肥		Fe	
硫酸亚铁	$FeSO_4 \cdot 7H_2O$	19	淡绿色结晶,易溶于水,常用铁肥
硫酸亚铁铵	$(NH_4)_2SO_4 \cdot FeSO_4 \cdot 6H_2O$	14	淡绿色结晶,易溶于水
铜肥		Cu	
五水硫酸铜	$CuSO_4 \cdot 5H_2O$	25	蓝色结晶,溶于水,常用铜肥
一水硫酸铜	$CuSO_4 \cdot H_2O$	35	蓝色结晶,溶于水
氧化铜	CuO	75	黑色粉末,难溶于水
氧化亚铜	Cu_2O	89	暗红色晶状粉末,难溶于水
硫化铜	Cu_2S	80	难溶于水

5.常见技术问题处理

（1）微量元素肥料施用技术　微量元素肥料有多种施用方法。既可作基肥、种肥或追肥施入土壤,又可直接作用于植物,如种子处理、蘸秧根或根外喷施等。

一是施于土壤,即直接施入土壤中的微量元素肥料,能满足植物整个生育期对微量元素的需要,同时由于微肥有一定后效,因此土壤施用可隔年施用一次。微量元素肥料用量较少,施用时必须均匀,作基肥时,可与有机肥料或大量元素肥料混合施用。二是作用于植物,这是微量元素肥料常用方法,包括种子处理、蘸秧根和根外喷施。

①拌种。用少量温水将微量元素肥料溶解,配制成较高浓度的溶液,喷洒在种子上。一般每千克种子 0.5～1.5 g,一般边喷边拌,阴干后可用于播种。

②浸种。把种子浸泡在含有微量元素肥料的溶液中 6～12 h,捞出晾干即可播种,浓度一般为 0.01%～0.05%。

③蘸秧根。具体做法是将适量的肥料与肥沃土壤少许制成稀薄的糊状液体,在插秧前或植物移栽前,把秧苗或幼苗根浸入液体中数分钟即可。如水稻可用 1%氧化锌悬浊液蘸根半分钟即可插秧。

④根外喷施。这是微量元素肥料既经济又有效的方法。常用浓度为 0.01%～0.2%,具体用量视植物种类、植株大小而定,一般每公顷 600～1 125 kg 溶液。

⑤枝干注射。果树、林木缺铁时常用 0.2%～0.5%硫酸亚铁溶液注射入树干内,或在树干上钻一小孔,每棵树用 1～2 g 硫酸亚铁盐塞入孔内,效果很好。

常见微量元素肥料的具体施用方法列于表 2-5-9。

表 2-5-9　常见微量元素肥料的施用方法

肥料名称	基肥	拌种	浸种	根外喷施
硼肥	硼泥 225～375 kg/hm²,硼砂 7.5～11.25 kg/hm² 可持续 3～5 年	—	—	硼砂或硼酸浓度 0.1%～0.2%,喷施 2～3 次
锌肥	硫酸锌 15～30 kg/hm²,可持续 2～3 年	硫酸锌每千克种子 4 g 左右	硫酸锌浓度为 0.02%～0.05%;水稻 0.1%	硫酸锌浓度 0.1%～0.2%,喷施 2～4 次
钼肥	钼渣 3.75 kg/hm² 左右,可持续 2～4 年	钼酸铵每千克种子 1～2 g	钼酸铵浓度为 0.05%～0.1%	钼酸铵浓度 0.05%～0.1%,喷施 1～2 次
锰肥	硫酸锰 15～45 kg/hm²,可持续 1～2 年,效果较差	硫酸锰每千克种子 4～8 g	硫酸锰浓度为 0.1%	硫酸锰浓度 0.1%～0.2%,果树 0.3%,喷施 2～3 次

续表 2-5-9

肥料名称	基肥	拌种	浸种	根外喷施
铁肥	大田植物,硫酸亚铁30～75 kg/hm²,果树 75～150 kg	—	—	大田植物硫酸亚铁浓度0.2%～1.0%;果树0.3%～0.4%喷 3～4 次
铜肥	硫酸铜 15～30 kg/hm²,可持续 3～5 年	硫酸铜每千克种子4～8 g	硫酸铜浓度为0.01%～0.05%	硫酸铜浓度为0.02%～0.04%,喷1～2次

(2)微量元素肥料施用注意事项　微量元素肥料施用有其特殊性,如果施用不当,不仅不能增产,甚至会使植物受到严重危害,为此,施用时应注意:

①针对植物对微量元素的反应施用。各种植物对不同的微量元素有不同的反应,敏感程度也不同,需要量也有差异(表 2-5-10),因此将微量元素肥料施在需要量较多、对缺素比较敏感的植物上,发挥其增产效果。如果树施用铁肥,全年施肥效果比较明显。

表 2-5-10　主要植物对微量元素需求状况

元素	需要较多	需要中等	需要较少
B	甜菜、苜蓿、萝卜、向日葵、白菜、油菜、苹果等	棉花、花生、马铃薯、番茄、葡萄等	大麦、小麦、柑橘、西瓜、玉米等
Mn	甜菜、马铃薯、烟草、大豆、洋葱、菠菜等	大麦、玉米、萝卜、番茄、芹菜等	苜蓿、花椰菜、包心菜等
Cu	小麦、高粱、菠菜、莴苣等	甘薯、马铃薯、甜菜、苜蓿、黄瓜、番茄等	玉米、大豆、豌豆、油菜等
Zn	玉米、水稻、高粱、大豆、番茄、柑橘、葡萄、桃等	马铃薯、洋葱、甜菜等	小麦、豌豆、胡萝卜等
Mo	大豆、花生、豌豆、蚕豆、绿豆、紫云英、苕子、油菜、花椰菜等	番茄、菠菜等	小麦、玉米等
Fe	蚕豆、花生、马铃薯、苹果、梨、桃、杏、李、柑橘等	玉米、高粱、苜蓿等	大麦、小麦、水稻等

②针对土壤中微量元素状况而施用。不同的土壤类型,不同质地的土壤其施用微量元素肥料效果不同。一般来说缺铁、硼、锰、锌、铜,主要发生在北方石灰性土壤上,而缺钼主要发生在酸性土壤上。酸性土壤施用石灰会明显影响许多种微量元素养分的有效性,因此,施用时应针对土壤中微量元素状况(表 2-5-11)。

表 2-5-11　土壤中微量元素的丰缺指标　　　　　　　　mg/kg

元素	有效指标	低	适量	丰富	备注
B	有效硼	0.25～0.5	0.5～1.0	1.0～2.0	
Mn	有效锰	50～100	100～200	200～300	
Zn	有效锌	0.5～1.0	1～2	2～4	中性和石灰性土壤
		1.0～1.5	1.5～3.0	3.0～5.0	酸性土壤
Cu	有效铜	0.1～0.2	0.2～1.0	1.0～1.8	
Mo	有效钼	0.1～0.15	0.15～0.2	0.2～0.3	

　　同时,土壤中微量元素的有效性受土壤环境条件影响。为了彻底解决微量元素缺乏问题,应在补充有效性微量元素养分的同时,注意消除缺乏微量元素的土壤因素。一般可采用施用有机肥料或适量石灰来调节土壤酸碱度、改良土壤的某些性状。

　　③针对天气状况而施用。早春遇低温时,早稻容易缺锌;冬季干旱,会影响根系对硼的吸收,翌年油菜容易出现大面积缺硼;降雨较多的沙性土壤,容易引起土壤铁、锰、钼的淋洗,会促使植物产生缺铁、缺锰和缺钼症;在排水不良的土壤又易发生铁、锰、钼的毒害。

　　④把施用大量元素肥料放在重要位置上。虽然微量元素肥料和氮、磷、钾三要素都是同等重要和不可代替的,但是在农业生产中,微量元素肥料的效果,只有在施足大量元素肥料基础才能充分发挥出来。

　　⑤严格控制用量,力求施用均匀。微量元素肥料用量过大对植物会产生毒害作用,而且有可能污染环境,或影响人畜健康,因此,施用时应严格控制用量,力求做到施用均匀。

任务五　复(混)合肥料的合理施用

　　1.任务目标

　　了解复(混)合肥料的类型及特点;了解混合肥料的混合原则与类型;掌握常见复(混)合肥料的性质和施用要点;掌握当地合理施用复(混)合肥料技术。

　　2.任务准备

　　将全班按 2 人一组分为若干组,每组准备以下材料和用具:磷酸铵系列、硝酸磷肥、磷酸二氢钾、硝磷钾肥、硝铵磷肥、磷酸钾铵等肥料样品少许。

　　3.相关知识

　　(1)复(混)合肥料概述　复(混)合肥料是指氮、磷、钾三种养分中,至少有两种养分标明量的,由化学方法和(或)掺混方法制成的肥料。由化学方法制成的称复合肥料,由干混方法制成的称混合肥料。

①复(混)合肥料类型。复(混)合肥料按其制造方法一般可分为化成复合肥料、混成复合肥料和配成复合肥料。化成复(混)合肥料是在一定工艺条件下,利用化学合成或化学提取分离等加工过程而制成的具有固定养分含量和配比的肥料,如磷酸二铵、硝酸钾、磷酸二氢钾等,一般简称复合肥。混成复(混)合肥料是根据农艺和农民的需要将两种或两种以上的单质肥料经过掺混而制成的复(混)合肥料,简称掺混肥料,又称 BB 肥。配成复(混)合肥料是采用两种或多种单质肥料在化肥生产厂家经过一定的加工工艺重新制造而成的复(混)合肥料,简称复混肥。生产上一般根据植物的需要常配成氮、磷、钾比例不同的专用肥,如小麦专用肥、西瓜专用肥、花卉专用肥等。

复(混)合肥料的有效成分,一般用 $N-P_2O_5-K_2O$ 的含量百分数来表示。如含 N 13%、K_2O 44%的硝酸钾,可用 13-0-44 来表示。

②复(混)合肥料的特点。与单质肥料相比,复(混)合肥料具有以下特点:一是养分齐全,科学配伍。多数复(混)合肥料含有两种或两种以上养分,能比较均衡地、较长时间地同时供应植物所需要的多种养分,并能充分发挥营养元素之间互相促进作用。二是物理性状好,适合于机械化施肥。复(混)合肥料一般副成分少,比表面积小,不易结块,具有较好的流动性,堆密度小,粒径一般在 $1\sim5$ mm,因此适宜于机械化施肥。三是简化施肥,节省劳动力。选用有较强针对性的复(混)合肥料,在施用基肥基础上,只需追施一定量氮肥,因此既可节省劳动力,又可简化施肥程序。四是效用与功能多样。生产复(混)合肥料时,可加入硝化及尿酶抑制剂、稀土元素、除草剂、农药等成分,增加功效;也可利用包膜技术,生产缓释性复(混)合肥料,应用于草坪、高尔夫球场等,扩展应用范围。五是养分比例固定,难于满足施肥技术要求。这也是复合肥料的不足之处,因此,可采取多功能与专用型相结合,研制肥效调节型肥料来克服其缺点。

(2)混合肥料 混合肥料是各种基础肥料经二次加工的产品。前面提到的复混肥料和掺混肥料属于混合肥料。制备混合肥料的基础肥料中单质肥料可用硝酸铵、尿素、硫酸铵、氯化铵、过磷酸钙、重过磷酸钙、钙镁磷肥、氯化钾和硫酸钾等,二元肥料可用磷酸一铵、磷酸二铵、聚磷酸铵、硝酸磷肥等。

①肥料的混合原则。肥料混合必须遵循的原则是:肥料混合不会造成养分损失或有效性降低;肥料混合不会产生不良的物理性状;肥料混合有利于提高肥效和工效。根据这 3 条原则,肥料是否适宜混合通常 3 种情况:可以混合、可以暂混、不能混合。各种肥料混合的适宜性如图 2-5-15 所示。

	1	2	3	4	5	6	7	8	9	10	11	12
1 硫酸铵												
2 硝酸铵	△											
3 碳酸氢铵	×	△										
4 尿素	□	△	×									
5 氯化铵	□	△	×	□								
6 过磷酸钙	□	△	□	□	□							
7 钙镁磷肥	△	△	×	×	×	×						
8 磷矿粉	□	△	×	×	□	△	□					
9 硫酸钾	□	△	×	□	□	□	□	□				
10 氯化钾	□	△	×	□	□	□	□	□	□			
11 磷铵	□	△	×	□	□	□	×	×	□	□		
12 硝酸磷肥	△	△	×	△	△	□	×	×	△	△	△	
	1 硫酸铵	2 硝酸铵	3 碳酸氢铵	4 尿素	5 氯化铵	6 过磷酸钙	7 钙镁磷肥	8 磷矿粉	9 硫酸钾	10 氯化钾	11 磷铵	12 硝酸磷肥

△ 可以暂时混合但不宜久置
□ 可以混合
× 不可混合

图 2-5-15　各种肥料的可混性

②混合肥料的类型。混合肥料的类型主要有两类：一是掺混肥料，是基础肥料之间干混、随混随用，通常不发生化学反应；二是复混肥料，是基础肥料之间发生某些化学反应。

近年来为适应我国复混肥料生产迅速发展的形势，国家制定了复混肥料的专业标准（表 2-5-12）对养分含量、含水量、粒度、抗压强度等都有明确规定。

掺混肥料是把含有氮、磷、钾及其他营养元素的基础肥料按一定比例掺混而成的混合肥料，简称 BB 肥，BB 肥是散装掺混的英文字母缩写。BB 肥近年来在我国得到迅速发展，其原因主要是 BB 肥有以下特点：生产工艺简单，投资省，能耗少，成本低；养分配方灵活，针对性强，符合农业平衡施肥的需要；能做到养分全面，浓度适宜，达到增产增收；减少施肥对环境污染。BB 肥除原料肥料的互配性要求外，对颗粒原料肥有特殊的要求，以满足养分均匀性的规定，其影响因素有：颗粒原料肥料的粒度、比重和形态，特别是粒度，因此要保证原料肥料的颗粒粒径、密度，尽量相一致（即匹配性）。

表 2-5-12 复混肥料质量标准（ZBG 21002—87）

指标名称	指标		
	总浓度	中浓度	低浓度
总养分量（N+P₂O₅+K₂O）/%≥	40	30	25
水溶性磷占有效磷百分率＞	50	50	40
水分（游离水）/%＜	1.5	2.0	5.0
颗粒平均抗压强度（MPa）≥	12	10	8
粒度中 1～4 mm 颗粒百分率≥	90	90	80

注：组成复混肥料的单一养分最低含量不得低于 4%。以钙镁磷肥为基础肥料，配入氮、钾肥制成的复混肥料可不控制水溶性磷百分率指标，但须在包装袋上注明弱酸溶性磷含量。有含氯基础肥料参与时，应在包装上注明氯离子含量。

4. 操作规程和质量要求

工作环节	操作规程	质量要求
当地常见复（混）合肥料种类的性质与施用要点认识	常见复（混）合肥料的种类主要有磷酸铵系列、硝酸磷肥、磷酸二氢钾、硝磷钾肥、硝铵磷肥、磷酸钾铵等，这些肥料的性质与施用要点见表 2-5-13。根据当地生产中常用的微量元素肥料品种，抽取样品，熟悉它们的性质和施用要点	要求能准确认识当地常见复（混）合肥料品种，并熟悉其含量、化学成分、主要性质和施用要点
当地复（混）合肥料施用方法调查	(1)根据当地土壤条件、植物种植情况等调查经常施用的复（混）合肥料料品种有哪些？哪些植物、土壤上施用效果较好 (2)根据复（混）合肥料的特性、种植植物情况，确定应如何合理施用	具体要求参见常见技术问题处理

表 2-5-13 常见复合肥料性质及施用

肥料名称		组成和含量	性质	施用
二元复合肥	磷酸铵	(NH₄)₂HPO₄ 和 NH₄H₂PO₄ N 16%～18%，P₂O₅ 46%～48%	水溶性，性质较稳定，多为白色结晶颗粒状	基肥或种肥，适当配合施用氮肥
	硝酸磷肥	NH₄NO₃、(NH₄)₂HPO₄ 和 CaHPO₄ N 12%～20%，P₂O₅ 10%～20%	灰白色颗粒状，有一定吸湿性，易结块	基肥或追肥，不适宜于水田，豆科植物效果差
	磷酸二氢钾	KH₂PO₄ P₂O₅ 52%，K₂O₃ 5%	水溶性，白色结晶，化学酸性，吸湿性小，物理性状良好	多用于根外喷施和浸种

续表 2-5-13

肥料名称		组成和含量	性　质	施　用
三元复合肥	硝酸钾	KNO_3 N 12%～15%，K_2O 45%～46%	水溶性，白色结晶，吸湿性小，无副成分	多作追肥，施于旱地和马铃薯、甘薯、烟草等喜钾植物
	硝磷钾肥	NH_4NO_3、$(NH_4)_2HPO_4$、KNO_3，N 11%～17%，P_2O_5 6%～17%，K_2O 12%～17%	淡黄色颗粒，有一定吸湿性。其中，N、K为水溶性，P为水溶性和弱酸溶性	基肥或追肥，目前已成为烟草专用肥
	硝铵磷肥	N，P_2O_5，K_2O 均为 17.5%	高效、水溶性	基肥、追肥
	磷酸钾铵	$(NH_4)_2HPO_4$ 和 K_2HPO_4 N，P_2O_5，K_2O 总含量达 70%	高效、水溶性	基肥、追肥

5.常见技术问题处理

复混肥料的增产效果与土壤条件、植物种类、肥料中养分形态等有关，若施用不当，不仅不能充分发挥其优点，而且会造成养分浪费，因此，在施用时应注意以下几个问题：

(1)根据土壤条件合理施用　土壤养分及理化性质不同，适用的复混肥料也不同。

一般来说，在某种养分供应水平较高的土壤上，应选用该养分含量低的复混肥料，例如，在含速效钾较高的土壤上，宜选用高氮、高磷、低钾复混肥料或氮、磷二元复混肥料；相反在某种养分供应水平较低的土壤上，则选用该养分含量高的复混肥料。

在石灰性土壤宜选用酸性复混肥料，如硝酸磷肥系、氯磷铵系等，而不宜选用碱性复混肥料；酸性土壤则相反。

一般水田优先施用尿素磷铵钾、尿素钙镁磷肥钾等品种，不宜施用硝酸磷肥系复混肥料；旱地则优先施用硝酸磷肥系复混肥料，也可施用尿素磷铵钾、氯磷铵钾、尿素过磷酸钙钾等，而不宜施用尿素钙镁磷肥钾等品种。

(2)根据植物特性合理施用　根据植物种类和营养特点施用适宜的复混肥料品种。一般粮食植物以提高产量为主，可施用氮磷复混肥料；豆科植物宜施用磷钾为主的复混肥料；果树、西瓜等经济植物，以追求品质为主，施用氮磷钾三元复混肥料可降低果品酸度，提高甜度；烟草、柑橘等"忌氯"植物应施用不含氯的三元复混肥料。

在轮作中上、下茬植物施用的复混肥料品种也应有所区别。如在南方稻—稻轮作制中,在同样为缺磷的土壤上磷肥的肥效早稻好于晚稻,而钾肥的肥效则相反。在北方小麦—玉米轮作中,小麦应施用高磷复混肥料,玉米应施用低磷复混肥料。

(3)根据复混肥料的养分形态合理施用　含铵态氮、酰胺态氮的复混肥料在旱地和水田都可施用,但应深施覆土,以减少养分损失;含硝态氮的复混肥料宜施在旱地,在水田和多雨地区肥效较差。含水溶性磷的复混肥料在各种土壤上均可施用,含弱酸溶性磷的复混肥料更适合于酸性土壤上施用。含氯的复混肥料不宜在"忌氯"植物和盐碱地上施用。

(4)以基肥为主合理施用　由于复混肥料一般含有磷或钾,且为颗粒状,养分释放缓慢,所以作基肥或种肥效果较好。复混肥料作基肥要深施覆土,防止氮素损失,施肥深度最好在根系密集层,利于植物吸收;复混肥料作种肥必须将种子和肥料隔开 5 cm 以上,否则影响出苗而减产。施肥方式有条施、穴施、全耕层深施等,在中低产土壤上,条施或穴施比全耕层深施效果更好,尤其是以磷、钾为主的复混肥料穴施于植物根系附近,既便于吸收,又减少固定。

(5)与单质肥料配合施用　复混肥料种类多,成分复杂,养分比例各不相同,不可能完全适宜于所有植物和土壤,因此施用前根据复混肥料的成分、养分含量和植物的需肥特点,合理施用一定用量的复混肥料,并配施适宜用量的单质肥料,以确保养分平衡,满足植物需求。

任务六　常见化学肥料的识别与鉴定

1.任务目标

借助少数试剂和简单工具,能准确而又迅速地对各种主要化学肥料的特性及其化学组成进行鉴定,以达到识别常用化学肥料的目的,为准确无误地施用化肥提供依据。

2.任务准备

将全班按 2 人一组分为若干组,每组准备以下材料和用具:烧杯,试管,酒精灯,石蕊试纸;10 种常见化肥(碳酸氢铵、氨水、尿素、硫酸铵、氯化铵、钾肥、过磷酸钙等),石灰,0.5%硫酸铜溶液,1%硝酸银溶液,2.5%氯化钡溶液,硝酸-钼酸铵溶液,20%亚硝酸钴钠溶液,稀盐酸,10%氢氧化钠溶液。

3.相关知识

化学肥料的鉴定,主要是根据其物理性状(如颜色、气味、结晶形状、溶解度和吸湿性等),灼烧反应,火焰颜色以及某些特征特性的化学反应来进行。

4.操作规程和质量要求

工作环节	操作规程	质量要求
外表观察	可将肥料给予总的区别,一般氮肥和钾肥多为结晶体,如碳酸氢铵、硝酸铵、氯化铵、硫酸铵、尿素、氯化钾、硫酸钾等;磷肥多为粉末状,如过磷酸钙、钙镁磷肥、磷矿粉、钢渣磷肥等	样品一定要干燥,保持原状
加水溶解	准备1只烧杯或玻璃杯,内放半杯蒸馏水或凉开水,将1小勺化肥样品慢慢倒入杯中,并用玻璃棒充分搅拌,静止一会儿后观察其溶解情况,以鉴别肥料样品。全部溶解的有:硫酸铵、硝酸铵、氯化铵、尿素、硝酸钠、氯化钾、硫酸钾、磷酸铵、硝酸铵等。部分溶解的有:过磷酸钙、重过磷酸钙、硝酸铵钙等。不溶解或绝大部分不溶解的有:钙镁磷肥、沉淀磷肥、钢渣磷肥、脱氟磷肥、磷矿粉等	在用外表观察分辨不出它的品种时,采用此法
加碱性物质混合	取样品同石灰或其他碱性物质(如烧碱)混合,如闻到氨臭味,则可确定为铵态氮肥或含铵态的复合肥料或混合肥料	注意刺激眼睛
灼烧检验	将待测的少量样品直接放在铁片或烧红的木炭上燃烧,观察其熔化、烟色、烟味与残烬等情况。逐渐熔化并出现"沸腾"状,冒白烟,可闻到氨味,有残烬,是硫酸铵。迅速熔解时冒白烟,有氨味,是尿素。无变化但有爆裂声,没有氨味,是硫酸钾或氯化钾。不易熔化,但白烟甚浓,又闻到氨味和盐味,是氯化铵。边熔化边燃烧,冒白烟,有氨味,是硝酸铵。燃烧并出现黄色火焰是硝酸钠,燃烧出现带紫色火焰的是硝酸钾	样品量不宜过多,注意安全
化学检验	取少量样品,放在干净的试管中,将试管放在酒精灯上灼烧,观察识别:结晶在试管中逐渐熔化、分解,能嗅到氨味,用湿的红色石蕊试纸试一下,变成蓝色,是硫酸铵。结晶在试管中不熔化,而固体像升华一样,在试管壁冷的部分生成白色薄膜,是氯化铵。结晶在试管中能迅速熔化、沸腾,用湿的红色石蕊试纸在管口试一下,能变成蓝色,但继续加热,试纸则又由蓝色变成红色,是硝酸铵。结晶在试管中加热后,立即熔化,能产生氨臭味,并且很快挥发,在试管中有残渣,是尿素。取少量肥料样品在试管中,加水5 mL待其完全溶解后,用滴管加入2.5%氯化钡溶液5滴,产生白色沉淀;当加入稀盐酸呈酸性时,沉淀不溶解,证明含有硫酸根;当化学方法鉴定出含有氨,又经此法确定含有硫酸根,则肥料为硫酸铵;用灼烧检验方法证明是钾肥,又经此法检验含有硫酸根,则为硫酸钾。取少量肥料样品放在试管中,加水5 mL待其完全溶解后,用滴管加入1%硝酸银5滴,产生白色絮状沉淀,证明含有氯根;当用化学方法鉴定出含有氨,又经此法证明含有氯根,则为氯化铵;当用灼烧检验方法证明是钾肥,又经此法检验含有氯根,则为氯化钾。取极少量肥料样品放在试管中,加水5 mL使其溶解,如溶液	注意化学试剂使用的安全

续表

工作环节	操作规程	质量要求
	混浊,则需过滤,取清液鉴定,于滤液中加入钼酸铵-硝酸溶液 2 mL,摇匀后,如出现黄色沉淀,证明是水溶性磷肥。取少量样品(加碱性物质不产生氨味),放在试管中,加水使其完全溶解,滴加亚硝酸钴钠溶液 3 滴,用玻璃棒搅匀,产生黄色沉淀,证明是含钾化肥。取肥料样品约 1 g 放在试管中,在酒精灯上加热熔化,稍冷却,加入蒸馏水 2 mL 及 10%氢氧化钠 5 滴,溶解后,再加入 0.5%硫酸铜溶液 3 滴,如出现紫色,证明是尿素	

5.常见技术问题处理

根据实验结果,认真填写肥料系统鉴定表,并掌握其主要内容。

表 2-5-14 化学肥料系统鉴定表

样品	外表观察	加水溶解	加碱性物质混合	灼烧检验	化学检验	肥料名称
1						
2						
3						
4						
5						
6						
7						
8						
9						
10						

任务七 有机肥料和生物肥料的合理施用

1.任务目标

了解有机肥料的类型与作用;熟悉主要种类有机肥料的性质与施用技术;认识主要生物肥料的性质与使用。

2.任务准备

将全班按 2 人一组分为若干组,每组准备以下材料和用具:常见粪尿肥类、堆沤肥类、绿肥类、杂肥类、生物肥料等样品少许;高温堆肥积制的工具,如铡刀、铁锹、秸秆、骡马粪、过磷酸钙等。

3.相关知识

有机肥料是指利用各种有机废弃物料,加工积制而成的含有有机物质的肥料总称,是农村就地取材,就地积制,就地施用的一类自然肥料,也称作农家肥。目前已有工厂化积制的有机肥料出现,这些有机肥料被称作商品有机肥料。

(1)有机肥料类型　有机肥料按其来源、特性和积制方法一般可分为4类:

①粪尿肥类。主要是动物的排泄物,包括人粪尿、家畜粪尿、家禽粪、海鸟粪、蚕沙以及利用家畜粪便积制的厩肥等。

②堆沤肥类。主要是有机物料经过微生物发酵的产物,包括堆肥(普通堆肥、高温堆肥和工厂化堆肥)、沤肥、沼气池肥(沼气发酵后的池液和池渣)、秸秆直接还田等。

③绿肥类。这类肥料主要是指直接翻压到土壤中作为肥料施用的植物整体和植物残体,包括野生绿肥、栽培绿肥等。

④杂肥类。包括各种能用作肥料的有机废弃物,如泥炭(草炭)和利用泥炭、褐煤、风化煤等为原料加工提取的各种富含腐殖酸的肥料,饼肥(榨油后的油粕)与食用菌的废弃营养基,河泥、湖泥、塘泥、污水、污泥,垃圾肥和其他含有有机物质的工农业废弃物等,也包括以有机肥料为主配置的各种营养土。

(2)有机肥料的作用　有机肥料在农业生产中所起到的作用,可以归结为以下几个方面。

①为植物生长提供营养。有机肥料几乎含有作物生长发育所需的所有必需营养元素,尤其是微量元素,长期施用有机肥料的土壤,作物是不缺乏微量元素的。此外,有机肥料中还含有少量氨基酸、酰胺、磷脂、可溶性碳水化合物等一些有机分子,可以直接为作物提供有机碳、氮、磷营养。

②活化土壤养分,提高化肥利用率。施用有机肥料可以有效地增加土壤养分含量,有机肥料中所含的腐殖酸中含有大量的活性基团,可以和许多金属阳离子形成稳定的配位化合物,从而使这些金属阳离子(如锰、钙、铁等)的有效性提高,同时也间接提高了土壤中闭蓄态磷的释放,从而达到活化土壤养分的功效。应当注意的是,有机肥料在活化土壤养分的同时,还会与部分微量营养元素由于形成了稳定的配位化合物而降低了有效性,如锌、铜等。

③改良土壤理化性质。有机肥料含有大量腐殖质,长期施用可以起到改良土壤理化性质和协调土壤肥力因素状况的作用。有机肥料施入土壤中,所含的腐殖酸可以改良土壤结构,促进土壤团粒结构形成,从而协调土壤孔隙状况,提高土壤的保蓄性能,协调土壤水、气、热的矛盾;还能增强土壤的缓冲性,改善土壤氧化还原状况,平衡土壤养分。

④改善农产品品质和刺激作物生长。施用有机肥料能提高农产品的营养品质、风味品质、外观品质;有机肥料中还含有维生素、激素、酶、生长素和腐殖酸等,他们能促进作物生长和增强作物抗逆性;腐殖酸还能够刺激植物生长。

⑤提高土壤微生物活性和酶的活性。有机肥料给土壤微生物提供了大量的营养和能量,加速了土壤微生物的繁殖,提高了土壤微生物的活性,同时还使土壤中一些酶(如脱氢酶、蛋白酶、脲酶等)的活性提高,促进了土壤中有机物质的转化,加速了土壤有机物质的循环,有利于提高土壤肥力。

⑥提高土壤容量,改善生态环境。施用有机肥料还可以降低作物对重金属离子铜、锌、铅、汞、铬、镉、镍等的吸收,降低了重金属对人体健康的危害。有机肥料中的腐殖质对一部分农药(如狄氏剂等)的残留有吸附、降解作用,有效地消除或减轻农药对食品的污染。

4.操作规程和质量要求

工作环节	操作规程	质量要求
人粪尿的合理施用	(1)人粪尿的认识。人粪尿含有 70%～80%的水分、20%左右的有机物和 5%左右的无机物。有机物主要是纤维素和半纤维素、脂肪、蛋白质和分解蛋白、氨基酸、各种酶、粪胆汁等,还含有少量粪臭质、吲哚、硫化氢、丁酸等臭味物质;无机物主要是钙、镁、钾、钠的硅酸盐、磷酸盐和氯化物等盐类。新鲜人粪一般呈中性 　人尿约含 95%的水分、5%左右的水溶性有机物和无机盐类,主要为尿素(占 1%～2%)、NaCl(约占 1%)、少量的尿酸、马尿酸、氨基酸、磷酸盐、铵盐、微量元素和微量的生长素(吲哚乙酸等)。新鲜的尿液为淡黄色透明液体,不含有微生物,因含有少量磷酸盐和有机酸而呈弱酸性 (2)人粪尿的贮存。我国南方常将人粪尿制成水粪贮存,采用加盖粪缸或三格化粪池等方式。我国北方则采用人粪拌土堆积,或用堆肥、厩肥、草炭制成土粪、或单独积存人尿,也可用干细土垫厕所保存人粪尿中养分 (3)人粪尿的施用。人粪尿可作基肥和追肥施用,人粪还可以作种肥用来浸种。一般以人粪尿为原料积制的大粪土、堆肥和沼气池渣等肥料宜作基肥。人粪尿在作基肥时,一般用量为 7 500～15 000 kg/hm²,还应配合其他有机肥料和磷、钾肥。人粪尿在作追肥时,应分次施用,并在施用前加水稀释,以防止盐类对作物产生危害	(1)人粪尿的排泄量和其中的养分及有机质的含量因人而异,不同的年龄、饮食状况和健康状况都不相同 (2)人粪尿腐熟快慢与季节有关,人粪尿混时,夏季需 6～7 d,其他季节需 10～20 d (3)人尿作追肥在苗期施用时要注意,直接施用新鲜人尿有烧苗的可能,需要增大稀释倍数再施用

续表

工作环节	操作规程	质量要求
畜禽粪尿的合理施用	(1)畜禽粪尿的认识。畜禽粪尿是指猪、牛、马、羊、家禽等的排泄物,含有丰富的有机质和各种营养元素。家畜粪的主要成分是纤维素、半纤维素、木质素、蛋白质及其分解产物、脂肪、有机酸、酶及各种无机盐类。尿的成分比较简单,全部是水溶性物质,主要是尿素、马尿酸以及无机盐类 (2)各类畜禽粪尿的施用。各类家畜粪的性质与施用可参考表 2-5-16	(1)不同的家畜排泄物成分略有不同(表 2-5-15) (2)各种畜禽粪具有不同特点,在施用时必须加以注意,以充分发挥肥效
厩肥的合理施用	(1)厩肥的认识。厩肥是家畜粪尿和各种垫圈材料混合积制的肥料,北方多称土粪,南方多称圈粪。厩肥的成分依垫圈材料及用量、家畜种类、饲料质量等不同而不同(表 2-5-17) (2)厩肥的积制。厩肥常用的积制方法有 3 种,即深坑圈、平底圈和浅坑圈 (3)厩肥的腐熟。常采用的腐熟方法有冲圈和圈外堆制。冲圈是将家畜粪尿集中于化粪池沤制,或直接冲入沼气发酵池,利用沼气发酵的方法进行腐熟。圈外堆制有两种方式:紧密堆积法和疏松堆积法 (4)厩肥的施用。未经腐熟的厩肥不宜直接施用,腐熟的厩肥可用作基肥和追肥。厩肥作基肥时,要根据厩肥的质量、土壤肥力、植物种类和气候条件等综合考虑。一般在通透性良好的轻质土壤上,可选择施用半腐熟的厩肥;在温暖湿润的季节和地区,可选择半腐熟的厩肥;在种植生育期较长的植物或多年生植物时,可选择腐熟程度较差的厩肥。而在黏重的土壤上,应选择腐熟程度较高的厩肥;在比较寒冷和干旱的季节和地区,应选择完全腐熟的厩肥;在种植生育期较短的植物时,则需要选择腐熟程度较高的厩肥	(1)养猪采用深坑圈,牛、马、驴、骡等大牲畜和大型养猪场采用平底圈和浅坑圈 (2)厩肥半腐熟特征可概括为“棕、软、霉”,完全腐熟可概括为“黑、烂、臭”,腐熟过劲则为“灰、粉、土” (3)厩肥在施用时,可根据当地的土壤、气候和作物等条件,选择不同腐熟程度的厩肥
堆肥的合理施用	(1)堆肥的认识。堆肥的性质基本和厩肥类似,其养分含量因堆肥原料和堆制方法不同而有差别。堆肥一般含有丰富的有机质,碳氮比较小,养分多为速效态;堆肥还含有维生素、生长素及微量元素等 (2)堆肥的腐熟。堆肥腐熟过程可分为 4 个阶段,即:发热、高温、降温和腐熟阶段(表 2-5-19)。其腐熟程度可从颜色、软硬程度及气味等特征来判断 (3)堆肥的施用。堆肥主要作基肥,施用量一般为 15 000～30 000 kg/hm² 。堆肥作种肥时常与过磷酸钙等磷肥混匀施用,作追肥时应提早施用	(1)高温堆肥和普通堆肥成分不同(表 2-5-18) (2)半腐熟的堆肥可概括为“棕、软、霉”。腐熟的堆肥特征是“黑、烂、臭”

续表

工作环节	操作规程	质量要求
沤肥、沼气发酵肥的合理施用	(1)沤肥的施用。沤肥是利用有机物料与泥土在淹水条件下,通过嫌气性微生物进行发酵积制的有机肥料。沤肥一般作基肥施用,多用于稻田,也可用于旱地。在水田中施用时,应在耕作和灌水前将沤肥均匀施入土壤,然后进行翻耕、耙地,再进行插秧。在旱地上施用时,也应结合耕地作基肥。沤肥的施用量一般在 30 000~75 000 kg/hm²,并注意配合化肥和其他肥料一起施用 (2)沼气发酵肥的施用。沼气发酵产生的沼气可以缓解农村能源的紧张,协调农牧业的均衡发展,发酵后的废弃物(池渣和池液)即沼气发酵肥料,也称作沼气池肥。沼液可作追肥施用,一般土壤追肥施用量为 30 000 kg/hm²,并且要深施覆土。沼气池液还可以作叶面追肥,将沼液和水按 1:(1~2)稀释,7~10 d 喷施 1 次,可收到很好的效果。沼液还可以用来浸种,可以和池渣混合作基肥和追肥施用。池渣可以和沼液混合施用,作基肥施用量为 30 000~45 000 kg/hm²,作追肥施用量 15 000~20 000 kg/hm²。池渣也可以单独作基肥或追肥施用 (3)秸秆直接还田。秸秆直接还田还可以节省人力、物力。在还田时应注意:①秸秆预处理。一般在前茬收获后将秸秆预先切碎或撒施地面后用圆盘耙切碎翻入土中;或前茬留高茬 15~30 cm,收获后将根茬及秸秆翻入土中。②配施氮、磷化肥。一般每公顷配施碳酸氢铵 150~225 kg 和过磷酸钙 225~300 kg。③耕埋时期和深度。旱地要在播种前 30~40 d 还田为好,深度 17~22 cm;水田需要在插秧前 40~45 d 为好,深度 10~13 cm。④稻草和麦秸的用量在 2 250~3 000 kg/hm²,玉米秸秆可适当增加,也可以将秸秆全部还田。⑤水分管理。对于旱地土壤,应及时灌溉,保持土壤相对含水量在 60%~80%。水田则要浅水勤灌,干湿交替。⑥酸性土壤配施适量石灰,水田浅水勤灌和干湿交替,利于有害物质的及早排除。⑦病害。染病秸秆和含有害虫虫卵的秸秆一般不能直接还田,应经过堆、沤或沼气发酵等处理后再施用	(1)沤肥的养分含量:有机质含量为 3‰~12‰,全氮量为 2.1~4.0 g/kg,速效氮含量为 50~248 mg/kg,全磷量(P_2O_5)为 1.4~2.6 g/kg,速效磷(P_2O_5)含量为 17~278 mg/kg,全钾(K_2O)量为 3.0~5.0 g/kg,速效钾(K_2O)含量为 68~185 mg/kg (2)沼气池液含速效氮 0.03%~0.08%,速效磷 0.02%~0.07%,速效钾 0.05%~1.40%,同时还含有 Ca、Mg、S、Si、Fe、Zn、Cu、Mo 等各种矿质元素,以及各种氨基酸、维生素、酶和生长素等活性物质。沼气池渣含全氮 5~12.2 g/kg(其中速效氮占全氮的 82%~85%),速效磷 50~300 mg/kg,速效钾 170~320 mg/kg,以及大量的有机质

续表

工作环节	操作规程	质量要求
绿肥的合理施用	(1)绿肥的认识。绿肥是指栽培或野生的植物,利用其植物体的全部或部分作为肥料,称之为绿肥。绿肥的种类繁多,一般按照来源可分为栽培型(绿肥作物)和野生型;按照种植季节可分为冬季绿肥(如紫云英、毛叶苕子等)、夏季绿肥(如田菁、桎麻、绿豆等)和多年生绿肥(如紫穗槐、沙打旺等);按照栽培方式可分为旱生绿肥(如黄花苜蓿、箭筈豌豆、金花菜、沙打旺、黑麦草等)和水生绿肥(如绿萍、水浮莲、水花生、水葫芦等)。此外,还可以将绿肥分为豆科绿肥(如紫云英、毛叶苕子、紫穗槐、沙打旺、黄花苜蓿、箭筈豌豆等)和非豆科绿肥(如绿萍、水浮莲、水花生、水葫芦、肥田萝卜、黑麦草等)。各种绿肥的含较丰富的有机质,有机质含量一般在12%～15%(鲜基),而且养分含量较高(表2-5-20) (2)绿肥的翻压利用。①绿肥翻压时期。常见绿肥品种中紫云英应在盛花期;苕子和田菁应在现蕾期至初花期;豌豆应在初花期;桎麻应在初花期至盛花期。翻压绿肥时期应与播种和移栽期有一段时间间距,10 d左右。②绿肥压青技术。绿肥翻压量一般应控制在15 000～25 000 kg/hm²,然后再配合施用适量的其他肥料。绿肥翻压深度大田应控制在15～20 cm。③翻压后,应配合施用磷、钾肥,对于干旱地区和干旱季节还应及时灌溉	(1)绿肥适应性强,种植范围比较广,可利用农田、荒山、坡地、池塘、河边等种植,也可间作、套种、单种、轮作等。绿肥产量高,平均每公顷产鲜草15～22.5 t (2)绿肥可与秸秆、杂草、树叶、粪尿、河塘泥、含有机质的垃圾等有机废弃物配合进行堆肥或沤肥 (3)协调发展农牧业。可以用作饲料,发展畜牧业
杂肥的合理施用	杂肥类包括泥炭及腐殖酸类肥料、饼肥或菇渣、城市有机废弃物等,它们的养分含量及施用如表2-5-21所示	饼肥或菇渣要注意腐熟后才能施用
生物肥料的合理施用	生物肥料,又称微生物肥料、菌肥、微生物菌剂等,是人们利用有益微生物制成的一类含有活性微生物特定制品。主要有根瘤菌肥料、固氮菌肥料、磷细菌肥料、钾细菌肥料、复合微生物肥料等 (1)根瘤菌肥料的施用。根瘤菌肥料多用于拌种,用量为每公顷地种子用225～450 g菌剂加3.75 kg水混匀后拌种,或根据产品说明书施用。拌种时要掌握互接种族关系,选择与植物相对应的根瘤菌肥 (2)固氮菌肥料的施用。可作基肥、追肥和种肥,施用量按说明书确定。作基肥施用时可与有机肥配合沟施或穴施,施后立即覆土。作追肥时把菌肥用水调成糊状,施于植物根部,施后覆土,一般在植物开花前施用较好。种肥一般作拌种施用,加水混匀后拌种,将种子阴干后即可播种。对于移栽植物,可采取蘸秧根的方法施用	(1)根瘤菌结瘤最适温度为20～40℃,土壤含水量为田间持水量的60%～80%,适宜中性到微碱性(pH 6.5～7.5) (2)固氮菌属中温好气性细菌,最适温度为25～30℃。要求土壤通气良好,含水量为田间持水量的60%～80%,最适pH 7.4～7.6

续表

工作环节	操作规程	质量要求
	(3)磷细菌肥料的施用。磷细菌肥料可作基肥、追肥和种肥。基肥用量为每公顷 22.5～75 kg,可与有机肥料混合沟施或穴施,施后立即覆土。作追肥在植物开花前施用为宜,菌液施于根部。也可先将菌剂加水调成糊状,然后加入种子拌匀,阴干后立即播种 (4)钾细菌肥料的施用。钾细菌肥料可作基肥、拌种或蘸秧根。作基肥与有机肥料混合沟施或穴施,每公顷用量150～300 kg,液体用 30～60 kg 菌液。拌种时将固体菌剂加适量水制成菌悬液或液体菌加适量水稀释,然后喷到种子上拌匀。也可将固体菌剂适当稀释或液体菌稍加稀释,把根蘸入,蘸后立即插秧	(3)磷细菌还能促进土壤中自生固氮菌和硝化细菌的活动。此外,在其生命活动过程中,能分泌激素类物质,刺激种子发芽和植物生长 (4)钾细菌可以抑制植物病害,提高植物的抗病性;菌体内存在着生长素和赤霉素,具有一定刺激作用

表 2-5-15　家禽粪尿中主要成分含量(鲜基)　　　　　　　　　%

种　类		水分	有机质	矿物质	N	P₂O₅	K₂O	C/N
猪	粪	81.5	15.0	3.00	0.60	0.40	0.44	(13～14)∶1
	尿	96.7	2.80	1.00	3.00	0.12	0.95	—
牛	粪	83.3	14.50	3.90	0.32	0.25	0.16	(25～26)∶1
	尿	93.8	3.50	8.00	0.95	0.03	0.95	—
羊	粪	65.5	31.40	4.70	0.65	0.47	0.23	29∶1
	尿	87.2	8.30	4.60	1.68	0.03	2.10	—
马	粪	75.8	21.0	4.50	0.58	0.30	0.24	(23～24)∶1
	尿	90.1	7.10	2.10	1.20	微量	1.50	—
鸡粪		50.5	25.6	—	1.63	1.55	0.82	(10～11)∶1
鸭粪		56.6	26.2	—	1.10	1.40	0.62	
鹅粪		77.1	23.4	—	0.55	0.50	0.95	

表 2-5-16　畜禽粪尿的性质与施用

畜禽粪尿	性　质	施　用
猪粪	质地较细,含纤维少,C/N 低,养分含量较高,且蜡质含量较多,阳离子交换量较高;含水量较多,纤维分解细菌少,分解较慢,产热少	适宜于各种土壤和植物,可作基肥和追肥
牛粪	粪质地细密,C/N 21∶1,含水量较高,通气性差,分解较缓慢,释放出的热量较少,称为冷性肥料	适宜于有机质缺乏的轻质土壤,作基肥
羊粪	质地细密干燥,有机质和养分含量高,C/N 12∶1 分解较快,发热量较大,热性肥料	适宜于各种土壤,可作基肥

续表 2-5-16

畜禽粪尿	性　质	施　用
马粪	纤维素含量较高,疏松多孔,水分含量低,C/N 13：1,分解较快,释放热量较多,称为热性肥料	适宜于质地黏重的土壤,多作基肥
兔粪	富含有机质和各种养分,C/N 窄,易分解,释放热量较多,热性肥料	多用于茶、桑、果树、蔬菜、瓜等植物,可作基肥和追肥
禽粪	纤维素较少,粪质细腻,养分含量高于家畜粪,分解速度较快,发热量较低	适宜于各种土壤和植物,可作基肥和追肥

表 2-5-17　新鲜厩肥的养分含量(鲜基)　%

种类	水分	有机质	N	P_2O_5	K_2O	CaO	MgO
猪厩肥(圈粪)	72.4	25.0	0.45	0.19	0.40	0.08	0.08
马厩肥(栏粪)	71.9	25.4	0.38	0.28	0.53	0.31	0.11
牛厩肥(栏粪)	77.5	20.3	0.34	0.18	0.40	0.21	0.14
羊厩肥(圈粪)	64.6	31.8	0.83	0.23	0.67	0.33	0.28

表 2-5-18　堆肥的养分含量　%

种类	水分	有机质	氮(N)	磷(P_2O_5)	钾(K_2O)	C/N
高温堆肥	—	24～42	1.05～2.00	0.32～0.82	0.47～2.53	9.7～10.7
普通堆肥	60～75	15～25	0.4～0.5	0.18～0.26	0.45～0.70	16～20

表 2-5-19　堆肥腐熟的四个阶段变化

腐熟阶段	温度变化	微生物种类	变化特征
发热阶段	常温上升至 50℃左右	中温好气性微生物如无芽孢杆菌、球菌、芽孢杆菌、放线菌、霉菌等为主	分解材料中的蛋白质和少部分纤维素、半纤维素,释放出 NH_3、CO_2 和热量
高温阶段	维持在 50～70℃之间	好热性真菌、好热性放线菌、好热性芽孢杆菌、好热性纤维素分解菌和梭菌等好热性微生物	强烈分解纤维素、半纤维素和果胶类物质,释放出大量热能。同时,除矿质化过程外,也开始进行腐殖化过程
降温阶段	温度开始下降至 50℃以下	中温性纤维分解黏细菌、中温性芽孢杆菌、中温性真菌和中温性放线菌等	腐殖化过程超过矿质化过程占据优势
后熟保肥阶段	堆内温度稍高于气温	放线菌、嫌气纤维分解菌、嫌气固氮菌和反硝化细菌	堆内的有机残体基本分解,C/N 降低,腐殖质数量逐渐积累起来,应压紧封严保肥

表 2-5-20　主要绿肥植物养分含量　　　　　　　　　%

绿肥品种	鲜草主要成分(鲜基)			干草主要成分(干基)		
	N	P_2O_5	K_2O	N	P_2O_5	K_2O
草木樨	0.52	0.13	0.44	2.82	0.92	2.42
毛叶苕子	0.54	0.12	0.40	2.35	0.48	2.25
紫云英	0.33	0.08	0.23	2.75	0.66	1.91
黄花苜蓿	0.54	0.14	0.40	3.23	0.81	2.38
紫花苜蓿	0.56	0.18	0.31	2.32	0.78	1.31
田菁	0.52	0.07	0.15	2.60	0.54	1.68
沙打旺	—	—	—	3.08	0.36	1.65
柽麻	0.78	0.15	0.30	2.98	0.50	1.10
肥田萝卜	0.27	0.06	0.34	2.89	0.64	3.66
紫穗槐	1.32	0.36	0.79	3.02	0.68	1.81
箭筈豌豆	0.58	0.30	0.37	3.18	0.55	3.28
水花生	0.15	0.09	0.57	—	—	—
水葫芦	0.24	0.07	0.11	—	—	—
水浮莲	0.22	0.06	0.10	—	—	—
绿萍	0.30	0.04	0.13	2.70	0.35	1.18

表 2-5-21　杂肥类有机肥料的养分含量与施用

名称	养分含量	施用
泥炭	含有机质 40%～70%,腐殖酸 20%～40%;全氮 0.49%～3.27%,全磷 0.05%～0.6%,全钾 0.05%～0.25%,多酸性至微酸性反应	多作垫圈或堆肥材料、肥料生产原料、营养钵无土栽培基质,一般较少直接施用
腐殖酸类	主要是腐殖酸铵(游离腐殖酸 15%～20%、含氮 3%～5%)、硝基腐殖酸铵(腐殖酸 40%～50%、含氮 6%)、腐殖酸钾(腐殖酸 50%～60%)等,多黑色或棕色,溶于水	可作基肥和追肥,作追肥要早施;液体类可浸种、蘸根、浇根或喷施,浓度 0.01%～0.05%
饼肥	主要有大豆饼、菜子饼、花生饼等,含有机质 75%～85%、全氮 1.1%～7.0%、全磷 0.4%～3.0%、全钾 0.9%～2.1%、蛋白质及氨基酸等	一般作饲料,不做肥料。若用作肥料,可作基肥和追肥,但需腐熟
菇渣	含有机质 60%～70%、全氮 1.62%、全磷 0.454%、钾 0.9%～2.1%、速效氮 212 mg/kg、速效磷 188 mg/kg,并含丰富微量元素	可作饲料、吸附剂、栽培基质。腐熟后可作基肥和追肥
城市垃圾	处理后垃圾肥含有机质 2.2%～9.0%、全氮 0.18%～0.20%、全磷 0.23%～0.29%、全钾 0.29%～0.48%	经腐熟并达到无害化后多作基肥施用

5. 常见技术问题处理

(1)新鲜人粪尿中养分多为有机态,且含有大量的病菌、虫卵,故必须经过腐熟才能施用。腐熟过程中,人粪中的含氮化合物可逐步分解为氨,而人尿中有机物则分解为有机酸、二氧化碳、甲烷和水等。人粪尿腐熟的时间,在夏季为6～7 d,其他季节10～20 d。腐熟的人粪尿呈绿色或暗绿色并且呈中性或微碱性反应。人粪尿的贮存在我国南方常将人粪尿制成水粪贮存,采用加盖粪缸或三格化粪池等方式。我国北方则采用人粪拌土堆积,或用堆肥、厩肥、草炭制成土粪,或单独积存人尿,也可用干细土垫厕所保存人粪尿中养分。

(2)厩肥的圈外堆制有两种方式:一种是紧密堆积法,将厩肥取出,在圈外另选地方堆成2～3 m宽,长度不限,高1.5～2 m的紧实肥堆,用泥浆或薄膜覆盖,在厌氧条件下堆制6个月,待厩肥完全腐熟后再利用。另一种为疏松堆积法,方法与紧密堆积法相似,但肥堆疏松,在好气条件下腐熟。此法类似于高温堆肥的方法,肥堆温度较高,有利于杀灭病原体,加速厩肥的腐熟。此外,还可以两种堆制方法交替使用,先进行高温堆制,待高温杀灭病原体后,再压紧肥堆,在厌氧条件下腐熟,此法厩肥完全腐熟需要4～5个月。

模块三　新型肥料与施肥新技术

【模块目标】了解缓释肥料、新型磷肥、长效钾肥、新型水溶肥料、新型复混肥料等新型肥料的性质与施用;结合当地实际,能合理采用测土配方施肥技术。

任务一　新型肥料的合理施用

1. 任务目标

了解缓释肥料、新型磷肥、长效钾肥、新型水溶肥料、新型复混肥料等新型肥料的性质;熟悉缓释肥料、新型磷肥、长效钾肥、新型水溶肥料、新型复混肥料等新型肥料的施用。

2. 任务准备

将全班按2人一组分为若干组,每组准备以下材料和用具:缓释肥料、新型磷肥、长效钾肥、新型水溶肥料、新型复混肥料等样品或图片或资料。

3. 相关知识

(1)缓/控释肥料　新型肥料是指利用新方法、新工艺生产的,具有复合高效、全营养控释、环境友好等特点的一类肥料的总称。主要类型有：缓/控释氮肥、新型磷肥、长效钾肥、新型水溶肥料、新型复混肥料等。由于氮素在土壤中的物理和化学活性远高于磷、钾，因此目前开发研制出的新型肥料主要以氮素缓效肥料为重点。国际肥料工业协会对缓释和控释肥料的定义为：缓释和控释肥料是那些所含养分形式在施肥后能缓慢被植物吸收与利用的肥料；所含养分比速效肥料有更长肥效的肥料。

广义上的缓/控释肥料包括了缓释肥料与控释肥料两大类型。"缓释"是指化学物质养分释放速率远小于速溶性肥料，施入土壤后转变为植物有效态养分的释放速率；"控释"是指以各种调控机制使养分释放按照设定的释放模式（释放率和释放时间）与植物吸收养分的规律相一致。因此，生物或化学作用下可分解的有机氮化合物肥料通常被称为缓释肥，而对生物和化学作用等因素不敏感的包膜肥料通常被称为控释肥。

①缓/控释肥料特点。缓/控释肥料具有减少氮肥淋溶和径流损失；减少肥料在土壤中的化学和生物固定作用；减少氮肥以 NH_3 的形式挥发以及反硝化作用的特点。在植物营养方面，缓/控释肥料能按照植物需要的速度和浓度提供养分，充分发挥植物本身的遗传潜力。缓/控释肥料的施用可以减少施肥作业次数和节约劳力，因此可以降低施肥的作业成本。缓/控释肥料具有控释特性，重施不会使植物受盐分的危害或灼伤植物。但缓/控释肥料价格昂贵，因此目前主要应用于经济价值较高的植物上。

②缓/控释肥料类型。按其缓释/控释原理可分为 4 类：一是生物化学方法，如添加脲酶抑制剂或硝化抑制剂类肥料；二是物理方法，如微囊法（聚合物包膜肥料、硫包膜尿素、包裹型肥料、涂层尿素等）、整体法（扩散控制基质型肥料、营养吸附基质型肥料）；三是化学方法，如脲醛类、异丁叉二脲、丁烯叉二脲、草酰胺、眯基硫脲、三聚氰胺、磷酸镁铵、长效硅酸钾肥、节酸磷肥、聚磷酸盐等；四是生物化学-物理包膜相结合方法，如添加抑制剂与物理包膜相结合控释肥料，添加抑制剂、促释剂与物理包膜相结合控释肥料等。

（2）新型水溶肥料　新型水溶肥料是我国目前大量推广应用的一类新型肥料，多为通过叶面喷施或随灌溉施入（又叫冲施肥）的一类水溶性肥料。可分为清液型、氨基酸型、腐殖酸型和生长调节剂型等。

①清液型水溶肥料。是多种营养元素无机盐类的水溶液，一般可分为微量元素水溶肥料和大量元素水溶肥料两种，一般要求其所含营养元素的总量不少于10%（表 2-5-22）。

表 2-5-22 微量元素水溶肥料技术要求

项 目		指 标	
		固体	液体
微量元素(Fe,Mn,Cu,Zn,Mo,B)总量(以元素计)/% ≥		10.0	
水分(H₂O)/% ≤		5.0	—
水不溶物/% ≤		5.0	
pH(固体1+250水溶液,液体为原液)		5.0~8.0	≥3.0
有害元素	砷(As)(以元素计)/% ≤	0.002	
	铅(Pb)(以元素计)/% ≤	0.002	
	镉(Cd)(以元素计)/% ≤	0.01	

注:微量元素指钼、硼、锰、锌、铜、铁六种元素中的两种或两种以上元素之和,含量小于0.2%的不计。

②氨基酸型水溶肥料。是以氨基酸为络合剂加入各种营养元素组成,要求微生物发酵制成的氨基酸液,其氨基酸含量不低于8%;水解法制成的氨基酸液,其含量不低于10%,二者微量元素含量均不低于4%(表2-5-23)。

表 2-5-23 含氨基酸水溶肥料技术要求

项 目		指 标	
		发酵	化学水解
氨基酸含量/% ≥		8.0	10.0
微量元素(Fe,Mn,Cu,Zn,Mo,B)总量(以元素计)/% ≥		4.0	
水不溶物/% ≤		5.0	
pH		3.5~8.0	
有害元素	砷(As)(以元素计)/% ≤	0.002	
	镉(Cd)(以元素计)/% ≤	0.002	
	铅(Pb)(以元素计)/% ≤	0.01	

注:氨基酸分为微生物发酵及化学水解两种,产品的类型按生产工艺流程划分;微量元素钼、硼、锰、锌、铜、铁六种元素中的两种或两种以上元素之和,含量小于0.2%的不计。

③腐殖酸型水溶肥料。以黄腐酸为络合剂加入各种微量元素制成,其技术要求同氨基酸型水溶肥料。

④生长调节剂型水溶肥料。是在以上3种水溶肥料基础上加入生长调节剂和叶面展着剂(如烷基苯磺酸铵、有机硅表面活性剂等)制成的水溶肥料。

4.操作规程和质量要求

工作环节	操作规程	质量要求
缓效氮肥的合理施用	(1)脲甲醛,代号为 UF,含脲分子 2～6 个,白色粒状或粉末状的微溶无臭固体,吸湿性很小,含氮量 36％～38％。脲甲醛常作基肥一次性施入 (2)丁烯叉二脲,代号为 CDU,白色微溶粉末,不具有吸湿性,长期贮存不结块,含氮量 28％～32％。丁烯叉二脲适宜酸性土壤施用,特别适合于果树、蔬菜、草坪、糖料植物、马铃薯、烟草、禾谷类植物。常作基肥一次性施入 (3)异丁叉二脲,代号为 IBDU,是尿素与异丁醛反应的缩合物,白色粉末,不吸湿,水溶性很低,含氮量 32.18％。异丁叉二脲适用于牧草、草坪和观赏植物,不必掺入其他速效氮肥;用于稻、麦、蔬菜时,可掺入一定量的速效氮肥 (4)草酰胺,代号为 OA,白色粉末,含氮量 31.8％,多以塑料工业的副产品氰酸为原料合成,成本低。常作基肥一次性施入 (5)硫衣尿素,代号为 SCU,含氮量 34.2％,主要成分为尿素和硫黄,其中尿素约 76％、硫黄 19％、石蜡 3％、煤焦油 0.25％、高岭土 1.5％。其氮素释放机理为微生物分解和渗透压,温暖潮湿条件下释放较快,低温干旱时较慢。因此冬性植物施用时需补施速效氮肥 (6)涂层尿素是用海藻胶作为涂层液,再加入适量的微量元素,用高压喷枪将涂层液从造粒塔底部喷至造粒塔上部,使涂层液在尿素的表面形成一层较薄的膜,在尿素表面的余热条件下,水分被蒸发,生产出涂层黄色尿素。涂层尿素施入土壤后,由于海藻胶的作用,可以延缓脲酶对尿素的酶解速度,延长肥效期,提高氮肥利用率	(1)脲甲醛、丁烯叉二脲施在一年生植物上时必须配合施用一些速效氮肥,以避免植物前期因氮素供应不足而生长不良 (2)在日本将异丁叉二脲压制成 34 mm×34 mm×20 mm 的砖形"IB 砖片"肥料,能持续供应养分 3～5 年,主要用于林业、城市绿化以及果树、茶叶等经济植物 (3)草酰胺施于土壤后易导致 NH_3 挥发损失,造成局部 pH 升高和 NH_4^+ 的浓度增大,施用时应特别注意
新型磷肥的合理施用	(1)聚磷酸盐的主要成分是焦磷酸、三聚磷酸或环状磷酸组成,含有效磷(P_2O_5)76％～85％,是一种超高浓度磷肥,具有较高水溶性。聚磷酸盐是一种白色小颗粒,粒径 1.4～2.8 mm。在酸性土壤上施用效果与正磷酸盐相等,在中性和碱性土壤上施用优于正磷酸盐,但其具有较长的后效,其后效超过正磷酸盐。常作基肥一次性施入 (2)磷酸甘油酯是一种有机磷化合物,含有效磷(P_2O_5)41％～46％,溶于水。施用方便,可以撒施,也可以与灌溉水结合施入土壤;在土壤中被磷酸酶水解为正磷酸盐后缓慢供植物利用 (3)酰胺磷脂是一种具有 N—P 共价键的有机氮磷化合物,其主要成分为(C_2H_5O)PONH$_2$、$[(C_2H_5O)_2N]_2$ PONH$_2$ 等。其特点是:水解前不易被土壤固定,水解后能不断供给植物氮、磷、钙。但其价格昂贵,目前难以在生产中推广应用	聚磷酸盐特点是:可与金属离子形成可溶性络合物,减少磷的固定;制成液体肥料时,加入微量元素后仍呈可溶态;能在土壤中逐步分解为正磷酸盐,一次足量施用可满足植物整个生育期的需要;在酸性土壤上施用不易被铁、铝固定,在石灰性土壤中易于分解,有效性高

续表

工作环节	操作规程	质量要求
长效钾肥的合理施用	美国生产的偏磷酸钾(0-60-40)、聚磷酸钾(0-57-37)是两种主要的长效钾肥,二者均不溶于水,而溶于2%的柠檬酸,在土壤中不易被淋失,可以逐步水解,对植物不产生盐害,其肥效与水溶性钾的含量及粒径大小有关,大体上与氯化钾、硫酸钾相当或略低。常作基肥一次性施入	目前有关长效钾肥的研究较少
新型水溶的合理施用	新型水溶肥料主要用作叶面喷施和浸种,适用于多种植物。浸种时一般用水稀释100倍,浸种6～8 h,沥水晾干后即可播种。而叶面喷施应注意以下几点: (1)喷施浓度。一般可参考肥料包装上推荐浓度。一般每公顷喷施600～750 kg溶液 (2)喷施时期。喷施时期多数在苗期、花蕾期和生长盛期 (3)喷施部位。应重点喷洒上、中部叶片,尤其是多喷洒叶片反面。若为果树则应重点喷洒新梢和上部叶片 (4)增添助剂。可在肥料溶液中加入助剂(如中性洗衣粉、肥皂粉等),提高肥料利用率	(1)溶液湿润叶面时间要求能维持0.5～1 h,一般选择傍晚无风时进行喷施较宜 (2)为提高喷施效果,可将多种水溶肥料混合或肥料与农药混合喷施,但应注意营养元素之间的关系、肥料与农药之间是否有害
新型复混肥料的合理施用	(1)有机无机复混肥。一是作基肥:旱地宜全耕层深施或条施;水田是先将肥料均匀撒在耕翻前的湿润土面,耕翻入土后灌水,耕细耙平。二是作种肥:可采用条施或穴施,将肥料施于种子下方3～5 cm,防止烧苗;如用作拌种,可将肥料与1～2倍细土拌匀,再与种子搅拌,随拌随播 (2)微生物复混肥。是指两种或两种以上的微生物,或一种微生物与其他营养物质复配而成的肥料。每公顷用复合微生物肥料15～30 kg与有机肥料或细土混匀后沟施、穴施、撒施作基肥;果树或园林树木幼树每棵200 g环状沟施、成年树每棵0.5～1 kg放射状沟施;每公顷用肥15～30 kg兑水3～4倍,移栽时蘸根或栽后灌根;每平方米苗床土用肥200～300 g与之混匀后播种;花卉草坪可用复合微生物肥料10～15 g/kg盆土或作基肥;根据不同植物每公顷用15～30 kg复合微生物肥料与化肥混合,用适量水稀释后灌溉时随水冲施 (3)稀土复混肥。稀土复混肥是将稀土制成固体或液体的调理剂,以每吨复混肥加入0.3%的硝酸稀土的量配入生产复混肥的原料而生产的复混肥。施用稀土复混肥不仅可以起到叶面喷施稀土的作用,还可以对土壤中一些酶的活性有影响,对植物的根有一定的促进作用。施用方法同一般复混肥料	微生物复混肥有两种类型:一是菌与菌复合微生物肥料;二是菌与各种营养元素或添加物、增效剂的复合微生物肥料,包括菌与大量元素复合、菌与微量元素复合、菌与稀土元素复合、菌与植物生长激素复合等

5.常见技术问题处理

有机无机复混肥是以无机原料为基础,填充物采用烘干鸡粪、经过处理的生活垃圾、污水处理厂的污泥及草炭、蘑菇渣、氨基酸、腐殖酸等有机物质,然后经造粒、干燥后包装而成(表 2-5-24)。其主要特点是:速效养分能满足植物当季生长需要,同时又向土壤中补充了部分有机肥料,可以起到培肥地力作用,也向土壤提供了部分有机的缓效养分。

表 2-5-24 有机无机复混肥的技术要求

项　　目	指标
总养分($N+P_2O_5+K_2O$)[①]/%	≥15.0
水分(H_2O)/%	≤10.0
有机质/%	≥20.0
粒度(1.00~4.75 mm 或 3.35~5.60 mm)/%	≥70
pH	5.5~8.0
蛔虫死亡率/%	≥95
大肠菌值	≥10^{-1}
氯离子(Cl^-)[②]/%	≤3.0
砷(As)及其化合物(以元素计)/%	≤0.005 0
镉(Cd)及其化合物(以元素计)/%	≤0.001 0
铅(Pb)及其化合物(以元素计)/%	≤0.015 0
铬(Cr)及其化合物(以元素计)/%	≤0.050 0
汞(Hg)及其化合物(以元素计)/%	≤0.000 5

注:①标明的单一养分含量不低于 2.0%,且单一养分测定值与标明值负偏差的绝对值不大于 1.0%;②如产品 Cl^- 含量大于 3.0%,并在包装容器上标明"含氯",该项目可不做要求。

任务二　测土配方施肥新技术

1.任务目标

了解测土配方施肥的有关概念、目标和作用;熟悉测土配方施肥新技术的实施步骤。

2.任务准备

将全班按 5 人一组分为若干组,每组准备以下材料和用具:有关测土配方施肥技术等图片或资料。

3.相关知识

(1)测土配方施肥技术概述　测土配方施肥是以肥料田间试验和土壤测试为

基础,根据作物需肥规律、土壤供肥性能和肥料效应,在合理施用有机肥料的基础上,提出氮、磷、钾及中、微量元素等肥料的施用品种、数量、施肥时期和施用方法。肥料效应是肥料对作物产量的效果,通常以肥料为单位养分的施用量所能获得的作物增产量和效益表示。配方肥料是以肥料田间试验和土壤测试为基础,根据作物需肥规律、土壤供肥性能和肥料效应,用各种单质肥料和(或)复混肥料为原料,配制成的适合于特定区域、特定作物的肥料。

测土配方施肥技术是一项科学性、应用性很强的农业科学技术,它有 5 方面目标:一是高产目标,即通过该项技术使作物单产水平在原有水平上有所提高,能最大限度地发挥作物的生产潜能。二是优质目标,通过该项技术实施均衡作物营养,改善作物品质。三是高效目标,即养分配比平衡,分配科学,提高了产投比,施肥效益明显增加。四是生态目标,即减少肥料的挥发、流失等损失,使大气、土壤和水源不受污染。五是改土目标,即通过有机肥和化肥配合施用,实现耕地用养平衡,达到培肥土壤、增加土地生产力的目的。

测土配方施肥技术的增产途径:一是调肥增产,即不增加化肥施用总量情况下,调整化肥 $N:P_2O_5:K_2O$ 比例,获得增产效果。二是减肥增产,即对一些施肥量高或偏施肥严重的地区,采取科学计量和合理施用方法,减少某种肥料用量,获得平产或增产效果。三是增肥增产,即在生产水平不高、化肥用量很少的地区,增施化肥后作物获得增产效果。四是区域间有限肥料的合理分配,使现有肥源发挥最大增产潜力。

(2)测土配方施肥技术的方法

我国配方施肥方法归纳为三大类 6 种方法:第一类,地力分区(级)配方法;第二类,目标产量配方法,其中包括养分平衡法和地力差减法;第三类,田间试验配方法,其中包括养分丰缺指标法、肥料效应函数法和氮、磷、钾比例法。在确定施肥量的方法中以养分丰缺指标法、养分平衡法和肥料效应函数法应用较为广泛。

①地力分区(级)配方法。是根据土壤肥力高低分成若干等级或划出一个肥力相对均等的田块,作为一个配方区,利用土壤普查资料和肥料田间试验成果,结合群众的实践经验估算出这一配方区内比较适宜的肥料种类及施用量。

②养分平衡法。是以实现作物目标产量所需养分量与土壤供应养分量的差额作为施肥的依据,以达到养分收支平衡的目的。

③地力差减法。地力差减法就是目标产量减去地力产量,就是施肥后增加的产量,肥料需要量可按下列公式计算:

$$肥料需要量=\frac{作物单位产量养分吸收量(目标产量-空白田产量)}{肥料中所含养分\times肥料当季利用率}$$

④肥料效应函数法。肥料效应函数法是以田间试验为基础,采用先进的回归设计,将不同处理得到的产量和相应的施肥量进行数理统计,求得在供试条件下产量与施肥量之间的数量关系,即肥料效应函数或称肥料效应方程式。从肥料效应方程式中不仅可以直观地看出不同肥料的增产效应和两种肥料配合施用的交互效应,而且还可以通过它计算出最大施肥量和最佳施肥量,作为配方施肥决策的重要依据。

⑤养分丰缺指标法。在一定区域范围内,土壤速效养分的含量与植物吸收养分的数量之间有良好的相关性,利用这种关系,可以把土壤养分的测定值按照一定的级差划分养分丰缺等级,提出每个等级的施肥量。

⑥氮磷钾比例法。通过田间试验可确定不同地区、不同作物、不同地力水平和产量水平下氮、磷、钾三要素的最适用量,并计算三者比例。实际应用时,只要确定其中一种养分用量,然后按照比例就可确定其他养分用量。

4.操作规程和质量要求

工作环节	操作规程	质量要求
制订计划,收集资料	收集采样区域土壤图、土地利用现状图、行政区划图等资料,绘制样点分布图,制定采样工作计划;准备 GPS、采样工具、采样袋、采样标签等	要做好人员、物资、资金等各方面准备
样品采集与制备	(1)土壤样品的采集与制备。参考县级土壤图做好采样规划;划分采样单元,每个土壤采样单元为 100~200 亩,采样地块面积为 1~10 亩;确定采样时间,一般在作物收获后或施肥前;采样深度为 0~20 cm;做好样品标记;做好新鲜样品、风干样品的制备和贮存 (2)植物样品的采集与制备。根据要求分别采集粮食作物、水果样品、蔬菜样品;填好标签;做好植株样品的处理与保存	具体见土壤样品采集与制备要求。植物样品采集应做到代表性、典型性、适时性等要求
土壤、植株养分测试	(1)土壤测试。按照国标或部标,土壤测试项目有:土壤质地、容重、水分、酸碱度、阳离子交换量、水溶性盐分、氧化还原电位、有机质、全氮、有效氮、全磷、有效磷、全钾、有效钾、交换性钙镁、有效硫、有效硅、有效微量元素等 (2)植株测试。植株测试项目有:全氮、全磷、全钾、水分、粗灰分、全钙、全镁、全硫、微量元素全量等	具体测试原理与要求参见国标或部标标准

续表

工作环节	操作规程	质量要求
田间基本情况调查	(1)在土壤取样的同时,调查田间基本情况,调查内容主要有:土壤基本性状、前茬作物种类、产量水平和施肥水平等,填写测土配方施肥采样地块基本情况表 2-5-25 (2)开展农户施肥情况调查,数据收集的主要途径是填写问卷,一般采用面访式问卷调查,即调查人与农户面对面,调查人提问农户回答。测土配方施肥技术中农户调查由两类:一是一次性调查,即采用一次性面访式问卷调查,并填写事先准备好的调查表格。二是跟踪调查,要求实施的技术人员要跟踪一部分农户的施肥管理等情况,跟踪年限为 5 年填写农户施肥情况调查表 2-5-26	(1)调查农户要具有代表性,一定要采取简单随机抽样法确定 (2)数据具有真实性。调查人员由技术人员担任,调查前要进行培训,问卷最好在与农户交谈时填写,并对数据进行多途径核对 (3)数据具有准确性。要注意数据的单位、名称、数量要一致
田间试验	按照农业部《测土配方施肥技术规范》推荐采用的"3414"试验方案,根据研究目的选择完全实施或部分实施方案	具体要求见农业部《测土配方施肥技术规范》
调查数据的整理和初步分析	(1)作物产量。实际产量以单位面积产量表示,当地平均产量一般采用加权平均数法。产量的分布直接用调查表产量数据进行分析 (2)氮磷钾养分投入量。施肥明细中各种肥料要进行折纯。方法是每种肥料的数量分别乘以其氮磷钾含量,然后将有机肥料和化肥中的养分纯量加和 (3)氮磷钾比例。根据氮磷钾养分投入量就可以计算氮磷钾比例,并分析其比例分布情况 (4)有机无机肥料养分比例。分别计算有机肥料和无机肥料氮磷钾的平均用量,然后进行比较就行 (5)施肥时期和底追比例。在计算各种作物施肥量时,可以分别计算底肥和追肥的氮磷钾平均用量,然后分析底追比例的合理程度 (6)肥料品种。将本地区所有农户的该种肥料用量乘以各自面积再加和,除以总面积,即得到该作物上该肥料的加权平均用量;将所有施用该种肥料的农户作物面积加和再除以总调查面积,乘以 100,可得施用面积比例 (7)肥料成本。以单位面积数量来表示,计算方法同作物产量	(1)当样本农户作物面积差别不大时,平均产量也可用简单平均数 (2)要对农户施肥量逐个检查,剔除异常数据。平均值也应采用加权平均数 (3)所有农户某肥料加权平均用量=施用该肥料农户某肥料加权平均用量×施肥面积比例 (4)要注意数据处理过程的错误,最好 2 人完成,1 人录入,1 人校验

续表

工作环节	操作规程	质量要求
基础数据库的建立	(1)属性数据库,其内容包括田间试验示范数据、土壤与植株测试数据、田间基本情况及农户调查数据等,要求在 SQL 数据库中建立 (2)空间数据库,内容包括土壤图、土地利用图、行政区划图、采样点位图等,利用 GIS 软件,采用数字化仪或扫描后屏幕数字化的方式录入。图样比例为 1∶50 000 (3)施肥指导单元属性数据获取,可由土壤图和土地利用图或行政区划图叠加求交生成施肥指导单元图	具体要求见农业部《测土配方施肥技术规范》
施肥配方设计	(1)田块的肥料配方设计,首先采用养分平衡法等确定氮、磷、钾养分的用量,然后确定相应的肥料组合,通过提供配方肥料或发放配肥通知单,指导农户使用 (2)施肥分区与肥料配方设计,其步骤为:确定研究区域,GPS 定位指导下的土壤样品采集,土壤测试与土壤养分空间数据库的建立,土壤养分分区图的制作,施肥分区和肥料配方的生成,肥料配方的检验	具体要求见农业部《测土配方施肥技术规范》
示范及效果评价	(1)每万亩设 2～3 个示范点,进行田间对比示范。设置两个处理:常规施肥对照区和测土配方施肥区,面积不小于 200 m² (2)农户(田块)测土配方施肥前后比较 从农户执行测土配方施肥前后的养分投入量、产量、效益进行评价,并计算增产率、增收情况和产投比等进行比较 (3)测土配方施肥农户(田块)与常规施肥农户(田块)比较 根据对测土配方施肥农户(田块)与常规施肥农户(田块)调查表的汇总分析,从农户执行测土配方施肥前后的养分投入量、产量、效益进行评价,并计算增产率、增收情况和产投比等进行比较 (4)测土配方施肥 5 年跟踪调查分析 从农户执行测土配方施肥 5 年中的养分投入量、产量、效益进行评价。并计算增产率、增收情况和产投比等进行比较	增产率 $A(\%)=(Y_p-Y_c)/Y_c$ 增收 I(元/hm²) $=(Y_p-Y_c)\times P_y-\sum F_i\times P_i$ 产投比 $D=[(Y_p-Y_c)\times P_y-\sum F_i\times P_i]/\sum F_i\times P_i$ 式中:Y_p 代表测土施肥产量(kg/hm²),Y_c 代表常规施肥(或实施测土配方施肥前)产量(kg/hm²),F_i 代表肥料用量(kg/hm²),P_i 代表肥料价格(元/kg)

5.常见技术问题处理

　　施肥量是构成施肥技术的核心要素,确定经济合理施肥用量是合理施肥的中心问题。估算施肥用量的方法很多,如养分平衡法、肥料效应函数法、土壤养分校正系数法、土壤肥力指标法等。这里主要介绍养分平衡法。

　　养分平衡法是根据植物需肥量和土壤供肥量之差来计算实现目标产量施肥量

的一种方法。其中土壤供肥量是通过土壤养分测定值来进行计算。应用养分平衡法必须求出下列参数：

(1)植物目标产量 目标产量是根据土壤肥力水平来确定的，而不是凭主观愿望任定一个指标。根据我国多年来各地试验研究和生产实践，可从"以地定产"、"以水定产"、"以土壤有机质定产"等3方面入手。其中，"以地定产"较为常用。一般是在不同土壤肥力条件下，通过多点田间试验，从不施肥区的空白产量 x 和施肥区可获得的最高产量 y，经过统计求得函数关系。植物定产经验公式的通式是：

$$y = \frac{x}{a+bx}$$

为了推广方便，一般采用 $y=a+bx$ 直线方程。只要了解空白地块的产量 x，就可根据上式求出目标产量 y。

土壤肥力是决定产量高低的基础，某一种植物计划产量多高，要依据当地的综合因素进行确定，不可盲目过高或过低。在实际中推广配方施肥时，常常不易预先获得空白产量，常用的方法是以当地前 3 年植物平均产量为基础，增加 10%～15%作为目标产量。

(2)植物目标产量需养分量 常以下式来推算：

$$植物目标产量所需养分量(kg) = \frac{目标产量(kg)}{100(kg)} \times 百千克产量所需养分量(kg)$$

式中 100 kg 产量所需养分是指形成 100 kg 植物产品时，该植物必须吸收的养分量，可通过对正常植物全株养分化学分析来获得。也可参照表 2-5-27。

(3)土壤供肥量 土壤供肥量指一季植物在生长期中从土壤中吸收的养分。养分平衡法一般是用土壤养分测定值来计算。土壤养分测定值是一个相对值，土壤养分不一定全部被植物吸收，同时缓效态养分还不断地进行转化，故尚要经田间试验求出土壤养分测定值与产量相关的"校正系数"，经校正后，才能作为土壤养分的供应量，与植物吸收养分量相加减。

$$土壤供肥量 = 土壤养分测定值(mg/kg) \times 2.25 \times 校正系数$$

式中 2.25 是换算系数，即将 1 mg/kg 养分折算成 1 hm² 耕层土壤养分的实际质量。校正系数是植物实际吸收养分量占土壤养分测定值的比值，常常通过田间试验用下列公式求得：

$$校正系数 = \frac{空白产量/100 \times 植物百千克产量养分吸收量}{土壤养分测定值 \times 2.25}$$

(4)肥料利用率 肥料利用率是指当季植物从所施肥料中吸收的养分占施入肥料养分总量的百分数。它是把营养元素换成肥料实物量的重要参数,它对肥料定量的准确性影响很大。在进行田间试验的情况下,其计算公式为:

$$肥料利用率 = \frac{施肥区植物吸收养分量 - 无肥区植物吸收养分量}{肥料施用量 \times 肥料中养分含量} \times 100\%$$

例如,某农田施氮肥区 1 hm² 的植物产量为 6 000 kg,无氮肥区 1 hm² 的植物产量为 4 500 kg。1 hm² 施用尿素量为 150 kg,(尿素含氮量为 46%,植物 100 kg 产量吸收氮素 2 kg),则尿素中氮素的利用率(%)可计算为

$$尿素中氮素利用率(\%) = \frac{6\ 000/100 \times 2 - 4\ 500/100 \times 2}{150 \times 46\%} = 43.5\%$$

计算肥料利用率的另一种方法为同位素法,即直接测定施入土壤中的肥料养分进入植物体的数量,而不必用上述差值法计算,但其难于广泛用于生产实际中。常见肥料的利用率如表 2-5-28 所示。

表 2-5-25 测土配方施肥采样地块基本情况调查表

统一编号:_____ 调查组号:_____ 采样序号:_____

采样目的:_____ 采样日期:_____ 上次采样日期:_____

地理位置	省市名称		地市名称		县旗名称	
	乡镇名称		村组名称		邮政编码	
	农户名称		地块名称		电话号码	
	地块位置		距村距离/m		/	/
	纬度		经度		海拔高度/m	
自然条件	地貌类型		地形部位		/	/
	地面坡度/度		田面坡度(度)		坡向	
	通常地下水位/m		最高地下水位/m		最深地下水位/m	
	常年降雨量/mm		常年有效积温/℃		常年无霜期/d	
生产条件	农田基础设施		排水能力		灌溉能力	
	水源条件		输水方式		灌溉方式	
	熟制		典型种植制度		常年产量水平/(kg/亩)	
土壤情况	土类		亚类		土属	
	土种		俗名		/	/
	成土母质		剖面构型		土壤质地(手测)	
	土壤结构		障碍因素		侵蚀程度	
	耕层厚度/cm		采样深度/cm		/	/
	田块面积/亩		代表面积/亩		/	/

续表 2-5-25

来年种植情况	茬口	第一季	第二季		第三季	第四季	第五季
	作物名称						
	品种名称						
	目标产量						
采样调查单位	单位名称			联系人			
	地址			邮政编码			
	电话		传真	采样调查人			
	E-mail						

表 2-5-26　农户施肥情况调查表

施肥相关情况	生长季节			作物名称			品种名称	
	播种季节			收获日期			产量水平	
	生长期内降水次数			生长期内降水总量			—	—
	生长期内灌水次数			生长期内灌水总量			灾害情况	

推荐施肥情况	是否推荐施肥指导			推荐单位性质			推荐单位名称		
	配方内容	目标产量/(kg/亩)	推荐肥料成本/(元/亩)	化肥/(kg/亩)				有机肥/(kg/亩)	
				大量元素			其他元素	肥料名称	实物量
				N	P_2O_5	K_2O	名称 / 用量		

实际施肥总体情况	实际产量/(kg/亩)	实际肥料成本/(元/亩)	化肥/(kg/亩)				有机肥/(kg/亩)	
			大量元素			其他元素	肥料名称	实物量
			N	P_2O_5	K_2O	名称 / 用量		

实际施肥明细	施肥明细	汇总				施肥情况						
		施肥序次	施肥时间	项目		第一种	第二种	第三种	第四种	第五种	第六种
		第一次		肥料种类							
				肥料名称							
				养分含量情况/%	大量元素	N						
						P_2O_5						
						K_2O						
					其他元素	名称						
						含量						
				实物量/(kg/亩)							

续表 2-5-26

汇总					施肥情况					
	施肥序次	施肥时间	项目		第一种	第二种	第三种	第四种	第五种	第六种
实际施肥明细	施肥明细	第二次	肥料种类							
			肥料名称							
			养分含量情况 /%	大量元素 N						
				大量元素 P₂O₅						
				大量元素 K₂O						
				其他元素 名称						
				其他元素 含量						
			实物量/(kg/亩)							
		第三次	肥料种类							
			肥料名称							
			养分含量情况 /%	大量元素 N						
				大量元素 P₂O₅						
				大量元素 K₂O						
				其他元素 名称						
				其他元素 含量						
			实物量/(kg/亩)							
		第四次	肥料种类							
			肥料名称							
			养分含量情况 /%	大量元素 N						
				大量元素 P₂O₅						
				大量元素 K₂O						
				其他元素 名称						
				其他元素 含量						
			实物量/(kg/亩)							

（5）施肥量的确定　得到了上述各项数据后，即可用下式计算各种肥料的施用量。

$$\text{肥料用量}=\frac{\text{目标产量所需养分总量}(\text{kg/hm}^2)-\text{土壤养分测定值}(\text{mg/kg})\times2.25\times\text{校正系数}}{\text{肥料中养分含量}(\%)\times\text{肥料当季利用率}(\%)}$$

例：某地杂交水稻目标产量为 7 500 kg/hm²，每 100 kg 稻谷产量需吸收 N 1.8 kg、P₂O₅ 0.6 kg、K₂O 3.13 kg。其土壤养分测试值分别为：土壤碱解氮 40 mg/kg、速效磷 10 mg/kg、速效钾 120 mg/kg，三者校正系数分别为 0.8、0.6 和

0.9。要达到目标产量,需用多少尿素(含 N46%,利用率 35%)、过磷酸酸钙(含 P_2O_5 18%,利用率 20%)和氯化钾(含 K_2O 60%,利用率 55%)各多少?

第一步,计算目标产量所需养分量:

$$目标产量所需 N 量(kg)=\frac{7\ 500}{100}\times 1.8=135(kg)$$

$$目标产量所需 P 量(kg)=\frac{7\ 500}{100}\times 0.6=45(kg)$$

$$目标产量所需 K 量(kg)=\frac{7\ 500}{100}\times 3.13=234.75(kg)$$

第二步,计算各类肥料用量:

$$尿素用量=\frac{135-40\times 2.25\times 0.8}{0.46\times 0.35}=391.3\ kg/hm^2$$

$$过磷酸钙用量=\frac{45-10\times 2.25\times 0.6}{0.18\times 0.20}=875.0\ kg/hm^2$$

$$氯化钾用量=\frac{234.75-120\times 2.25\times 0.9}{0.60\times 0.55}=-25\ kg/hm^2$$

因此,该地水稻要达到目标产量 7 500 kg/hm²,1 hm² 需用尿素 391.3 kg、过磷酸酸钙 875 kg。另因土壤含钾丰富,暂不需要施用氯化钾。

表 2-5-27　不同植物形成百千克经济产量所需养分　　　　　　kg

植物名称		收获物	从土壤中吸收 N、P₂O₅、K₂O 的量		
			N	P_2O_5	K_2O
大田植物	水稻	稻谷	2.1~2.4	1.25	3.13
	冬小麦	籽粒	3.00	1.25	2.50
	春小麦	籽粒	3.00	1.00	2.50
	大麦	籽粒	2.70	0.90	2.20
	荞麦	籽粒	3.30	1.60	4.30
	玉米	籽粒	2.57	0.86	2.14
	谷子	籽粒	2.50	1.25	1.75
	高粱	籽粒	2.60	1.30	3.00
	甘薯	块根	0.35	0.18	0.55
	马铃薯	块茎	0.50	0.20	1.06
	大豆	豆粒	7.20	1.80	4.00
	豌豆	豆粒	3.09	0.86	2.86
	花生	荚果	6.80	1.30	3.80
	棉花	籽棉	5.00	1.80	4.00
	油菜	菜子	5.80	2.50	4.30
	芝麻	籽粒	8.23	2.07	4.41
	烟草	鲜叶	4.10	0.70	1.10
	大麻	纤维	8.00	2.30	5.00
	甜菜	块根	0.40	0.15	0.60

续表 2-5-27

植物名称		收获物	从土壤中吸收 N、P_2O_5、K_2O 的量		
			N	P_2O_5	K_2O
蔬菜植物	黄瓜	果实	0.40	0.35	0.55
	茄子	果实	0.81	0.23	0.68
	架芸豆	果实	0.30	0.10	0.40
	番茄	果实	0.45	0.50	0.50
	胡萝卜	块根	0.31	0.10	0.50
	萝卜	块根	0.60	0.31	0.50
	卷心菜	叶球	0.41	0.05	0.38
	洋葱	葱头	0.27	0.12	0.23
	芹菜	全株	0.16	0.08	0.42
	菠菜	全株	0.36	0.18	0.52
	大葱	全株	0.30	0.12	0.40
果树	柑橘(温州蜜柑)	果实	0.60	0.11	0.40
	梨(20世纪)	果实	0.47	0.23	0.48
	柿(富有)	果实	0.59	0.14	0.54
	葡萄(玫瑰露)	果实	0.60	0.30	0.72
	苹果(国光)	果实	0.30	0.08	0.32
	桃(白凤)	果实	0.48	0.20	0.76

表 2-5-28　肥料当年利用率　　　　　　　　　　　　　　%

肥料	利用率	肥料	利用率
堆肥	25~30	尿素	60
一般圈粪	20~30	过磷酸钙	25
硫酸铵	70	钙镁磷肥	25
硝酸铵	65	硫酸钾	50
氯化铵	60	氯化钾	50
碳酸氢铵	55	草木灰	30~40

☆ **关键词**

根部营养　截获　质流　扩散　被动吸收　主动吸收　根外营养　植物营养临界期　植物营养最大效率期　合理施肥　最小养分律　养分归还学说　报酬递减律　因子综合作用律　基肥　种肥　追肥　复合肥料　混合肥料　有机肥料

厩肥 堆肥 绿肥 新型肥料 测土配方施肥 肥料效应 配方肥料

☆ 内容小结

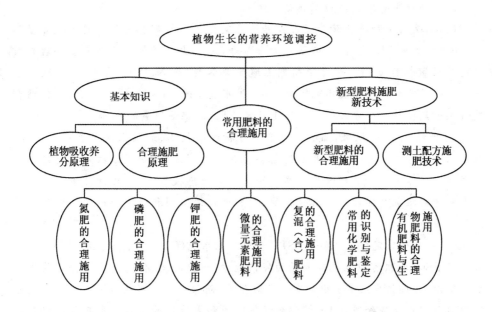

☆ 信息链接

精确施肥技术

1.精确施肥技术概况

精确农业是在现代信息技术(RS、GIS、GPS)、植物栽培管理技术、农业工程装备技术等一系列高新技术基础上发展起来的一种重要的现代农业生产形式和管理模式,其核心思想是获取农田小区植物产量和影响植物生产的环境因素(如土壤结构、土壤肥力、地形、气候、病虫草害等)实际存在的空间和时间差异信息,分析影响小区产量差异的原因,采取技术上可行、经济上有效的调控措施,改变传统农业大面积、大样本平均投入的资源浪费做法,对植物栽培管理实施定位、按需变量投入。包括精确播种、精确施肥、精确灌溉、精确收获等环节。

精确施肥技术是将不同空间单元的产量数据与其他多层数据(土壤理化性质、病虫草害、气候等)的叠合分析为依据,以植物生长模型、植物营养专家系统为支持，以高产、优质、环保为目的的变量处方施肥理论和技术。它是信息技术、生物技术、机械技术和化工技术的优化组合，按植物生长期可分为基肥精施和追肥精施，按施肥方式可分为耕施和撒施，按精施的时间性可分为实时精施和时后精施。

2.精确施肥的理论及技术体系

(1)土壤数据和植物营养实时数据的采集　对于长期相对稳定的土壤变量参数，如土壤质地、地形、地貌、微量元素含量等，可一次分析长期受益或多年后再对这些参数做抽样复测。对于中短期土壤变量参数，如N、P、K、有机质、土壤水分等，应以GPS定位或导航实时实地分析，也可通过遥感(RS)技术和地面分析结合获得生长期植物养分丰缺情况。这是确定基肥、追肥施用量的基础。

20世纪90年代以来，土壤实时采样分析的新技术、新仪器有了长足的发展，如基于土壤溶液光电比色法开发的主要营养元素测定仪、基于近红外多光谱分析技术和半导体多离子选择效应晶体管的离子敏感技术、基于近红外多光谱分析技术和传输阻抗变换理论的水分测量仪、基于光谱探测和遥感理论的植物营养监测技术等。

(2)差分全球定位系统(DGPS)　全球定位系统(GPS)为精确施肥提供了基本条件，GPS接收机可以在地球表面的任何地方、任何时间、任何气象条件下获得至少4颗以上的GPS卫星发出的定位定时信号，而每一颗卫星的轨道信息由地面监测中心监测而精确知道，GPS接收机根据时间和光速信号通过三角测量法确定自己的位置。但由于卫星信号受电离层和大气层的干扰，产生的定位误差可达100m，所以为满足精确施肥需要，还需给GPS接收机提供差分信号即差分定位系统(DGPS)。DGPS除了接收全球定位卫星信号外，还能接收信标台或卫星转发的差分校正信号，提高定位精度(1~5m)。现在的研究正向着GPS-GIS-RS一体化、GPS-智能机械一体化方向发展。

(3)决策分析系统　决策分析系统是精确施肥的核心，它包括地理信息系统(GIS)和模型专家系统两部分。在精确施肥中，GIS主要用于建立土壤数据、自然条件、植物苗情等农田空间信息数据库和进行空间属性数据的地理统计、处理、分析、图形转换和模型集成等；植物生长模型是将植物及气象和土壤等环境作为一个整体，应用系统分析的原理和方法，综合大量植物生理学、生态学、农学、土壤肥料学、农业气象学等学科理论和研究成果，对植物的生长发育、光合作用、器官建成和产量形成等生理过程与环境和技术的关系加以理论概括和数量分析，建立相应的数学模型，它是环境信息与植物生长的量化表现。植物营养专家系统用于描述植物的养分需求，有待于进一步发展和提高。

（4）控制施肥　现有两种形式：一是实时控制施肥，根据监测土壤的实时传感器信息，控制并调整肥料的投入数量，或根据实时监测的植物光谱信息分析调节施肥量。二是处方信息控制施肥，根据决策分析后的电子地图提供的处方施肥信息，对田块中的肥料的撒施量进行定位调控。

☆ 师生互动

1.结合当地土壤和作物的具体情况，应如何合理施用硫酸铵、氯化铵和硝酸铵？

2.结合当地实际情况，如何合理施用钾肥，提高其肥效？

3.试比较土壤供氮、供磷、供钾的水平与氮肥、磷肥、钾肥肥效的状况。

4.以果树为例，说明微量元素的合理施用技术。施用时应注意哪些问题？

5.结合实际，举例说明当地施用的复混肥料主要有哪些品种？并谈谈如何合理施用复混肥？

6.结合实际情况，对当地常用的化学肥料（包括碳酸氢铵、氯化铵、尿素、硫酸钾、氯化钾、过磷酸钙、磷酸铵等肥料品种）进行识别与定性鉴定。

7.普通堆肥与高温堆肥在积制与腐熟特征等方面有何区别？

8.秸秆还田的方式主要有哪几种？秸秆直接还田时应注意哪些问题？

9.测土配方施肥技术的目标、方法有哪些？测土配方施肥技术包括哪些关键环节？

☆ 资料收集

1.阅读《土壤》、《中国土壤与肥料》、《土壤通报》、《土壤学报》、《植物营养与肥料学报》、《××农业科学》等杂志。

2.浏览"中国肥料信息网"、"××省（市）土壤肥料信息网"、"中国科学院南京土壤研究所网站"、"中国农业科学院土壤肥料研究所网站"等网站。

3.通过本校图书馆借阅有关土壤肥料方面的书籍。

4.了解近两年有关植物营养、合理施肥、测土配方施肥方面的新技术、新成果、最新研究进展等资料，制作卡片或写一篇综述文章。

☆ 学习评价

项目名称				植物生长的营养环境调控	
评价类别	项目	子项目	组内学生互评	企业教师评价	学校教师评价
专业能力	资讯	搜集信息能力			
		引导问题回答			
	计划	计划可执行度			
		计划参与程度			
	实施	工作步骤执行			
		功能实现			
		质量管理			
		操作时间			
		操作熟练度			
	检查	全面性、准确性			
		疑难问题排除			
	过程	步骤规范性			
		操作规范性			
	结果	结果质量			
	作业	完成质量			
社会能力	团队	团结协作			
		敬业精神			
方法能力	方法	计划能力			
		决策能力			
评价评语	班级		姓名	学号	总评
	教师签字		第 组 组长签字		日期
	评语：				

项目六　植物生长的气候环境调控

▷ 项目目标

◆ 知识目标：能描述气压、风等主要农业气象要素的变化；能描述气团和锋、气旋和反气旋、低压槽和高压脊等主要天气系统的特点；能简单描述气候的形成、气候带与气候型，熟悉我国气候的特点；初步知道农业气候资源知识，合理利用农业气候资源；熟悉农田小气候、设施小气候的效应及调节；能列举出当地常发生的灾害性天气并指出其防御方法；能正确运用设施环境下气象要素调控技术。

◆ 能力目标：能熟练进行气压和风的观测；能熟练观测当地农田小气候和设施小气候；能够调控设施小气候。

模块一　基本知识

【模块目标】熟悉气压、风、气团和锋、气旋和反气旋等概念，了解风的形成及各种风的特点；熟悉风对植物生长的影响；了解气团和锋、气旋和反气旋，熟悉我国受气团影响下的天气特点及各种锋的天气特征；了解气候的形成、气候带与气候型，熟悉我国气候的特点；了解我国气候资源特征，熟悉合理利用农业气候资源。

【背景知识】

气压和风

大气中所发生的各种物理现象（风、雨、雷、电、云、雪、霜、雾、光等）和物理过程（气温的升高或降低，水分的蒸发或凝结等）常用各种定性和定量的特征量来描述，这些特征量被称为气象要素。与农业关系最密切的气象要素主要有：气压、风、云、太阳辐射、土壤温度、空气温度、空气湿度、降水等。

1. 气压

地球周围的大气，在地球重力场和空气的分子运动综合作用下，对处于其中的物体表面产生的压力称为大气压力。被测高度在单位面积上所承受的大气柱的重量称为大气压强，简称气压。离地面高度越高，大气柱越短，空气质量越少，气压越低。国际上规定，将纬度 45° 的海平面上，气温为 0℃ 时，大气压力为 760 mmHg 称为一个标准大气压。气压单位是帕斯卡(Pa)，$1 Pa = 1 N/m^2$(牛顿/平方米)。气压单位常用百帕(hPa)和毫米水银柱高(mmHg)表示。而两者的关系为：$1 hPa = 100 Pa$，$1 hPa = 0.75 mmHg$。一般一个标准大气压等于 1 013.25 hPa。

(1)气压的变化　一是气压随高度变化。在同一时间同一地点，气压随高度升高而减小。当温度一定时，地面气压随海拔高度的升高而降低的速度是不等的。据实测，近地层大气中，高度每升高 100 m，气压平均降低 12.7 hPa，在高层则小于此数值，因此在低空随高度增加，气压很快降低，而高空的递减较缓慢。气压随高度的分布如表 2-6-1 所示。

表 2-6-1　气压随高度的变化(气柱平均温度 0℃)

海拔高度/km	海平面	1.5	3.0	5.5	11.0	16.0	30.0
气压/ hPa	1 000	850	700	500	250	100	12

二是气压随时间变化。由于同一个地方的空气密度决定于气温，气温升高，空气密度减小，则气压降低；气温下降，空气密度增大，则气压升高。因此，一天中，一般夜间气压高于白天，上午气压高于下午；一年中，冬季(1 月份)气压高于夏季(7 月份)。而当暖空气来临时，会引起气压下降；当冷空气来临时，则会使气压升高。

(2)气压的水平分布　气压随高度增加而降低，由于各地热力和动力条件不同，使得在同一高度水平面上各处气压值也不同，气压在水平方向上的分布，常用等压线或等压面来表示，等压线是指在海拔高度相同的平面上，气压相等各点的连线；等压面是指空间气压相等各点所构成的面。海平面图上等压线的各种组合形式称为气压系统。气压系统的主要类型有：低压、高压、低压槽、高压脊和鞍形场。

低压是由一组闭合等压线构成的中心气压低、四周气压高的区域；等压面形状类似于凹陷的盆地。高压是由一组闭合等压线构成的中心气压高、四周气压低的区域；等压面形状类似凸起的山丘。低压槽是指由低压延伸出的狭长区域；在槽中各等压线弯曲最大处的连线，称为槽线；气压沿槽线向两边递增，槽线附近的空间等压面形如山谷。高压脊是指由高压延伸出的狭长区域;在脊中各条等压线弯曲最大处的连线,称为脊线;气压沿脊线向两边递减,脊线附近的空间等压面形如山脊。鞍形场是指由两个高压和两个低压交错相对而组成的中间区域。其空间分布形如马鞍。

2.风

空气时刻处于运动状态,空气在水平方向上的运动叫做风,它是重要的植物生态因子,直接或间接地影响作物的生长和发育,对热量、水汽和 CO_2 的输送和交换起重要作用。风是矢量,包括风向和风速,具有阵性。风向是指风吹来的方向,风速是单位时间内空气水平移动的距离,单位是 m/s。气象预报中常用风力等级来表示风的大小。通常用13个等级表示,如表2-6-2所示。

表 2-6-2　风力等级表

风力等级	名称	海面和渔船征象	陆上地面物征象	相当风速/(m/s)	
				范围	中数
0	无风	静	静,烟直上	0~0.2	0.1
1	软风	有微波,寻常渔船略觉摇动	烟能表示风向,树叶略有摇动	0.3~1.5	0.9
2	轻风	有小波纹,渔船摇动	人面感觉有风,树叶有微响,旌旗开始飘动	1.6~3.3	2.5
3	微风	有小波,渔船渐觉簸动	树叶及小枝摇动不息,旌旗展开	3.4~5.4	4.4
4	和风	浪顶有些白色泡沫,渔船满帆时,可使船身倾于一侧	能吹起地面灰尘和纸张,树枝摇动	5.5~7.9	6.7
5	清风	浪顶白色泡沫较多,渔船缩帆	有叶的小树摇摆,内陆的水面有小波	8.0~10.7	9.4
6	强风	白色泡沫开始被风吹离浪顶,渔船加倍缩帆	大树枝摇动,电线呼呼有声,撑伞困难	10.8~13.8	12.3
7	劲风	白色泡沫离开浪顶被吹成条纹状,渔船停泊港中,在海面下锚	全树摇动,大树枝弯下来,迎风步行感觉不便	13.9~17.1	15.5
8	大风	白色泡沫被吹成明显的条纹状,进港的渔船停留不出	可折毁小树枝,人迎风前行感觉阻力甚大	17.2~20.7	19.0
9	烈风	被风吹起的浪花使水平能见度减小,机帆船航行困难	烟囱及瓦屋屋顶受到损坏,大树枝可折断	20.8~24.4	22.6
10	狂风	被风吹起的浪花使水平能见度明显减小,机帆船航行颇危险	陆地少见,树木可被吹倒,一般建筑物遭破坏	24.5~28.4	26.5
11	暴风	吹起的浪花使水平能见度显著减小,机帆船遇之极危险	陆上很少,大树可被吹倒,一般建筑物遭严重破坏	28.5~32.6	30.6
12	飓风	海浪滔天	陆上绝少,其摧毁力极大	>32.6	>30.6

(1)风的形成　风是由于水平方向上气压分布不均匀引起的,产生气压分布不均匀的主要原因是地球表面温度在水平方向上分布不均匀造成的。影响风的作用力主要有:一是水平气压梯度力,是指由于水平气压梯度的存在,空气从高压流向低压的力;方向是垂直于等压线,由高压指向低压。二是水平地转偏向力,是指由于地球自转产生使空气运动方向偏离水平气压梯度力方向的一种力,方向总是垂直于空气运动的方向,它只能改变风向而不能改变风速。三是摩擦力,是指相互接触的两个物体在接触面上发生阻碍运动的一种力;在摩擦层中,运动着的空气与下垫面之间、空气与空气之间,都有摩擦力的存在;摩擦力的方向与空气运动的方向相反,主要影响风速。四是惯性离心力,是指当空气做曲线运动时产生的,由运动轨迹的曲率中心沿曲率半径向外作用在物体上的力;方向与运动的方向相垂直。在不同情况下,4种力的作用不同,因此形成风向和风速各异的各种风。

(2)风的变化　一是风的日变化。在气压形势稳定时,可以观测到风有明显的日变化。在50~100 m以下的近地大气层内,日出后风速逐渐增大,午后最大,夜间风速逐渐减小,以清晨为最小;100 m以上的大气中,风速的日变化与下层大气的变化情况正好相反,最大值出现在夜间,最小值出现在午后。

二是风随高度的变化。运动着的空气质点与地面之间、空气与空气之间,都有摩擦作用存在。1 500 m以下的大气层称为摩擦层,在摩擦层中,空气运动受到的摩擦力随海拔高度的升高而减弱,因此,随着海拔高度的升高,风速增大。同理,海洋上空的风速大于陆地上空;沿海的风速大于山区。它们都是由于摩擦力影响不同造成的。

三是风的年变化。风的年变化与气候和地理条件有关,在北半球的中纬度地区,一般风速的最大值出现在冬季,最小值出现在夏季。我国大部分地区春季风速最大,因为春季是冷暖空气交替较为频繁的时期。

四是风的阵性。风的阵性是指摩擦层中,由于空气运动受山脉、丘陵、建筑物或森林等影响,呈涡旋状的乱流,造成风向不定,风速忽大忽小的现象。一日之中,夏季中午前后,风的阵性较大,夜晚阵性较小。一年之中,春季风的阵性较大,冬季风的阵性较小。

(3)风的类型　风的类型主要有季风和地方性风。

季风是指以一年为周期,随着季节的变化而改变风向的风。冬季大陆冷却快而剧烈,海洋冷却慢且降温小,因此在大陆上因温度下降使气压升高,风从大陆吹向海洋,称为冬季风;夏季则相反,风从海洋吹向大陆,称为夏季风。我国的季风性很明显,夏季盛行温暖而潮湿的东南风;冬季盛行寒冷而干燥的西北风。我国的西南地区还受印度洋的影响,夏季吹西南风,冬季吹东北风。

地方性风是由于局部自然、地理条件的影响,常形成某些局地性空气环流。常见的地方性风有:海陆风、山谷风和焚风。

①海陆风。在沿海地区,以一天为周期,随昼夜交替而转换方向的风,称为海陆风。白天,风从海洋吹向陆地,称为海风;夜间,风从陆地吹向海洋,称为陆风。白天,陆地增温比海洋强烈,近地面低层大气中,产生从海洋指向陆地的水平气压梯度力,下层风从海洋吹向陆地形成海风。上层则相反,风从陆地吹向海洋,构成白天的海风环流(图 2-6-1);夜间,陆地降温比海洋剧烈而迅速,低层大气中,产生了从陆地指向海洋的水平气压梯度力,下层风从陆地吹向海洋形成陆风。高层风则从海洋吹向陆地,构成夜间的陆风环流。

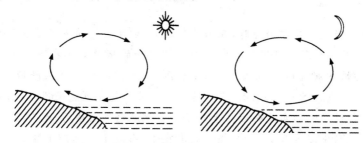

图 2-6-1　海陆风

(引自农业气象,奚广生,2005)

海风给沿海地区带来丰沛的水汽,易在陆地形成云雾,缓和了温度的变化。所以海滨地区,夏季比内陆凉爽,冬季比内陆温和。

②山谷风。在山区,风随昼夜交替而转换方向。白天,风从山谷吹向山坡,称为谷风;夜间,风从山坡吹向山谷,称为山风。两者合称为山谷风。白天,靠近山坡的空气温度比同高度谷地上空的气温要高,其空气密度较小,因此暖空气沿山坡上升到山顶,然后流向谷地上空。谷中气流则下沉补充坡面上升的空气,就形成了谷风环流(图 2-6-2a);夜晚,山坡由于地面有效辐射强烈使气温比同高度谷地上空气温降低得快,冷而重的空气沿坡下滑,流入山谷,气流在谷地又辐合上升形成了山风环流(图 2-6-2b)。

谷风能把暖空气向山上输送,使山前的物候期、成熟期提前。谷风还可以把谷地水汽带上山顶,在夏季水汽充足时常常成云致雨,对山区林木和作物生长有利。山风可以降低温度,对植物同化产物的积累尤其是在秋季对块根、块茎等贮藏器官的膨大比较有利。山风还可使冷空气聚集在谷地,在寒冷季节造成"霜打洼"现象(图 2-6-3)。而山腰和坡地中部,由于冷空气不在此沉积,霜冻往往较轻。

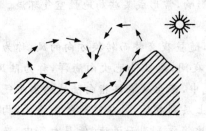

a. 谷风　　　　　　　　　　　　b. 山风

图 2-6-2　山谷风

（引自农业气象，阎凌云，2005）

③焚风。当气流跨过山脊时，在山的背风坡，由于空气的下沉运动产生一种热而干燥的风，称为焚风。焚风的形成是由于未饱和的暖湿空气在运行途中遇山受阻，在山的迎风坡被迫抬升，温度下降，上升到一定高度后，因气温降低，空气中水汽达到饱和，水汽凝结产生云、雨、雪降落在迎风坡。气流到达山顶之后，由于失去了那部分已凝结降落的水汽而变得干燥了。当气流越过山顶后，就沿背风坡下滑，空气在下沉运动中温度升高，空气相对湿度减小，形成了炎热而干燥的焚风（图 2-6-4）。不论冬夏昼夜，焚风在山区都可出现。焚风易形成旱灾和森林火灾，也可使初春的冰雪融化，利于灌溉。夏季的焚风可使谷物和水果提早成熟。

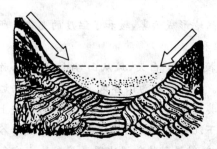

图 2-6-3　霜打洼示意图

（引自农业气象，阎凌云，2005）

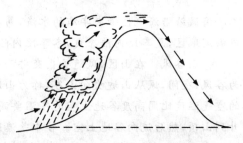

图 2-6-4　焚风示意图

（引自农业气象，阎凌云，2005）

一、天气系统

天气是指一定地区气象要素和天气现象表示的一定时段或某时刻的大气状况，如晴、阴、冷、暖、雨、雪、风、霜、雾和雷等。天气系统是表示天气变化及其分布的独立系统。活动在大气里的天气系统种类很多。如气团、锋、气旋、反气旋、高压脊、低压槽等。这些天气系统都与一定的天气相联系。

(一)气团和锋

1.气团

气团是占据广大空间的一大块空气,它的物理性质在水平方向上比较均匀,在垂直方向上的变化也比较一致,在它的控制下有大致相同的天气特点。气团的物理性质主要是指对天气有控制性影响的温度、湿度和稳定度 3 个要素。一个气团占据的空间很大,水平范围可达几百到几千千米,垂直范围可达几千米到十几千米。

(1)气团的分类　根据气团形成源地不同把气团分为 4 类:即冰洋(北极)气团、极地气团、热带气团和赤道气团。除赤道附近海上和陆上的温度、湿度无甚差别,可不再区分外,每类气团又可以根据其形成于海洋或陆地而分为海洋性气团和大陆性气团两种。

依气团移动时与所经过下垫面之间的温度情况,可将气团分为冷气团和暖气团,如果气团是向比它冷的地面移动,所经之地变暖,而本身变冷,这种气团称为暖气团;如果气团是向比它暖的地面移动,所经之地变冷,而本身变暖,这种气团称为冷气团。

(2)影响我国的主要气团　影响我国大范围天气的主要气团有极地大陆气团和热带海洋气团,其次是热带大陆气团和赤道气团。

①变性极地大陆气团。它是源于西伯利亚寒冷干燥的极地大陆气团,移到我国后变性而成。此气团全年影响我国,以冬季活动最为频繁,是冬季影响我国天气势力最强、范围最广、时间最长的一种冷气团。在这种气团的控制下,冬季天气寒冷、晴朗干燥、微风,温度日变化大、清晨常有雾或霜。夏季它经常活动于我国长城以北和大西北地区,在它的控制下天气晴朗,虽是盛夏,也凉如初秋。有时也南下到达华南地区,它的南下是形成我国夏季降水的重要因素。

②变性热带海洋气团。它是形成于太平洋洋面上的热带海洋气团登陆后变性而成。此气团也是全年影响我国,以夏半年最为活跃。是夏季影响我国大部分地区的湿热气团。在这种气团控制下,夏季早晨晴朗,午后对流旺盛,常出现积状云,产生雷阵雨;此气团若长期控制我国,则天气炎热而干燥,往往造成大面积干旱。它与变性极地大陆气团交会是构成我国盛夏区域性降水的重要原因。秋季此气团退至东南海上。

③热带大陆气团。起源于西亚干热大陆,夏季影响我国西部地区,在这种气团的控制下,天气酷热干燥,久旱无雨。

④赤道气团。起源于高温高湿的赤道洋面,夏季影响我国华南、华东和华中地

区,带来潮湿闷热多雷雨天气。

综上所述,在同一气团内,由于温、湿度比较一致,一般不会产生大规模的上升运动。所以天气特征也较一致,没有剧烈的变化,以晴朗天气为主。但当不同性质的气团在某一地区更迭交替时,常能引起剧烈的非周期性天气变化。

2. 锋

(1)锋的分类 冷暖气团的交界面称为锋面。锋面与地面的交线称为锋线,习惯上把锋面和锋线统称为锋。锋面是一个狭窄的过渡带,宽度在近地层几十千米。锋线的水平长度有几百千米到几千千米。锋的下面是冷气团,上面是暖气团。

根据锋的移动方向,可以把锋分为暖锋、冷锋、准静止锋和锢囚锋。当暖气团起主导作用,推动锋面向冷气团一侧移动时,这种锋称为暖锋。相反,当冷气团推着锋面向暖气团一侧移动时的锋称为冷锋。当锋面两侧的冷暖气团势力相当,锋面很少移动,或锋面受地形阻挡,锋面呈现静止状态的锋称准静止锋。当冷锋快行赶上暖锋,或两条冷锋合并而成,使地面完全被冷气团占据,暖气团被迫抬离地面,锢囚到高空,这种由两条锋相遇合并所形成的锋称为锢囚锋。

(2)锋面天气 由于锋面两侧的气压、风、湿度等气象要素差异比较大,具有突变性,锋面附近常形成云、雨、风等天气,称为锋面天气。

①暖锋天气。暖锋坡度较小,暖空气沿锋面缓慢上升,生成的云系可伸展很远,因此在锋线前产生大范围的云区和降水,云序依次为卷云、卷层云、高层云和雨层云,连续性降水,降水区宽度为 300～400 km,锋面过境后,降水停止,气温升高,风向有明显改变(图 2-6-5)。

②缓行冷锋。缓行冷锋移动速度较慢,暖空气沿锋面平稳上升,云系和降水区分布与暖锋相似,只是暖锋云雨在锋前,冷锋云雨在锋后。云序排列次序相反,降水主要出现在锋线后,多为连续性降水,雨区较窄,在 200 km 以内(图 2-6-6)。

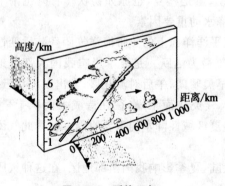

图 2-6-5 暖锋天气

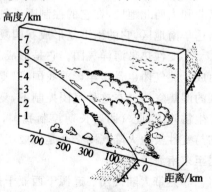

图 2-6-6 缓行冷锋天气

③急行冷锋。急行冷锋移动速度较快,近地面层冷空气冲击着前方的暖空气,迫使冷锋下段的暖空气做强烈的上升运动,而高层暖空气却又沿锋面不断下滑,故地面锋线附近常形成积雨云,出现雷雨、冰雹和阵性降水天气,但云雨区较狭窄,一般有几十千米到一百千米。冷锋过境,狂风暴雨,雷电交加。锋线过境后,天气立即转晴(图2-6-7)。

④准静止锋天气。我国准静止锋多数是冷锋南下,冷气团势力逐渐减弱而形成的。暖空气沿冷空气上升,一直伸展到很远的地方。云雨区的宽度较大,降水时间较长,往往是连绵细雨不断,锋线附近风力很小(图2-6-8)。

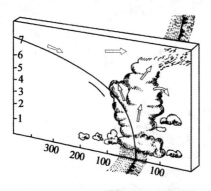

图2-6-7　急行冷锋天气

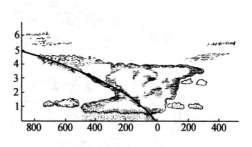

图2-6-8　静止锋天气

⑤锢囚锋天气。锢囚锋天气仍保留原来两条锋面天气的特征。一般在锢囚点附近,上升运动增强,因此云层增厚,降水增强,雨区扩大,锢囚锋两侧都是降水区,风力介于冷、暖锋之间(图2-6-9)。

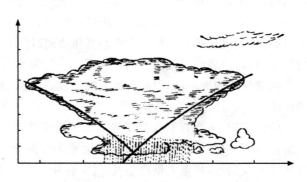

图2-6-9　锢囚锋天气

(二)气旋和反气旋

1.气旋

气旋是占有三度空间的,在同一高度上中心气压低于四周的大尺度旋涡(图2-6-10)。在天气图上,低压和气旋同属一个系统,但低压是对气压场而言,气旋是对流场而言的。气旋的范围由地面天气图上最外围的闭合等压线来确定。气旋直径一般为200~3 000 km。气旋的强度用中心气压值表示,中心气压值越低,气旋越强。地面气旋的中心气压值一般在970~1 010 hPa,近地面层中由于摩擦作用,气旋中心有气流辐合上升,上升气流绝热冷却,容易造成水汽凝结,因此气旋内多为阴雨天气。

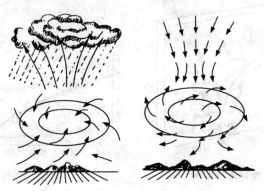

图 2-6-10　气旋与反气旋

2.反气旋

反气旋也称高压,是中心气压比四周气压高的水平空气涡旋(图2-6-10)。反气旋的范围比气旋大得多,常与气团范围相当,其直径常超过2 000 km。反气旋中心气压值越高,反气旋的强度越强。反气旋中心气压值随时间升高,称反气旋强度在加强;反之称强度减弱。地面反气旋的中心气压值一般为1 020~1 030 hPa。在近地层高压中心的空气向四周辐散,引起气流下沉,气温升高。因此反气旋控制地区的天气以晴朗少云,风力渐稳为主。

影响我国天气的反气旋,主要有蒙古高压和西太平洋副热带高压。蒙古高压是一种冷性反气旋即冷高压,是冬半年影响我国的主要天气系统,活动较频繁、势力强大。强冷高压侵入我国时,带来大量冷空气,气温骤降,出现寒潮天气;西太平洋副热带高压是夏半年影响我国的主要天气系统。

(三)低压槽和高压脊

大气中不同区域的气压是不均等的,不同气压区交错存在。低压区向高压区突出的部分叫低压槽,低压槽最突出点的连线称槽线,槽线上任意一点的气压比它两侧的气压都低,槽线附近的空气是辐合上升的,易形成云雨天气(图 2-6-11、图 2-6-12)。高压区向低压区突出的部分叫高压脊,高压脊最突出点的连线称脊线,脊线上任意一点的气压比它两侧的气压都高,脊线附近的空气是下沉运动的,易形成晴朗的好天气。

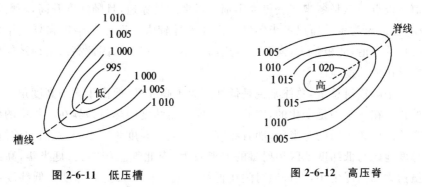

图 2-6-11　低压槽　　　　　　　　图 2-6-12　高压脊

北半球中、高纬度地区上空,盛行波状的西风气流,气流的波谷对应着低压槽,波峰对应着高压脊,通常把它们称为西风带波动。这种波动有两种情况:一种是波长较长,振幅较大,移动较慢,维持时间较长的"长波";另一种是波长较短,振幅较小,移动较快,维持时间较短,叠加在长波上而形成的"短波"。西风槽是指活动在对流层中西风带上的短波槽,也叫高空低压槽。一年四季都可出现,尤以春季最频繁。西风槽波长有 1 000 多 km,自西向东移动或自西南向东北移动,开口朝北。西风槽的东面(槽前)盛行暖湿的西南上升气流,因空气上升运动,所以对应地面是冷、暖锋和气旋活动的地方,天气变化剧烈,多阴雨天气。西风槽的西面(槽后)盛行干冷的西北下沉气流,多晴冷天气。

二、气候

气候是指一个地区多年平均或特有的天气状况,包括平均状态和极端状态,用温度、湿度、风、降水等气象要素的各种统计量来表达。因此气候是天气的统计状况,在一定时期内具有相对的稳定性。

(一)气候的形成

气候形成的基本因素主要有太阳辐射、大气环流和下垫面性质。但由于人类活动对气候的影响越来越明显,已被列为影响气候形成的第四个主要因素。

1.太阳辐射

不同地区间的气候差异和各地气候的季节交替,主要是太阳辐射在地球表面分布不匀及其随时间变化的结果。在不计大气的影响下,北半球各纬度上太阳辐射的年总量和冬、夏半年辐射的分布情况有以下特点:一是全年获得太阳辐射最多的是赤道,随着纬度的升高,辐射量逐渐减少,最小值出现在极点,仅占赤道的40%。二是夏半年太阳辐射总量的最大值在 $20°\sim25°N$,由此向北向南逐渐减少,最小值在极点。三是冬半年获得太阳辐射最多的是赤道,且随纬度升高,辐射量迅速减少,到极点为零。所以冬半年气候南北差异较大。四是冬半年和夏半年太阳辐射总量的差值,北极最大,向低纬度逐渐减小,赤道为零,因此高纬度地区气候的季节差异比低纬度地区大。

一年中的辐射总量,总体来说是低纬度大于高纬度,但由于太阳高度角和日照时间的长短在一年中是变化的,因此,低纬度与高纬度的热量差异在一年中的各季也是变化的。北半球的冬半年,随着纬度升高,太阳高度角减小,日照时间缩短,因此高纬度地区与低纬度地区辐射量的差值较大,南北气温相差大;夏半年,高纬度地区虽然太阳高度角小,但日照时间比低纬度地区长,因此,高纬度与低纬度地区辐射量的差值相对较小,南北温差较小;北方冬夏半年差异大,南方冬夏半年差异小。

2.季风环流

季风环流引导气团移动,使各地的热量、水分得以转移和调整,维持着地球的热量和水分平衡。季风环流常使太阳辐射的主导作用减弱,在气候的形成中起着重要作用。例如,我国的长江流域与非洲的撒哈拉大沙漠,它们都处于副热带地区,纬度相近,也同样临海,但是我国长江流域由于夏季的海洋季风带来大量雨水,所以雨量充沛,成为良田沃野,而北非的撒哈拉则因终年在副热带高压控制下,干旱少雨,形成沙漠气候。当环流形势长年趋于平均状态时,表现为气候正常,在个别年份或季节出现极端状态时,表现为气候异常。

3.下垫面性质

下垫面是指地球表面的状况,包括海陆分布、地形地势、植被及土壤等。由于它们的特性不同,因而影响辐射过程和空气的性质。

(1)海陆分布　由于海陆本身的热力性质不同,形成了两种不同的气候类型,即海洋性气候和大陆性气候。在海陆之间常常形成不同属性的气团或大气活动中心,它们的活动形成季风环流,海陆之间形成季风气候。

(2)地形地势　地形地势对气候的影响是巨大的和多方面的。高大的山脉不仅独立形成山地气候,且常成为气候的分界线。如我国的秦岭山脉,可以阻滞北方冷空气南下和南方暖湿空气北上,造成山脉两侧截然不同的两种气候。我国的青藏高原对气候的影响也是巨大的,它的南面是较暖的次大陆,北面是较冷的西伯利亚和新疆,影响西伯利亚冷空气和来自印度洋暖空气的交换,使高原南北形成不同的气候区域。由于青藏高原面积广阔,平均海拔高度在 4 000 m 以上,本身可以形成独特的高原气候,还可以把西风急流分为南、北两支,在它的东侧汇合成一个辐合区,对长江中下游天气影响极大。

另外,山的坡向、坡度及地表状况等对气候影响也是比较大的。如山地的降水量,在一定高度范围内随高度增高而增大。一般是山顶多于山脚,但达到一定高度降水量反而减小。

4.人类活动

除上述 3 个自然因素对气候起重要作用外,人类活动对气候的形成也起着至关重要的作用。目前主要表现在:一是在工农业生产中排放至大气中的温室气体和各种污染物,改变了大气的化学组成;二是在农牧业发展和其他活动中改变下垫面的性质,如城市化、破坏森林和草原植被、海洋石油污染等。

(二)气候带和气候型

1.气候带

气候带是指围绕地球表面呈纬向带状分布、气候特征比较一致的地带。气候带是在多种因素影响下形成的,最直接和最重要的因素是太阳辐射在地球表面的纬度分布规律,因此气候带的实质是热量带,且大致与纬度平行,环绕地球呈带状分布,在气候分类中气候带是最大的气候划分单位。划分气候带的方法很多,通常把全球划分成 11 个气候带(图 2-6-13),即赤道气候带,南、北热带,南、北副热带,南、北暖温带,南、北寒温带,南、北极地气候带等。

2.气候型

在同一气候带内或在不同的气候带内,由于下垫面的性质和地理环境相似,往往出现一些气候特征相似的气候类型,称之为气候型。常见的气候型及其气候特点如下:

(1)海洋性气候和大陆性气候　海洋性气候表现为:冬无严寒,夏无酷暑,春温低于秋温;最热月出现在 8 月,最冷月出现在 2 月,气温的日、年较差较小;降水充沛,季节分布比较均匀,相对湿度大,云雾多,日照少,太阳辐射弱。

大陆性气候特性:夏季炎热,冬季严寒,春温高于秋温;气温的日、年较差较大;7 月最热,1 月最冷;降水稀少,且多集中于夏季,季节分配不均匀;气候干燥,相对湿度小,云雾少,终年多晴朗天气。

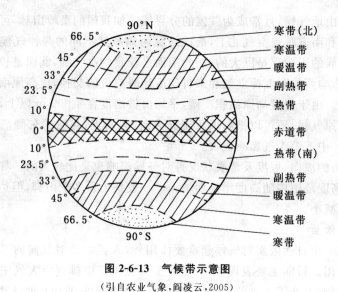

图 2-6-13 气候带示意图

(引自农业气象,阎凌云,2005)

(2)季风气候和地中海气候 季风气候的特征:盛行风向、降水等都有明显的季节变化;冬季风从陆地吹向海洋,降水稀少,气候寒冷干燥;夏季风从海洋吹向陆地,降水充沛,气候炎热潮湿。地中海气候的特征是:夏季高温干旱,冬季温和多雨。

(3)高原气候和高山气候 高原气候特点是:温度变化激烈,降水少,较为干燥,具有大陆性气候特征。高山气候特点是:温度变化缓和,降水多、湿度大,具有海洋性气候特征。

(4)草原气候和沙漠气候 这两种气候型在性质上都属于大陆性气候,并比一般大陆性更强,而沙漠气候是大陆气候的极端化。共同特点是:降水量少且集中于夏季,空气干燥;日照充足,太阳辐射强;温度日较差、年较差变化较大。

(三)中国气候

我国地域辽阔,南北跨纬度 49°33′,相距约 5 400 km。地形极为复杂,气候类型复杂多样,气候资源丰富。我国气候的主要特点是:季风性气候明显,大陆性气候强,气候类型多样,气象灾害频繁。

1. 中国气候特征

(1)季风气候明显 我国处于欧亚大陆的东南部,东临辽阔的太平洋,南临印度洋,西部和西北部是欧亚大陆。在海陆之间常形成季风环流,因而出现季风气候。冬季盛行大陆季风,风从大陆吹向海洋,我国大部分地区天气寒冷干燥;夏季盛行海洋季风,我国多数地区为东南风到西南风,天气高温多雨。每当夏季风或冬季风有一次进退时,气温就有一次上升或者下降,我国寒暑更替与季风密切相关。夏季风是我国降水的主要输送者,我国降水与季风的关系为:雨季起止日期与季风的进退日期基本一致;雨量年际变化大,夏季最多,冬季最少;降雨量集中、雨热同期;降水量的总趋势是从东南向西北递减。

(2)大陆性气候强　由于我国背负欧亚大陆,因而气候受大陆的影响大于受海洋的影响,成为大陆性季风气候。气温年较差大,气温年较差分布的总趋势是北方大、南方小;冬季寒冷,南北温差大,夏季普遍高温,南北温差小,最冷月多出现在 1月,最热月多出现在 7月。降水季节分配不均匀,夏季降水量最多,冬季最少;年降水量分布的总趋势是东南多、西北少,从东南向西北递减。

(3)气候类型多样　从气候带来看,自南到北有热带、亚热带、温带,还有高原寒冷气候。温带、亚热带、热带的面积占 87%,其中亚热带和南温带面积占41.5%。从干燥类型来说,从东到西有湿润、半湿润、半干旱、干旱、极干旱等类型,其中半干旱、干旱面积占 50%。

(4)气象灾害频繁　特点是气象灾害种类多,范围广,发生频率高,持续时间长,群发性突出,连续效应显著,灾情严重,给农业生产造成巨大损失。

2.中国气候与农业生产

我国是一个气候资源丰富,气象灾害较多的国家。在当前的技术水平下,我国的农业生产是受气候影响最大的生产部门,了解我国的气候生产潜力和气候变化对农业生产的影响具有重要意义。

(1)我国气候生产潜力　气候生产潜力是在其他非气候条件(如作物品种、土壤、栽培技术等)都能充分满足和发挥最大效能的情况下,气候条件所能允许的最大作物产量。影响气候生产潜力的因素主要是光照、温度和水分。

①光能潜力。在各项气候要素中,研究较多的就是光能潜力。据测算,全国农田全年的光能利用率都比较低,平均值约为 0.4%,而我国可供农作物利用的光能上限值约为可见光能量的 10%,总辐射能的 5%,这个上限值所能生产的经济产量就是光能生产潜力,可以用它来评价作物的光能利用率。

②温度潜力。农业上采用积温和生长季节长短可作为农业生产的热量指标。一般积温越高,生长季节越长,越有利于作物生长。我国大部分地区处于副热带和温带,气温年变化十分显著,特别是夏季高温与高湿同时出现,非常有利于作物生长。我国各种作物的种植北界比世界同纬度的其他国家或地区偏北,这与雨热同期有关。但我国冬季温度较低,农事季节受到限制,影响到气候资源的利用,一般是从作物生长期所需积温出发,对照当地的生长季长短和积温总量,研究出最优的生产方案。如在一年积温低于 1 500.0℃的地区,如果没有人工气候设施,则不宜

种植粮食作物；积温在 1 500.0℃ 以上，一年才可以单季种植部分作物；积温高于 4 000.0℃，一年可种植两季；积温高于 5 800.0℃，一年可种植三季。另外还与各季作物的种类、品种及茬口衔接有密切关系。

③水分潜力。水分潜力是指在作物生长的其他条件都得到充分满足的情况下，降水量供给作物的需要，使作物达到最高产量的能力。水分潜力取决于降水量和作物蒸腾系数，其中蒸腾系数是作物积累干物质重量与所需水分的数量比例。各种作物的蒸腾系数有很大差别，如水稻为 710，而小麦却为 513（表 2-6-3）。如水分潜力以单位面积产量为标准，当蒸腾系数为 500 时，则该地块水分潜力大致等于直接降落在该地的降水量的一半，因此，从年降水量分布图大致可以看出降水潜力的分布。但实际降水潜力往往高于一半降水量的水平。

表 2-6-3　几种主要作物的蒸腾系数

作物	蒸腾系数	作物	蒸腾系数
水稻	710	马铃薯	636
小麦	513	黄瓜	713
玉米	368	棉花	646
谷子	310	豌豆	788
大豆	744	亚麻	905

我国光能潜力一般大于水分潜力，只在我国东南部分地区和四川盆地，由于阴雨日数较多，前者才有可能略小于后者。在我国西部，不少干旱地区年降水量不到 50.0 mm，水分潜力很小，但这些地区如果耕地面积所占比例较小，并有完善的水利设施，有足够水源就能获得高产。光能潜力、温度潜力及水分潜力都是理想的概念，是理论上的生产潜力上限。在实际农业生产中，由于受到各种因素的限制和影响，往往不能充分发挥其作用。这些因素既有来自生物方面的，也有来自生产技术水平方面的，还有来自气候方面的，常常是由若干个因素综合作用影响的。

（2）气候变化对我国农业的影响　气候是在不断地变化的，生产潜力也随着气候的变化而发生改变。我国光能、温度和降水三大气候要素中，光能资源相对比较稳定，且比较丰富，足够农业生产的需求。因此，在讨论气候变化对农业生产的影响时，关注的主要是温度和降水两个因素。

我国的温度和降水都有各种不同程度的变化，可以说，农业生产在一定程度上受气候变化所制约，气候资源利用得越充分，农业生产对气候变化的敏感性越大，也就越需要注意气候问题。气候变化对农业生产的影响较为复杂，我国常以多年平均温度 1.0℃ 的变化和多年平均年降水量 100.0 mm 的变化对农业生产的影响情况来分析，这样的变动数值基本上与我国现代气候变化的幅度相对应，它作为气候变化的基本单位,对考虑更长时期、更大尺度气候变化对农业生产的影响是很适合的标准。

在气候长期趋向性变化的情况下,农业生产才有可能适应和充分利用其气候生产潜力。各气候要素之间往往存在着一定的联系,这种联系有可能影响单个要素影响的结果。在我国5 000年的气候变化中,温度从公元11世纪开始,由原来的较高水平下降到较低水平;而湿润指数则从同一时代起由湿期长、干期短的情况转变为干期长、湿期短的状况,即由暖湿组合转为冷干组合。因此,分析气候变化对我国农业生产的影响时,必须根据气候各个要素变化的特点,综合分析才能得出合乎实际的结论。

(四)中国的节气和季节

1. 二十四节气

(1)二十四节气的划分 二十四节气的划分是从地球公转所处的相对位置推算出来的。地球围绕太阳转动称为公转,公转轨道为一个椭圆形,太阳位于椭圆的一个焦点上。地球的自转轴称为地轴,由于地轴与地球公转轨道面不垂直,地球公转时,地轴方向保持不变,致使一年中太阳光线直射地球上的地理纬度是不同的,这是产生地球上寒暑季节变化和日照长短随纬度和季节而变化的根本原因。地球公转一周需时约365.23 d,公转一周是360°,将地球公转一周均分为24份,每一份间隔15°定一位置,并给一"节气"名称,全年共分二十四节气,每个节气为15°,时间大约为15 d(图2-6-14)。

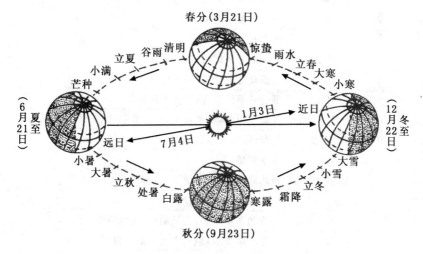

图2-6-14 地球公转与二十四节气的形成

(引自植物生产与环境,宋志伟,2006)

二十四节气是我国劳动人民几千年来从事农业生产,掌握气候变化规律的经验总结,为了便于记忆,总结出二十四节气歌:春雨惊春清谷天,夏满芒夏暑相连;秋处露秋寒霜降,冬雪雪冬小大寒;上半年逢六二一,下半年逢八二三,每月两节日期定;最多相差一两天。前四句是二十四节气的顺序,后四句是指每个节气出现的大体日期。按阳历计算,每月有两个节气,上半年一般出现在每月的 6 日和 21 日,下半年一般出现在 8 日和 23 日,年年如此,最多相差不过一二天(表 2-6-4)。

表 2-6-4　二十四节气的含义和农业意义

节气	月份	日期	含义和农业意义
立春	2	4 或 5	春季开始
雨水	2	19 或 20	天气回暖,降水开始以雨的形态出现,或雨量开始逐渐增加
惊蛰	3	6 或 5	开始打雷,土壤解冻,蛰伏的昆虫被惊醒开始活动
春分	3	21 或 20	平分春季的节气,昼夜长短相等
清明	4	5 或 6	气候温和晴朗,草木开始繁茂生长
谷雨	4	20 或 21	春播开始,降雨增加,雨生百谷
立夏	5	6 或 5	夏季开始
小满	5	21 或 22	麦类等夏熟作物的籽粒开始饱满,但尚未成熟
芒种	6	5 或 7	麦类等有芒作物成熟,夏播作物播种
夏至	6	22 或 21	夏季热天来临,白昼最长,夜晚最短
小暑	7	7 或 8	炎热季节开始,尚未达到最热程度
大暑	7	23 或 24	一年中最热时节
立秋	8	8 或 7	秋季开始
处暑	8	23 或 24	炎热的暑天即将过去,渐渐转向凉爽
白露	9	8 或 9	气温降低较快,夜间很凉,露水较重
秋分	9	23 或 24	平分秋季的节气,昼夜长短相等
寒露	10	8 或 9	气温已很低,露水发凉,将要结霜
霜降	10	24 或 23	气候渐冷,开始见霜
立冬	11	8 或 7	冬季开始
小雪	11	23 或 22	开始降雪,但降雪量不大,雪花不大
大雪	12	7 或 8	降雪较多,地面可以积雪
冬至	12	22 或 23	寒冷的冬季来临,白昼最短,夜晚最长
小寒	1	6 或 5	较寒冷的季节,但还未达到最冷程度
大寒	1	20 或 21	一年中最寒冷的节气

　　(2)二十四节气的含义和农业意义　从表2-6-4中每个节气的含义可以看出，二十四节气反映了一年中季节、气候、物候等自然现象的特征和变化。立春、立夏、立秋、立冬，这"四立"表示农历四季的开始；春分、夏至、秋分、冬至，这"两分、两至"表示昼夜长短的更换。雨水、谷雨、小雪、大雪，表示降水。小暑、大暑、处暑、小寒、大寒，反映温度。白露、寒露、霜降，既反映降水又反映温度。而惊蛰、清明、芒种和小满，则反映物候。应该注意的是，二十四节气起源于黄河流域地区，对于其他地区运用二十四节气时，不能生搬硬套，必须因地制宜地灵活运用。不仅要考虑本地区的特点，还要考虑气候的年际变化和生产发展的需求。

　　2. 中国的季节

　　春夏秋冬，通常称为四季。季节的划分，有天文季节、气候季节和自然天气季节。

　　(1)天文季节　依据地球绕太阳公转的位置而划分的季节，称为天文季节。我国目前采用的四季与欧美各国一致，以"两分两至"为四季之始。从春分到夏至为春季，从夏至到秋分为夏季，从秋分到冬至为秋季，从冬至到春分为冬季。在气候统计中为了方便，按阳历月份以3、4、5月为春季，6、7、8月为夏季，9、10、11月为秋季，12、1、2月为冬季。

　　(2)气候季节　我国现在常用的气候季节是20世纪30年代张宝坤以候平均温度为指标划分的，因此又称温度四季。候平均温度低于10℃为冬季，高于22℃为夏季，介于10～22℃为春季或秋季。按此指标划分，福州至柳城一线以南无冬季，哈尔滨以北无夏季，青藏高原因海拔高度关系也无夏季，云南四季如春(秋)。此外其他各地四季都比较明显，尤以中纬地区更为明显。气候四季的划分，照顾了各地区的差异，为农业服务较天文四季更符合实际。

　　(3)自然天气季节　东亚大气环流随着时段出现明显的改变和调整，并在各时段中具有不同的天气气候特征。根据大气环流、天气过程和气候特征划分的季节，叫做自然天气季节。我国属于季风盛行的地区，季风气候东部比西部明显，华南和东南沿海比华中、华北和东北明显。我国多数地区冬季多刮西北风，天气晴朗干燥；夏季则多刮东南风，多阴雨天气。其中特别突出的转折点，分别在3月初、4月中、6月中、7月中、9月初、10月中和12月初。因此，我国科学家把东部季风气候区划分为初春、暮春、初夏、盛夏、秋季、初冬、隆冬等7个自然天气季节更为合适。7个季节分别为：①初春：3月初至4月中，冬季风第一次明显减弱，夏季风开始在华南出现；②暮春：4月中至6月中，冬季风再度减弱，华南雨季开始，华中开始受夏季风影响，雨量增多；③初夏：6月中至7月中，华南夏季风极盛，降水量略减少，东南丘陵地和南岭附近出现干季；④盛夏：7月中至9月初，华南夏季风减弱，梅雨结束,相对干季开始,东北、华北夏季风开始盛行,雨季开始;⑤秋季:9月初至10月中,冬季风迅速南下,我国大陆几乎都受冬季风影响;⑥初冬:10月中至12月初,夏季风完全退出我国大陆;⑦隆冬:12月初至3月初,冬季风全盛期。

三、农业气候资源

农业气候资源是指对农业生产提供物质和能量的气候资源,是农业生产发展的潜在能力。农业气候资源包括光、热、水、气等气象要素,是自然资源的重要组成部分,是植物生产的基本环境条件。光资源常用太阳辐射总量、光合有效辐射、日照时数等表示;热量资源常用农业界限温度、平均气温、积温等来衡量;水资源常用降水量、降水变率、降水量季节分配、水分盈亏、土壤含水量等表示。与其他自然资源不同的是农业气候资源取之不尽、用之不竭,有明显的周期性、波动性和地域性,光、热、水、气资源中任一发生变化,都会引起其他资源的变化,进而影响整体利用程度。

(一)气候资源的特征

气候资源是一种重要的自然资源,气候要素的数量、组合、分配状况,在一定程度上决定了一个地区的农业生产类型、农业生产率和农业生产潜力。从农业生产的角度出发,农业气候资源具有以下特征。

1. 循环性

农业气候资源的数量有限,但又年年循环不已,有无穷无尽的循环性,从多年平均情况看,一个地区的太阳辐射、热量、降水有一定数量限制,但从总体上看,是年复一年的循环,用之不竭。

2. 不稳定性

农业气候资源不仅在时间分配上存在着不稳定性,而且在空间分布上具有不均衡性,如我国降水分布由西北内陆向东南沿海逐渐增多,在时间上很多地方降水主要集中在夏季,夏季降水占全年降水的50%以上,冬季降水不足10%。农业气候资源的这种特征,给农业生产带来不利的影响,甚至灾害。

3. 整体性和不可替代性

农业气候资源具有整体性,各因子之间是相互影响、相互制约的,对农业生产起综合作用。在光、热、水诸因子中,一种因子的变化会引起另一个因子的变化。一般降水少的地方,太阳辐射较高。在太阳辐射较高的地区,温度较高。另一方面对农业生产来说,有利因子不能替代不利因子,如干旱地区,热量条件充分,水分缺乏,但不会因热量多就替代水分。

4. 可调节性

农业气候资源具有可调节性。随着科学技术的发展,人类改变与控制自然的能力逐渐增强,在一定程度上可改善局部或小范围的环境条件,气候资源的潜力能更有效地得到利用。如干旱地区,水利条件的改变,可以提高温度的利用率;北方冬季保护地栽培技术措施,如塑料大棚、日光温室的应用,使冬季的光资源得到利用。各地区的农业气候资源是客观存在的,而农业生产的对象和过程是由人来控制的,我们应不断研究农业气候资源的特征,遵循客观规律,控制其增产潜力,提高经济效益。

(二)农业气候资源的利用与保护

我国地域辽阔,气候多样。农业生产上应充分发挥农业气候的优势,进一步拓宽农业气候资源合理开发利用的新途径。

1. 合理进行农业布局

我国幅员辽阔,地形复杂,气候多样,具有多种农业气候类型,农业生产应根据各地农业气候资源的特点,合理布局,实行区域化种植,结合作物的生物学特性,宜农则农,宜牧则牧,宜林则林。美国的小麦带、玉米带、大豆带、棉花带是合理利用气候资源的代表。日本利用丘陵起伏的地形,集中发展柑橘,仅在佐贺县 1.46 万 hm² 柑橘就年产 360 kt,接近我国年总产量,类似佐贺县气候条件,在我国浙闽山地,湘赣丘陵地区和粤桂各地处处皆是发展柑橘的理想基地。

2. 根据农业气候相似的原理科学引种

成功引进优质品种是提高农业经济效益的有效途径,引种时要根据农业气候相似原理,确定不同地区的气候条件是否相同,这不仅要考虑气候要素特征,还要考虑这些要素值的农业意义,也就是说,在引种时要着重考虑对某种农作物生长、发育、产量起关键作用的农业气候条件,如果不能科学地分析原产地与引入地的气候条件,不能很好地运用农业气候相似原理,盲目引种,必定会导致减产,引种失败。因此,引种时必须根据多年气候资料进行分析,引种才能成功。

3. 根据农业气候资源的特点,调整种植制度

农业气候资源是确定某一地区合理种植制度的重要依据。合理的种植制度是在一定的耕地面积上,为保证农业产量持续稳定地全面增长的战略性农业技术措施,又是科学开发利用农业气候资源、充分发挥农业气候资源生产潜力的重要基础性措施。从农业气候资源利用来看,确定某一地区适宜的种植制度必须遵循以下几方面:

①根据不同的作物种类对热量、水分的要求不同,结合当地农业气候资源确定作物种类、品种、调整种植方式,复种指数,为作物合理布局提供依据。

②适宜的种植制度,必须趋利避害,有效利用农业气候资源,应能适应多数年份的气候特点,有一定的抗灾能力,安排的作物种类和品种熟制,搭配组合合理,使种植制度逐步完善。

③种植制度的发展和演变,是以农业气候资源为前提的。种植制度的好坏,在于是否合理地利用农业气候资源,为确定适宜的种植制度提供经验教训和必要的科学依据,做到种植制度的历史继承性,相对稳定性和对农业气候资源的适应性。

④在确定种植制度时,既要有利于粮食生产,又要有利于多种经营以便充分发挥农业气候资源的优势。

进行种植制度改革,必须科学分析某一地区农业气候资源,看其是否适合当地农业生产特点,否则就会导致改革失败,造成经济损失。

模块二　当地植物生长的气候环境状况评估

【模块目标】能熟练进行气压和风的观测操作,能够正确使用相关仪器,会目测风向风力;能熟练进行农田小气候的观测项目和观测地段的确定,能够正确使用观测温湿度、风和光照度的仪器;学会调控设施小气候的方法。

任务一　气压和风的观测

1.任务目标

能熟练进行气压和风的观测操作,能够正确使用水银气压表、空盒气压表、电接风向风速计和轻便风向风速表,会目测风向风力。

2.任务准备

根据班级人数,每2人一组,分为若干组,每组准备以下材料和用具:水银气压表、空盒气压表、气压计、电接风向风速计和轻便风向风速表。

3.相关知识

(1)测定气压的仪器　测定气压的仪器有水银气压表、空盒气压表和气压计等。

①水银气压表。水银气压表有动槽式和定槽式两种,下面介绍动槽式水银气压表的构造原理。动槽式水银气压表是根据水银柱的重量与大气压力相平衡的原理制成的,其构造如图 2-6-15 所示,主要由内管、外套管、水银槽 3 部分组成。

②空盒气压表。空盒气压表是利用空盒弹力与大气压力相平衡的原理制成

的。空盒气压表不如水银气压表准确,但其使用和携带都比较方便,适于野外考察。其构造如图2-6-16所示。空盒气压表是以弹性金属做成的薄膜空盒作为感应元件,它将大气压力转换成空盒的弹性位移,通过杠杆和传动机构带动指针。当顺时针方向偏转时,指针就指示出气压升高的变化量,反之,当指针逆时针方向偏转时,指示出气压降低的变化量。当空盒的弹性应力与大气压力相平衡时,指针就停止转动,这时指针所指示的气压值就是当时的大气压力值。

　　③气压计。气压计是连续记录气压变化的自记仪器,其构造和其他自记仪器一样,分为感应、传递放大和自记装置3部分。感应部分是由几个空盒串联而成的,最上的一个空盒与机械部分连接,最下一个空盒的轴固定在一块双金属板上,用以补偿对空盒变形的影响。传递放大部分:由于感应部分的变形很小,常采用两次放大。空盒上的连接片与杠杆相连,此杠杆的支点为第一水平轴,杠杆借另一连接片与第二水平轴的转

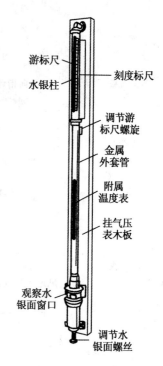

图 2-6-15　动槽式水银气压表

臂连接。这一部分的作用是将空盒的变化放大后传到自记部分去。这样两次放大能够提高仪器的灵敏度。自记部分与其他自记仪器相同。

　　(2)测定风的仪器　风的测定包括风向和风速。常用的测风仪器有电接风向风速计和轻便风向风速表。前者用于台站长期定位观测;后者多用于野外流动观测。在没有测风仪器或仪器出现故障时,可用目测风向风力。

　　①EL型电接风向风速计。此测风仪是由感应器、指示器和记录器组成的有线遥测仪器。

　　②轻便风向风速表。仪器结构如图2-6-17所示,由风向部分(包括风向标、风向指针、方位盘和制动小套)、风速部分(包括十字护架、风杯和风速表主机体)和手柄3个部分组成。

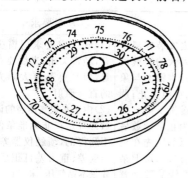

图 2-6-16　空盒气压表

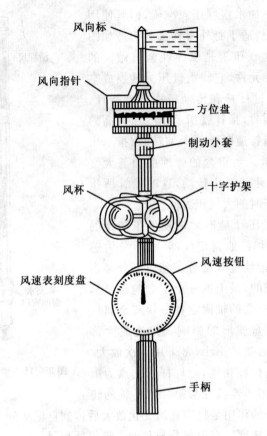

图 2-6-17   轻便风向风速表

4. 操作规程和质量要求

工作环节	操作规程	质量要求
气压观测	(1)水银气压表安装与观测。首先,将气压表安装在温度少变的气压室内,室内既要保持通风,又无太大的空气流动。其次,观测附属温度表,调整水银槽内的水银面与象牙针尖恰好相接,直到象牙针尖相接完全无空隙为止;调整游尺,先使游尺稍高于水银柱顶端,然后慢慢下降直到游尺的下缘恰与水银柱凸面顶点刚刚相切为止。读数后转动调整螺旋使水银面下降。最后,读数并记录:先在刻度标尺上读取整数,然后在游尺上找出一条与标尺上某一刻度相吻合的刻度线,则游尺上这条刻度线的数字就是小数读数	(1)气压室要求门窗少开,经常关闭,光线要充足,但又要避免太阳光的直接照射 (2)由于水银气压表的读数常常是在非标准条件下测得的,须经仪器差、温度差、重力差订正后,才是本站气压,未经订正的气压读数仅供参考

续表

工作环节	操作规程	质量要求
	(2)空盒气压表的安装与观测。观测和记录时先打开盒盖,先读附温;轻击盒面(克服机械摩擦),待指针静止后再读数;读数时视线应垂直于刻度面,读取指针尖所指刻度示数,精确到0.1;读数后立即复读,并关好盒盖。空盒气压表上的示度经过刻度订正、温度订正和补充订正,即为本站气压 (3)气压计的安装与观测。气压计应水平安放,离地高度以便于观测为宜。气压计读数要精确到0.1 hPa	(3)气压计的换纸时间和方法与其他自记仪器相同
风的观测	(1)EL型电接风向风速计的安装与观测。首先,将感应器安装在牢固的高杆或塔架上,并附设避雷装置,风速感应器(风杯)中心距地面高度10~12 m;指示器、记录器平稳地安放在室内桌面上,用电缆与感应器相连接,电源使用交流电220 V或干电池12 V。其次是观测和记录:打开指示器的风向、风速开关,观测两分钟风速指针摆动的平均位置,读取整数记录。风速小时开关拨到"20"档上,读0~20 m/s标尺刻度;风速大时开关拨到"40"档上,读0~40 m/s标尺刻度。观测风向指示灯,读取两分钟的最多风向,用十六个方位记录。静风时,风速记"0",风向记"C";平均风速超过40 m/s,记为>40 (2)轻便风向风速表的安装与观测。在测风速时,待风杯旋转约0.5 min,按下风速按钮,待1 min后指针停止转动,即可从刻度盘上读出风速示值(m/s),将此值从风速检定曲线中查出实际风速(取一位小数),即为所测的平均风速 观测者应站在仪器的下风向,将方位盘的制动小套管向下拉,并向右转一角度,启动方位盘,使其能自由转动,按地磁子午线的方向固定下来,注视风向指针约2 min,记录其最多的风向,就是所观测的风向。观测完毕后随手将方位盘自动小套管向左转一小角度,让小套管弹回上方,固定好方位盘 (3)目测风向风力。根据风对地面或海面物体的影响而引起的各种现象,按风力等级表估计风力,并记录其相应风速的中数值。根据炊烟、旌旗、布条展开的方向及人的感觉,按八个方位估计风向	(1)EL型电接风向风速计记录器部分的使用方法与温度计基本相同。从自记纸上可知各时风速、各时风向及日最大风速 (2)用轻便风向风速表观测时,人应保持直立(若是手持仪器,要使仪器高出头部),风速表刻度盘与当时风向平行。测风速可与测风向同时进行 (3)目测风向风力时,观测者应站在空旷处,多选几个物体,认真观测,尽量减少主观的估计误差

5.常见技术问题处理

风与农业生产有着密切关系,主要表现在:

(1)风对植物光合作用的影响 通风可使作物冠层附近的 CO_2 浓度保持在接近正常的水平上,防止或减轻作物周围的 CO_2 亏损;风还可以引起茎叶振动,造成作物群体内闪光,可使光合有效辐射以闪光的形式合理地分布到更广的叶面上而发挥更大的作用,从而改善了群体下部光的质量。

(2)风对蒸腾与叶温的影响 通常风速增加能加快叶面蒸腾,从而吸收潜热,使叶温降低。但如叶温大大高于气温,风速增加则会降低蒸腾。风的最大效应在 $0\sim1$ m/s 以上的小风速范围内,作物群体多数时间风速小于 1 m/s,常在 $0\sim1$ m/s,所以风对叶温影响不大。阴天,气温、叶温相近,风对叶温也没什么影响。

(3)风对植物花粉、种子及病虫害传播的影响 风是植物的天然传粉媒介,植物的授粉效率以及空气中花粉孢子被传送的方向和距离,主要取决于风速大小与风向。风还可以帮助植物散播芬芳气味,招引昆虫为虫媒花传播花粉。

豆科植物的微小种子、长有伞状毛(如菊科植物)或"翅"(如许多树种)的大种子、纸状果实或种子以及某些植物的繁殖体等也可以通过风来传播。

风能传播病原体,引起作物病害蔓延。小麦条锈病、水稻白叶枯病的流行,都是菌源随气流传播的结果。风还能帮助一些害虫迁飞,扩大危害范围。例如黏虫、稻飞虱等害虫,每年春夏季节随偏南气流北上,在那里繁殖,扩大危害区域;入秋后就随偏北风南迁,回到南方暖湿地区越冬。

(4)风对植物生长及产量的影响 适宜的风力使空气乱流加强。由于乱流对热量和水汽的输送,使作物层内各层次之间的温、湿度得到不断的调节,从而避免了某些层次出现过高(或过低)的温度、过大的湿度,有利于作物的生长和发育。

据研究,风速增大,能使光合作用积累的有机物质减少。当风速达到 10 m/s 时,光合作用积累的有机物质为无风时的 1/3。花器官受风的强烈振动也会使结实率降低。单向风使植物迎风方向的生长受抑制。长期大风可以引起植物矮化、倒伏、折枝、落花、落果等现象,对作物造成危害。

任务二 农田小气候观测

1.任务目标

通过训练,使学生能利用常见的观测仪器进行农田小气候观测,熟练掌握其主要的观测方法和农田小气候观测资料的整理和分析方法。

2.任务准备

根据班级人数,每 2 人一组,分为若干组,每组准备以下材料和用具:通风干湿表、风向风速表、照度计、地面温度表和曲管地温表;特制纱布、铁锹、测杆、直尺。

3.相关知识

小气候就是指在小范围的地表状况和性质不同的条件下,由于下垫面的辐射特征与空气交换过程的差异而形成的局部气候特点。小气候的特点主要是"范围小、差异大、很稳定"。近代小气候学在各生产领域得到迅速的发展,如农田小气候、设施小气候、地形小气候、防护林带小气候、果园小气候等。

(1)农田小气候的特征　农田小气候是以农作物为下垫面的小气候,不同的农作物有不同的小气候特征,同一种作物又因不同品种、种植方式、生育期、生长状况,以及田间管理措施等造成不同作物群体,产生相应的小气候特征。

①农田中光的分布。太阳辐射到达农田植被表面后,一部分辐射能被植物叶片吸收,一部分被反射,还有一部分透过枝叶空隙,或透过叶片到达下面各层或地面上。农田植被中,光照强度由株顶向下逐渐减弱,株顶附近递减较慢,植株中间迅速减弱,再往下又缓慢下来。光照强度在株间的分布直接影响作物对光能的有效利用,植株稀少,漏光严重,单株光合作用强,但群体光能利用不充分;农田密度较大,株间各层光强相差较大,株顶光过强,冠层下部光不足,单株生长不良,易产生倒伏现象。

②农田中温度的分布。作物生育初期,因茎叶幼小稀疏,不论昼夜,农田的温度分布和变化,白天的最高温度和夜间的最低温度均在地表附近。作物封行以后,进入生长盛期,茎高叶茂,农田外活动面形成,午间活动层附近热量容易保持,温度可达最高。夜间农田放热多,降温快,外活动面的温度达到最低。因此,生育盛期昼夜的最高最低温度由地表转向作物的外活动面。作物生育后期,茎叶枯黄脱落,太阳投入株间的光合辐射增多,农田温度分布又接近于生育初期,昼夜温度的最高和最低又出现在地面附近。

③农田中湿度的分布。农田中湿度分布和变化决定于温度、农田蒸发和乱流交换强度的变化。植物生育初期基本相似于裸地,不论白天和夜间,相对湿度都随高度的增加而降低。植物到了生育盛期,白天由于蒸腾作用的结果,外活动面附近相对湿度最大,内活动面较低;夜间由于气温较低,株间相对湿度在所有高度上都比较接近。植物生育后期,白天相对湿度都随高度的增加而降低,夜间因为地表温度较低,相对湿度最大。

④农田中风的分布。作物生长初期,植株矮小,这时农田中风的分布与裸地相似,越接近地面风速越小,风速趋于零的高度在地表附近,随着高度增加风速增大。作物生长旺盛时期,进入农田中的风受作物的阻挡,一部分被抬升由植株冠层顶部越过,风速随高度增加按指数规律增大;另一部分气流进入作物层中,株间风速的

变化呈"S"形分布(图 2-6-18)。农田中风速的水平分布自边行向里不断递减。

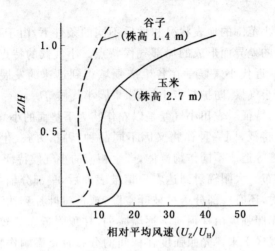

图 2-6-18　玉米、谷子株间风速的垂直分布示意图

(引自气象学,刘江,2003)

⑤农田中 CO_2 的分布。农田中 CO_2 浓度有明显的日变化。白天作物进行光合作用要大量地吸收 CO_2,使农田 CO_2 浓度降低,通常在午后达到最低;夜间作物的呼吸作用要放出 CO_2,使农田 CO_2 浓度增高。由于土壤一直是地面 CO_2 的源地,株间 CO_2 浓度常常是贴地层最大。夜间 CO_2 浓度随高度升高而降低,而白天 CO_2 浓度随高度升高而增大。

一般说来,在作物层以上 CO_2 浓度逐渐增加,作物层以内则迅速减少,在叶面积密度最大层附近为最低。白天特别是中午,农田的 CO_2 是从上向下输送,到地面附近则从地面向上输送。

(2)农田小气候的改良　农田小气候除受自然地理条件和作物本身生育状况的影响外,农业技术措施对农田小气候环境的改造也是非常明显的。它们有各方面的效应,在这里主要是分析和研究气象效应。

①耕翻的气象效应。耕翻使土壤疏松,孔隙度增大,土壤热容量和导热率减小。同时也使土壤表面粗糙,反射率降低,吸收太阳辐射增加,土表有效辐射增大,地温升高。高温时间(白天),表层热量积集,温度升高,表现增温效应;下层温度较低,表现降温效应。低温时间(晚上),表层接收深层输送的热量少,温度降低,表现降温效应;下层温度较高,表现增温效应。耕翻还能切断土壤毛管联系,使土层水分上下交换大为减弱,降低下层水分蒸发,起到保墒的作用。但是降水后耕翻的气

象效应就完全不同。由于耕翻地的透水性强,持水能力高,土壤水分多,蒸发耗热也多,于是表层温度低于未耕地,而土壤湿度较大,愈到下层差异愈小。

②镇压的气象效应。土壤镇压和耕翻的气象效应恰恰相反。镇压使土壤紧密,孔隙度减小,土壤容重和毛管持水量增加,土壤热容量和导热率增大。白天,地表接收太阳辐射向深层传导;夜间,地中热量向地表输送,镇压促进土壤的热交换。镇压地夜间表现增温效应,白天表现降温效应,可以减小土壤温度变化的幅度。但镇压时要考虑天气条件和土壤本身的状况。一般疏松的土壤宜于回暖天气下进行镇压,而偏黏的土壤宜于寒潮侵袭时进行镇压,甚至黏土就不镇压,否则就达不到镇压的增温效应。

③垄作的气象效应。垄作具有隆起的疏松土层,通气良好,排水力强。所以表层土壤的热容量和导热率都比平作小。对提高表层土壤温度,保持下层土壤水分有良好作用。垄作的温度效应,在北方的暖季更为显著。垄作有较大的暴露面,除其辐射增热和冷却比较急剧外,土壤蒸发耗水的现象比较严重。但是,它类似耕翻的效应,对表层土壤有增温效应,对下层土壤有保墒效应。垄作的温度和水分效应随地区而不同。在温带较高纬度降水较少的地区,采用垄作对改善和调节土壤热状况,具有重要作用。在低纬度多雨地区,主要是有利于排水,可以降低表层土壤湿度,有利于作物根系发育。同时垄作也改善了株间通风条件。

④灌溉措施的气象效应。农田灌溉后土壤湿润,颜色加深,反射率减小,吸收率增加。同时地温降低,空气湿度增加。灌溉后土壤含水量增加,增大了土壤热容量、导热率和导温率(表 2-6-5),使土壤温度变化缓慢。高温阶段,灌溉地气温比未灌溉地低;低温阶段,则灌溉地气温高于未灌溉地,特别在紧贴地面的气层中表现最为明显。所以灌溉有防冻和保温的双重作用。必须指出,灌溉因季节和水源不同,温度效应也不同。暖水源灌溉可产生增温效应,而冷水灌溉则产生降温效应。如果有条件选择水源,注意水温则可收到"灌溉调温"双重效果。

表 2-6-5　灌溉与未灌溉农田 0~20 cm 的土壤热特性比较

处理	容积热容量/[J/(m³·℃)]	导热率/[J/(m·s·℃)]	导温率/(m²/s)
灌溉	2.72×10^6	1.17	0.43×10^{-6}
未灌溉	1.97×10^6	0.46	0.21×10^{-6}
差值	0.74×10^6	0.71	0.21×10^{-6}

⑤种植行向的气象效应。作物种植行向不同,株间的受光时间和辐射强度都有差异。这是因为不同时期太阳方位角和照射时间,是随季节和地方而变化的。实践证明,夏半年沿东西行向的照射时数,比沿南北行向的要显著得多,冬半年的

情况恰好相反。特别是高纬地区种植作物时,要考虑种植行向问题,秋播作物取南北向种植比东西向有利,而春播作物取东西向比南北向有利。

⑥种植密度的气象效应 种植密度的大小直接影响作物群体通风、透光和温度的变化,最终决定作物的生长状况和产量。实践证明,株间太阳辐射的透射情况、株间任何高度的辐射透射率以及群体上下层透射率的差别,都随密度的增加而减少。由于植株的阻挡作用,密度增大,株间的风速降低。白天,由于株间光辐射减弱,温度随密度的增大而降低,夜间具有保温作用。密度变小,植株充分接收光照,风温适宜,单株产量增多,但植株数量的减少,也会影响群体的产量。根据不同作物特点,生产上采用合理密植、间作套种等栽培措施都是有效的解决办法。而在同一密度下,由于种植方式不同,其气象效应也有差异。例如,采取宽窄行的种植方式,即所谓"密中有稀"和"稀中有密"的措施,不仅能提高株间光照强度,而且也能改善农田通风条件和温度状况。

(3)小气候观测的仪器 小气候观测,要求所用仪器本身不会扰乱测点附近的小气候环境,并有足够的精确度。同时,要求仪器最好体积小,便于携带。观测土壤温度一般用地面温度表、曲管地温表和插入式地温表。观测空气的温度和湿度的主要仪器是通风干湿表(图 2-6-19)。小气候观测中,用于风速和风向观测的仪器是轻便风向风速表和热球式微风仪。光照度的测定常用照度计。

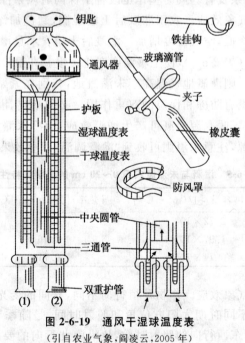

图 2-6-19 通风干湿球温度表

(引自农业气象,阎凌云,2005 年)

4. 操作规程和质量要求

工作环节	操作规程	质量要求
观测地段的确定	农田小气候观测中选择测点时应该掌握以下原则： （1）代表性原则。指选定的测点在自然地理条件、作物种类、作物长势以及农业技术措施等方面要能够代表农田或研究地段的一般情况 （2）比较性原则。指作为对比因子的观测时间、观测高度等要保持一致。如在进行水稻田小气候效应观测时，水稻田内外两对比点的仪器安置高度、观测时间、观测方法以及使用的仪器型号等要一致。这样所测得的资料才能说明水稻田小气候与外界气候的差异	农田小气候观测点一般分为基本测点和辅助测点两种。基本测点是主要测点，基本测点应选在观测地段中最有代表性的点上，其观测项目、高度、深度要求比较齐全和完整，观测时间要求固定，观测次数要求多些；辅助测点是为某一特殊项目而设置的测点，目的是补充基本测点的不足和更加完全地了解基本测点的小气候特征，辅助测点可以是流动的，也可以是固定的，重点的观测项目、观测高度和深度应与基本测点一致，辅助测点的多少应根据人力和仪器的条件而定
测点面积的确定	进行多个项目的观测时，仪器要布置在一定面积的地段上。面积过小，仪器间相互影响较大；而观测地段过大时，又可能造成观测时间上的差异，同时也给观测工作带来了很大的不便。因此，确定最小观测面积时，可掌握以下原则：当研究地段的活动面与周围地段的活动面差异大时，观测地段的最小面积要大些；反之，可适当小些。一般情况下，可掌握在 10 m×10 m 即可	
观测项目的确定	农田小气候的观测项目要根据研究目的和任务来确定。常见的观测项目有：不同高度的空气温湿度、不同深度的土壤温湿度、风速风向、光照度、地面最高温度、地面最低温度以及观测时的日光状况等。根据需要还可以进行太阳直接辐射、天空反射辐射以及地面反射辐射的观测 空气温度和湿度的农业小气候观测中，一般取 20 cm、150 cm、作用面附近（一般为株高的 2/3 处）和作物层顶处。风的观测通常取 20 cm、作用面和作物层顶以上 1 m 3 个高度。光照度的观测通常取作物层顶、作用面和地面 3 个高度。土壤温度的观测通常取 0 cm、5 cm、10 cm、15 cm、20 cm 等深度	实际工作当中还应当注意：第一，各观测高度和深度是指一般情况，观测中可以根据研究任务的具体要求进行调整。第二，需要进行全生育期观测时，由于作物在不断长高，仪器高度也要相应调整，一般作物每长高 20 cm 仪器高度就要调整一次
观测仪器的设置	通风干湿表应离地面、地中温度表距离要 1.5 m 左右，其他仪器间隔也要在 1 m 左右；轻便风速表要安装在上风位置上。在农田中，可安装在同一行间或两个行间，若作物行间很窄，地面温度表和地面最高、最低温度表也可排成一线。在垂直方向上，由于越靠近活动面，气象要素的垂直变化就越大	在一个测点上观测不同项目的仪器设置，必须遵循仪器间互不影响、尽量与观测顺序一致的原则。设置的观测高度必须越靠近活动面越密，而不能机械地按几何等距离分布

续表

工作环节	操作规程	质量要求
资料的整理	在确定所测数据无误的情况下,将一个测点的原始记录填写在资料整理表中,进行器差订正,并检查记录有无突变现象,根据日光情况和风的变化决定取舍,然后计算读数的平均值、进行湿度查算等工作,再根据报表资料绘制气象要素的时间变化图和空间变化分布图。通过气象要素随时间和空间分布及变化规律,可以总结一测点气象要素的变化特点	气象要素的时间分布图,以纵坐标表示要素值,横坐标表示时间,从图中可以得出气象要素随时间变化的特点。气象要素的空间分布图,以纵坐标表示高度或深度,横坐标表示气象要素值随高度(或深度)的分布情况和变化规律
各测点资料的对比分析	在完成各测点的基本资料整理后,为在各测点的小气候特征中寻找它们的差异,必须根据研究任务,进行测点资料对比分析。如只有同裸地的资料比较,才能显示出农田小气候特征,同其他作物田的小气候资料进行对比,才能发现某一作物的小气候特征	在对比分析时,要特别注意自然地理环境条件以及天气情况的一致性
农田小气候观测报告	当对比分析完成以后,就可以进行书面总结,其中要对测点情况、观测项目、高度(深度)、使用仪器和天气条件等情况进行说明,对观测过程也要适当介绍,但中心内容是气象要素的定性和定量的对比描述,对产生的现象和特征,必须根据气象学的原理,说明物理本质,用表格和图解来揭示各现象之间的联系,从而得出农田小气候观测的初步结论	报告内容要做到:内容简洁、事实确凿、论据充足、结论合理

5. 常见技术问题处理

除了农田小气候外,在山区,由于周围地形的遮蔽作用,还会产生坡地和谷地小气候。

(1)坡地小气候 由于坡向和坡度的不同,坡地上日照时间和太阳辐射度都有很大的不同,因而获得的太阳辐射总量也不一样,于是形成不同坡向的小气候差别。

①坡向、坡度对日照时间的影响。太阳直接辐照度随坡向的不同变化很大。在偏东坡地上,午前大于午后;在偏西坡地上,则恰好相反。至于南坡和北坡的太阳直接辐照度的变化,上午和下午基本上是对称的。

②坡向、坡度对太阳辐射总量的影响。南坡和北坡的坡度大小,对坡地上太阳辐射总量的影响最大,而接近东坡或西坡的坡地,其坡度大小对太阳辐射总量的影响最小。夏半年南坡的坡度每增加 $1°$,等于水平面上纬度向南移动 $1°$;而冬半年北坡坡度每增加 $1°$,等于水平面上纬度向北移动 $1°$。

③坡度、坡向对气温、土壤温度、湿度和风的影响。由于坡向方位对太阳辐射的影响,土壤温度首先就要受到坡向影响。一般夜间,方位对土壤温度的影响很小,土壤最低温度终年几乎都出现于北坡。而土壤最高温度出现的方位,一年之中各有不同:冬季土壤温度最高是西南坡,此后即向东南坡移动,到夏季则位于东南坡,夏秋之间又逐渐移向西南坡。因此,一般说来,除夏季外,土壤温度以西南坡最高。

坡地方位对气温影响,只局限于紧贴地表的极薄气层内,甚至在阴天条件下,这种影响就不存在了。至于坡向对于空气湿度的影响,主要是偏北坡地比偏南坡地的空气湿度要大一些。

④坡地小气候总的效应。偏南坡所得的太阳辐射比较多,湿度比较低,土壤水分蒸发快,比较干燥,温度比较高,而北坡的情况恰好相反。在寒冷地区,冬季北坡积雪时间比较长,回暖后积雪融化比较慢,增温少蒸发弱,土壤水分消耗慢。因此还在早春时期,南坡和北坡的小气候就有差别了:阳坡干燥,阴坡湿冷,坡地上部的土壤和空气一般比坡地下部要干燥,而阴坡的下部潮湿寒冷,阳坡下部则湿而暖。如果就暖季整个坡地进行比较,阳坡上部干而暖,下部湿而热;阴坡上部潮而凉,下部则最湿、最凉。

在低纬度地区,阳坡和阴坡的太阳辐射总量差别不大,因而温度差异不大,远不如高纬度地区显著,这时湿度特征就是植物生长的首要条件了。

(2)谷地小气候　在山地中,除不同坡地小气候有差异外,谷地和山顶小气候也有明显的不同。周围山地对谷地的遮蔽作用,是谷地小气候形成的地理因素,它使谷地光照时间和大田总辐射都比平地少。同时由于谷地受谷坡包围,和邻近地段的空气交换受到很大限制,使热能和水汽交换与坡顶有很大差异。

白天谷地,低凹地或盆地,由于这些地方的空气和地面接触面积很大,通风条件又差,被地面增热了的空气不易与外面空气交换,所以增温强烈,温度比山顶为高,夜间谷地辐射冷却快而显著。另外,山坡和高地冷却了的空气沿坡下滑,容易积聚在这些低洼地区,所以谷地温度比山顶低得多。温度日较差也大,而山顶日较差小。但在冷平流天气影响下,辐射影响一般不显著,这时山顶受冷空气直接侵袭,降温快,谷地和低地却是避风区,温度反而不如山顶低。

坡地温度分布也决定了霜冻害的分布,所谓“风打山梁、霜打洼”,就是指在有冷平流时,山顶直接受冷空气侵袭,容易受平流霜冻危害,而山谷洼地是避风区,易受辐射霜冻危害。而在山坡中部地带是比较暖和的,霜冻出现机会较少而且出现的程度轻,形成山地的“暖带”,它是山区中无霜冻害或轻霜冻害的地带。在华中和华南地区常利用山地“暖带”栽培那些要求热量较多的亚热带和热带作物。北方也可在"暖带"种植越冬作物和果树,对作物安全越冬大为有利。

谷地、低地和平地相比,土壤湿度通常比较大。除了因谷地温度高,相对湿度比较低外,以日平均而言,谷中都比平地和坡顶为高,尤以晴天夜晚最明显,冬季清晨常有辐射雾形成。

谷地对风速风向也有影响,当风向和山谷方向一致时,风速加快,风向和山谷垂直时,风速减弱,并有空气抬升作用。在山的迎风坡和背风坡的气候有明显的差异。

任务三 设施小气候的调控

1. 任务目标

能够利用常见的观测仪器进行设施小气候观测,熟练掌握其主要的观测方法和设施小气候观测资料的整理和分析方法;了解各种设施小气候的特点;同时学会如何调控设施环境中的农业气象要素。

2. 任务准备

根据班级人数,每2人一组,分为若干组,每组准备以下材料和用具:通风干湿表、风向风速表、照度计、地面温度表和曲管地温表;特制纱布、铁锹、测杆、直尺。

3. 相关知识

设施农业是用一定的设施和工程技术手段改变自然环境,在环境可控条件下进行生产的现代化农业。目前生产上应用较多的保护设施有地膜覆盖、塑料大棚、日光温室等。不同的设施,小气候效应也不同。

(1)地膜覆盖小气候 地膜覆盖的小气候特点表现为:一是提高耕层地温。地膜覆盖后改变了农田地面热量收支状况,大幅度地减少了热量损失,因而能提高土壤耕层温度。二是增加土壤湿度。地膜不仅抑制了土壤水分的外散,而且由于土壤水分蒸发,在地膜内凝结成水滴,返回土壤,使土壤湿度增高。三是促进土壤养分转化,增加土壤肥力。地膜覆盖由于土壤温度高,保水力强,利于微生物活动,因而加快了土壤有机物质的分解,利于作物吸收养分;同时,地膜阻止了土壤养分随土壤水分蒸发和被雨水或灌溉水冲刷而淋溶流失,从而增加了土壤肥力,利于作物生长。四是增强近地面株间的光照强度。田间观察证明,地膜覆盖有明显的反光作用,其反光能力与膜的颜色有关。反光改善了作物下部光照条件,对作物产量、品质的提高有积极意义。

(2)塑料大棚小气候 采用塑料大棚可使蔬菜生产春季提前、秋季延后,提高蔬菜生产效益。塑料大棚的小气候特点表现为:第一,由于膜的吸收和反射,棚内光照度低于棚外,一般大棚内1 m高度处的光照度为棚外自然光照度的60%左右。无滴膜的透光性优于普通膜。大棚内光照度的垂直分布是从棚顶向下逐渐减弱,近地面处最弱;并且棚架越高,近地面处的光照越弱。大棚内光照度的水平分布依棚向而异。南北延长的大棚上下两侧均受光,棚内各部位分布比较均匀,东、中、西三部位的水平光照相差 10％左右;而东西延长的大棚,棚内光照度水平分布不均匀,南侧光照强,北侧光照弱,二者相差 25％左右。第二,大棚内气温增温十分明显,最高温度可比露地高 15℃以上。一般情况下,棚内平均气温比棚外高 2～6℃。冬季棚内增温慢,昼夜温差在 10℃左右;春秋季棚内增温快,昼夜温差在20℃左右。在大棚的利用季节,大棚地温有明显的日变化特点。早春 5 cm 地温午前低于气温,午后与气温接近,傍晚开始高于气温,一直维持到次日日出。气温最低值一般出现在凌晨,但此时地温高于气温,有利于减轻作物冻害。第三,塑料薄膜的透气性差,且不透水。白天随着棚内温度的升高,土壤蒸发和植物蒸腾作用增强,使棚内水汽含量增多,相对湿度经常在 80％～90％或以上,夜间因温度下降,相对湿度更大。

(3)日光温室小气候　　日光温室是一种封闭的小气候系统,其围护结构阻止了温室内外空气的交换,从而具有封闭效应,由于温室向外传递的热量减少,因而具有保温作用。但封闭效应也阻止了温室内外的物质交换,温室内易形成高湿和低 CO_2 浓度的特点。

第一,由于温室结构和覆盖材料等因素的影响,一般温室内的光照度只有室外的 60％～80％。并且光照在室内的分布很不均匀。东西延长的温室,其南侧为强光区,北侧为弱光区;在东西方向上由于两侧山墙的影响,在上下午分别有一阴影区;在垂直方向上,温室南侧光照度自上向下递减。

第二,温室内的气温具有明显的日变化。晴天最低气温出现在揭覆盖物后的短时间内,之后随太阳辐射增强迅速上升,13:00 左右达到最高值。阴天室内外的温差减小,多在 15℃左右,且日变化不明显。

第三,在温室中温度较高,蒸散量较大,四周密闭,室内相对湿度经常在 90％以上,夜间或阴天温度低时,相对湿度更大,多处于饱和或接近饱和状态。

第四,温室内 CO_2 浓度具有明显的日变化,整个夜间是 CO_2 的积累过程,温室内的 CO_2 浓度在日落后逐渐升高,在清晨时达到高峰,比露地高 1～2 倍;日出后随着植物光合作用的增强,CO_2 浓度迅速下降,经 1～2 h 后接近 CO_2 浓度补偿点。温室通风后 CO_2 浓度上升。当土壤有机质含量少时,密闭室内 CO_2 浓度较低,影响作物产量。目前,温室内施用 CO_2 已成为温室栽培的增产措施之一。

4.操作规程和质量要求

工作环节	操作规程	质量要求
地膜覆盖小气候	主要观测地温、土壤湿度、近地面株间的光照度等指标	参见地温、土壤水分、光照度测定
塑料大棚小气候	主要观测大棚不同位置的光照度、棚内气温与地温、棚内空气湿度等指标	参见农田小气候观测
日光温室小气候	主要观测温室内不同位置的光照度、棚内气温与地温、棚内空气湿度、CO_2 浓度等指标	参见农田小气候观测

5.常见技术问题处理

设施环境中农业气象要素的调控对于改善各种设施小气候具有重要意义,主要从辐射、温度、湿度、CO_2 浓度等方面进行调控。

(1)辐射调控　首先,提高温室辐射透过率。经常冲洗透明覆盖物的表面以保持其清洁透明;采用各种特殊用途薄膜,如防尘膜、无滴膜、长寿膜、各类色膜等,以增加光透过率和改变光谱成分;采用抹平涂白北墙,或放置反光板(或反射镜)以增加床面辐射量;使用各种电光源进行人工补光,以弥补自然光源的不足和适应植物光周期的需求等。

其次,采取遮光措施。主要有:玻璃面涂白;覆盖各种遮光物,如遮光纱网、不织布、遮光保温幕、苇帘等。玻璃面流水可遮光 25%,降低室温 4℃。

最后,调节作物畦垄方向和株行距。畦垄方向和株行距的调节可以减少植株间的相互遮挡,增加作物下部受光和提高地温。

(2)温度调控　温室温度调节主要包括保温、加温、降温和变温管理 4 个方面。

①保温。一是增大保温比,这是设计和建筑温室时应充分考虑的事情。二是增大辐射透过率的措施,均能起保温或增温作用。三是堵塞缝隙,防止热量外流。还可采取多层覆盖或加保温幕或二重固定覆盖(两层透明材料中间夹一层空气所组成的覆盖材料)等,以达到保温效果。四是设置防寒沟,减少或防止土壤贮存热量向水平方向外流。五是减少温室内地表的蒸散量,以增加白天土壤的贮热量。为达此目的,温室内采用滴灌方式最有利。

②加温。一是煤火加热:使用火墙、火炕、烟道等加热温室;二是煤气加热:使用煤气点火加热器和鼓风机等进行加热;三是电器加热:使用电炉、电热线(主要用于加热土壤)、红外线加热器、红外线灯管等进行加热;四是热水(或热蒸汽)管道再加上散热器的加热:比较先进的方法是使用直径 30～50 cm 的软塑料筒,其上打了许多直径 5 mm 的小洞,将暖风送入筒中,再顺小孔均匀吹到温室各部分。

③降温。往往是与遮光、通风换气、降湿(或增湿)措施联系在一起的。目前常

用的降温方法是湿帘降温,可使温室气温降至湿球温度附近。

④变温。是适应作物对昼夜变温生理要求而采取的人工措施。它对果菜不仅有增产作用,还可节约能源。但变温管理比较复杂,必须先了解各类作物的具体变温要求,处理好气温与地温、变温与光照变化的关系。

(3)湿度调控　温室湿度调控的主要目的是降低空气湿度,防止作物因多湿环境感染病害。常用除湿方法有:控制灌水、采用滴灌法、通风换气、强制空气流动等。

(4)CO_2浓度的调控　主要调控方法是通过自然通风和强制通风,从进入温室的室外空气中补充CO_2。在通风的同时,调节了空气温度和湿度。还可以施用有机肥,以提高土壤释放CO_2的能力。人工施放CO_2的方法很多,有专门的CO_2发生器,可用盐酸与碳酸钙的反应生成CO_2,也可利用酒精厂的副产品——气态和液态CO_2及干冰(固态CO_2)等。

(5)空气流动的调控　调控空气流动状况的直接目的是温室内需要维持一定的换气量,间接目的是改善温室小气候,调节温室热状况及气体成分。强制通风调控系统主要由风机、风管和气流组织方式构成。由人工设计控制气流运动方向和速度,即称为气流组织方式。气流组织方式是空气调节的重要环节,它直接影响空调系统的使用效果,只有合理的气流组织才能发挥通风的冷却或加热作用,并能有效地排除有害气体、有害物质及灰尘。

模块三　气象灾害及其防御

【模块目标】掌握寒潮、霜冻、冻害、冷害、热害及旱灾、雨灾等自然灾害的类型及在生产中所采取的相应防御措施,以便在自然灾害来临时能采取相应的防范措施,以期把自然灾害对农业生产的影响降到最低程度。

任务一　极端温度灾害及其防御

1.任务目标

了解寒潮、霜冻、冻害、冷害、热害的发生、类型及对农作物的危害、对农业生产的影响,掌握其在生产上的防御措施。

2.任务准备

根据班级人数,每4人一组,分为若干组,每组准备以下材料和用具:温度计,芦苇、草帘、秸秆及塑料薄膜等覆盖物,喷灌设备等。

3.相关知识

温度的变化对农业生产影响很大,过高和过低都会给农业生产带来一定的危害。在农业生产中影响较大的极端温度灾害主要有:寒潮、霜冻、冻害、冷害、热害等。

(1)寒潮 寒潮是在冬半年,由于强冷空气活动引起的大范围剧烈降温的天气过程。冬季寒潮引起的剧烈降温,造成北方越冬作物和果树经常发生大范围冻害,也使江南一带作物遭受严重冻害。同时,冬季强大的寒潮给北方带来暴风雪,常使牧区畜群被大风吹散,草场被大雪掩盖,导致大量牲畜因冻、饿死亡。春季,寒潮天气常使作物和果树遭受霜冻危害。尤其是晚春时节,当一段温暖时期来临时,作物和果树开始萌芽和生长,如果此时突然有强大的寒潮侵入,常使幼嫩的作物和果树遭受霜冻危害。另外,春季寒潮引起的大风,常给北方带来风沙天气。因为内蒙古、华北一带土壤已解冻,气温升高、地表干燥,一遇大风便尘沙飞扬,摧毁庄稼,吹走肥沃的表土并影响春播。另外,大风带来的风沙淹没农田,造成大面积沙荒。秋季,寒潮天气虽然不如冬春季节那样强烈,但它能引起霜冻,使农作物不能正常成熟而减产。夏季,冷空气的活动已达不到寒潮的标准,但对农业生产也产生不同程度的低温危害。同时这些冷空气的活动对我国东部降水有很大影响。

(2)霜冻 霜冻指在温暖季节(日平均气温在0℃以上)土壤表面或植物表面的温度下降到足以引起植物遭到伤害或死亡的短时间低温冻害。

霜冻按季节分类主要有秋霜冻和春霜冻两种。一是秋霜冻。秋季发生的霜冻称为秋霜冻,又称早霜冻,是秋季作物尚未成熟、陆地蔬菜还未收获时产生的霜冻。秋季发生的第一次霜冻称为初霜冻。秋季初霜冻来临越早,对作物的危害越大。纬度越高,初霜冻日越早,霜冻强度也越大。二是春霜冻。春季发生的霜冻称为春霜冻,又称晚霜冻。是春播作物苗期、果树花期、越冬作物返青后发生的冻害。春季最后一次霜冻称为终霜冻。春季终霜冻发生越晚,作物抗寒能力越弱,对作物危害就越大。纬度越高,终霜冻日越晚,霜冻强度也越弱。从终霜冻至初霜冻之间持续的天数叫无霜冻期。无霜冻期的长短,是反映一个地区热量资源的重要指标。

当冷空气入侵时,晴朗无风或微风,空气湿度小的天气条件最有利于地面或贴地气层的强烈辐射冷却,容易出现较严重的霜冻。洼地、谷地、盆地等闭塞地形,冷空气容易堆积,容易形成较严重的霜冻,故有"风打山梁,霜打洼"之说;此外,霜冻迎风坡比背风坡重,北坡比南坡重,山脚比山坡中段重,缓坡比陡坡重。由于沙土和干松土壤的热容量和导热率较小,所以,易发生霜冻,黏土和坚实土壤则相反,在临近湖泊、水库的地方霜冻较轻,并可以推迟早霜冻的来临、提前结束晚霜冻。

(3)冻害　冻害是指在越冬期间,植物较长时间处于0℃以下的强烈低温或剧烈降温条件下,引起体内结冰,丧失生理活动,甚至造成死亡的现象。不论何种作物,都可用50%植株死亡的临界致死温度作为其冻害指标。此外也有用冬季负积温、极端最低气温、最冷月平均温度等作为冻害指标。我国作物的冻害类型主要有3类:

①冬季严寒型,当冬季有2个月以上平均气温比常年偏低2℃以上时,可能发生这种冻害。如果冬季积温偏少,麦苗弱,则受害更重。

②入冬剧烈降温型,是指麦苗停止生长前后因气温骤降而发生的冻害。另外,如播种过早或前期气温偏高,生长过旺,再遇冷空气,更易使冬小麦受害。

③早春融冻型,早春回暖解冻,麦苗开始萌动,这时抗寒力下降,如遇较强冷空气可使麦苗受害。

(4)冷害　冷害是指在作物生育期间遭受到0℃以上(有时在20℃左右)的低温危害,引起作物生育期延迟或使生殖器官的生理活动受阻造成农业减产的低温灾害。春季在长江流域,将冷害称为春季冷害或倒春寒。倒春寒是指春季在天气回暖过程中,出现间歇性的冷空气侵袭,形成前期气温回升正常或偏高、后期明显偏低而对作物造成损害的一种灾害性天气。秋季在长江流域及华南地区将冷害称为秋季冷害,在广东、广西称为寒露风。寒露风天气是指寒露节气前后,由于北方强冷空气侵入,使气温剧烈下降,北风(通常可使南方气温连续降低4～5℃)致使双季晚稻受害的一种低温天气。东北地区将6～8月份出现的低温危害称为夏季冷害。主要影响水稻孕穗期减数分裂,造成抽穗灌浆后形成大量空粒,对产量影响极大。根据对农作物危害的特点划分为以下3种:

①延迟型冷害,是指作物营养生长期(有时生殖生长期)遭受较长时间低温,削弱了作物的生理活性,使作物生育期显著延迟,以至不能在初霜前正常成熟,造成减产。

②障碍型冷害,是指作物生殖生长期(主要是孕穗和抽穗开花期)遭受短时间低温,使生殖器官的生理活动受到破坏,造成颖花不育而减产的冷害。秋后突出表现是空粒增多。

③混合型冷害,是指延迟型冷害与障碍型冷害交混发生的冷害,对作物生育和产量影响更大。

(5)热害　热害是高温对植物生长发育以及产量形成所造成的一种农业气象灾害。包括高温逼熟和日灼。

高温逼熟是高温天气对成熟期作物产生的热害。华北地区的小麦、马铃薯,长江以南的水稻,北方和长江中下游地区的棉花常受其害。形成热害的原因是高温,因为高温使植株叶绿素失去活性,阻滞光合作用的暗反应,降低光合效率,呼吸消耗大大增强;高温使细胞内蛋白质凝聚变性,细胞膜半透性丧失,植物的器官组织受到损伤;高温还能使光合同化物输送到穗和粒的能力下降,酶的活性降低,致使灌浆期缩短,籽粒不饱满,产量下降。

日灼是因强烈太阳辐射所引起的果树枝干、果实伤害,亦称日烧或灼伤。日灼常常在干旱天气条件下产生,主要危害果实和枝条的皮层。由于水分供应不足,使植物蒸腾作用减弱。在夏季灼热的阳光下,果实和枝条的向阳面受到强烈辐射,因而遭受伤害。受害果实上出现淡紫色或淡褐色干陷斑,严重时出现裂果,枝条表面出现裂斑。夏季日灼在苹果、桃、梨和葡萄等果树上均有发生,它的实质是干旱失水和高温的综合危害。冬季日灼发生在隆冬和早春,果树的主干和大枝的向阳面白天接受阳光的直接照射,温度升高到0℃以上,使处于休眠状态的细胞解冻;夜间树皮温度又急剧下降到0℃以下,细胞内又发生结冰。冻融交替的结果使树干皮层细胞死亡,树皮表面呈现浅红紫色块状或长条状日烧斑。日灼常常导致树皮脱落、病害寄生和树干朽心。

4. 操作规程和质量要求

工作环节	操作规程	质量要求
寒潮的防御	(1)牧区防御。在牧区采取定居、半定居的放牧方式,在定居点内发展种植业,搭建塑料棚,以便在寒潮天气引起的暴风雪和严寒来临时,保证牲畜有充足的饲草饲料和温暖的保护性畜场所,达到抗御寒潮的目的 (2)农业区防御。可采用露天增温、加覆盖物、设风障、搭拱棚等方法保护菜畦、育苗地和葡萄园。对越冬作物除选择优良抗冻品种外,还应加强冬前管理,提高植株抗冻能力。此外还应改善农田生态条件,如冬小麦越冬期间可采用冬灌、搂麦、松土、镇压、盖粪(或盖土)等措施,改善农田生态环境,达到防御寒潮的目的	防御寒潮灾害,必须在寒潮来临前,根据不同情况采取相应的防御措施
霜冻的防御	(1)减慢植株体温下降速度。一是覆盖法,利用芦苇、草帘、秸秆、草木灰、树叶及塑料薄膜等覆盖物,达到保温防霜冻的目的。对于果树采用不传热的材料(如稻草)包裹树干,根部堆草或培土10~15 cm,也可以起到防霜冻的作用。二是加热法,霜冻来临前在植株间燃烧草、煤等燃料,直接加热近地气层空气。一般用于小面积的果园和菜园。三是烟雾法,利用秸秆、谷壳、杂草、枯枝落叶,按一定距离堆放,上风方向分布要密些,当温度下降到霜冻指标1℃时点火熏烟。一直持续到	首先要采取避霜措施,减少灾害损失。一是选择气候适宜的种植地区和适宜的种植地形。二是根据当地无霜期长短选用与之熟期相当的品种和选择适宜的播(栽)期,做到"霜前播种,霜后出苗"。三是用一些

续表

工作环节	操作规程	质量要求
	日出后 1～2 h 气温回升时为止。四是灌溉法,在霜冻来临前 1～2 d 灌水。也可采用喷水法,利用喷灌设备在霜冻前把温度在 10℃ 左右的水喷洒到作物或果树的叶面上。喷水时不能间断,霜冻轻时 15～30 min 喷一次,如霜冻较重 7～8 min 喷一次。五是防护法,在平流辐射型霜冻比较重的地区,采取建立防护林带、设置风障等措施都可以起到防霜冻的作用 (2)提高作物的抗霜冻能力:选择抗霜冻能力较强的品种;科学栽培管理;北方大田作物多施磷肥,生育后期喷施磷酸二氢钾;在霜冻前 1～2 d 在果园喷施磷、钾肥;在秋季喷施多效唑,翌年 11 月份采收时果实抗冻能力大大提高	化学药剂处理作物或果树,使其推迟开花或萌芽。如用生长抑制剂处理油菜,能推迟抽薹开花;用 2,4-D 或马来酰肼喷洒茶树、桑树,能推迟萌芽,从而避开霜冻,使作物遭受霜冻的危险性降低。四是采取其他避霜技术。如树干涂白,反射阳光,降低体温,推迟萌芽;在地面逆温很强的地区,把葡萄枝条放在高架位上,使花芽远离地面;果树修剪时去掉下部枝条,植株成高大形,从而避开霜冻
冻害的防御	(1)提高植株抗性。选用适宜品种,适时播种。强冬性品种以日平均气温降到 17～18℃,或冬前 0℃ 以上的积温 500～600℃ 时播种为宜,弱冬性品种则应在日平均气温 15～16℃ 时播种。此外可采用矮壮素浸种,掌握播种深度使分蘖节达到安全深度,施用有机肥、磷肥和适量氮肥作种肥以利于壮苗,提高抗寒力 (2)改善农田生态条件。提高播前整地质量,冬前及时松土,冬季耱麦,反复进行镇压,尽量使土达到上虚下实。在日消夜冻初期适时浇上冻水,以稳定地温。停止生长前后适当覆土,加深分蘖节,稳定地温,返青时注意清土。在冬麦种植北界地区,黄土高原旱地、华北平原低产麦田和盐碱地上可采用沟播,不但有利于苗全、苗壮,越冬期间还可以起到代替覆土、加深分蘖节的作用	确定合理的冬小麦种植北界和上限。目前一般以年绝对最低气温 −24～−22℃ 为北界或上限指标;冬春麦兼种地区可根据当地冻害、干热风等灾害的发生频率和经济损失确定合理的冬春麦种植比例;根据当地越冬条件选用抗寒品种,采用适应当地条件的防冻保苗措施
冷害的防御	通过选择避寒的小气候生态环境,如采用地膜覆盖、以水增温等方法来增强植物抗低温能力;可以针对本地区冷害特点,运用科学方法找出作物适宜的复种指数和最优种植方案;选择耐寒品种,促进早发,合理施肥,促进早熟;加强田间管理,提高栽培技术水平,增强根系活力和叶片的同化能力,使植株健壮,提高冷害防御能力	冷害在我国相当普遍,各地可以根据当地的低温气候规律,因地制宜安排品种搭配和播栽期,以期避过低温的影响;可以利用低温冷害长期趋势预报调整作物

续表

工作环节	操作规程	质量要求
		布局,及时作出准确的中、短期预报为采取应急防御措施提供可靠的依据
热害的防御	(1)高温逼熟的防御。可以通过改善田间小气候,加强田间管理,改革耕作制度,合理布局,选择抗高温品种 (2)日灼的防御。夏季可采取灌溉和果园保墒等措施,增加果树的水分供应。满足果树生育所需要的水分;在果面上喷洒波尔多液或石灰水,也可减少日灼病的发生;冬季可采用在树干涂白以缓和树皮温度骤变;修剪时在向阳方向应多留些枝条,以减轻冬季日灼的危害	林木灼伤可采取合理的造林方式,阴性树种与阳性树种混交搭配;对苗木可采取喷水、盖草、搭遮阳棚等办法来防御

5.常见技术问题处理

由于各院校所在地区的气候条件、地理条件差异较大,极端温度所引起的灾害发生情况也不完全相同,因此在防御时,一定要因地制宜,及时通过访谈专家和有经验的农户,总结当地典型经验,合理制定防御措施。

任务二　旱灾及其防御

1.任务目标

了解干旱及其危害、干旱的类型,掌握干旱的防御措施;了解干热风及其危害、干热风的类型,掌握干热风的防御措施

2.任务准备

根据班级人数,每4人一组,分为若干组,每组准备以下材料和用具:温度计,防旱资料与设施,预防干热风的资料与设施等。

3.相关知识

(1)干旱　因长期无雨或少雨,空气和土壤极度干燥,植物体内水分平衡受到破坏,影响正常生长发育,造成损害或枯萎死亡的现象称为干旱。干旱是气象、地形、土壤条件和人类活动等多种因素综合影响的结果。干旱对作物的危害,就作物生长发育的全过程而言,在下列3个时期危害最大:一是作物播种期,此时干旱,影响作物适时播种或播种后不出苗,造成缺苗断垄。二是作物水分临界期,指作物对

水分供应最敏感的时期。对禾谷类作物来说，一般是生殖器官的形成时期。此时干旱会影响结实，对产量影响很大。如玉米水分临界期在抽雄前的大喇叭口时期，此时干旱会影响抽雄，群众称之为"卡脖旱"。三是谷类作物灌浆成熟期，此时干旱影响谷类作物灌浆，常造成籽粒不饱满，秕粒增多，千粒重下降而显著减产。

根据干旱的成因分类，可将干旱分为土壤干旱、大气干旱和生理干旱。土壤干旱是指土壤水分亏缺，植物根系不能吸收到足够的水分，致使体内水分平衡失调而受害。大气干旱是由于高温低湿，作物蒸腾强烈而引起的植物水分平衡的破坏而受害。生理干旱是指土壤有足够的水分，但由于其他原因使作物根系的吸水发生障碍，造成体内缺水而受害。

根据干旱发生季节分类，可分为春旱、夏旱、秋旱和冬旱。春旱是春季移动性冷高压常自西北经华北、东北东移入海；在其经过地区，晴朗少云，升温迅速而又多风，蒸发很盛，而产生干旱。夏旱是夏季副热带太平洋高压向北推进，长江流域常在它的控制下，7、8月份有时甚至一个多月，天晴酷热，蒸发很强，造成干旱。秋旱是秋季副热带太平洋高压南退，西伯利亚高压增强南伸，形成秋高气爽天气，而产生干旱。冬旱是冬季副热带太平洋高压减弱，使得我国华南地区有时被冬季风控制，造成降水稀少，易出现冬旱。

(2)干热风 干热风是指高温、低湿、并伴有一定风力的大气干旱现象。主要影响小麦和水稻。北方麦区一般出现在5～7月份。干热风主要对小麦、水稻生产影响严重。小麦受到干热风危害后，轻者使茎尖干枯、炸芒、颖壳发白、叶片卷曲；重者严重炸芒，顶部小穗、颖壳和叶片大部分干枯呈现灰白色，叶片卷曲，枯黄而死。雨后突然放晴遇到干热风，则使茎秆青枯，麦粒干秕，提前枯死。水稻受到干热风危害后，穗呈灰白色，秕粒率增加，甚至整穗枯死，不结实。小麦受害主要发生在乳熟中、后期，水稻在抽穗和灌浆成熟期。

我国北方麦区干热风主要3种类型：高温低湿型、雨后枯熟型和旱风型。高温低湿型的特点是：高温、干旱，地面吹偏南或西南风而加剧干、热地影响；这种天气易使小麦干尖、炸芒、植株枯黄、麦粒干秕，而影响产量；它是北方麦区干热风的主要类型。雨后枯熟型的特点是：雨后高温或猛晴，日晒强烈，热风劲吹，造成小麦青枯或枯熟；多发生在华北和西北地区。旱风型的特点是：湿度低、风速大（多在3～4级以上），但日最高气温不一定高于30℃；常见于苏北、皖北地区。

北方麦区干热风指标风表2-6-5，水稻干热风指标见表2-6-6。

表 2-6-6　小麦干热风指标

麦类	区域	轻干热风			重干热风		
		T_M/℃	R_{14}/%	V_{14}/(m/s)	T_M/℃	R_{14}/%	V_{14}/(m/s)
冬麦区	黄淮海平原	≥32	≤30	≥2	≥35	≤25	≥3
	旱塬	≥29	≤30	≥3	≥32	≤25	≥4
	汾渭盆地	≥31	≤35	≥2	≥34	≤30	≥3
春麦区	河套与河西走廊东部	≥31	≤30	≥2	≥34	≤25	≥3
	新疆与河西走廊西部	≥34	≤25	≥2	≥36	≤20	≥2

注：T_M 是指日平均气温；R_{14} 是指 14 时相对湿度；V_{14} 是指 14 时风速。

表 2-6-7　水稻干热风指标

区域	日平均气温/℃	14:00 相对湿度/%	14:00 风速/(m/s)
长江中下游	≥30	≤60	≥5

4. 操作规程和质量要求

工作环节	操作规程	质量要求
干旱的防御	(1)建设高产稳产农田。农田基本建设的中心是平整土地,保土、保水;修建各种形式的沟坝地;进行小流域综合治理 (2)合理耕作蓄水保墒。在我国北方运用耕作措施防御干旱,其中心是伏雨春用,春旱秋防 (3)兴修水利、节水灌溉。首先要根据当地条件实行节水灌溉,即根据作物的需水规律和适宜的土壤水分指标进行科学灌溉。其次采用先进的喷灌、滴灌和渗灌技术 (4)地面覆盖栽培,抑制蒸发。利用沙砾、地膜、秸秆等材料覆盖在农田表面,可有效地抑制土壤蒸发,起到很好的蓄水保墒效果 (5)选育抗旱品种。选用抗旱性强、生育期短和产量相对稳定的作物和品种 (6)抗旱播种。其方法有:抢墒早播、适当深播、垄沟种植、镇压提墒播种、"三湿播种"(即湿种、湿粪、湿地)等 (7)人工降雨。人工降雨是利用火箭、高炮和飞机等工具把冷却剂(干冰、液氮等)或吸湿性凝结核(碘化银、硫化铜、盐粉、尿素等)送入对流层云中,促使云滴增大而形成降水的过程	(1)小流域综合治理要以小流域为单位,工程措施与生物措施相结合,实行缓坡修梯田,种耐旱作物,陡坡种草种树,坡下筑沟坝地,起到增加降水入渗,遏止地表径流,控制土壤冲刷,集水蓄墒的作用 (2)耕作保墒的要点是要适时耕作,必须要讲究耕作方法的质量,注意耕、耙、耱、压、锄等技术环节的巧妙配合 (3)尽量要防止大水漫灌,提高灌溉水的利用率 (4)化学控制措施是防旱抗旱的一种新途径。目前运用的化学控制物质有:化学覆盖剂、保水剂和抗旱剂一号等

续表

工作环节	操作规程	质量要求
干热风的防御	(1)浇麦黄水。在小麦乳熟中、后期至蜡熟初期,适时灌溉,可以改善麦田小气候条件,降低麦田气温和土壤温度对抵御干热风有良好的作用 (2)药剂浸种。播种前用氯化钙溶液浸种或闷种,能增加小麦植株细胞内钙离子,提高小麦抗高温和抗旱的能力 (3)调整播期。根据当地干热风发生的规律,适当调整播种期,使最易受害的生育时期与当地干热风发生期错开 (4)选用抗干热风品种。根据品种特性,选用抗干热风或耐干热风的品种 (5)根外追肥。在小麦拔节期喷洒草木灰溶液、磷酸二氢钾溶液等 (6)营造防护林带。可以改善农田小气候,削弱风速,降低气温,提高相对湿度,减少土壤水分蒸发,减轻或防止干热风的危害	防御干热风的根本途径是:第一,改变局部地区气候条件,如植树造林、营造护田林网,改土治水等;第二,综合运用农业技术措施,改变种植方式和作物布局。因此需要当地政府主管部门要有长期规划和措施才能从根本上解决干热风的防御问题

5.常见技术问题处理

由于各院校所在地区的气候条件、地理条件差异较大,干旱、干热风等灾害发生情况也不完全相同,因此在防御时,一定要因地制宜,及时通过访谈专家和有经验的农户,总结当地典型经验,合理制定防御措施。

任务三　雨灾及其防御

1.任务目标

了解湿害及其危害,掌握湿害的防御措施;了解洪涝及其危害、洪涝的类型,掌握洪涝的防御措施。

2.任务准备

根据班级人数,每4人一组,分为若干组,每组准备以下材料和用具:预防湿害的资料与设施,预防洪灾的资料与设施等。

3.相关知识

(1)湿害及其危害　湿害是指土壤水分长期处于饱和状态使作物遭受的损害,又称渍害。雨水过多,地下水位升高,或水涝发生后排水不良,都会使土壤水分处于饱和状态。土壤水分饱和时,土中缺氧使作物生理活动受到抑制,影响水、肥的吸收,导致根系衰亡,缺氧又会使嫌气过程加强,产生硫化氢,恶化环境。

湿害的危害程度与雨量、连阴雨天数、地形、土壤特性和地下水位等有关,不同作物及不同发育期耐湿害的能力也不同。麦类作物苗期虽较耐湿,但也会有湿害。

表现为烂根烂种,拔节后遭受湿害,常导致根系早衰、茎叶早枯、灌浆不良,并且容易感染赤霉病,湿害是南方小麦的主要灾害之一。玉米在土壤水分超过田间持水量的 90% 以上时,也会因湿害造成严重减产。幼苗期遭受湿害,减产更重,有时甚至绝收;油菜受湿害后,常引起烂根、早衰、倒伏、结实率和千粒重降低,并且容易发生病虫害;棉花受害时常引起棉苗烂根、死苗、抗逆力减弱,后期受害引起落铃、烂桃,影响产量和品质。

(2)洪涝及其危害 洪涝是指由于长期阴雨和暴雨,短期的雨量过于集中,河流泛滥,山洪暴发或地表径流大,低洼地积水,农田被淹没所造成的灾害。洪涝是我国农业生产中仅次于干旱的一种主要自然灾害。每年都有不同程度的危害。1998 年 6 月、7 月,我国长江、嫩江、松花江流域出现了有史以来的特大洪涝灾害,直接经济损失达 1 660 亿元。

洪涝对农业生产的危害包括物理性破坏、生理性损伤和生态性危害。物理性破坏主要指洪水泛滥引起的机械性破坏。洪水冲坏水利设施,冲毁农田,撕破作物叶片,折断作物茎秆,以至冲走作物等;物理性的破坏一般是毁坏性的,当季很难恢复。生理性损伤是指作物被淹后,因土壤水分过多,旱田作物根系的生长及生理机能受到严重影响,进而影响地上部分生长发育;作物被淹后,土壤中缺乏氧气并积累了大量的 CO_2 和有机酸等有毒物质,严重影响作物根系的发育,并引起烂根,影响正常的生命活动,造成生理障碍以至死亡。生态性危害则是在长期阴雨湿涝环境条件下,极易引发病虫害的发生和流行;同时,洪水冲毁水利设施后,使农业生产环境受到破坏,引起土壤条件、植被条件的变化。

洪涝灾害是由大雨、暴雨和连阴雨造成的。其主要天气系统有:冷锋、准静止锋、锋面气旋和台风等。在我国,由于洪涝发生时间不同,所以对作物的危害也不一样。

根据洪涝发生的季节和危害特点,将洪涝分为春涝、春夏涝、夏涝、夏秋涝和秋涝等几种类型。春涝及春夏涝主要发生在华南及长江中下游一带,多由准静止锋形成的连阴雨造成,引起小麦、油菜烂根、早衰、结实率低、千粒重下降;阴雨高湿还会引起病虫害流行。夏涝主要发生在黄淮海平原、长江中下游、华南、西南和东北;多数由暴雨及连续大雨造成。夏秋涝或秋涝主要发生在西南地区,其次是华南沿海、长江中下游地区及江淮地区;由暴雨和连绵阴雨造成,对水稻、玉米、棉花等作物的产量品质影响很大。

4. 操作规程和质量要求

工作环节	操作规程	质量要求
湿害的防御	主要是开沟排水,田内挖深沟与田外排水渠要配套,以降低土壤湿度。在低洼地和土质黏重地块采取深松耕法,使水分向犁底层以下传导,减轻耕层积水	也可采取深耕和大量施用有机肥、调整作物布局等措施进行改善
洪涝的防御	(1)治理江河,修筑水库。通过疏通河道、加筑河堤、修筑水库等措施。治水与治旱相结合是防御洪涝的根本措施 (2)加强农田基本建设。在易涝地区,田间合理开沟,修筑排水渠,搞好垄、腰、围三沟配套,使地表水、潜层水和地下水能迅速排出 (3)改良土壤结构,降低涝灾危害程度。实行深耕打破犁底层,消除或减弱犁底层的滞水作用,降低耕层水分。增加有机肥,使土壤疏松。采用秸秆还田或与绿肥作物轮作等措施,减轻洪涝灾害的影响 (4)调整种植结构,实行防涝栽培。在洪涝灾害多发地区,适当安排种植旱生与水生作物的比例,选种抗涝作物种类和品种。根据当地条件合理布局,适当调整播栽期,使作物易受害时期躲过灾害多发期。实行垄作,有利于排水,提高地温,散表墒 (5)封山育林,增加植被覆盖。植树造林能减少地表径流和水土流失,从而起到防御洪涝灾害的作用	洪灾过后,应加强涝后管理,减轻涝灾危害。洪涝灾害发生后,要及时清除植株表面的泥沙,扶正植株。如农田中大部分植株已死亡,则应补种其他作物。此外,要进行中耕松土,施速效肥,注意防止病虫害,促进作物生长

5. 常见技术问题处理

由于各院校所在地区的气候条件、地理条件差异较大,湿害、洪涝等灾害发生情况也不完全相同,因此在防御时,一定要因地制宜,及时通过访谈专家和有经验的农户,总结当地典型经验,合理制订防御措施。

任务四　风灾及其防御

1. 任务目标

了解大风的标准和危害,掌握大风的防御措施;了解台风对农业生产的影响及台风的活动情况;了解龙卷风的形成及危害。

2. 任务准备

根据班级人数,每4人一组,分为若干组,每组准备以下材料和用具:预防大风、龙卷风的资料与设施。

3.相关知识

(1)大风的标准及危害　风力大到足以危害人们的生产活动和经济建设的风，称为大风。我国气象部门以平均风力达到或超过6级或瞬间风力达到或超过8级，作为发布大风预报的标准。在我国冬春季节，随着冷空气的暴发，大范围的大风常出现在北方各省，以偏北大风为主。夏秋季节大范围的大风主要由台风造成，常出现在沿海地区。此外，局部强烈对流形成的雷暴大风在夏季也经常出现。

大风是一种常见的灾害性天气，对农业生产的危害很大。主要表现在以下几个方面：一是机械损伤。大风造成作物和林木倒伏、折断、拔根或造成落花、落果、落粒。北方春季大风造成吹走种子吹死幼苗，造成毁种；南方水稻花期前后遇暴风侵袭而倒伏，造成严重减产。秋季大风可使成熟的谷类作物严重落粒或成片倒伏，影响收割而造成减产。大风能使东南沿海的橡胶树折断或倒伏。二是生理危害，干燥的大风能加速植被蒸腾失水，致使林木枯顶，作物萎蔫直至枯萎。北方春季大风可加剧土壤蒸发失墒，引起作物旱害，冬季大风会加剧越冬作物冻害。三是风蚀沙化，在常年多风的干旱半干旱地区，大风使土壤蒸发加剧，吹走地表土壤，形成风蚀，破坏生态环境。在强烈的风蚀作用下，可造成土壤沙化，沙丘迁移，埋没附近的农田、水源和草场。四是影响农牧业生产活动，在牧区大风会破坏牧业设施，造成交通中断，农用能源供应不足，影响牧区畜群采食或吹散牧群。冬季大风可造成牧区大量牲畜受冻饿死亡。

(2)大风的类型　按大风的成因，将影响我国的大风分为下列几种类型：一是冷锋后偏北大风，即寒潮大风，主要由于冷锋（指冷暖气团相遇，冷气团势力较强）后有强冷空气活动而形成。一般风力可达6～8级，最大可达10级以上。可持续2～3 d。春季最多，冬季次之，夏季最少，影响范围几乎遍及全国。二是低压大风，由东北低压、江淮气旋、东海气旋发展加深时形成。风力一般6～8级。如果低压稳定少动，大风常可持续维持几天，以春季最多。在东北及内蒙古东部，河北北部，长江中下游地区最为常见。三是高压后偏南大风，随大陆高压东移入海在其后出现偏南大风。多出现在春季。在我国东北、华北、华东地区最为常见。四是雷暴大风，多出现在强烈的冷锋前面，在发展旺盛的积雨云前部因气压低气流猛烈上升，而云中的下沉气流到达地面时受前部低压吸引，而向前猛冲，形成大风。阵风可达8级以上，破坏力极大，多出现在炎热的夏季，在我国长江流域以北地区常见。其中内蒙古、河南、河北、江苏等地每年均有出现。

4.操作规程和质量要求

工作环节	操作规程	质量要求
大风的防御	(1)植树造林。营造防风林、防沙林、固沙林、海防林等。扩大绿色覆盖面积,防止风蚀 (2)建造小型防风工程。设防风障、筑防风墙、挖防风坑等。减弱风力,阻拦风沙 (3)保护植被。调整农林牧结构,进行合理开发。在山区实行轮牧养草,禁止陡坡开荒和滥砍滥伐森林,破坏草原植被 (4)营造完整的农田防护林网。农田防护林网可防风固沙,改善农田的生态环境,从而防止大风对作物的危害 (5)农业技术措施。选育抗风品种,播种后及时培土镇压。高秆作物及时培土,将抗风力强的作物或果树种在迎风坡上,并用卵石压土等。此外,加强田间管理,合理施肥等多项措施	防御大风的最根本措施就是植树造林。因此,大风经常发生的地区,要把植树造林作为一项长期措施来进行规划实施,从根本上解决问题
台风、龙卷风、沙尘暴知识了解	通过查阅资料、浏览网站、阅读相关杂志等,收集台风、龙卷风、沙尘暴等资料,增强防御能力	整理一篇预防台风、龙卷风、沙尘暴的小卡片

5.常见技术问题处理

(1)台风　台风(或飓风)是产生于热带洋面上的一种强烈热带气旋。台风发生的规律及其特点主要有以下几点:一是有季节性。台风(包括热带风暴)一般发生在夏秋之间,最早发生在 5 月初,最迟发生在 11 月。二是台风中心登陆地点难准确预报。台风的风向时有变化,常出人预料,台风中心登陆地点往往与预报相左。三是台风具有旋转性。其登陆时的风向一般先北后南。四是损毁性严重。对不坚固的建筑物、架空的各种线路、树木、海上船只,海上网箱养鱼、海边农作物等破坏性很大。五是强台风发生常伴有大暴雨、大海潮、大海啸。六是强台风发生时,人力不可抗拒,易造成人员伤亡。中国把进入 150°E 以西、10°N 以北、近中心最大风力大于 8 级的热带低压、按每年出现的先后顺序编号。

在热带洋面上生成发展的低气压系统称为热带气旋。国际上以其中心附近的最大风力来确定强度并进行分类:超强台风(SuperTY),底层中心附近最大平均风速大于 51.0 m/s,也即 16 级或以上。强台风(STY),底层中心附近最大平均风速 41.5～50.9 m/s,也即 14～15 级。台风(TY),底层中心附近最大平均风速 32.7～41.4 m/s,也即 12～13 级。强热带风暴(STS),底层中心附近最大平均风速 24.5～32.6 m/s,也即风力 10～11 级。热带风暴(TS),底层中心附近最大平均风速 17.2～24.4 m/s,也即风力 8～9 级。热带低压(TD),底层中心附近最大平均风速 10.8～17.1 m/s,也即风力为 6～7 级。

(2)龙卷风　龙卷风是一种伴随着高速旋转的漏斗状云柱的强风涡旋,其中心附近风速可达 100～200 m/s,最大 300 m/s,比台风(产生于海上)近中心最大风速大好几倍。中心气压很低,一般可低至 400 hPa,最低可达 200 hPa。它具有很大的吸吮作用,可把海(湖)水吸离海(湖)面,形成水柱,然后同云相接,俗称"龙取水"。由于龙卷风内部空气极为稀薄,导致温度急剧降低,促使水汽迅速凝结,这是形成漏斗云柱的重要原因。漏斗云柱的直径,平均只有 250 m 左右。

龙卷风这种自然现象是云层中雷暴的产物。具体地说,龙卷风就是雷暴巨大能量中的一小部分在很小的区域内集中释放的一种形式。龙卷风的形成可以分为4 个阶段:第一阶段,大气的不稳定性产生强烈的上升气流,由于急流中的最大过境气流的影响,它被进一步加强。第二阶段,由于与在垂直方向上速度和方向均有切变的风相互作用,上升气流在对流层的中部开始旋转,形成中尺度气旋。第三阶段,随着中尺度气旋向地面发展和向上伸展,它本身变细并增强。同时,一个小面积的增强辐合,即初生的龙卷在气旋内部形成,产生气旋的同样过程,形成龙卷核心。第四阶段,龙卷核心中的旋转与气旋中的不同,它的强度足以使龙卷一直伸展到地面。当发展的涡旋到达地面高度时,地面气压急剧下降,地面风速急剧上升,形成龙卷。

龙卷风常发生于夏季的雷雨天气时,尤以下午至傍晚最为多见。袭击范围小,龙卷风的直径一般在十几米到数百米之间。龙卷风的生存时间一般只有几分钟,最长也不超过数小时。风力特别大,在中心附近的风速可达 100～200 m/s。破坏力极强,龙卷风经过的地方,常会发生拔起大树、掀翻车辆、摧毁建筑物等现象,有时把人吸走,危害十分严重。

(3)沙尘暴　沙尘暴是指强风将地面大量尘沙吹起,使空气很混浊,水平能见度小于 1 km 的天气现象。尘土、细沙均匀地浮游在空中,使水平能见度小于10 km 的天气现象是浮尘;而风将地面尘沙吹起,使空气相当混浊,水平能见度在1～10 km 以内的天气现象是扬沙。

有利于产生大风或强风的天气形势,有利的沙、尘源分布和有利的空气不稳定条件是沙尘暴或强沙尘暴形成的主要原因。强风是沙尘暴产生的动力,沙、尘源是沙尘暴物质基础,不稳定的热力条件是利于风力加大、强对流发展,从而夹带更多的沙尘,并卷扬得更高。除此之外,前期干旱少雨,天气变暖,气温回升,是沙尘暴形成的特殊的天气气候背景;地面冷锋前对流单体发展成云团或飑线是有利于沙尘暴发展并加强的中小尺度系统;有利于风速加大的地形条件即狭管作用,是沙尘暴形成的有利条件之一。

　　沙尘暴主要危害：一是强风。携带细沙粉尘的强风摧毁建筑物及公用设施，造成人畜伤亡。二是沙埋。以风沙流的方式造成农田、渠道、村舍、铁路、草场等被大量流沙掩埋，尤其是对交通运输造成严重威胁。三是土壤风蚀。每次沙尘暴的沙尘源和影响区都会受到不同程度的风蚀危害，风蚀深度可达 $1\sim10$ cm。据估计，我国每年由沙尘暴产生的土壤细粒物质流失高达 $106\sim107$ t，其中绝大部分粒径在 $10\ \mu m$ 以下，对源区农田和草场的土地生产力造成严重破坏。四是大气污染。在沙尘暴源地和影响区，大气中的可吸入颗粒物（TSP）增加，大气污染加剧。以 1993 年"5·5"特强沙尘暴为例，甘肃省金昌市的室外空气的 TSP 浓度达到 $1\ 016\ mg/m^3$，室内为 $80\ mg/m^3$，超过国家标准的 40 倍。2000 年 $3\sim4$ 月份，北京地区受沙尘暴的影响，空气污染指数达到 4 级以上的有 10 d，同时影响到我国东部许多城市。

☆ 关键词

　　气压　风　季风　地方性风　焚风　天气　天气系统　气团　锋　气旋　反气旋　气候　气候带　气候型　农业气候资源　小气候　寒潮　霜冻　冻害　冷害　热害　干旱　干热风　湿害　洪涝　大风　台风　龙卷风　沙尘暴

☆ 内容小结

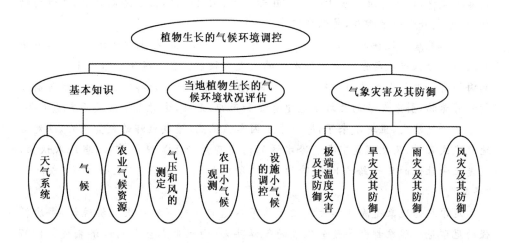

☆ **信息链接**

厄尔尼诺现象

厄尔尼诺是一种发生在海洋中的现象,其显著特征是赤道太平洋东部和中部海域海水出现异常的增温现象。在南美厄瓜多尔和秘鲁沿岸,由于暖水从北边涌入,每年圣诞节前后海水都出现季节性的增暖现象。海水增暖期间,渔民捕不到鱼,常利用这段时间在家休息。因为这种现象发生在圣诞节前后,渔民就把它称为"厄尔尼诺"(音译),是西班牙语"圣婴(上帝之子)"的意思。

由于热带海洋地区接收太阳辐射多,因此,海水温度相应较高。在热带太平洋海域,由于受赤道偏东信风牵引,赤道洋流从东太平洋流向西太平洋,使高温暖水不断在西太平洋堆积,成为全球海水温度最高的海域,其海水表面温度达 29℃ 以上,相反,在赤道东太平洋海水温度却较低,一般为 23~24℃,由于海温场这种西高东低的分布特征,使热带西太平洋呈现气流上升,气压偏低,热带东太平洋呈现气流下沉,气压较高。

正常情况下,西太平洋上升运动强,降水丰沛,在赤道中、东太平洋,大气为下沉运动,降水量极少。当厄尔尼诺现象发生时,由于赤道西太平洋海域的大量暖海水流向赤道东太平洋,致使赤道西太平洋海水温度下降,大气上升运动减弱,降水也随之减少,造成那里严重干旱。而在赤道中、东太平洋,由于海温升高,上升运动加强,造成降水明显增多,暴雨成灾。

厄尔尼诺出现伴随着的海——气异常,只是在近 30 年来才逐渐清楚的,最早的厄尔尼诺仅仅是与东太平洋冷水区的消失相联系。在一般年份东太平洋赤道以南海域有一大片冷水区,这些冷水是从海洋深处翻出来的,这些上翻的冷水带有大量的营养物,引来大量的鱼虾来这里觅食和产卵,无疑,这对当地渔民而言是丰年。冷水区一旦消失,鱼虾不来了,即使来了因水温偏高,造成鱼虾的大量死亡,这对当地的渔民来讲,又无疑是灾年。冷水区的消失都开始于圣诞节前后,当地人认为,这是上帝让他的儿子给人间制造的不幸,所以把这一现象称"上帝之子"或简称"圣婴"。

厄尔尼诺现象是海洋和大气相互作用不稳定状态下的结果。据统计,每次较强的厄尔尼诺现象都会导致全球性的气候异常,由此带来巨大的经济损失。1997年是强厄尔尼诺年,其强大的影响力一直续待至 1998 年上半年,我国在 1998 年遭遇的历史罕见的特大洪水,厄尔尼诺便是最重要的影响因子之一。

与厄尔尼诺相对应的一种现象为拉尼娜。拉尼娜一词同样源于西班牙语,它使太平洋东部和中部的海水温度降低。所以,拉尼娜现象是一种反厄尔尼诺现象,有时候也把拉尼娜称为"冷事件"。拉尼娜相对于厄尔尼诺来说造成的危害要小一些。据科学家们估计,在70%的情况下,厄尔尼诺发生一年后,拉尼娜就会接踵而至。

☆ 师生互动

1. 以"如何通过改善生态环境以减少农业灾害"为题,组织学生讨论。

2. 当地常发生哪些气象灾害,有哪些规律? 如何预防?

3. 当地的气候有什么规律? 举例说明当地农田小气候、设施小气候的特征是什么?

☆ 资料收集

1. 阅读《中国农业气象》、《中国农业资源与区划》、《气象科学》、《应用气象学报》、《气象科技》、《气象》、《气象教育与科技》等杂志。

2. 浏览"中国天气网"、"中国气象台网站"、"中国气象局网站"、"××气象网站"等网站。

3. 通过本校图书馆借阅有关农业气象方面的书籍。

4. 了解近年有关农业气象方面的最新研究进展或新近出现的气象灾害等资料,写一篇综述文章。

☆ 学习评价

项目名称			植物生长的营养环境调控		
评价类别	项目	子项目	组内学生互评	企业教师评价	学校教师评价
专业能力	资讯	搜集信息能力			
		引导问题回答			
	计划	计划可执行度			
		计划参与程度			
	实施	工作步骤执行			
		功能实现			
		质量管理			
		操作时间			
		操作熟练度			
	检查	全面性、准确性			
		疑难问题排除			

续表

项目名称			植物生长的营养环境调控		
评价类别	项目	子项目	组内学生互评	企业教师评价	学校教师评价
专业能力	过程	步骤规范性			
		操作规范性			
	结果	结果质量			
	作业	完成质量			
社会能力	团队	团结协作			
		敬业精神			
方法能力	方法	计划能力			
		决策能力			
评价评语	班级		姓名	学号	总评
	教师签字	第 组	组长签字		日期
	评语：				

项目七　植物生长的生物环境调控

◆ **项目目标**

◆ 知识目标:了解植物与动物、植物与微生物的关系;熟悉生物种群的基本特征;熟悉生物群落与生态系统的基本知识;能根据生态学知识,合理调节植物生长的生物环境。

◆ 能力目标:能针对病虫害的发生,制订切实可行的综合防治方案,有效控制病虫害;掌握生态系统的调控机制,合理进行生态系统调控。

模块一　基本知识

【模块目标】了解植物、动物、微生物之间的关系;熟悉生物种群和数量动态;熟悉生物群落的基本特征、结构、类型及其分布规律;熟悉生态系统的基本特征、类型、结构和生态平衡等。

【背景知识】

植物与动物、微生物之间的关系

植物的生长发育除了受光照、温度、水分、土壤、大气等生态因子影响外,还受植物与动物之间、植物与微生物之间、各种生物因子之间相互作用的制约。只有调节好各种生物因子之间的关系,才能使植物更好地生长发育,并发挥出最佳的生态效益。

1. 植物与动物的关系

(1) 动物对植物的依存和适应 植物为动物提供了生活环境及庇护所。如山地植被能形成独特的小气候,郁闭的乔灌木能保持温度均匀,在树桐、树根中隧道、枯落枝叶层和苔藓层下面的温度尤其稳定。森林植物能减低风力,涵养水源,冬季使降雪均匀分布,为动物提供了良好的生息条件。另外,动物繁殖用要良好的隐蔽条件来保护幼仔,森林中有多种多样的天然庇护所,使动物在必要时可以隐蔽而免受危害。

植物为动物提供丰富的食料资源,树木的种子、果实、嫩芽、叶片等是草食动物和大多数昆虫的食物,而数量庞大的草食动物及昆虫等是肉食动物的食物来源。森林植被越复杂,提供栖息条件、保护条件越好,食物来源越充足,动物的种类、数量也越丰富。动物依靠森林生活,所以森林的消长,将会引起动物种群和数量的变化。例如1975—1976年,在四川卧龙保护区内,由于箭竹大量开花、死亡,从而造成大熊猫大量死亡。

(2) 动物对植物的影响 动物对植物生长发育的影响很大,植物幼苗经常会遭受啮齿类、偶蹄类动物的危害。有许多鸟类以植物苞芽、新枝、嫩叶为食,一个正在摄食的松鸡嗉囊里可以找到上千个阔叶树的芽。在一个冬季里,一只鹧鸪就能吃掉累计几百米长的嫩树枝。有些动物能消灭林木害虫,对森林起保护作用。寄生蜂、寄生蝇、瓢虫及蚂蚁等肉食昆虫能消灭大量的害虫,一个大型的蚁巢,一天可捕虫2万只,一个夏季捕虫200万只左右。一只瓢虫在幼虫期(12~14 d),取食蚜虫63~74只。此外,两栖类的蟾蜍、蛙和爬虫类以及蜘蛛等都能消灭大量森林害虫。

此外,许多森林植物靠昆虫、鸟类传粉,如刺槐、紫穗槐、刺桐等。许多林木的种子和果实靠动物传播,如胡桃楸、悬钩子等。

2. 植物与微生物的关系

(1) 能量与物质的供应关系 微生物生活的要求与植物的要求是相同的,都需要能量、养料、水分和适宜的温度。微生物和植物之间的最大区别在于能量的来源上,绿色植物直接从太阳光获得它所需要的能量,而微生物(除光合类型的微生物外)则直接或间接地从植物同化作用产物取得它的能量。微生物的数量或活性,决定于所施用的有机物质被分解时释放出来的能量和物质的多少。

同时,微生物也为植物创造良好的土壤肥力环境。土壤中含有各种酶,土壤酶主要是由土壤微生物产生的,也可以是生活的有机体分泌到土壤溶液中去的,或者是由于微生物细胞的死亡自溶而释放到溶液中去的,土壤微生物群体越活跃,土壤中重要酶的水平就越高。它们能够进行一些简单而重要的生物化学反应,活化土壤养分,提高土壤肥力。土壤中的微生物活动还能使一些土壤矿物发生分解作用,某些作物的根际微生物,如磷细菌能够溶解磷灰石,使作物可以利用。

(2)植物与微生物之间的共栖关系　植物根对它的贴邻处的土壤微生物群体有着巨大的影响。植物根、支根和根毛的表面都可能带有密度很大的微生物,根际微生物群是依赖植物而获得它的主要能源和营养源的。它也可能影响作物养分的有效性,因为它能在根表面把植物养分转化为不溶态。在某些情况下,根际微生物群体可以影响增加作物的养分供应,带有根际微生物的根要比无菌的根能从不溶性磷酸钙中摄取到更多的磷酸盐。

此外,一些固氮微生物能与植物共生,例如豆科植物与根瘤菌的共生关系。豆科植物为根瘤菌提供良好的居住环境、碳源和能源以及其他必需营养,而根瘤菌则为豆科植物提供氮素营养。根瘤菌将空气中的氮转化为植物能吸收的含氮物质,如氨,而植物为根瘤菌提供有机物。

真菌从其发生发展以来,大概就已经和陆生植物的根共生生活。当真菌和藻类共栖生长时,它们的综合机体就是地衣。但是,真菌也和苔藓植物、蕨类植物以及更高等的植物的根共栖。真菌和高等的植物的根共栖的综合机体就是所谓的菌根。菌根从形态上可分为外生菌根(如松树的外生菌根)和内生菌根(如小麦、玉米、棉花、洋葱、葡萄、桃、柑橘、天麻和杜鹃花科植物等都有内生菌根)两类。不同的菌根其作用是不同的。有些真菌可有固氮性能,能改善植物的氮素营养,有的菌根分泌酶等物质,能增加植物营养物质的有效性,有的菌根能形成维生素、生长素等物质,有利于植物种子的发芽和根系生长。

一、生物种群

种群是指在一定时间内占据特定空间的同一物种(或有机体)的集合体,是物种存在的基本单位,也是植物群落基本的组成单元。例如,黄山的马尾松等都是一个种群。

(一)种群的基本特征

各类种群在正常的生长发育条件下所具有的共同特征,即种群的共性,包含:①空间特征,即有一定分布区域和分布方式。②数量特征,即有一定密度、出生率、死亡率、年龄结构和性别比例。③遗传特征,即具有一定的基因组成,以区别于其他物种,并随着时间进程改变其遗传特性的能力。

1.种群密度

单位面积或容积内某个种群的个体数量则称为种群密度。种群密度是一个变量,随着时间、空间以及生物周围环境的变化而发生改变。如果种群的个体之间没有竞争,不受环境资源的限制,种群数量将呈指数式增长,增长曲线为"J"形。然而环境资源总是有限的,因此随着种群个体数量增加,加剧了个体之间对有限空间和其他生活必需资源的种内竞争,这必然影响到种群的出生率和存活率,从而降低种群的实际增长率。当种群个体的数目接近于环境所能支持的最大值,即环境负荷量的极限值时,种群将不再增长而保持该值左右,表现为"S"形生长曲线(图 2-7-1)。

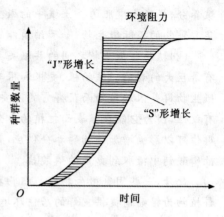

图 2-7-1 种群增长曲线

2. 种群空间分布

种群分布的状态及其形式一般有 3 种类型(图 2-7-2):一是均匀分布,即种群内各个体在空间呈等距离分布,如人工栽培种植水稻属此类型。二是随机分布,即种群内个体在空间的位置不受其他个体分布的影响,同时每个个体在任一空间分布的概率是相等的。这种分布在自然界比较罕见。三是聚集分布,又称成群分布或群集分布,是指种群内个体既不随机,也不均匀,而是成团块状分布,是自然界中最常见的分布类型,如池塘边的蝌蚪、蚜虫聚集在植株顶部取食、人聚集在城市生活等。

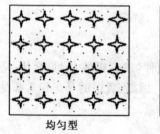

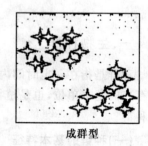

均匀型　　　　　　　随机型　　　　　　　成群型

图 2-7-2 种群的 3 种空间分布类型

3. 种群的年龄结构

年龄结构是指某一种群中,具有不同年龄级的个体生物数目与种群个体总数的比例。种群的年龄结构常用金字塔来表示,金字塔底部代表最年轻的年龄组,顶部代表最老的年龄组,宽度则代表该年龄组个体量在整个种群中所占的比例,比例越大,则宽度越宽;比例越小,则宽度越窄。从生态学角度出发,可以把种群的年龄结构分为 3 种类型(图 2-7-3)。

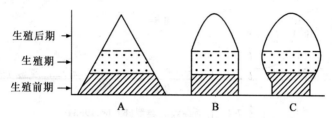

图 2-7-3　生长种群年龄结构的 3 种基本类型
A.增长型种群　B.稳定型种群　C.衰退型种群

4.性别比例

性别比例是指种群中雄性与雌性个体数的比例。如果比例等于 1,表示雄雌个体数相等;如果大于 1,表示雄性多于雌性;如果小于 1,表示雄性少于雌性。不同生物种群具有不同的性别比例特征,同时种群性别比例也会随其个体发育阶段的变化而发生改变。

(二)种群的数量动态

1.出生率和死亡率

出生率和死亡率是影响种群增长的最重要因素。出生率一般以种群中每单位时间(如年)每 1 000 个个体的出生数来表示。死亡率一般也是以种群中每单位时间每 1 000 个个体的死亡数来表示。出生率减去死亡率就等于自然增长率。

2.存活曲线

种群中的任何个体最终都会走向死亡,从生物学角度看,死亡并不是坏事,个体死亡是物种存活和进化的基础,因为一些个体死亡了,在种群中才会留下空位,让一些具有不同遗传性的个体取而代之,使物种能够适应不断变化的环境。种群死亡数的反面就是存活数。生态学家常以存活数量的对数值为纵坐标,以年龄为横坐标作图。从而把每一个种群的死亡—存活情况绘成一条曲线,这就是种群的存活曲线。不同种群的存活曲线具有不同的特点,大体上可区分为 3 种类型(图 2-7-4)。

类型Ⅰ:曲线凹型,生命早期有极高的死亡率,但是一旦活到某一年龄,死亡率就变得很低而且稳定,如某些植物:景天和高山漆姑草等。

类型Ⅱ:曲线呈直线,种群各年龄的死亡率基本相同,如某些多年生植物:毛茛属等。

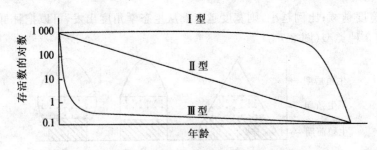

图 2-7-4　存活曲线的类型(Krebs,1985)

类型Ⅲ:曲线凸型,绝大多数个体都能活到生理年龄,早期死亡率极低,但当达到一定生理年龄时,短期内几乎全部死亡,如某些植物:垂穗草等。

不同类型的存活曲线,反映了各种生物的死亡年龄分布状况,有助于了解种群特性、种群状况及其与环境的相互关系。

(三)种群间的相互关系

生物种与种之间存在着相互依存和相互制约的关系,如果用"＋""－"、"0"3种符号分别表示某一种物种对另一物种的生长和存活产生有利的、抑制的或没有产生意义的影响和作用,则两个物种间的基本关系可归纳为 9 种类型(表 2-7-1)。

表 2-7-1　两个物种的种群相互作用类型

作用类型	物种 1	物种 2	相互作用的一般特征
1.中性	0	0	两个种群彼此都不受影响
2.竞争:直接干涉型	－	－	两个种群直接相互抑制
3.竞争:资源利用型	－	－	资源缺乏时的间接抑制
4.偏害	－	0	1 受抑制,2 不受影响
5.寄生	＋	－	1 为寄生者,2 为寄主
6.捕食	＋	－	1 为捕食者,2 为被食者
7.片利共生	＋	0	对 1 有利,对 2 没有影响
8.原始协作	＋	＋	两个种群都有利,但不发生依赖
9.互利共生	＋	＋	两个种群都有利,并彼此依赖

二、生物群落

生物群落是在一定空间或特定生境内,具有一定的生物种类组成及其与环境之间彼此影响、相互作用,具有一定的外貌及结构,包括形态结构与营养结构,并具特定功能的生物集合体。也可以说,群落是生活在特定区域里相互作用的生物种群的集合体。群落是自然界共同生活在一起的各种生物有机地、有规律地在一定时间、一定空间中共处,而不是独立的物种任意散布在生态系统中。

（一）生物群落的基本特征

生物群落作为种群与生态系统之间的一个生物集合体,具有自己独有的许多特征,这是它有别于种群和生态系统的根本所在。其基本特征如下:

1. 具有一定的种类组成

每个群落都是由一定的植物、动物、微生物种群组成的,不同的种类组成构成不同的群落类型,如热带雨林的种类组成与温带阔叶林的种类组成就完全不同。因此,种类组成是区别不同群落的首要特征。而一个群落中种类成分的多少及每种个体的数量,则是度量群落多样性的基础。

2. 具有一定的外貌

一个植物群落中的植物个体,分别处于不同高度和密度,从而决定了群落的外部形态。在植物群落中,通常由其生长类型决定其高级分类单位的特征,如森林、灌丛或草丛的类型。

3. 不同物种之间的相互影响

群落中的物种有规律的共处,即在有序状态下生存。生物群落是生物种群的集合体,但不是说一些种的任意组合便是一个群落。一个群落的形成和发展必须经过生物对环境的适应和生物种群之间的相互适应。生物群落并非种群的简单集合。哪些种群能够组合在一起构成群落,取决于两个条件:第一,必须共同适应它们所处的无机环境;第二,它们内部的相互关系必须取得协调、平衡。

4. 形成群落环境

生物群落对其居住环境产生重大影响,并形成群落环境。如森林中的环境与周围裸地就有很大的不同,包括光照、温度、湿度与土壤等都经过了生物群落的改造。即使生物非常稀疏的荒漠群落,对土壤等环境条件也有明显改变。

5. 具有一定的结构

生物群落是生态系统的一个结构单位,它本身除具有一定的种类组成外,还具有一系列结构特点,包括形态结构、生态结构与营养结构。如生活型组成,种的分布格局,空间上的成层性,时间上的季相变化,捕食者和被食者的关系等。但其结构常常是松散的,不像一个有机体结构那样清晰,有人称之为松散结构。

6. 一定的动态特征

任何一个生物群落都有它的发生、发展、成熟（即顶极阶段）和衰败与灭亡阶段。因此,生物群落就像一个生物个体一样,在它的一生中都处于不断地发展变化之中,表现出动态的特征。例如一个刚封山育林的山体,目前的群落状况,与50年后的群落状况,在许多方面必然存在着明显的差异。

7. 一定的分布范围

每一生物群落都分布在特定地段或特定生境上,不同群落的生境和分布范围不同。无论从全球范围看还是从区域角度讲,不同生物群落都是按着一定的规律分布。

8. 群落的边界特征

在自然条件下,如果环境梯度变化较陡,或者环境梯度突然中断(如地势变化较陡的山地的垂直带、陆地环境与水生环境的交界处,像池塘、湖泊、岛屿等),那么分布在这样环境条件下的群落就具有明显的边界,可以清楚地加以区分;而处于环境梯度连续缓慢变化(如草甸草原和典型草原之间的过渡带、典型草原与荒漠草原之间的过渡带等)地段上的群落,则不具有明显的边界。但在多数情况下,不同群落之间都存在过渡带,被称为群落交错区,并导致明显的边缘效应。

(二)生物群落的结构

1. 群落的垂直结构

群落的垂直结构即群落的层次性,主要是由植物的生长型决定的。苔藓、草本植物、灌木和乔木自下而上分别配置在群落的不同高度上,形成群落的垂直结构(图2-7-5)。植物的垂直结构又为不同种类的动物创造了栖息环境,在每一个层次上都有一些动物特别适应于在那里生活。

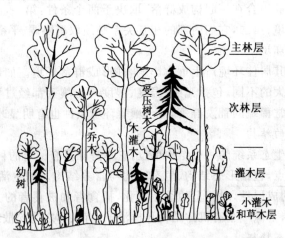

图 2-7-5　森林垂直分布

分层现象是群落中各种群之间以及种群与环境之间相互竞争和相互选择的结果。它不仅缓解了植物之间争夺阳光、空间、水分和矿质营养（地下成层）的矛盾，面且由于植物在空间上的成层排列，扩大了植物利用环境的范围，提高了同化功能的强度和效率。分层现象愈复杂，即群落结构愈复杂，植物对环境利用愈充分，提供的有机物质也就愈多。各层之间在利用和改造环境中，具有层的互补作用。群落成层性的复杂程度，也是对生态环境的一种良好的指示。一般在良好的生态条件下，成层构造复杂，而在极端的生态条件下、成层构造简单，如极地的苔原群落就十分简单。因此，依据群落成层性的复杂程度，可以对生境条件作出诊断。

2.群落的水平结构

群落的水平结构是指群落的配置状况或水平格局，有人称之为群落的二维结构。植物群落水平结构的主要特征就是它的镶嵌性。镶嵌性是植物个体在水平方向上分布不均匀造成的，从而形成了许多小群落。小群落的形成是由于环境因子的不均匀性，如小地形和微地形的变化，土壤湿度和盐碱化程度的差异，群落内部环境的不一致，动物活动以及人类的影响等。分布的不均匀性也受到植物种的生物学特性、种间的相互关系以及群落环境的差异等因素制约。

3.群落交错区与边缘效应

群落交错区，又称生态过渡带，是两个或多个群落之间（或生态地带之间）的过渡区域，即群落之间的边界不明显。例如，森林与草原之间的森林草原地带，森林与农作区过渡地带等。不同森林类型之间或不同草本群落之间也存在交错区。交错区形成的原因很多，如生物圈内生态系统的不均一；层次结构普遍存在于山区、水域及海陆之间；地形、地质结构与地带性的差异；气候等自然因素变化引起的自然演替、植被分割或景观切割；人类活动造成的隔离，森林、草原遭受破坏，湿地消失和土地沙化等等，都是形成交错区的原因。

群落交错区是一个交叉地带或种群竞争的紧张地带。在这里，群落中种的数目及一些种群密度比相邻群落大。群落交错区种的数目及一些种的密度增大的趋势被称为边缘效应。如我国大兴安岭森林边缘，具有呈狭带状分布的林缘草甸，每平方米的植物种数达30种以上，明显高于其内侧的森林群落与外侧的草原群落。

（三）生物群落的类型与分布

1.热带雨林

区域雨量充沛，且在一年中分布均匀。林木通常高大，植物种类繁多，无脊椎动物十分丰富，脊椎动物也很繁多，有很大比例的哺乳动物栖息在树上，如南美洲亚马逊河流域，亚洲的马来西亚、印度尼西亚等地。

2.亚热带常绿阔叶林(或称照叶林)

区域由温暖湿润地区的常绿阔叶树构成,组成树种有木兰科、樟科、山茶科等植物。林中两栖类丰富,我国长江流域以南地区即为此区域。

3.温带落叶阔叶林(又称夏绿林)

区域落叶树种丰富,常见有壳斗科栎属落叶树种以及栽植的槐、杨、柳等植物。动物有较强的季节性活动,如鹿。我国的黄河流域以及辽东半岛属于此区。由于此区开发历史悠久,原始植被荡然无存,为主要农业区。

4.针叶林

区域主要由松杉类植物构成,其外貌往往是单一树种构成的纯林,群落成层结构较简单,动物种类相对贫乏。我国东北兴安岭、俄罗斯西伯利亚地区,以及加拿大等地属于此区。为世界主要产林区。

5.温带草原

区域也称夏绿干燥草本群落类型,以丛生多年生禾本科植物为主,主要是针茅属植物。位于此区的内蒙古高原、黄土高原以及新疆的阿尔泰山区等,为我国重要的畜牧业基地。狼和鼠类为常见动物。

6.荒漠

区域降雨量极少,且不稳定,土质极贫瘠。植物稀少,代表性植物是仙人掌。动物多夜间活动,主要有袋鼠、鸵鸟等。本区包括我国新疆准噶尔盆地、塔里木盆地、青海柴达木盆地,另外,澳大利亚和非洲也有很大部分属于此区。

7.水生群落

是由水生植物、水生动物构成的群落。它的分布没有严格的地域性,有一定量水的地方即可形成水生群落。

三、生态系统

生态系统是指生物群落与其环境之间由于不断地进行物质循环、能量流动和信息传递而形成的统一整体。生态系统是一个广泛的概念。任何一个生物群落与其周围环境的组合都可称为生态系统。例如一个池塘、一片森林、一座城市、一块农田等都可看做是一个生态系统。生物圈是最大的生态系统,它包括陆地、海洋和淡水三大生态系统。

(一)生态系统的组成

1.生态系统的组成

生态系统的组成非常复杂,主要包括生物和非生物两大部分,其中生物部分包括生产者、消费者和分解者三大功能类群(图 2-7-6)。

（1）生产者　是指绿色植物和某些能进行光合作用和化能合成作用的细菌，即自养生物，它们能利用太阳能进行光合作用，把从周围环境中摄取的无机物合成有机化合物，并把能量贮存起来，以供本身需要或作为其他生物的营养。

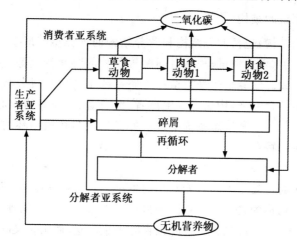

图 2-7-6　生态系统结构的一般性模型

（Anderson，1981）

（2）消费者　是指直接或间接以生产者为食的各种动物。它包括植食性动物和肉食性动物，前者为初级消费者，后者为次级消费者或更高级的消费者。

（3）分解者　主要指细菌、真菌、某些原生动物及其腐食性动物（如蚯蚓、白蚁等），它们靠分解有机化合物为生（腐生），从生态系统中的废物产品和死亡的有机体中取得能量，把动植物复杂的有机残体分解为较简单的化合物和元素，释放归还到环境中去，供植物再利用，故又称为还原者。

（4）非生物成分　包括光能、热量、水、二氧化碳、氧气、氮气、矿物盐类、酸、碱以及其他元素或化合物，它们既是构成物质代谢的材料，同时也构成生物的无机环境。

在通常情况下，起主导作用的是生产者，靠它把太阳能转变为化学能，并引入到生态系统中，然后使其他各个组成部分行使各自机能，彼此一环紧扣一环，形成一个统一的、不可分割的生态系统整体。

2. 生态系统的基本特征

生态系统的基本特征主要有：①生态系统内部在一定范围和限度下具有自我调节能力，这种自我调节能力与生物多样性成正比。②生态系统中的能量流动、物质循环和信息传递体现了生态系统的动力学特征，生态系统内部始终处于运动之中,能量的流动是单向的,物质流动是循环的。③生态系统吸收的太阳能量一般都通过 4～5 个不同营养等级的生物进行传递。④从地球上生物起源到现在,生态系统经历了从简单到复杂的发育阶段。

(二)生态系统的结构

生态系统的结构,包括形态结构和营养结构两种类型。形态结构主要是指生态系统中生物种类、种群数量、种的空间配置和种的时间变化等,这些与生物群落的结构特征相一致。营养结构是指植物生态系统中的生物成分与非生物成分,通过食物链紧密地结合起来,构成了以生产者、消费者、还原者为中心的三大功能类群。营养结构是任何一种生态系统中进行能量转换与物质循环的基础,是生态系统更为重要的结构特征。

1.食物链和食物网

生态系统中通过处于不同营养水平的生物之间的食物传递形成了一环套一环的链条式关系结构称为食物链。我国的另一句古谚语:"螳螂捕蝉,黄雀在后,焉知非福"充分说明了食物链的关系,树叶被食叶害虫所吃,而山雀又吃昆虫,食雀鹰又捕食山雀。根据食物链中食物传递特点,可将食物链分为 3 种:

(1)草牧链　草牧链又称为捕食链,是以绿色植物为基础,从食草动物开始的食物链,其关系为 T_1—T_2—T_3—T_4。在生态系统中 T_1 为乔木、灌木、草本地被物。T_2 多数为食草昆虫、啮齿类动物、有蹄类动物。T_3 为食肉动物组成,如某些昆虫、蜘蛛、鸟类。T_4 以 T_3 为食的肉食动物,如猛禽类、大型兽类等。例如:杨树—蝉—螳螂—黄雀—蛇—鹰是一条草牧食物链。

(2)腐屑链　腐屑链又称分解链。以死有机体为物质基础,构成这种类型食物链。腐屑链中的生物主要是土壤中的植物和动物,其中最重要的是真菌和细菌,它们以死有机体为食物来繁殖生存,从而破坏了有机质,并释放出大量养分元素和能量,返回环境。腐屑链中也可分为若干营养级,如跳虫、蜗类、线虫、蚯蚓和分解有机质的细菌、真菌,它们密切配合,加速有机质分解。

(3)寄生链　寄生链的特点是拥有多量小型寄生生物,通过吸取活的寄主生物体液得到营养和能量。如树叶—尺蠖—寄生蝇—寄生蜂。这种食物链起点虽然是生产者和植食动物,但由于链中寄生生物以活寄主为主,其营养级越高,生物体越小而数量越多,和草牧链恰好相反。

在生态系统中,一种生物往往并不只固定在一条食物链上,它们可以同时加入几条食物链。例如一些杂食动物(包括人类)即可以动物为食,又可以以植物为食。草食性动物既可以被狮子等二级消费者捕食,又可以直接被三级或四级消费者所捕食。因此,生态系统中的营养关系实际上是一种网状结构,因此称为食物网

（图 2-7-7）。通常情况下，食物网越复杂，生态系统越不稳定；食物网越简单，生态系统就越容易发生波动或遭受毁灭。生态系统中各种生物成分正是通过食物网发生直接和间接的联系，维持着生态系统的功能和稳定。

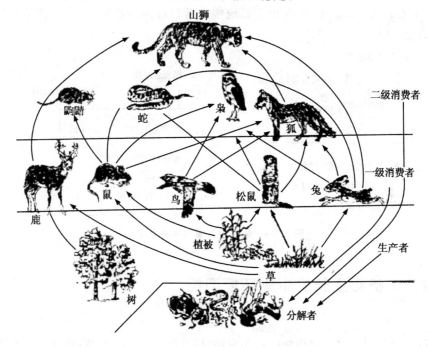

图 2-7-7　简化的陆地生态系统食物网

2.营养级

在食物链或食物网中的每一个环节就叫做食物链的营养级。位于同一营养级的生物，是以同样的方式获得相同性质食物的生物群落，每一个生物种群都处于一定营养级上。

通常以 T_1 表示第一营养级，T_2 表示第二营养级，依此类推：

T_1（第一营养级）——生产者，森林植物。

T_2（第二营养级）——第一级消费者，食草动物。

T_3（第三营养级）——第二级消费者，第一级肉食动物。

T_4（第四营养级）——第三级消费者，第二级食肉动物。

通过食物链和营养级分类，对研究生态系统中的食物（能量）关系有很重要的意义。

3.生态金字塔

在生态系统的营养级序列上，后一级营养级总是依赖于前一营养级的能量，而每一营养级都把从前一营养级获取的能量大部分用于维持生存和繁殖,余下的一部分用于生长,只有一小部分传递给后一个营养级。这种能量传递呈阶梯状递减,如果用方框图表示,就形成一种底部宽大,而上部狭窄的尖塔形,称为"生态金字塔"。由于表达方式的不同,在生态系统中通常可以列出能量、生物量和数目等3种生态金字塔(图 2-7-8)。

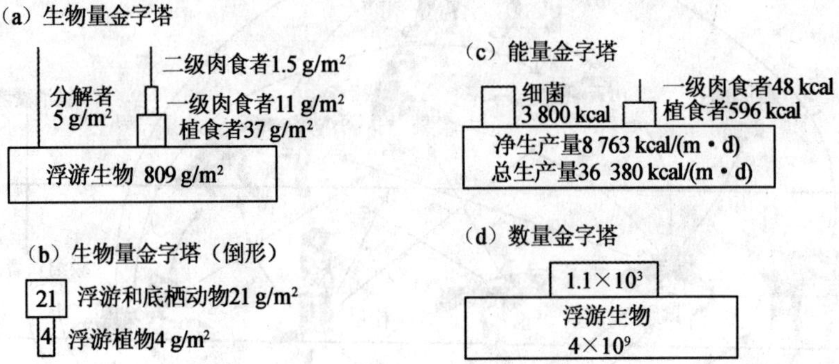

图 2-7-8　生态金字塔的 4 种类型

模块二　植物生长的生物环境调控

【模块目标】了解有害生物的控制方法,提高植物的生产效益;熟悉生态系统的合理调控,维持生态平衡,保护生态环境。

任务一　有害生物的控制

1.任务目标

根据有害生物和环境之间的相互关系,熟悉如何利用生物防治、生态控制、物理机械防治等措施,将有害生物控制在经济受害允许水平之下,以获得最佳的经济、生态、社会效益。

2.任务准备

根据班级人数,按 3~5 人一组,分为若干小组,并准备以下材料和器具:图书资料、昆虫标本、昆虫、除虫机械、显微镜等。

3.相关知识

农作物病、虫、草、鼠等有害生物种类多、发生范围广、危害程度重,一直制约着农产品的产量和品质,每年造成的产量损失 15%~30%,严重的可达 50% 以上。我国农耕文明灿烂辉煌,在与农作物病虫害斗争过程中,积累了丰富的综合防治经验,这些经验在当代绿色农业中仍具借鉴意义。以化石能源投入为主的现代农业,虽说生产水平得到了极大提高,但面临资源、环境、生态及食品安全等一系列问题,影响了农业的持续发展。

绿色植保就是把植保工作作为人与自然界和谐系统的重要组成部分,突出其对高产、优质、高效、生态、安全农业的保障和支撑作用。现代科学技术突飞猛进,赋予农作物有害生物控制理论新的内涵。特别是利用生物、生态和物理机械等绿色控制技术来防治病虫害,已成为可持续农业的重要手段,也是绿色农业生产工作中病虫害防治的必然选择。绿色植保虽然是一种方法,但具有技术性、强制性两个特点,具体要求如下:

(1)禁止高毒、高残农药的生产和使用　1983 年以来,国家明令禁止生产、使用的农药有:六六六、DDT、毒杀芬、艾氏剂、狄氏剂、甲胺磷、甲基对硫磷、对硫磷、久效磷、磷胺、毒鼠强等;禁止使用的其他农药有:二溴氯丙烷、杀虫脒、二溴乙烷、除草醚、汞制剂、砷、铅类、敌枯双、氟乙酰胺、甘氟、氟乙酸钠、毒鼠硅。

在蔬菜、果树、茶叶、中药材上不得使用的其他农药有:甲拌磷、甲基异柳磷、特丁硫磷、治螟磷、内吸磷、克百威、涕灭威、灭线磷、蝇毒磷、地虫硫磷、氯唑磷、苯线磷等。三氯杀螨醇、氰戊菊酯不得用于茶树上。

(2)大力倡导生态防治　良好的生态环境是植物健康生长的前提。根据病菌、蔬菜对生态条件的不同要求,采用轮作,调节设施温湿度、光照等均可有效地控制许多病害。如一些霜霉菌和锈菌在昼温达 30℃以上,夜温达 20℃以上时很少产生孢子,一些真菌的孢子要在水膜存在时才能萌发,干燥土壤抑止线虫及其他土传病菌的生长。在保护地栽培中进行叶露的生态调控,可有效地防治霜霉病及黑星病。叶面上凝结的水珠是霜霉病等病害发生的先决条件,叶面结露再加上适宜的温度病害就会迅速蔓延。通过调节通风,控制棚内温、湿度,减少叶片结露,使病菌失去有利萌发的生态环境条件,减少病害的发生和蔓延。

4.操作规程和质量要求

工作环节	操作规程	质量要求
利用生物防治措施调控有害生物	(1)选用抗(耐)病虫品种。选用抗(耐)病虫品种是防治植物病虫害最为经济有效的措施。如马铃薯、大蒜、甘薯等的脱毒种苗繁育技术、瓜类、茄果类蔬菜嫁接技术等 (2)利用生物因子防治。生物因子主要有赤眼蜂、金小蜂、姬小蜂、丽蚜金小蜂、姬蜂、茧蜂、寄蝇、头蝇等寄生性生物;瓢虫、草蛉、螳螂、小花蝽、捕食螨、青蛙、农田蜘蛛、蟾蜍、燕子和啄木鸟等捕食性生物等	(1)生物防治是指利用生物或生物产物来防治病虫害的理论与技术,包括选用抗(耐)病虫品种,利用生物因子,微生物、植物、动物和转基因等农药防治,以及作物诱导抗性与交叉保护作用等措施

续表

工作环节	操作规程	质量要求
	(3)生物农药防治。生物农药包括：微生物农药、农用抗生素、植物源农药、动物源农药和新型生物农药等几大类。目前正式登记的生物农药品种有井冈霉素、农抗120、多抗霉素、灭瘟素、春雷霉素、硫酸链霉素、公主岭霉素、赤霉素和苏云金杆菌，临时登记品种有阿维菌素(虫螨克)、浏阳霉素、棉铃虫核型多角体病毒、苦参碱、印楝素等 (4)诱导抗性与交叉保护作用。诱导抗性因子中，生物因子研究较多的是拮抗菌，物理诱导主要包括 γ-射线、离子辐射、紫外光照和热水处理等，化学诱导剂主要有 β-氨基丁酸(BABA)、苯丙噻重氮(ASM)、水杨酸(SA)、茉莉酸(JA)和茉莉酸甲酯(MJ)等。交互保护作用是指接种弱毒微生物诱发植物的抗病性，从而抵抗强毒病原物侵染的现象。一个非常成功的例子是巴西、阿根廷、乌拉圭柑橘病毒病的生物防治，柑橘树经过弱毒菌株的接种可以抵抗强毒株系的侵染	(2)生物农药是指利用生物活体或其代谢产物，以及通过仿生合成具有特异作用的农药制剂，是今后农药产业中的朝阳产业 (3)生物和非生物因子都能够诱导作物的抗性，诱导抗性机理主要涉及寄主的细胞结构变化和生理生化反应
利用生态调控控制有害生物	(1)适时播种。病虫害的发生与危害都有一定的最适时期和环境条件，在不影响作物生长发育的前提下，适当改变播种期，可避开病虫害侵染和为害的最适时期，从而减轻病虫危害 (2)合理布局及轮作。合理品种布局可以限制病虫害的蔓延与扩散、推迟或减轻病虫危害。轮作不仅有利于作物的生长，而且可以减少土壤里的病源积累和单食寡食性害虫食源，特别是水旱轮作效果显著 (3)抑菌土利用。抑菌土在自然界普遍存在，开发利用抑菌土是病害生物防治的又一重要领域 (4)生物多样性控制病虫害。栽培品种的多样化，能发挥天然防护壁垒的重大作用 (5)稻鸭共育(共作)技术：稻鸭共育是利用鸭在稻田中不断觅食活动，起到捕虫、吃(踩)草、耕耘且刺激水稻健壮生育等多功能效果	(1)病害虫的生态控制是指通过栽培、管理措施，创造有利于农作物生长发育，而不利于病害虫繁殖、蔓延的环境条件，从而达到避免或控制病虫害的目的 (2)蔬菜与葱、蒜茬轮作，能够减轻果菜类蔬菜的真菌、细菌和线虫病害；水旱轮作可明显减轻番茄溃疡病、青枯病、瓜类枯萎和各种线虫病等病害 (3)水稻品种多样性混合间栽，对稻瘟病有极为显著的控制效果，防治效果达 $83\%\sim98\%$ (4)利用稻田中的杂草、昆虫、水中浮游物和底栖生物养鸭，既保证鸭子生长，起到除草、灭虫、净田的良好效果，又具有过腹还田、增加土壤肥力的作用

续表

工作环节	操作规程	质量要求
利用物理机械防治措施调控有害生物	(1)物理防治。主要利用热力、冷冻、干燥、电磁波、超声波、核辐射、激光等物理因素抑制、钝化或杀死病原物,达到防治病害的目的 (2)除虫机械治虫。一是物理机械:常用的是人工用简单机械如竹竿、扫把、网兜等,利用害虫的假死性、群集性等习性来消灭害虫。二是套袋栽培:套袋蔬菜无病虫为害、无农药污染,品种优良,产量高,效益好,如果品、黄瓜套袋,可直接阻隔病虫为害。三是诱杀技术:主要利用害虫的趋性将害虫诱到一处,集中杀灭;主要有灯光诱集法、色板诱集法、糖醋诱集法、性诱剂诱集法等。四是覆盖防虫网、薄膜等直接阻止害虫为害:覆盖塑料薄膜、遮阳网、防虫网,进行避雨、遮阳、防虫隔离栽培,减轻病虫害的发生 (3)人工防治。人工防治是最古老、延续至今仍在采用的有效病虫害防治办法,是一种省工、省钱、无污染、切实可行的途径,包括人工捕捉、摘除病虫枝及清扫田园枯枝烂叶等项措施,以压低病虫害发生基数	(1)用热水处理种子和无性繁殖材料,可杀死在种子表面和种子内部潜伏的病原物;干热处理法主要用于蔬菜种子,对多种传病毒、细菌和真菌都有防治效果。冷冻处理也是控制植物产品(特别是果实和蔬菜)收获后病害的常用方法。低剂量紫外光照射桃、芒果、草莓、葡萄和甜椒等果蔬产品可明显减轻采后病害 (2)灯光诱集法主要利用害虫的趋光性,用白炽灯、高压汞灯、黑光灯、频振式杀虫灯等诱杀鳞翅目害虫;色板诱集法主要利用害虫的趋色性进行诱集;糖醋诱集法利用害虫的趋化性进行诱集

5.常见技术问题处理

尽管植物有害生物绿色控制技术措施有了长足的发展,但在研究开发和应用等方面仍存在一些突出问题。无论控制速度,还是控制效果,均不及化学农药,使用上往往需要有长远、全面的眼光,有时还需要牺牲局部的利益。但随着人们对化学农药弊端和发展可持续农业重要性的进一步认识,绿色控制技术必将为大众所接受。多种技术协调应用,也一定能发挥其应有效力而造福千秋后代。

任务二 生态系统的调控

1.任务目标

根据生物群落、生态系统有关原理,熟悉植物群落的合理配置、植物群落演替的合理控制、生态系统的合理调控等。

2.任务内容

将全班同学分成若干组,每组 3～5 人,分为若干小组,并准备以下材料和器具:图书资料、图片等。

3.相关知识

生物群落演替是指生物群落随时间和空间而发生的变化。每一个群落在发生发展过程中,不断改变自身的生态环境,新的生态环境逐渐不适于原有群落物种的生存,却为其他物种的侵入和定居创造了条件。于是,各种群落的更替相继发生,并形成演替系列,最后进入与环境相适应的、相对稳定的顶级群落。以植物为食物的动物群落,也相继发生更替。

常见演替系列有水生演替系列和旱生演替系列两类。现以水生演替系列为例进行说明。当一个水池形成之后,逐渐有水生植物和动物定居,微生物则分布在开阔的水体中。在水较浅的部分,光线可以透到底部,着根的沉水植物侵入进来。在更浅的水中,可能生长具有漂浮叶片的着根水生植物。近岸边则出现挺水植物。在岸边则能忍受土壤水分饱和的湿生植物占优势。这些植物类型分别形成一个群落,并有若干种动物与其相联系。由于有机质和泥沙经常地积累,使水池逐渐变浅。随着环境改变的加剧,所有群落都向水池中心方向前进。池水的淤积使沉水植物被浮叶根生植物所代替,后者又被挺水植物所取代,继之挺水植物被湿生植物所取代,然后又依次被陆生植物所代替。于是水生植物群落演替为陆生植物群落。

4.操作规程和质量要求

工作环节	操作规程	质量要求
植物群落的合理配置	(1)垂直配置。在自然界,植物群落的成层性使单位面积内能容纳更多的种类和数量,产生更多的生物物质,同时以复杂的营养结构维持着系统的相对稳定,为人类合理处理栽培植物群落提供了可贵的依据。营造人工混交林、林粮间作、农作物间套种是群落垂直配置运用的体现,合理配置林木及作物种类,可充分利用光能、水肥、空间及生长季节,提高光热等资源的转化利用效率,从而获得高的生产力 (2)水平配置。水平配置可理解为农林复合经营模式的生物平面布局。如珠江三角洲的桑基鱼塘,太湖流域的沟垾相连的林——农——水生作物——渔复合经营系统,林、果、草、农、鱼池等各组分呈斑块的组合等。各种农作物、果树、林木的种植密度、鱼塘的养殖密度、草场的放牧量等都对群落的水平结构及产量有重要影响	(1)在配置生物垂直结构时,应注意到同一生境中各种生物个体间可能存在的各种相互关系和由此产生的各种群落总效应。例如,在农林生产中,有些农作物必须与其他作物轮作,不宜连作 (2)群落水平配置有两种基本方式:一是在不同的生境中因地制宜地选择合适的物种,宜农则农,宜林则林,宜牧则牧。二是在同一生境中配置最佳密度,并通过饲养、栽培手段控制密度的发展

续表

工作环节	操作规程	质量要求
	(3)时间结构配置。常常把群落的时间结构称为时相或季相。调节农业生物群落时间结构的主要方式是复种、套种、轮作和轮养、套养。如华北农区农桐间作一般情况下，由10月至第2年的5月为泡桐＋小麦的两层结构，麦收后为泡桐＋玉米或棉花、大豆等秋作物。植物群落的时间结构配置，必须根据物种资源（农作物、树木、光、热、水、土、肥等）的日循序、年循序和农林时令规律，设计出能够有效地利用自然、生物和社会资源合理格局机能节律，使这些资源转化较高	(3)控制农林生物群落时间配置应注意：掌握树木与作物物候期的交替规律性，在时间上按季节进行合理的作物安排；根据树木不同生长阶段，林下光照和空间可利用状况，安排农作物的间作；随时间推移，调整系统空间结构和物种结构组成，以克服系统结构的时间演变对间作造成不利影响，获得最大的效益
植物群落的演替控制	(1)对撂荒地植被演替的控制。农田撂荒地后产生的自然演替结果，有时对人们是有利的，有时则是相反的，人们根据群落的演替规律，控制群落停留在演替的某一阶段，并加以培育，将成为理想的高产优质的群落类型 (2)农田杂草防除。农田杂草是长期自然选择和进化的结果，其适应性比栽培作物要强得多，在农田中形成自身的演替过程，了解这些杂草的不同演替规律，采用与之相对应的人工的、化学的、生物的和轮作等农业技术，阻止和破坏杂草天然演替的发生，从而达到有效控制杂草危害的目的 (3)草原放牧调控。深入了解和研究草原群落的演替规律，研究在不同放牧强度下，草原群落的植物种类组成和产量、质量变化，对于科学、合理利用和保护改善草原具有十分重要的意义 (4)植被恢复调控。人类社会活动通常是有意识、有目的地进行的，大规模的人类的生产经营活动，是各种次生群落产生的主要原因，它可以对自然环境中的生态关系起着促进、抑制、改造和建设的作用。在利用与改造植被工作中，涉及的几乎都是次生演替的问题，如石质山地的造林、森林的采伐更新、次生林的抚育改造、治理沙漠、封山育林等等，都必须认识次生演替的规律和特点，才能在此基础上制定出科学的经营措施，使群落演替按照不同于自然发展的方向进行。人类还可以建立人工群落，将演替的方向和速度置于人为控制之下	(1)在轻度和适度放牧强度下，草原群落向优质高产牧草群落演替，而在重度放牧、过度放牧强度下，草原群落向劣质低产的牧草群落退化，如果放牧强度继续增大，就会造成土壤的盐碱化和沙化，甚至退化成寸草不生的裸地，发生逆行演替 (2)在自然界中，根据进展演替的特点，经过破坏后的森林，如果停止外界的干扰，森林有很强的自我恢复能力。在一些水热条件较好的地区，由于人类的破坏所形成的荒山或杂灌丛，只要原生植被没有被破坏殆尽，周围地区有一定的种源，就可以采用"封山"措施，将荒山或杂灌丛置于自然演替的环境中，使原来的荒山重新恢复森林。采用封山育林法，操作简便，省工省力，恢复的森林组成复杂，符合自然演替规律

续表

工作环节	操作规程	质量要求
生态系统的合理调控	(1)扩大生态系统基础能源。扩大绿色植物面积,提高对太阳光能的捕获量;将尽可能多的太阳光能固定转化为初级生产者体内的化学潜能,为扩大生态系统能奠定基础 (2)加强生态系统的生产力。一是从生物体本身对能量的储存能力和转化效率考虑,例如:选育和配置高产优质量的生物种类和品种,建立合理的农林牧渔生物结构等;二是从外界生存环境对生物的影响考虑,加强辅助能的投入,为生物的生长发育创造一个良好的环境,从而提高了对太阳能的利用效率和对生物化学能的转化效率。例如:使用化肥、农药、发展灌溉、机械耕作、设施栽培等提高农作物的生产力 (3)保持生态系统能量。一是开发新能源,如发展薪炭林,兴办小水电,利用风能、太阳能、地热能等。二是提高生物能利用率,充分利用农作物秸秆、野生杂草和牲畜粪便等副产品,将其中的生物能通过农牧结合、多级利用、沼气发酵等方法尽可能地用于生态系统内的转化 (4)降低生态系统消耗。降低消耗,节约能源,减少能源的无源损失,发展节能、节水、节地、降耗的现代农林业。如开发普及节能灶,节能炉具,节水灌溉,立体种植,推广少耕、免耕,改进化肥施用技术,减少水土流失等等	(1)发展立体种植,提高复种指数,合理轮作,组建农村复合系统,乔、灌、草结合绿化荒山、荒坡等措施都是扩大生态系统基础的有效方法 (2)植物和动物是生态系统中的能量和物质的主要储存者,也是生态系统物质生产力的具体体现者,加强其储存能及转化效率,以保证有较大的生物能产出 (3)提高各种渠道将能量尽量地保持截流在农业生态系统之内,扩大流通量,提高农业资源的利用效率,减少对化石辅助能的过分依赖

5.常见技术问题处理

生态平衡是指在一定时间内,生态系统中的生物与环境、生物与生物之间通过相互作用达到的协调稳定状态。生态系统的平衡表现在3个方面:一是生产者、消费者、分解者按一定量比例关系结合;二是物质循环和能量流动协调畅通;三是系统的输入和输出在数量上接近相等。一般来说,生态系统的结构与功能越复杂,系统的稳定性就越高。但对某一个生态系统来说,其稳定性高低取决于系统因素:生态系统经历的进化历史越长,其稳定性越高;生态系统所处的环境突变越少,其稳定性越高;功能上的复杂性也决定着系统的稳定性。

生态系统是一种控制系统或反馈系统,它具有一种反馈机能,能自动调节和维持自己稳定的结构和功能,以保持系统的稳定和平衡。生态系统的这种能力叫做自我调节能力。

当外界环境的改变超过系统自我调节能力时,就会造成生态失衡。影响生态平衡因素可概括为自然因素和人为因素两大类。前者如火山喷发、地震、山洪、海啸、泥石流、雷电、火灾等,都可使生态系统在短时间内受到严重破坏,甚至毁灭。

但这些自然因素引起的环境变化频率不高,而且在地理分布上有一定的局限性和特定性。从全球范围看,自然因素的突变对生态系统的危害还是不大的。而人为因素所造成的环境改变,导致了自然生态系统的强烈变化,破坏了生态平衡,同时也给人类本身带来了灾难。人类因素对生态系统平衡的影响,主要表现在以下两个方面:一方面,人类活动改变生物因子。一是不尊重生物在食物链中相互制约的规律,任意消除食物链中某个必要环节,或不慎重地引入新的环节而没有采取相应的控制因素,导致食物链的失控,从而引起系列不良的连锁反应。二是人类为了满足生产和生活的需要,不合理地开发利用自然资源,常常导致毁灭森林、破坏草场和其他植被资源,从而打破了生态系统的平衡,引起"生态性"灾难。另一方面,人类活动改变环境因子,污染随着社会经济发展,人类活动对生态系统平衡的干预和调控越来越强烈。因此,人类活动应注意运用生态系统中的结构和功能相互协调的原则,以达到符合人类利益的生态平衡。

☆ 关键词

生物种群 种群密度 存活曲线 生物群落 生态系统 生物演替 食物链
生态金字塔 生态平衡

☆ 内容小结

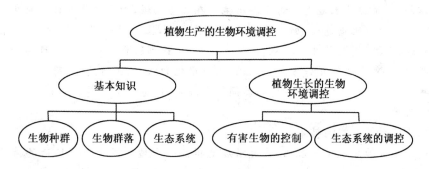

☆ 信息链接

生态恢复技术

生态恢复技术是指运用生态学原理和系统科学的方法,把现代化技术与传统的方法通过合理的投入和时空的巧妙结合,使生态系统保持良性的物质、能量循环,从而达到人与自然的协调发展的恢复治理技术。生态恢复技术分为土壤改造技术、植被的恢复与重建技术、防治土地退化技术、小流域综合整治技术、土地复垦技术等5类。

1. 土壤改造技术

土壤改造技术是指对没有生产力的土壤(如沙地、盐碱地、荒漠化土地等),进行生态恢复,使其具有生产力或生态功能的技术。对盐碱地的土壤改造技术主要是水灌和种植,水灌可以滋生微生物,改良土质,使之恢复良性生态功能;选择适宜的草种或树种进行种植,也可以改良土质。对于沙地、荒漠化(沙漠化)土地的改造技术,主要是种植,即选择耐旱的草种或树种进行种植,防沙固沙,使沙质土壤建立起新的良性的生态系统,恢复土地的生产力。

2. 植被的恢复与重建技术

根据土地退化程度的不同,植被的恢复与重建途径有:对于正在发展的退化土地,其上植被、土壤等变化尚处于初期发展阶段,可采取自然恢复的过程,最终使生态系统趋于一种动态平衡状态。对于强烈和严重发展的退化土地,由于地表割切破碎、植被在劣地发育,其恢复难度较大,则需配以适当的人工措施,达到控制土地退化、水土保持的目的。植被恢复与重建的主要技术手段有:保护天然林(特别是热带雨林)、封山育林、飞播造林种草、人工植树等。

3. 防治土地退化技术

坡耕地退化,很大程度上与土地资源不合理利用有关。实施预防为主的方针,对现有不合理的人类活动,尤其是农业实践活动进行修正,优化产业结构配置,改革耕作制度,是防治土地退化的主要措施。在某些区域,由于农作物种植业在农业产业结构中所占比重过大,加速了土地肥力的衰减,土地迅速退化。对此,应采取退耕还林、还湖、还牧等技术措施,恢复土地肥力,达到防止土地退化的目的。对于一年两熟、一年多熟的耕作方式,要根据土地退化的状况,进行改革,将一年多熟改为一年一熟,必要时改为多年一熟,其间轮种绿肥,使退化土地得以休养,达到恢复地力的目的。

4. 小流域综合整治技术

因地制宜地发展生态农业,最大限度地提高一个坡面或小流域坡地的持续生产力,是小流域综合整治技术追求的目标。小流域综合整治技术包括:高效立体种养技术;有机物多层次利用技术;生物防治植保技术;再生能源工程技术;农工相结合的配套生态工程技术。

5. 土地复垦技术

土地复垦是指对采矿等人为活动破坏的土地,采取整治措施,使其恢复到可供利用的期望状态的综合整治活动。这种活动是一个经历时间长、涉及多学科和多工序的系统工程。土地复垦工程的基本模式是:复垦规划—复垦工程实施—复垦后的改良与管理土地复垦技术是矿区生态环境恢复治理的主要技术措施。复垦后的改良措施和有效管理是使复垦土地尽早达到新的生态平衡、提高复垦土地生产力的重要保证。土地复垦技术包括:煤矿塌陷区的综合治理技术、粉煤灰场的复垦技术、露天排土场的复垦技术等。

☆ 师生互动

1.结合当地植物种植情况,讨论有哪些生物种群之间关系?

2.结合当地植物种植情况,讨论有哪些生物群落?有哪些生态系统?

3.根据所学过的知识,试举例说明如何对植物生长的生物环境进行合理调控?

☆ 资料收集

1.阅读《生态学报》、《应用生态学报》、《植物生态学报》、《生态环境》等杂志。

2.浏览"中国科学院生态环境研究中心"、"中国农业科学院农业环境与可持续发展研究所"等网站。

3.通过本校图书馆借阅有关生物环境方面的书籍。

4.了解近两年有关生物环境调控方面的新技术、新成果、最新研究进展等资料,写一篇综述文章。

☆ 学习评价

项目名称			植物生长的营养环境调控			
评价类别	项目	子项目	组内学生互评	企业教师评价	学校教师评价
专业能力	资讯	搜集信息能力			
		引导问题回答			
	计划	计划可执行度			
		计划参与程度			
	实施	工作步骤执行			
		功能实现			
		质量管理			
		操作时间			
		操作熟练度			
	检查	全面性、准确性			
		疑难问题排除			
	过程	步骤规范性			
		操作规范性			
	结果	结果质量			
	作业	完成质量			

续表

项目名称	植物生长的营养环境调控				
评价类别	项目	子项目	组内学生互评	企业教师评价	学校教师评价
社会能力	团队	团结协作			
		敬业精神			
方法能力	方法	计划能力			
		决策能力			
评价评语	班级	姓名		学号	总评
	教师签字	第 组	组长签字		日期
	评语:				

参考文献

[1] 宋志伟,王志伟.植物生长环境.北京:中国农业大学出版社,2007.

[2] 阎凌云.农业气象.2版.北京:中国农业出版社,2005.

[3] 宋志伟.土壤肥料.北京:高等教育出版社,2009.

[4] 金为民,宋志伟.土壤肥料.2版.北京:中国农业出版社,2009.

[5] 宋志伟.土壤肥料.北京:高等教育出版社,2005.

[6] 徐秀华.土壤肥料.北京:中国农业大学出版社,2007.

[7] 刁瑛元,马秀玲.农业气象.北京:北京农业大学出版社,1993.

[8] 奚广生,姚运生.农业气象.高等教育出版社 2005.

[9] 阎凌云.农业气象.北京:中国农业出版社,2001.

[10] 邹良栋.植物生长与环境.北京:高等教育出版社,2004.

[11] 崔学明.农业气象学.北京:高等教育出版社,2006.

[12] 段若溪.农业气象学.北京:气象出版社,2002.

[13] 信乃诠.农业气象学.重庆:重庆出版社,2001.

[14] 包云轩.气象学(南方本).北京:中国农业出版社,2002.

[15] 李振陆.植物生产环境.北京:中国农业出版社,2006.

[16] 黄建国.植物营养学.北京:中国林业出版社,2004.

[17] 陆景陵.植物营养学(上册).北京:中国农业大学出版社,2003.

[18] 刘克锋.土壤、植物营养与施肥.北京:气象出版社,2006.

[19] 吴国宜.植物生产与环境.北京:中国农业出版社,2001.

[20] 陆欣.土壤肥料学.北京:中国农业大学出版社,2001.

[21] 张凤荣.土壤地理学.北京:中国农业出版社,2002.

[22] 陈忠辉.植物与植物生理.北京:中国农业出版社,2001.

[23] 吉林省农业学校.农业气象.北京:中国农业出版社,1996.

[24] 谷茂.作物种子生产与管理.北京:中国农业出版社,2002.

[25] 邹志荣,饶景萍,陈红武.设施园艺学.西安:西安地图出版社,1997.

[26] 宛成刚,赵九州.花卉学.上海:上海交通大学出版社,2008.

[27] 宋志伟.普通生物学.北京:中国农业出版社,2006.

[28] 宋志伟,张宝生.植物生产与环境.北京:高等教育出版社,2005.

[29] 宋志伟,张宝生.植物生产与环境.2版.北京:高等教育出版社,2005.

[30] 陈志银.农业气象学.杭州:浙江大学出版社,2000.

[31] 唐祥宁.园林植物环境.重庆:重庆大学出版社,2006.

[32] 程万银.农业气象.北京:中国农业出版社,1996.

[33] 北京农业大学.农业气象.北京:中国农业出版社,2000.

[34] 刘江,许秀娟.气象学.北京:中国农业出版社,2005.

[35] 陈维杰.集雨节灌技术.郑州:黄河出版社,2003.

[36] 庞鸿宾.农业高效节水技术.北京:中国农业科技出版,2001.

[37] 吴普特,等.现代高效节水灌溉设施.北京:化学工业出版社,2002.

[38] 马耀光.旱地农业节水技术.北京:化学工业出版社,2004.

[39] 韩阳,李雪梅,等.环境污染与植物功能.北京:化学工业出版社,2005.

[40] 王丙庭.农业气象.上海:上海科学技术出版社,1988.

[41] 白宝璋.植物生理学.北京:中国农业科技出版社,1996.

[42] 金为民.土壤肥料.北京:中国农业出版社,2001.

[43] 李小川.园林植物环境.北京:高等教育出版社,2002.

[44] 毛芳芳.森林环境.北京:中国林业出版社,2006.

[45] 薛建辉.森林生态学.北京:中国林业出版社,2006.

[46] 陈阜.农业生态学.北京:中国农业大学出版社,2002.

[47] 关继东.森林病虫害防治.北京:高等教育出版社,2002.

[48] 陈阅增.普通生物学:生命科学通论.北京:高等教育出版社,2003.

[49] 萧浪涛,王三根.植物生理学.北京:中国农业出版社,2004.

[50] 武维华.植物生理学.北京:科学出版社,2004.

[51] 冷平生.园林生态学.北京:中国农业出版社,2005.

[52] 刘常福,陈玮.园林生态学.北京:科学出版社,2003.

[53] 唐文跃,李晔.园林生态学.北京:中国科学技术出版社,2006.

[54] 刘建斌.园林生态学.北京:气象出版社,2005.

[55] 王衍安,龚维红.植物与植物生理.北京:高等教育出版社,2004.

[56] 沈其荣.土壤肥料学通论.北京:高等教育出版社,2003.

[57] 吴礼树.土壤肥料学.北京:中国农业出版社,2004.

[58] 关连珠.土壤肥料学.北京:中国农业出版社,2001.

[59] 高祥照,等.化肥手册.北京:中国农业出版社,2000.

[60] 边炳鑫,赵由才.农业固体废物的处理与综合利用.北京:化学工业出版社,2005.

[61] 吴玉光,等.化肥施用指南.北京:中国农业出版社,2000.

[62] 刘兵,吴宁,等.草场管理措施及退化程度对土壤养分含量变化的影响.中国生态农业学报,2007,15(4):45-48.

[63] 郭红燕,王银福,等.土壤肥力状况与培肥措施探讨.陕西农业科学,2007(4):104-105.

[64] 黄庆丰,高健,等.不同森林类型土壤肥力状况及水源涵养功能的研究.安徽农业大学学报,2002,29(1):82-86.

[65] 王辛芝.南京市公园绿地土壤性质及其变化特征.2006.

[66] 程红艳.绿色食品产地土壤环境质量评价及其分区的研究.2004.

[67] 刘玉燕.城市土壤研究现状与展望[J].昌吉学院学报,2006(2):105-108.

[68] 张甘霖,赵玉国,等.城市土壤环境问题及其研究进展.土壤学报,2007,45(5).

[69] 丁善文.城市化对城市土壤性质的影响.现代农业科技,2007,12:192-193.

[70] 卓文山,唐建锋,等.城市绿地土壤特性及人类活动的影响.中山大学学报,2007,46(2):32-35.